"十三五"国家重点研发计划项目成果专著

长江流域建筑供暖空调方案及相应系统

姚润明 等著

中国建筑工业出版社

图书在版编目（CIP）数据

长江流域建筑供暖空调方案及相应系统/姚润明等
著. —北京：中国建筑工业出版社，2022.3
ISBN 978-7-112-26840-5

Ⅰ．①长…　Ⅱ．①姚…　Ⅲ．①长江流域-房屋建筑设
备-采暖设备-建筑安装②长江流域-房屋建筑设备-空
气调节设备-建筑安装　Ⅳ.①TU83

中国版本图书馆 CIP 数据核字（2021）第 244919 号

责任编辑：齐庆梅　毕凤鸣
责任校对：赵　颖

长江流域建筑供暖空调方案及相应系统

姚润明　等著

*

中国建筑工业出版社出版、发行（北京海淀三里河路 9 号）
各地新华书店、建筑书店经销
霸州市顺浩图文科技发展有限公司制版
河北鹏润印刷有限公司印刷

*

开本：787 毫米×1092 毫米　1/16　印张：20¾　字数：502 千字
2022 年 6 月第一版　2022 年 6 月第一次印刷
定价：**98.00** 元
ISBN 978-7-112-26840-5
（38615）

前　言

随着能源储量日渐匮乏和碳排放引起的气候变化等全球性问题，中国政府已经提出实施能源消费革命、坚决控制能源消费总量的要求，并提出了"二氧化碳排放力争于2030年前达到峰值，努力争取2060年前实现碳中和"的战略发展目标。建筑业作为节能减排三大领域之一，国家"十三五"期间更是专门立项"绿色建筑及建筑工业化"重点专项，目的是为我国绿色建筑及建筑工业化实现规模化、高效益和可持续发展提供技术支持。因此，如何实现建筑领域绿色、低碳、可持续发展，已成为建筑领域相关从业人员的重要责任和研究课题。

长江流域横跨中国西部、中部和东部三大经济区，约占我国国土面积的25％，其人口总数约5.5亿，GDP占国内生产总值约48％。该地区跨越了严寒地区、寒冷地区、温和地区和夏热冬冷地区四大气候区，其中近65％位于夏热冬冷地区，具有典型的夏季炎热、冬季寒冷、全年高湿气候特点。由于长久以来该地区并没有实现集中供暖，建筑室内热环境恶劣，尤其是冬季，室内温度远低于北方集中供暖地区。改善该地区建筑室内环境，提高人民生活质量，不仅是解决民生需求，也是推动长江经济带生态优先、绿色发展基本理念、实现绿色循环低碳发展的国家发展要求。

《长江流域建筑供暖空调方案及相应系统》一书共8章，围绕"建筑节能与室内环境保障"这一方向，结合我国能源消费总量控制节能减排目标及长江流域独特的气候特征和生产生活特点，重点阐述了建筑室内热环境改善的定量需求和人员供暖空调行为习惯，介绍了与该地区气候特征及多种运行模式特点相匹配的建筑围护结构热工性能指标、构造准则及营造技术体系、舒适节能供暖空调末端性能提升关键技术、实现压比适应和变容调节的高效压缩机技术、抑霜/除霜/探霜技术、供暖空调系统运行性能提升技术等，以及最新研发的适宜长江流域的新型高效空气源热泵系列产品设备及装置等。这些成果落地会极大地改善该地区人居环境质量，显著提高室内热环境舒适度，同时有效减缓该地区供暖空调能耗急剧上升趋势，助推国家节能减排战略，为国家"30·60战略"提供有力支撑。

本书基于由重庆大学姚润明教授主持的2016年国家重点研发计划项目"长江流域建筑供暖空调解决方案和相应系统"（项目编号：2016YFC0700300）最新研发成果编撰而成。编写过程中得到了项目参加单位的大力支持。上海市建筑科学研究院有限公司徐强总工、清华大学石文星教授、重庆大学陈金华教授、东南大学张小松教授、湖南大学李念平教授及课题组成员参与了编著工作。本书引用的大量工程案例分析来自项目合作单位广东美的制冷设备有限公司、海尔空调电子有限公司、东莞市万科建筑技术股份有限公司等企业提供的来自示范工程现场的实时监测数据，为进一步论证长江流域建筑节能技术效果、挖掘节能减碳潜力等提供了基本依据。

本书由重庆大学姚润明教授研究团队杜晨秋、喻伟、李百战、熊杰等成员统稿并完成相应的内容修改、格式修订、文字编辑等工作。编写过程中借鉴、吸收了诸多专家、学者的论文著作以及相关的标准规范等，力求使本书"与时俱进"，提供给读者建筑设计和热环境营造等相关领域最新的研究成果，在此对这些专家学者表示衷心感谢。最后，感谢负责这本书出版的中国建筑工业出版社的齐庆梅编审，感谢她在本书编写、统稿和出版过程中热情的指导和解答。

本书是国家重点研发计划项目"长江流域建筑供暖空调解决方案和相应系统"重要成果的总结，可作为该领域专家学者等了解相关前沿建筑技术等的文献资料，为建筑设计师对该地区的建筑节能设计提供技术支撑。由于时间仓促，作者水平有限，书中难免会有着一些错误和不妥之处，敬请各位专家、读者和同仁批评指正。

姚润明

本书主要编写人员及分工

第1章	绪论	姚润明

第2章　室内热环境的调控行为特征及定量需求

2.1　室内热环境营造基础数据收集方法　　姚润明、李百战、王智超、肖　潇

2.2　住宅建筑中的人员行为特征　　喻　伟、姚润明、刘　猛、陈淑琴

2.3　长江流域建筑热环境需求　　姚润明、杜晨秋、喻　伟

第3章　降低供暖供冷用能需求的围护结构和混合通风适宜技术及方案

3.1　长江流域气候特征与热工气候分区　　姚润明、熊　杰、徐　强、潘　黎

3.2　气候适宜性围护结构性能参数与节能技术研究　　徐　强、潘　黎、葛　坚、杨真静、罗　多

3.3　适宜的围护结构构造及施工工法研究　　葛　杰、张文丽、孙学锋

3.4　混合通风技术及策略研究　　潘　黎、赵德印、聂　悦、徐　强

3.5　利用自然能源缩短空调和供暖时间的技术方案　　李先庭、吕伟华

第4章　供暖空调末端性能改善技术与统一末端

4.1　供暖空调末端在长江流域地区存在的问题　　陈金华、姚润明

4.2　对流型统一末端　　国德防、李百战、付　裕、宋　强

4.3　辐射型统一末端　　陈金华、林智荣、王　湘、姚润明

4.4　复合型统一末端　　陈金华、国德防、徐国英

第5章　高效空气源热泵设备

5.1　长江流域建筑对供暖空调设备的要求　　石文星、姚润明、王宝龙、杨子旭

5.2　转子压缩机的压比适应及容量调节技术　　王宝龙、丁云晨、韦发林

5.3　抑霜、探霜与除霜技术　　梁彩华、张明杰、李志明、石文星

5.4　高效空气源热泵设计　　邱向伟、国德防、张立智、石文星

5.5　现场性能测量方法　　石文星、李金波、肖寒松、毛守博

第6章　供暖空调系统构建与优化运行关键技术

6.1　能耗限值下的建筑供暖空调系统设计方法　　曹荣光、于　航

6.2　基于热源塔的新型供暖空调系统　　黄世芳、张小松、崔海蛟、彭晋卿

6.3　供暖空调系统检测与故障诊断　　杨　强

6.4　供暖空调系统优化运行　　黄世芳、张小松、魏小清、彭晋卿

第7章　长江流域室内热环境营造整体解决方案

7.1　长江流域微气候特征　　姚润明、熊　杰

7.2　建筑供暖供冷负荷特性及能耗需求　　姚润明、喻　伟、李百战

7.3　居住建筑满足能耗限额的技术路径分析　　姚润明、曹馨匀

7.4　技术路径社会环境效益评估　　姚润明、曹馨匀、喻　伟

第8章　长江流域示范工程应用

8.1　长江流域示范工程概况　　李念平、姚润明、杜晨秋

8.2　示范工程项目管理实施　　李念平、李　楠、段姣姣

8.3　示范工程现场监测方法　　王智超、徐　强、石文星

8.4　示范工程数据处理和分析评价　　潘　黎、段姣姣、程　勇

8.5　典型示范工程　　白雪莲、李百毅、宋　强、李金波、魏洪涛

目　　录

扫描二维码可看本书部分彩图。

第1章

绪　论

1.1　绿色发展与建筑节能减排

我国作为世界最大的发展中国家，随着经济的快速发展和工业化、城镇化的加速推进，环境问题逐渐累积显现，出现了发展方式粗放、资源环境不堪重负等问题，给我国可持续发展带来严重威胁。面对严峻的生态环境形势，如何形成节约资源、保护环境的绿色发展方式，是我国发展需要着力解决的问题。2017年，党的十九大报告全面阐述了加快生态文明体制改革、推进绿色发展、建设美丽中国的战略部署。绿色发展是在传统发展基础上的一种模式创新，是建立在生态环境容量和资源承载力的约束条件下，将环境保护作为实现可持续发展重要支柱的一种新型发展模式。

经济和社会的发展主要依赖于能源资源。然而，世界能源储量日渐匮乏，能源供需矛盾日益突出，为了减少能源消耗，中国政府已经提出实施能源消费革命、坚决控制能源消费总量的要求。近年来，由于二氧化碳浓度升高带来的全球气候变化问题，碳排放及大气环境问题已经引起全世界范围的高度关注。中国政府在"2015巴黎气候变化大会"上承诺，中国将于2030年左右使二氧化碳排放达到峰值，2030年单位国内生产总值二氧化碳排放比2005年下降60%～65%。国家领导人在2020年第七十五届联合国大会一般性辩论上提出，中国将提高国家自主贡献力度，采取更加有力的政策和措施，二氧化碳排放力争于2030年前达到峰值，努力争取2060年前实现碳中和（"30·60目标"）。

节能减排通常针对三大领域，包括工业、建筑和交通。建筑能耗通常指建筑运行阶段的能耗（即狭义的建筑能耗），包括供暖、空调、照明、热水、炊事、电器设备等的能耗。建筑领域的节能减排难度大、工作复杂，一是由于建筑能耗的构成要素繁多、涉及面广，需要从多个技术角度入手；二是建筑类型多、南北气候差异大，能耗的影响因素在不同地区对不同类型建筑的影响程度不同，需要分门别类采取措施；三是建筑存量大，建成年代不同，改造面临的困难多（改造目标难以确定、资金渠道不畅通、对居民正常生活干扰较大、不容易被接受）；四是建筑节能效果的实现还有赖于全国人民的行为节能。因此，建筑领域的节能减排任务更加艰巨、紧迫。

近年来，我国社会和经济高速发展，成就举世瞩目。自进入"十三五"以来，我国的城镇化建设进入了一个全面改革的新时期，党的十九大报告进一步提出中国经济已由高速增长阶段转向高质量发展阶段。因此，我国能源消费也随之快速增长，2020年我国能源消费总量约为49.7亿吨标准煤（tce）。随着城镇化发展、城镇人口的增加、人民生活水平的提高、第三产业占GDP比例的加大以及制造业结构的调整，建筑能耗总量及其在社会终端能耗中的比例均将持续提高。对于正处于大规模发展的建筑行业来说，节能减排的任务和压力更大、要求更高；截至 2017 年底，全国民用建筑面积已经超过 643 亿 m^2，若保持当前城镇化速度和建筑节能减排工作模式，到 2030 年，中国民用建筑面积将超过 700 亿 m^2，建筑总能耗将接近 15 亿 tec。因此，建筑节能减排成效将成为决定我国能否实现"3060 目标"的重要因素之一。

1.2 长江流域建筑供暖空调的现状与发展

长江流域是指长江干流和支流流经的广大区域，长江干流自西向东横跨中国西部、中部和东部三大经济区，经青海、西藏、四川、云南、重庆、湖北、湖南、江西、安徽、江苏、上海 11 个省、自治区、直辖市，数百条支流延伸至贵州、甘肃、陕西、河南、广西、广东、浙江、福建 8 个省、自治区的部分地区，总计 19 个省级行政区，流域面积达 180 万 km^2，约占我国国土面积的 18.8%，是具有全球影响力的内河经济区，推进长江经济区发展，对实现"两个一百年"奋斗目标、实现中华民族伟大复兴的中国梦具有重要意义。

按照我国建筑热工设计气候分区，整个长江流域跨越了严寒地区、寒冷地区、温和地区和夏热冬冷地区四大气候区。其中，近 65% 的区域位于夏热冬冷地区，而且整个夏热冬冷地区有接近 75% 的区域属于长江流域的地域范围。本书的相关技术内容重点针对长江流域的中下游地区，也就是夏热冬冷地区进行讨论。

该地区总面积达 180 万 km^2，占国土面积的 18.8%，其人口总数约 5.5 亿，贡献了约 48% 的国内生产总值（GDP），是一个人口密集、经济发达的地区。该地区夏季炎热，冬季寒冷，全年高湿。由于历史原因，长久以来长江流域地区没有实现集中供暖，冬季室内热环境恶劣，室内温度远远低于北方集中供暖地区，2008 年的南方大雪更加激化了长江流域地区冬季供暖的刚性需求。但是，怎么供暖，用什么方式供暖，长江流域能否采用我国北方地区的集中供暖方式进行大面积、不间断的供暖形式，已成为近年来专家、媒体争论的焦点：

（1）长江流域地区在没有适宜的技术支撑和政府有序指导的情况下，如果照搬我国北方地区以及国外的技术路径，未考虑本地区的建筑结构性能、人民生活习惯等，会导致建筑能耗急剧上升，危及我国的能源战略安全，严重影响我国社会经济发展。

（2）长江流域能源结构主要以天然气和电力为主。电力和天然气是高品质能源，直接使用电力或天然气作为热源进行集中供暖，就会造成"高能低用"、能源浪费及碳排放增加。

（3）长江流域地区冬季室外温度在零摄氏度左右，并不及北方地区的严寒程度，且低温持续时间较短，这就导致集中供热设施大部分时间都处于闲置状态，造成集中供热设备折旧与人力成本相对变高。

（4）南方建筑的保温性能远不如北方，并且居民习惯于开窗通风，采用全天连续集中供热时，在室外温度不算太低的情况下，使用者很可能时常开窗换气，将造成大量能源浪费。

因此，这就需要结合我国的能源现状、长江流域气候特征和生产生活习惯等进行深入研究，找到更适合该地区的建筑供暖空调节能技术路径。

1.3 长江流域建筑供暖空调的问题与挑战

"长江流域建筑供暖空调解决方案和相应系统"（项目编号：2016YFC0700300）属科学技术部"绿色建筑及建筑工业化"重点专项项目，主要围绕"建筑节能与室内环境保障"这一方向，研究目标是围绕长江流域独特的气候特征和生产生活习惯特点，结合我国能源消费总量控制节能减排目标及建筑室内热环境改善的民生需求，研发适合长江流域的绿色建筑营造技术、高效的供暖空调产品和系统，提出改善长江流域建筑室内热环境的综合解决方案。

长江流域属高密度人员聚居地区，该地区夏季炎热、冬季阴冷、全年高湿，室内热环境状况恶劣。然而，对于在满足能耗限额要求的前提下改善室内热环境的供暖空调解决方案，目前缺乏对人员工作生活习惯、行为调节方式及热环境定量需求的认知，缺乏与该地区气候特征及多种运行模式特点相匹配的建筑围护结构热工性能指标、构造准则及营造技术体系。加上该地区使用冷辐射末端易结露，现有末端形式难以满足快速热响应的要求，而空气源热泵在长江流域应用存在冬季结霜、能效比低等问题，缺乏针对不同建筑类型的多样负荷分布特征的冷热源及其系统运行调节优化方案和诊断技术。因此，急需发展适宜于该地区的低耗能建筑环境改善技术。

本项目将以定量需求研究为基础，根据气候特征，融合人员行为习惯，研究提升围护结构热工性能、延长非供暖空调时间、降低冷热负荷的综合热环境营造技术体系，开发高效空气源热泵产品和高效舒适供暖空调统一末端装置并实现产业化，以期形成建筑本体、能源设备及末端系统的被动式和主动式有机集成路径及技术，研发关键技术与关键产品，达到实现该地区典型建筑供暖空调能耗限额的目标，并通过示范工程的建设和测试评估集成式技术系统的性能。该成果将有利于为长江流域不同地区室内环境保障与建筑节能的政策、法规、标准及指南的制定提供科技支撑和解决方案，对拓展建筑行业和人们生活改善需求、推动经济发展和改善民生起到促进作用。通过项目的实施，使我国在建筑节能以及环境品质提升等关键环节的技术体系和产品装备达到国际先进水平，为国家宏观决策提供必要的技术支撑，推动我国绿色建筑行业与产业的发展。

针对长江流域气候特征、人们生产生活习惯及间歇用能特点，结合我国"十三五"能源消费总量控制目标及长江流域冬季供暖民生需求，长江流域供暖空调解决方案及相应系统研究要重点解决的三个关键科学技术问题如下：

关键问题 1：结合热环境需求特性和用户使用习惯，提出建筑室内热环境营造定量需求，建立适宜长江流域的延长非供暖空调时间的热环境营造技术体系。

与北方相比，室内人员热舒适调控行为繁杂且瞬态多变，包括开关门窗、调节供暖空调的设定温度等行为，其对建筑热环境及能耗的定量影响数据缺乏、关系不明。前期众多的研究均是通过个案调研建立行为概率模型，无法应用推广。本项目通过构建长江流域建筑室内热环境参数、人员行为及建筑能耗的数据库，建立基于大数据方法的数据分析平台，探明室内人员行为对室内热环境及建筑能耗的定量影响；在此基础上综合考虑人员健康舒适和建筑能耗限额，结合现有建筑技术水平分析，确定热环境改善定量需求，提出各类建筑利用围护结构性能改善及混合通风技术延长建筑非供暖空调时间的策略。研究建筑围护结构热湿传递特性及其对建筑室内热环境的动态影响，不同围护结构体系的热响应时间与长江流域间歇用能模式之间的匹配特性。分地区提出建筑围护结构热工性能需求，分析室外环境参数（温度、湿度、风速、风量、太阳辐射）对"部分时间、部分空间"空调建筑室内热环境的影响，结合人的主观适应性如开关窗、遮阳、机械通风等，建立降低长江流域住宅建筑供暖空调负荷需求的建筑设计方法和通过削峰延长非供暖空调时间的室内热舒适环境营造技术。

关键问题2：新型、高效的长江流域空气源热泵等设备与供暖空调系统性能提升技术研发。

由于长江流域全年气温变化大、湿度高，使用传统空气源热泵易出现压比调节不适应、结霜等问题，针对这些问题，项目组开展了高效空气源热泵及其压缩机压比适应及容量调节技术研究，包括：研究气象参数大范围变化对空气源热泵及其压缩机制冷和制热性能的影响规律并揭示变工况下性能衰减的原因，以及制冷剂喷射、制冷剂泄出、压缩机变转速等技术对涡旋压缩机和滚动转子压缩机及其热泵系统性能的调节机理；研究低温高湿环境下空气源热泵的抑霜与除霜技术；研究材料表面改性对空气换热器表面结霜性能的影响机理和规律及其长效实现方法，以及高效脱霜、热源取得、循环设置及其除霜控制方法；研究不间断供热的高效空气源热泵系统及关键设备、基于溶液喷淋的无霜空气源热泵系统及其关键设备、不同形式基于溶液喷淋的无霜空气源热泵系统的夏季喷水工况的制冷性能和冬季溶液喷淋工况的制热性能，以及三元流体的热质传递设备的优化设计方法；研发新型热源塔空调系统，针对热源塔冬季运行工况，研究基于低压沸腾再生及基于小温差蒸发再生的溶液再生方式；研制一种惯性/静电复合式除液装置；研制热源塔热泵溶液及相应缓蚀剂。

结合该地区间歇式供暖空调方式与设备性能，建立建筑冷热源方案选择定量分析模型，定量分析不同系统形式、不同负荷比下冷热源组合方式的初投资、运行能耗及费用、回收周期等技术经济要素，研究供暖空调系统理想及实际运行特性，提出系统技术优化及改进策略；研究能耗限值给定条件下的建筑供暖空调系统设计流程与方法，编制冷热源选型评估软件；研究供暖空调系统反馈自调节优化运行控制策略，重点研究变流量输配系统定末端压差、变末端压差、定温差控制等变频控制策略在工程应用中的系统运行稳定性与节能性；形成在线式故障诊断专家系统，对各种工程隐蔽故障进行准确识别、判定，研发在线式供暖空调诊断专家系统。

关键问题3：长江流域供暖空调末端性能提升关键技术研发。

长江流域供暖空调冬季采用对流方式供热舒适性差，采用辐射方式供热响应慢，夏季采用辐射供冷易结露、冬夏供暖空调末端难以统一。项目结合室内热环境定量需求、围护结构性能特征、设备与系统运行特性，研究辐射型末端关键技术参数，解决辐射末端应用于长江流域高热高湿地区时的表面结露问题（夏季供冷）；同时针对现有辐射型末端冬季加热时间长、无法适应间歇性供暖需求的问题，研究高性能扁平式热管技术，开发热管阵列辐射供热供冷末端装置，优化辐射供热供冷末端设计，开发新型半导体辐射型一体化产品，攻克辐射型末端热响应时间长的技术障碍；针对目前对流型末端冬季供热舒适性差的特点，结合人体热舒适试验，开展对流型末端送风方式及送风参数优化研究，提出适宜的送风参数（风速、温度、送风方式等），改善对流型末端冬季供热舒适性；研究辐射与诱导送风复合供暖空调末端的室内气流组织形式和热舒适性，在综合考虑围护结构性能、人员行为特征、冷热源设备性能、系统运行调控方式、能耗限值的基础上对复合末端进行设计及运行参数优化，研究辐射与诱导送风复合供暖空调末端与双温冷热水机组的特性匹配，进而研发冬夏统一的辐射与诱导送风复合供暖空调末端装置。

因此，长江流域供暖空调解决方案研究需紧密结合国家能源总量控制，提出建筑在不同运行模式下的室内热环境营造定量需求，研究符合人员行为特征的围护结构、设备、系统与末端等性能优化关键技术，建立适宜长江流域地区的延长非供暖空调时间的热环境营造技术与高效供暖空调技术体系，通过示范带动、产业支撑，形成长江流域热环境改善技术的提升与推广。

1.4 本书主要内容与框架

长江流域供暖空调解决方案及相应系统的研究紧密结合国家能源总量控制目标，重点围绕要解决的三个关键问题，以长江流域典型建筑供暖空调能耗限额为目标，从需求-围护结构-设备-末端-系统等方面分层展开，系统性地研究典型建筑室内热环境营造定量需求、技术路径、关键技术突破与核心产品研发，通过技术集成与示范应用，形成包括室内热环境营造定量需求、围护结构解决方案、通风技术、高性能供暖空调末端与一体化技术及产品、高效冷热源设备与供暖空调系统等在内的室内热环境营造技术体系、关键产品、标准法规、性能监控与评估体系等，建立该地区建筑室内热环境监测与评价长效机制，结合生产线的建立以及示范工程的应用，通过示范带动、产业支撑，形成长江流域热环境改善技术的提升与推广，为技术研发、产品研制及成果推广提供坚实基础，支撑国家宏观决策，保障与改善民生，促进行业发展。

本书后续将全面阐述长江流域建筑热环境低能耗营造的各个环节。

第2章重点介绍长江流域建筑室内热环境的调控行为特征及定量需求。利用社会学调研、空调运行数据远程采集、现场长期追踪测试、实验室生理生化测试等科学的数据收集方法，收集长江流域人员在室活动情况、人员热舒适调控行为、供暖空调使用模式及其能耗、建筑热环境现状及人员热舒适相关的大量基础信息和数据；识别该地区居民为改善在室内环境中的热舒适性所采取的主要调节手段；确定室内热环境营造需求与用户用能行为的定量关系，定量地给出建筑在不同运行模式下的室内热环境营造需求。

第3章主要介绍适合长江流域的建筑围护结构和混合通风技术及方案。基于建筑围护结构热湿传递规律，结合长江流域间歇供暖空调运行模式，分析研究围护结构、混合通风等被动节能技术对供暖空调能耗的影响。构建建筑围护结构体系，建立适宜的围护结构方案与施工工法，并用于指导工程设计；通过应用验证，提出建筑通风运行模式与策略，开发适宜于长江流域典型建筑的混合通风技术与产品；建立以延长非供暖空调时间、降低供暖空调负荷为目标的建筑围护结构和混合通风适宜技术方案。

第 4 章主要介绍供暖空调末端性能改善技术。针对长江流域夏季需供冷、冬季需供暖，冬季对流供热舒适性差，夏季辐射供冷易结露等问题和系统间歇运行需求，通过理论分析、数值模拟、实验研究、产品研发、应用验证及现场测试等方法，开展对流供暖舒适性改善、辐射供冷防结露、供冷供暖末端一体化等技术的研究，研发适用于不同场合的与建筑和冷热源相匹配的新型高效、舒适、防结露的供暖空调末端性能改善技术与统一末端产品，研究统一末端建筑应用方法，并在长江流域的不同类型建筑中进行应用验证，对其应用效果进行评价。

  第 5 章介绍项目研发的高效空气源热泵技术及系列设备。针对空气源热泵在长江流域独特的夏季炎热、冬季寒冷、全年高湿气候下应用存在的夏季制冷能耗大、冬季结霜严重、制热能力不足、能效比低、舒适性差等问题，开展基础和应用研究，突破宽工况范围压缩机的压比适应与容量调节、蒸发器抑霜（或无霜）与除霜、换热器结构与热泵循环优化等关键技术问题，研发适应长江流域部分时间、部分空间的空调使用习惯和独特气候条件的分散高效的热泵型空调器、多联机、无霜空气源热泵技术及系列产品，研发直膨式热泵设备的在线性能测控技术及其产品，从而构建适合长江流域的高效空气源热泵技术体系。

  第 6 章重点介绍供暖空调系统的构建与优化运行关键技术。针对长江流域建筑供暖空调系统设计运行中存在的问题，提出一种以实际能耗目标为导向，面向最终使用效果的建筑节能设计方法；从溶液再生方式、降低飘液率、降低溶液腐蚀三方面攻克新型热源塔热泵系统关键技术，形成其检测方法，搭建检测平台；研发在线式故障诊断专家系统对各种供暖空调工程运行过程中的隐蔽故障进行准确识别、判定，结合运行优化控制，提出系统技术优化及改进策略；研究供暖空调系统反馈自调节优化运行控制策略，提升供暖空调系统运行能效，满足冬夏共用的冷热源设备与系统高效运行需求，研发供暖空调系统运行调控软件。

  第 7 章以需求-围护结构-末端-设备-系统各部分为基础，介绍长江流域室内热环境营造整体解决方案。针对该地区复杂的气候条件，划分出了七种典型微气候特征；对各种气候特征下建筑负荷特性与能耗需求进行了分析；结合前述章节中介绍的典型微气候特征、用能行为模型和热环境需求，通过建筑被动技术的综合应用延长非供暖空调期、降低峰值负荷，同时提升主动空调设备的能效，降低供暖空调能耗，以节能、舒适和经济性为目标进行多目标优化，形成长江流域室内热环境营造技术路径；同时提出了该地区住宅建筑在运营过程中需要使用者注意的问题。长江流域室内热环境营造整体解决方案将极大地有利于该地区在建筑领域的节能减排工作，创造良好的社会效益和环境效益。

  最后，第 8 章进行系统集成及工程示范介绍。在集成项目被动和主动热环境营造技术基础上，提出各类示范工程的技术集成方案与实施方案；基于检测和监测数据，研究示范工程项目室内热环境热舒适与用户满意度、供暖空调设备系统与建筑能耗的现场检测与监测系统关键技术；统筹规划示范工程项目的分类、分步实施，对住宅建筑示范工程的供暖空调技术集成实施效果进行评价，提出各类示范工程的技术集成方案与实施方案，为长江流域建筑供暖空调技术集成化应用及工程实施提供参考和指导。

第2章
室内热环境的调控行为特征及定量需求

随着经济的发展和人民生活水平的提高，人们对室内热环境的要求也在不断提升，因此，对长江流域地区的室内热环境营造应科学合理且具有针对性。为了提出合理的供暖供冷整体解决方案，须充分了解该地区建筑中人员的用能需求及相应行为特征。

由于居住者对住宅使用的自由度很高，在住宅建筑中表现出相对复杂的人员行为特征。人员在室情况就是其中一个例子，不同人群（学龄前儿童、学生、上班族、退休人员等）对于住宅的依赖程度存在较大差别，直接导致了在室时间的差异。此外，与室内热环境和人员热舒适相关的行为特征还包括服装调节行为、开窗通风行为、风扇开启行为以及供暖供冷系统调节行为等。不同地区的气候差异导致居民对热环境调节的行为习惯有所不同，人们对热环境的适应性也随之而异。由于长江流域建筑热环境基础数据不完善，因此，有必要全面了解长江流域居民在建筑内对于热环境调控的主要行为特征及其对热环境的定量需求。

本章首先介绍了对于长江流域供暖供冷问题具有科学性的基础数据收集方法，利用社会学调研、空调运行数据远程采集、现场长期追踪测试、实验室生理生化测试等方法收集长江流域人员在室活动情况、人员热舒适调控行为、供暖空调使用模式及其能耗、建筑热环境现状及人员热舒适相关的大量基础信息和数据。基于相关数据的分析，介绍了该地区居民为改善在室内环境中的热舒适性所采取的主要调节手段，以及考虑该地区人员自适应能力的室内热环境定量需求。

2.1 室内热环境营造基础数据收集方法

社会学方法是研究人行为特征等最基础的方法，但是社会学方法收集到的主要是主观的信息，因此，有必要结合更加客观的测量手段，这就是一种结合社会学及工程技术科学的新型交叉学科研究方法（Socio-tech）。基于 Socio-tech 的方法，本研究对长江流域地区进行大规模调研，同时，一方面对于该地区建筑热环境进行长期追踪测试，得到典型的行为模式，另一方面对大量设备的运行状态实时监控，得到各种典型行为模式的发生规律。此外，为了确定人的热舒适性范围，本研究利用实验室生理生化测试的方法得出适应性机理，并解释其变化规律。通过多角度、全方位的数据采集，可以保证基础数据的可靠性与科学性，为探索长江流域建筑人员行为特征和热环境需求提供了数据支撑。

社会调查（Socio-tech）研究方法的内容体系一般由基本原理和概念、资料收集方法、资料分析和总结三大块组成，其主要流程包括选题、准备、调查、研究和总结，主要方式包括调查研究、实验研究、实地研究和文献研究（详情见表 2-1）。本章节在上述社会调查方法论的基础上进行数据收集方法的确定及实施方案的安排。

社会调查研究的主要方式   表 2-1

研究方式	子类型	资料收集方法	研究的性质
调查研究	普遍调查	统计报表	定量
	抽样调查	自填式问卷	
		结构式问卷	
实验研究	自然实验	自填式问卷	定量
	实验室实验	量表测量	
		结构式观察	
实地研究	个案研究	自由式访问	定性
	参与观察	无结构观察	
文献研究	内容分析	目录索引	定量/定性
	二次分析		
	统计资料分析		
	历史比较分析		

2.1.1 热环境调节行为社会学调研

对于热环境调节行为的数据收集方法，当前已有一些学者进行了研究。例如，Olivia 和 Christopher 等人通过总结各数据收集案例，认为数据收集方法及相应技术的选择应根据建筑性能评价的目的、研究的深度和性质、研究对象的反馈、所需的信息和可供评价的资源来做出。调节行为测试方法分为调研和监测两类，其中调研主要基于对建筑使用者的问卷调查、行为日志、辅以观察和访谈，而监测基于跟踪建筑中人员在室情况和各类设备使用情况。

问卷调查是调研者为了更好地了解和分析问题，以问卷的形式来提出问题并通过被调查对象对情况的真实反馈来掌握一些对自己有用的信息，获得在该地区对该研究领域详细的最新资料。从大的方面考虑，要设计一份相对完善的问卷，需要把握以下几个原则：系统性原则、方便性原则、科学性原则、严谨性原则、趣味性原则。因在设计调查问卷时要保证其科学性和调查结果的质量，故问卷设计的系统性和合理性非常重要。问卷调查是获取大样本居住者行为的常用方法，以一种低侵入性的方式掌握居住者多个层面的信息，且成本低、效益高。问卷调查应用的重点是收集关于调查对象的背景信息（如年龄、性别等）、活动水平、热环境调节行为、供暖供冷方式、能源消耗等定量信息；此外，问卷调查还可收集实验设备无法测试到的数据，如热感觉、服装热阻等。除设置选择性问题之外，调查问卷中半开放和开放式问题的使用也可以收集居住者对热舒适、调节行为和能耗的相关看法和偏好。

本研究在长江流域地区上海、杭州、重庆、成都和长沙等 5 个代表性城市的主城区内，利用随机抽样的方法选取住宅小区进行问卷调研。调研内容包含以家庭为单位的建筑/户型基本情况、在室/通风/风扇/空调等行为信息及建筑室内主观热感觉信息。

根据主城区常住人口比例分配抽样小区数和样本数，并按 50% 的比例预设预备样本。

通过简单随机、分层随机及整群抽样的方法从各个城市总体中获得具有代表性的样本。为了代表每个城市的实际情况，选择了多阶段抽样。采用式（2-1）确定样本量。

$$n = \frac{X^2 \times N \times P \times (1-P)}{(ME^2 \times (N-1)) + (X^2 \times P \times (1-P))} \tag{2-1}$$

式中 n——样本容量；

$\quad X^2$——与期望置信度相关的统计值；

$\quad N$——调研地区的目标人口规模；

$\quad P$——对人口比例的初步估计；

ME——期望的误差范围。

在确定了每个城市的样本量后，为了确保所选调查社区的代表性，需要考虑各个城市内部小区的位置分布。首先，统计各城区内所有小区的基本信息，并利用随机数生成器对其进行编号；然后，随机抽选小区编号，并将其对应的小区作为调研地点。此次调研在每个城市确定了 30 个调研地点，最终选取了 150 个住宅小区作为调研对象，通过现场发放纸质问卷和网上推送电子问卷相结合的方式，对目标住宅小区中的居民进行问卷调研。

在 2018 年 1 月至 2 月和 2018 年 7 月至 8 月分别展开了冬、夏两季的大规模调研。在各城市调研的样本数量如表 2-2 所示，重庆和上海的样本全部采用住宅小区的现场调研，而杭州、成都和长沙的部分样本采用基于电子平台推送问卷的方式，各城市的样本数量均满足了样本量的基本要求。根据统计检验分析得知，网络推送电子问卷与现场发放纸质问卷得到的数据不存在显著性差异，可以认为来自同一总体，故本次调研收集的样本能够满足方案预期的精度和代表性。最终收集了 5 个城市冬、夏两季共 16413 组数据。

各城市实际调研情况 表 2-2

城市	主城区常住人口（万）	冬季实际采样（份）	夏季实际采样（份）
上海	2419.7	2036	1564
重庆	3048.4	2196	1503
杭州	918.8	1716	1552
成都	1591.8	1619	1569
长沙	764.5	1197	1461
总计	8743.2	8764	7649

调查问卷的内容涉及建筑概况、受访者家庭结构、用能行为和通风习惯等相关问题。问卷的第一部分主要包括建筑特点的基本信息，如建筑的建造年代和居住面积、家庭结构和在室时段。根据建筑节能设计标准修订的年份，将建筑建成年代分为"2001 年前""2001-2010 年"和"2010 年后"三组；各家庭结构的确定主要参照了国家统计局的统计数据。问卷的第二部分主要关注人们如何调控室内环境，包括"供暖/供冷的主要方式是什么？""人们是对设备进行调节来控制室内环境的？"以及"空调等供暖供冷设备的设定参数是多少？"等问题。需要注意的是，考虑到住户在不同功能房间中可能会存在不同的行为，我们将住户在卧室和活动区的行为分开进行调查。问卷的第三部分主要询问自然通风行为的相关情况。具体问卷设计流程如图 2-1 所示。此外，在结合文献研究、经过小组访谈后确定的问卷还进行了基于预调研的信度效度检验，以保证问卷中各问题设置的有效

性、准确性和问题之间的相关性。

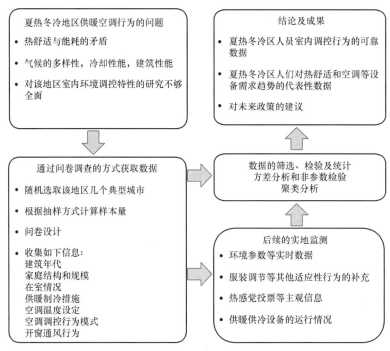

图 2-1　问卷调研设计流程

在本次调研中，还收集了实验仪器无法直接测得的包括服装热阻、热感觉等数据。调查问卷还设计了半开放和开放式问题来收集居住者对热环境现状、热舒适自适应行为和供暖供冷能耗的相关看法及偏好。可以对建筑居住者使用供暖供冷设备的意图和需求进行调查；此外还可以了解居住者对热环节调节行为的有效性评价、对能源消耗的认知情况、对节能政策的态度等。调查问卷所收集到的数据主要用于人员行为和热环境需求的分析。

2.1.2　住户热环境及行为追踪测试

传统的问卷调查方法虽然可以在短时间内获取大量样本来了解用户空调使用行为，但这种方法存在一定的弊端，用户可能无法精确回忆一段时间内空调开关次数、使用时段、设定温度等，空调使用行为发生和环境温度等影响因素之间的关联也难以阐述，且长期反复的问卷追踪调查又会降低用户的参与度，导致问卷调查结果得到的空调使用率和实测存在较大偏差且无法解释。

在过去的 20 年里，热舒适性研究已经从基于实验室的稳定状态研究发展到动态热舒适研究，动态热舒适研究包括横向和纵向现场调研。但大部分横向调研忽略了个人偏好和先前热经历的影响，使用较大的时间尺度研究可能会隐藏热适应动态过程的一些特性，这限制了适应性研究的发展。

为了解释人员行为随环境变化的动态变化特性，更好地了解季节变化对人员动态热舒适性的影响，需要提出一种基于时间和空间依赖的追踪方法，使用更细致的时间尺度来系统地研究人员的热感觉和适应性行为之间的交互作用，探索人员行为更详细的适应性规律，从而全面了解人员的舒适需求，为建筑能源灵活设计和管理提供依据。

追踪测试是在较长一段时间内对特定对象进行连续监测，以深入刻画该对象对于某研究要素的主要特征。对于居住行为的追踪测试可以反映住户在不同季节的特征行为模式和习惯，可由此丰富和完善人员作息及各项用能设备的使用时间表，并了解在不同行为模式下的室内热环境及供暖供冷能耗，进一步应用于室内热环境控制方案的提出。同时，追踪测试针对某一固定建筑或者热环境空间内相对数量较小的一个群体在较长的一段时期内重复地进行热舒适投票，可进一步掌握在室内外热湿环境动态连续的变化下人员室内热舒适和适应性变化特点。

为了准确获取长江流域人员行为模式、建筑热环境及供暖供冷能耗等基础数据，本研究研发了多参数监测装置，对室内外的温度、湿度、CO_2浓度、太阳辐照度、风速、门窗启闭状态、供暖供冷设备电耗等数据进行实时监测（见图2-2）。为确保监测数据的准确性，参考国家相关环境参数监测标准，制定了室内热环境多参数监测技术规范，该规范提出了关于测点布置数量和位置的基本原则等指导性建议。

基于多参数监测装置实时交互所获的数据，采用最新、最流行的 Spring Cloud 分布式框架，创建了多参数监控分析平台（见图2-3）。良好的 Spring Cloud 分布式

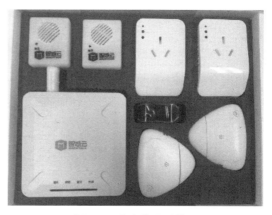

图2-2　多参数监测装置

框架设计保证了服务的稳定性和持续性，具有较高的可靠性。该平台主要用于对人员调控行为、室内热环境及供暖供冷能耗等数据进行实时监测、记录与分析，具有账号管理、产品中心、运营管理、数据管理等模块，以此实现温度、湿度、CO_2浓度、电量等各参数监测数据的实时查询、对比，在线设备的统计和分布显示、设备分布和环境指数、单个设备实时状态和信息、设备使用频率统计、设备故障统计等信息的搜集。

图2-3　多参数监控分析平台

基于多参数监控分析平台及其相应装置，对长江流域内 34 个住宅建筑和 14 个办公建

筑的室内热环境状态进行了为期一年（2017年6月—2018年8月）的长期追踪测试（见图2-4）。由于单纯热环境监测难以反映当时环境中人员的主观感受，因此在监测周期内发放了住户热舒适线下追踪调查问卷，包括关于人员的服装搭配、活动水平、热感觉投票、供暖供冷设备运行情况等问题，总共收集数据8062组。利用客观参数监测和主观问卷相结合收集到的数据构建了热环境营造数据库，由此掌握住户对热环境满意度及调节方式的真实情况。

图2-4　住户追踪测试数据界面

2.1.3　空调设备运行实时数据采集

近年来，以互联网金融为代表的大数据时代的到来，实现了更加客观、更大区域、更多样本、更高效率、更全方位的数据监测与获取。由于问卷调研获取的数据具有一定的主观性，需要辅以监测的方法；而长期追踪监测由于条件限制往往难以同时对大量样本进行数据采集。因此，大数据的方法对长江流域利用大样本识别供暖空调行为模式提供了可能。中国的空调制造商已经可以通过内置于空调器内的传感器在线获取空调器的遥控面板设置参数以及相关空调运行参数，实现了在完全客观、没有任何干扰下对空调用户行为参数的获取。

为获取长江流域空调供暖供冷的使用特性，搭建了空调设备运行监测云平台，获取了长江流域不同城市共计20万台空调的5000万次运行数据，包括柜机、壁挂机的启停时间、设置温度、能耗等信息。空调设备在长江流域覆盖浙江、江苏、上海、安徽、湖北、江西、湖南、重庆、四川等省市。利用智能空调自带的无线网络Wi-Fi模块将空调设备运行数据上传至云端存储服务器，利用监测云平台系统实现对空调开机关机状态、温度设置值、运行模式、风速设置、定时开关状态、风向设置、电量统计（部分机型）、累计使用时长、室内温度、室外温度、电辅热开启状态等运行参数的记录。后台调取原始数据，在终端处理器（电脑）上进行大数据分析，按照设定温度、时间范围、区域范围输出空调开启时室内外温度、开机设置（温度和风速）、运行时长、能耗等数据。该平台利用物联网记录，实现了对于大样本量的实时动态监测；同时具备云端数据存储功能，不占用本地资源，在云端对数据进行快速处理；经过终端处理器分析使分析结果可视化，便于使用者了解设备运行状态，对行为节能提出指导，同时也便于研究人员获取数据进行行为模式的分析。

本研究选取 2016 年 7 月至 8 月、2016 年 12 月至 2017 年 2 月分别为夏季、冬季的研究周期，对它们在大数据监测平台中的原始监测参数按照一定逻辑进行预处理（数据处理流程如图 2-5 所示），最终得到冬、夏季上万条运行数据，再对运行数据和各影响因素之间的关系进行统计分析。

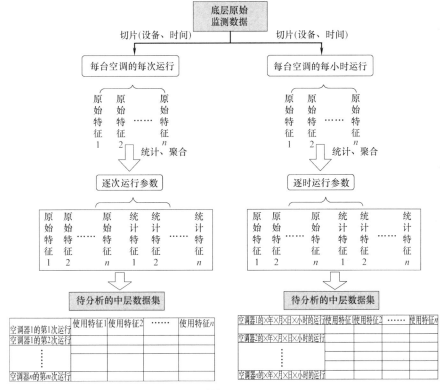

图 2-5　数据处理流程图

2.2　住宅建筑中的人员行为特征

本文中提到的人员行为主要是与室内热环境和人员热舒适相关，以及使用相应的措施和设备提升舒适性的行为，这些行为习惯对群体热环境需求以及相应的用能情况存在较大影响，是研究供暖供冷整体解决方案的基础。建筑中对于供暖空调能耗产生影响的人员行为主要包括人员在室活动情况、热舒适适应性调节行为（如增减衣服、开窗通风、开启风扇等）和供暖供冷使用行为（如供暖供冷形式、使用时间、设置温度、使用模式等）。本节将分别介绍长江流域居民在上述相关行为的主要特征。

2.2.1　人员在室情况

人员在室情况与家庭结构和建筑户型密切相关，因此，通过人口普查和统计年鉴文献的调研对典型家庭结构和建筑户型进行分类，再根据不同的分类提出基本的人员在室模式。

(1) 家庭结构信息

根据 2010 年第六次人口普查数据中提供的家庭户成员数量和成员代数的信息，各家庭成员的世代数如表 2-3 所示，各家庭内的人口数量如表 2-4 所示。夏热冬冷地区家庭成员世代数在四代及以上的家庭占家庭总数的比例不到 0.4%，家庭人口数在六人及以上的家庭占家庭总数的比例不到 10%，占比非常有限。故在本书的相关分析中，仅考虑三代及以内、不超过五人的家庭。

夏热冬冷地区家庭成员世代数 表 2-3

家庭成员世代数	一代户	二代户	三代户	四代及以上户
占比(%)	39.08	47.39	13.19	0.34

夏热冬冷地区家庭人口数规模 表 2-4

家庭人口数	一人	二人	三人	四人	五人	六人及以上户
占比(%)	16.88	25.30	30.33	11.67	6.31	9.51

我国公民法定退休年龄的高限是 60 岁，人口普查数据中也存在"有 60 岁及以上老年人口的家庭户"这一类别的划分，因此本文将年龄为 60 岁作为退休人员和上班族的划分界线。根据人口普查数据，将家庭结构分为六个大类，包括单身上班族、单身退休人员、上班族夫妇、退休夫妇、上班族+学生/幼儿、退休人员+上班族+学生/幼儿。各家庭结构的占比如表 2-5 所示，所列家庭结构类型占家庭总数的 96.37%，几乎覆盖了我国绝大部分家庭结构。

城镇地区家庭结构分类 表 2-5

家庭类型	家庭成员代数	家庭成员人数	家庭结构	家庭户数比例
Ⅰ	1	1	单身上班族	12.72%
Ⅱ	1	1	单身退休人员	3.41%
Ⅲ	1	2	上班族夫妇	16.03%
Ⅳ	1	2	退休夫妇	4.79%
Ⅴ	2	2/3/4	上班族+学生/幼儿	46.59%
Ⅵ	3	2/4/5	退休老人+上班族+学生/幼儿	10.73%
合计	—	—	—	94.27%

(2) 建筑户型结构信息

不同的家庭结构会选择不同户型的住宅进行居住，且在同一户中家庭成员在不同房间的在室情况也存在差异。另一方面，户型特征本身也会影响到建筑负荷特性及供热供冷需求，因此，也需要根据现状提出典型户型结构以便进行能耗分析。按照家庭人口数，将典型户型分为五类，每类户型的建筑面积由该地区的人均住房面积和家庭人口数的乘积决定。各类户型建筑面积的计算参照式（2-2）：

$$S = M \times P \tag{2-2}$$

式中　S——典型户型的建筑面积，m^2；

　　　M——长江流域城镇地区人均住房建筑面积，$m^2/$人；

　　　P——家庭人口数，人。

通过最新的统计年鉴查询到长江流域 8 个主要城市城镇地区人均住房面积和家庭人口数，如表 2-6 所示，得到了该地区城镇人均住房建筑面积约为 $40m^2$。

长江流域主要城市城镇地区人均住房面积和家庭人口数　　　　表 2-6

城市	人均住房建筑面积（m²/人）	平均每户家庭人口数（人）
武汉	35.2	2.66
长沙	45.5	3.03
上海	37.0	2.54
重庆	37.5	3.04
韶关	35.7	3.20
信阳	45.0	3.30
汉中	38.8	3.0
成都	44.1	2.93

注：数据均来自各省、市统计年鉴。

《住宅设计规范》GB 50096—2011 规定由卧室、起居室（厅）、厨房和卫生间等组成的套型，其使用面积不应小于 $30m^2$。利用社会学调研数据和追踪测试数据，根据住宅内客厅、卧室等房间的数量，结合不同户型的建筑面积大小，识别了长江流域住宅建筑的基本户型（见图 2-6），为该地区住宅建筑节能技术路径及区域用能模型的相关研究提供了分析基准。

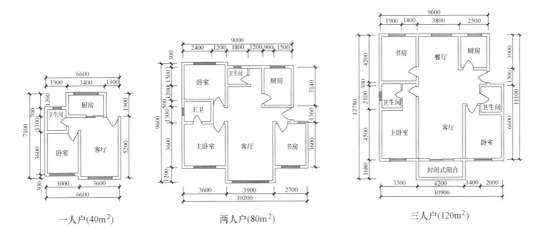

一人户（40m²）　　　两人户（80m²）　　　三人户（120m²）

图 2-6　长江流域地区住宅典型户型（一）

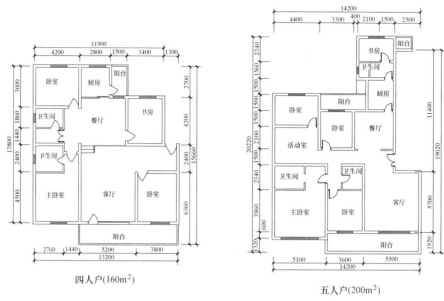

四人户(160m²)

五人户(200m²)

图 2-6　长江流域地区住宅典型户型（二）

（3）人员在室情况

人员在室活动情况直接影响供暖供冷系统的用能模式，对建筑运行能耗有很大的影响，也是模拟计算中必要的输入参数。根据在夏热冬冷地区开展的大规模问卷调研结果，归纳了不同年龄段居住者的在室需求：

① 退休人员卧室的在室时间范围为 22：00—次日 08：00 和 12：00—14：00，起居室（包括客厅及书房）的在室时间范围为 08：00—12：00 和 18：00—22：00。

② 上班族和学生在工作日卧室的在室时间范围为 22：00—次日 08：00，起居室的在室时间范围为 18：00—22：00；在周末卧室和起居室均为全天在室。

③ 幼童卧室和起居室均为全天在室。

根据不同家庭结构的人员构成情况，对不同居住者的在室需求进行组合，得到了 4 种典型家庭结构的在室模式，不同家庭结构对应的在室时间范围表如表 2-7 所示。

家庭住户在室情况　　　　　表 2-7

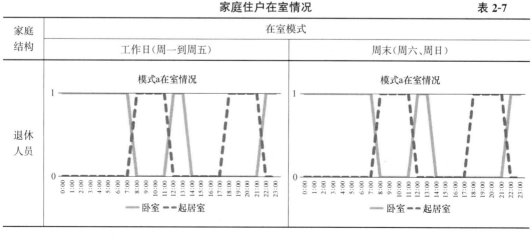

续表

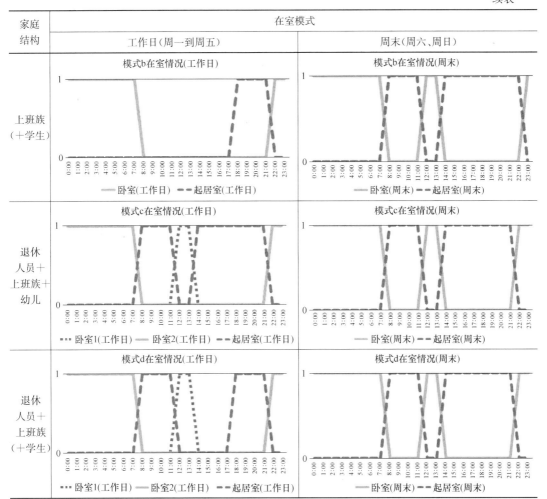

2.2.2　热舒适适应性调节行为

由于长江流域地区一直以来没有设置集中供暖系统，该地区居民长期以来普遍形成了利用增减着装、开窗通风、开启风扇等人员热舒适适应性调节行为。本节将介绍长江流域居民在上述适应性调节行为上的特点。

2.2.2.1　服装调节

在自由运行住宅建筑中，服装调节是居民适应热环境、满足热舒适需求的重要手段，对于居民而言也是最方便、最具个性化的热适应调节手段之一。服装热阻会影响人体与环境之间的换热能力，添加着装将增加人体表面散热热阻，起到保温和阻碍湿扩散的作用。居民利用服装调节来保持人体与外部环境之间的热平衡，调节人体的热舒适性。

通过对夏热冬冷地区典型城市的大范围热舒适调研，图2-7显示了重庆、成都和武汉3个城市的居民在全年不同室内空气温度下服装热阻的变化情况。当室内空气温度较低时，居民的服装热阻随室内温度的降低而升高，但在同样的室内温度下，重庆和成都居民的服装热阻值要高于武汉。这说明即使同在夏热冬冷地区，不同城市居民的服装调节习惯也存在各自的特征。此外，当室内空气温度较高时，居民的服装热阻值基本在 0.3～0.5clo（0.3clo 对应典型服装为短袖和短裤/短裙，0.5clo 对应典型服装为短袖和轻薄长裤）范围内波动且不随室内温度的升高而有明显的减少，这主要是由于夏季人们基本上已经是最少着装，依靠服装调节改善自身热舒适的作用有限。

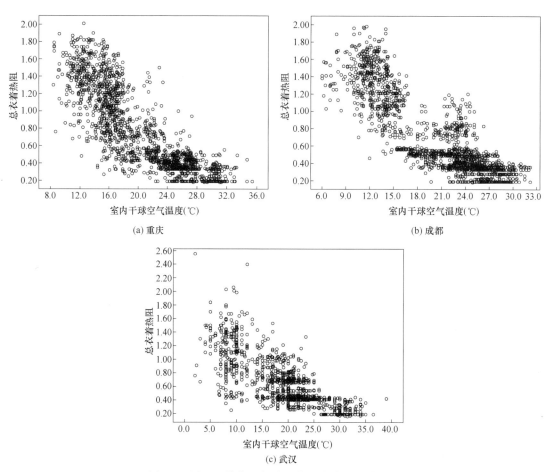

(a) 重庆   (b) 成都

(c) 武汉

图 2-7　居民服装热阻与随室内温度分布的散点图

通过对比夏热冬冷地区和北方地区居民在各月服装热阻的平均值，发现夏热冬冷地区居民在冬季（11 月到 2 月）着装较厚，处于 1.04～1.31clo 之间（见图 2-8），远远高于在同期室外温度更低的北方地区，北方由于有集中供暖，室内热环境较好，居民在室内着装较少；而夏热冬冷地区居民习惯通过添加着装的方式来改善自身在冬季的热舒适感。在过渡季节（3—6 月和 9—10 月），北方没有集中供暖时，居民的服装热阻高于夏热冬冷地区。

空气温度作为行为调节的最重要驱动因素，而服装热阻调节又是行为调节的重要方式之一。不同季节服装热阻调节范围不同，图 2-9 显示了服装热阻随室内空气温度在不同季节的变化关系。可以看到，当室内空气温度逐渐升高时，人们会根据温度变化，选择轻薄衣物，如短袖和短裤等，服装热阻值在 0.3clo；当室内空气温度降低时，人们的着装变化较明显，服装热阻值在 1.1～1.4clo 之间，至少是长袖、长裤加外套的着装。特别是在自

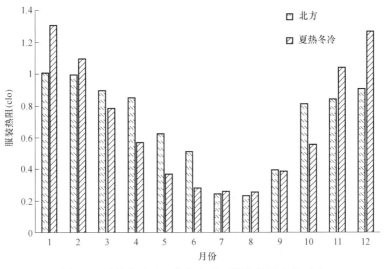

图2-8 夏热冬冷地区与北方地区服装热阻变化对比

适应区（室内空气温度处于13～25℃之间），人们进行服装热阻调节的趋势更为明显。然而，服装热阻的适应性调节具有一定的适用范围。在夏季的相对高温条件（高于25℃）和冬季的相对低温条件（低于13℃）下，达到调节的"限制点"。在这个"限制点"之外，即使温度升高/降低，服装热阻几乎保持不变，服装的适应性调节达到极限。该现象也被一些其他研究所证实。从各个季节的服装热阻平均值也能够看出服装热阻在不同季节的变化关系，由图中数据计算可得，冬季、春季、秋季和夏季的服装热阻平均值分别为1.30clo、0.69clo、0.60clo和0.26clo。可以看到，冬季、夏季和春秋季节的服装热阻平均值存在较明显差异，春季和秋季的服装热阻平均值差别不大，这与春秋季节的室内温度大多处于自适应区域有关。

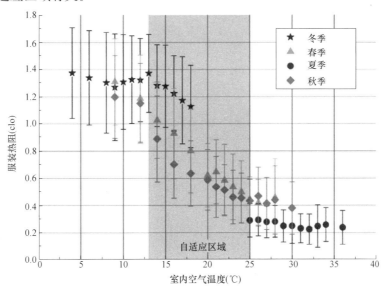

图2-9 服装热阻随室内温度在不同季节的变化关系

2.2.2.2 开窗通风行为

开窗自然通风是长江流域中下游地区住宅建筑使用者改善室内热环境的最为普遍且有效的措施。但人员开窗行为受到较多因素的影响,家庭人员在室情况、住户在建筑中所处的位置、季节、时段、室外天气、空气质量等都会影响人员开窗行为的发生概率。

(1) 全年不同季节和时段的开窗行为特性

从上述分析可知,居民开窗与季节有显著的相关性,因此,统计了重庆10户住宅卧

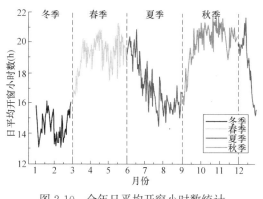

图2-10 全年日平均开窗小时数统计

室一年每天的开窗小时数。图2-10给出了不同季节下10户住宅日均开窗小时数。在过渡季节,由于室外温度室外气温适宜,居民的日均开窗时长达19h左右,而在冬季由于室外气温较低,居民的开窗小时数显著降低,在13~15h。夏季6月至8月随着室外温度的逐渐升高,日均开窗小时数逐渐降低,在14~19h范围内波动。总体来讲,过渡季每日开窗通风时间最长,冬季每日开窗通风时间最短,而夏季随着室外温度的升高,居民可能借助空调设备等改善热舒适,因而选择关闭窗户,导致日均开窗小时数逐渐降低。

通过大样本调研的数据,统计了该地区居民不同季节开窗行为发生的比例(见图2-11)。对于春季、夏季和秋季,居民选择经常开窗的比例较高,在25%~30%,其中夏、秋季节的比例更高,居民更倾向于在该季节利用开窗通风改善室内热环境。相比之下,由于冬季室外温度较低,居民大多选择关闭外窗来维持一个相对较高的室内空气温度,经常开窗的比例低于20%;而此时居民选择偶尔开窗和几乎不开窗的比例显著增加,分别达到36%和42%。室外季节性天气变化是影响室内人员开窗行为的一个重要因素,在适宜的室外天气条件下居民更倾向于开窗自然通风,而偏低的室外空气温度会导致居民关闭窗户。因此,过渡季节通过开窗通风可以有效改善室内热环境,提高室内人员的热舒适度。在夏季温度不高的情况下,适当地开窗通风可以减少对于空调的依赖,延长非空调时间,从而降低夏季空调能耗。

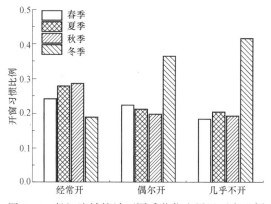

图2-11 长江流域统计不同季节住宅居民开窗比例

进一步对居民在一天时间内开窗通风的主要时段进行分析，图 2-12 统计了问卷中重庆地区居民选择在各个时段开窗通风的样本数占总样本的比例。需要说明的是，调研问卷中居民可以选择多个开窗通风时段，因而累计所有时段的开窗比例大于 1。如图 2-12 所示，多数居民有上午开窗的习惯，其比例达 70%；而习惯下午和晚上开窗的比例接近，约为 50%；并有 45% 的居民具有全天开窗通风的习惯。总体来看，该地区住宅建筑居民普遍具有开窗通风的习惯，全天各时段开窗通风的比例都较高。

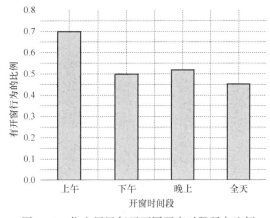

图 2-12　住宅居民每天不同开窗时段所占比例

对于杭州地区全天不同时段开窗情况同样进行了问卷调研，图 2-13 分别分析了卧室和客厅在各季节典型日的开窗比例。对比四季开窗行为发现，整体上冬季开窗比例较其他季节低，其中卧室的逐时开窗比例在 30% 以下，客厅略高，在 40% 以下。冬季开窗的主要时间在早晨 9 点至 11 点，以及夜晚 18 点至 22 点，凌晨睡觉时窗户基本都关闭。春秋两季卧室在 7 点至 19 点的逐时开窗比例均较高，在 50%~70%，23 点至 6 点的开窗比例急剧下降，这说明当地居民还是习惯于睡觉时关窗。和卧室的情况类似，春秋两季客厅在 7 点至 19 点的逐时开窗比例也比较高，23 点至 6 点的开窗比例稍高于卧室。夏季尽管室外温度很高，但当地居民仍然有开窗的习惯，7 点至 19 点的逐时开窗比例在 50% 以上，23 点至 6 点的开窗比例下降至 20%~30%。夏季开窗比例很高，这主要与该地区居民长期以来养成的生活习惯和思想认识有关。

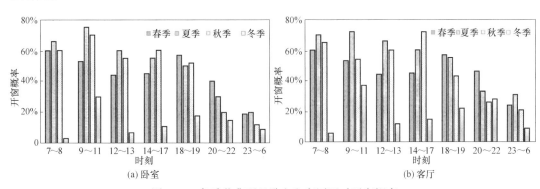

图 2-13　各季节典型日卧室和客厅逐时开窗概率

从图 2-13 可以看出，该地区居民在全天不同时段都有较高的开窗率，在供暖供冷设备运行时，开窗行为会降低设备运行效率，引起不必要的能源浪费。因此，合理引导该地区居民的开窗通风习惯，对于该地区改善室内热环境、提高供暖供冷效率、实现住宅建筑节能具有重要的意义。

（2）室外温度对开窗行为的影响

室内外温度变化是居民开窗通风的主要驱动因素。由前述分析可知，该地区住宅建筑全年基本处于自然通风状态，室内外温度有着较强的相关性。因此，以室外空气温度为预测变量，以某一温度下调研获得的窗户开启的样本数和总样本数的比例作为因变量，分析该地区住宅建筑全年不同季节开窗率随室外空气温度的变化规律。如图 2-14 所示，当冬季室外空气温度从 2℃ 升高到 17℃ 时，居民的开窗率从 0.3 升高至 0.8，开窗率在一个较大区间内变化，随着室外温度的升高，居民开窗率逐渐增加。夏季室外温度较高，居民的开窗率也较高，且随室外温度变化不显著，开窗比例在 0.85～0.95 之间波动。另外，秋季的开窗率一般比春季高。式（2-3）同时给出了开窗率 P 随着室外空气温度 x 变化的逻辑回归模型，其中模型拟合 R^2 为 0.92，拟合度较好，表明住宅建筑居民的开窗率与室外空气温度变化有着显著的相关性。但图 2-14 显示，当夏季室外温度极高时，居民的开窗率又略有下降，这可能是由于当室外温度继续升高时，通过开窗通风已经难以满足改善室内热环境的需求，此时居民更倾向于利用空调供冷来改善室内环境的热舒适性，部分居民开启空调后自然导致该温度下整体开窗率有所降低。

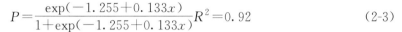

$$P = \frac{\exp(-1.255+0.133x)}{1+\exp(-1.255+0.133x)} \quad R^2 = 0.92 \tag{2-3}$$

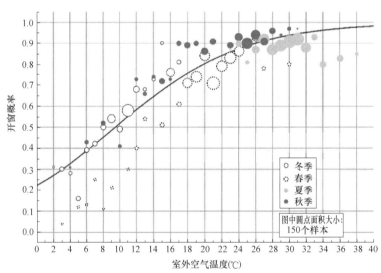

图 2-14　不同季节开窗比例随室外空气温度的变化

（气泡大小表示某一温度下的样本数量）

（3）室内二氧化碳浓度对开窗行为的影响

住宅全年不同时期的开窗数据可以分为过渡季、夏季自然通风时段、夏季空调时段、冬季四个时期，选择室外温度、室内温度、室内二氧化碳浓度和开窗时段（上午、下午、晚上）作为影响因素，分析每个时段下影响开窗的关键因素并建立开窗模型。

首先分别采用室内外温差和室内二氧化碳浓度为预测变量建立 Logistic 模型，预测卧室窗户开启行为发生的概率，将时段作为哑变量引入模型，其结果仅用于判断不同时段下开窗概率是否有差别。室内外温差的绝对值和室内 CO_2 浓度的显著性水平小于 0.05，说明过渡季这两个因素对居民开窗概率有显著影响，而对时段的统计检验表明各时段开窗行为没有显著差异。因此，对于过渡季节的开窗预测，进一步建立涵盖室内外温差和室内二氧化碳浓度的多参数 Logistic 模型。

该模型的因变量为窗户状态（0＝窗户关闭，1＝窗户开启），数值变量为室内外温差的绝对值（℃）和室内二氧化碳浓度（ppm），哑变量为时段（0＝早上，1＝下午，2＝晚上）。以室内外温差的绝对值和室内二氧化碳浓度为预测变量建立 Logistic 模型，预测卧室窗户开启行为发生的概率 P：

$$P = \frac{\exp(\alpha + \beta_1 X_1 + \beta_2 X_2)}{1 + \exp(\alpha + \beta_1 X_1 + \beta_2 X_2)} \tag{2-4}$$

式中 X_1——室内外温差的绝对值，℃；

$\quad\quad X_2$——室内二氧化碳浓度，ppm；

$\quad\quad \alpha$——模型常数项；

$\quad \beta_1$、β_2——模型系数。

通过模型回归，室内外温差绝对值和室内 CO_2 浓度回归模型显著性水平小于 0.05，表明过渡季节室内外温差和室内二氧化碳浓度显著影响住宅卧室室内人员的开窗概率。且回归系数分别为 0.193 和 0.0039（大于 0），表明过渡季住宅卧室开窗概率随着室内外温差绝对值和室内二氧化碳浓度的升高而升高。可见过渡季室内外温差和室内二氧化碳浓度对卧室开窗行为的发生有正向作用。

通过类似方法，得到夏季和冬季开窗行为模型回归结果。为进一步对比各个季节的开窗率差异，综合上述多参数回归模型，以开窗率为纵坐标，以室内二氧化碳浓度为横坐标，同时以不同时段作为区分变量，图 2-15 给出了在给定室内外温差（2℃）调节下，不同季节、不同时段下的开窗预测模型。从图 2-15 可知，当室内外温差为 2℃，时段为上午和晚上时，同样的室内二氧化碳浓度水平下，过渡季和夏季自然通风环境下的开窗率显著高于冬季和夏季空调环境下的开窗率。冬季开窗率低的主要原因是室外空气温度一般较低，人们开窗的主观意愿不强，而夏季空调开启前人们一般会关窗防止室外热空气进入室内，只有当室内二氧化碳浓度过高，引起人们的不适感时，卧室外窗的开启概率才会增加。由图 2-15 可知，当室内外温差为 2℃，时段为下午时，住宅卧室开窗率依次是过渡季＞夏季自然通风环境＞冬季＞夏季空调环境。这一结果可为后期住宅人员开窗行为预测和引导提供一定的指导，也为进一步准确预测该地区人员开窗行为、进行精细化住宅建筑能耗模型提供了技术支撑。

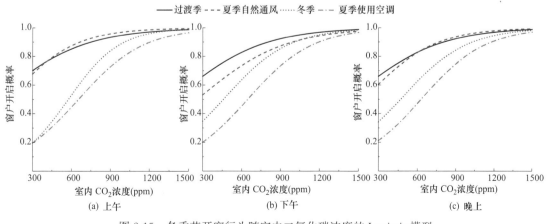

图 2-15　各季节开窗行为随室内二氧化碳浓度的 Logistic 模型

2.2.2.3 风扇使用行为

根据人体与周围环境之间的热平衡关系，提高风速可以增强人体与环境之间的热交换强度，在夏季可以利用该原理改善人员的热舒适性。

风扇是居民提高室内风速的主要调控手段，对杭州地区风扇、空调和取暖器使用比例随室外温度变化情况进行了问卷调研，图 2-16 分析了设备的使用比例与室外温度的关系。设备使用比例的定义为某温度下使用该设备的房间数与被调研房间数的比值。统计发现夏季室外气温 32℃ 以下住户主要使用电风扇来调节；当室外气温高于 32℃，住户主要使用空调来进行温度调节，其使用比例超过 50%，且温度越高，空调使用比例越大。冬季，当室外温度在 12~14℃ 时，开始使用空调；当室外气温低于 9℃，空调使用率开始超过分散式取暖器。

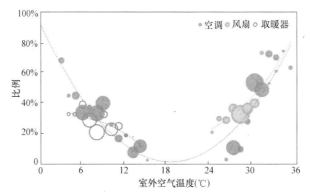

图 2-16　空调、电风扇和取暖器的开启概率与室外温度的关系

通过大样本调研统计得到整个地区风扇使用比例随室内空气温度的变化如图 2-17 所示。根据人们的使用习惯，风扇主要在夏季的使用频率较高，在秋季也表现出不同的使用模式。冬季和春季风扇使用比例几乎为零。同为过渡季节，秋季使用风扇的比例较春季高，在秋季室内空气温度高于 20℃ 时，会有居民使用风扇，风扇使用比例约为 0.1。在夏

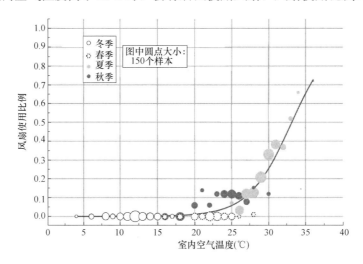

图 2-17　风扇使用与室内空气温度的比例
（气泡大小表示某一温度下的样本数量）

季，当室内空气温度在 25～36℃ 变化时，风扇使用比例在 0～0.7 之间变化，并与室内空气温度有很强的相关性。可以看到，当室内空气温度超过 25℃ 时，风扇的使用率随温度升高迅速增加，表明利用风扇增强室内空气流动是该地区居民在夏季改善室内环境热舒适性的有效手段之一。采用逻辑回归方法对居民使用风扇的比例 P 和室内空气温度 x 的关系进行拟合，得到式（2-5）中的全年数据回归曲线，其中模型拟合 R^2 为 0.98，拟合度较好，表明该地区居民在偏热环境中具有使用风扇的习惯，可以有效改善偏热环境中的人员热舒适，从而降低对夏季供冷的需求，延长非空调时间。

$$P = \frac{\exp(-11.354 + 0.343x)}{1 + \exp(-11.354 + 0.343x)} \quad R^2 = 0.98 \tag{2-5}$$

居民通过主动调节室内风速来满足自身热需求：当冬季室外温度较低时，居民的关窗比例最高；当夏季室内温度高于 25℃ 时，居民则更多的依赖风扇。这些适应性行为导致室内的风速在夏季最高，而冬季最低。

2.2.3 供暖空调用能行为

2.2.3.1 供暖供冷方式

（1）供暖方式

大规模调研统计显示，该地区冬季有约 63% 的居民会在卧室供暖，有约 43% 的居民会在起居室供暖（见图 2-18）。针对冬季使用供暖的住户，表 2-8 统计了各种供暖方式使用的比例。该地区的住宅建筑没有采用集中供暖，但供暖形式多种多样，大部分住户家中同时装有 2～4 台空调，在卧室使用空调供暖的住户占 63%，在起居室使用空调供暖的住户占 58%。除空调之外，还有暖风机、油汀、小太阳等其他分散式供暖设备，但使用比例均较低，分别在 1%～14% 之间。

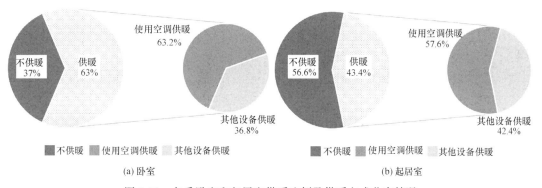

(a) 卧室   (b) 起居室

图 2-18 冬季卧室和起居室供暖比例及供暖方式分布情况

冬季住宅建筑中供暖设备情况		表 2-8
供暖设备/方式	卧室	起居室
空调	63%	58%
地暖	3%	4%
油汀	6%	6%
散热器	3%	4%

供暖设备/方式	卧室	起居室
小太阳	5%	14%
暖风机	4%	5%
电热毯	13%	1%
其他	3%	9%

（2）供冷方式

通过大规模调研得到夏季室内环境调控方式主要集中于空调和风扇（图2-19），空调和风扇在长江流域城镇住宅建筑中的使用比例远高于其他纳凉行为。并且，在未来一段时间内，空调仍将是居住建筑供冷的主流设备。

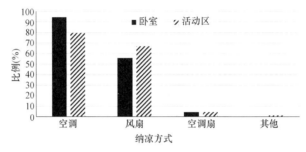

图 2-19 卧室和活动区中各种纳凉方式使用的比例

分析实地调研数据发现，夏季卧室空调设备以分体壁挂式为主，占 68%；中央空调占 20%；其他类型为分体柜式和窗式。客厅空调以分体柜式和分体壁挂式为主，分别占 37% 和 32%；中央空调占 25%。除空调之外，各户家中普遍使用电风扇来改善热舒适性。统计数据表明，平均每户拥有 2.5 台电风扇，其中 27.9% 的住户拥有 4 台以上的电风扇，11.5% 的住户拥有 3 台电风扇，47.5% 住户拥有 1~2 台电风扇。

2.2.3.2 供暖供冷周期及运行时间

根据大规模问卷调研结果，统计了住户冬夏两季各月空调的使用比例（见图2-20）。定义各月份空调的使用比例为使用空调的家庭数与总样本量的比值。相对于冬季供暖，夏季制冷的住户使用比例更高。6月中下旬，使用空调的住户比例急剧上升，7月初至9月初的空调使用比例可达70%以上，9月中下旬开始空调的使用比例逐渐下降，至10月开始住户比

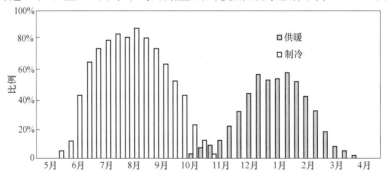

图 2-20 冬夏两季空调使用比例

例降至50%以下。冬季供暖高峰在12月中旬至2月中旬，住户比例在40%～60%。

在整个地区的供暖供冷期内，利用成都、重庆、上海46户典型住宅的长期测试对于实际的供暖供冷时间进行了分析。根据设备功率变化可以判断空调器开启/关闭时刻及空调器的运行状态，由此可得到本次实测住宅冬夏两季空调器运行时间（见表2-9）。

测试空调器实际开启时间汇总　　　　　　表2-9

城市	2019 年夏			2020 年夏			2019—2020 年冬		
	首次开启	最后关闭	开启天数	首次开启	最后关闭	开启天数	首次开启	最后关闭	开启天数
成都	4/24	10/11	35.31	4/29	9/12	39.17	11/18	2/22	22.77
重庆	4/25	10/28	65.86	4/19	9/20	62.83	11/7	3/7	22.14
上海	4/23	10/4	41.27	6/3	9/11	47.75	11/28	2/17	15.6

三个城市气候条件不同，空调器首次开启和最后关闭时间有所差异，与规范规定的供暖空调计算期相比有不同程度的提前和延后，延长1～2个月，实际运行过程中，空调采用部分时间部分空间的使用模式。

利用空调运行监测云平台的数据对夏季7—8月的空调供冷总时长与冬季12月、1月与2月的空调供暖总时长进行了统计。如图2-21所示，在重庆地区，空调在夏季的使用时长明显大于冬季，且无论冬夏，卧室空调的使用时长均大于客厅空调，其中，在夏季，有接近50%的卧室空调的总运行时长超过了400h，其中有超过20%的卧室空调的总运行时长超过了700h；约50%的客厅空调的总运行时长都超过了200h，其中有约25%的客厅空调总运行时长超过了400h。而在冬季，有约50%的卧室空调的运行总时长都在50h以下，有约50%的客厅空调的总运行时长都不足15h。

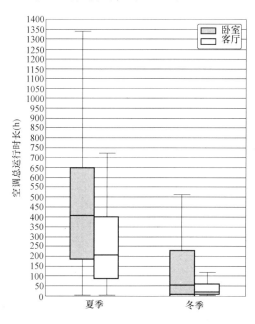

图2-21 空调器夏季与冬季总使用时长的箱线分布图

（1）空调供暖开启时间

对空调设备运行监测云平台在重庆地区的监测数据进行大数据分析，图 2-22 和图 2-23 分别展示了冬季卧室与客厅空调开启动作瞬间所处时刻的分布情况与关闭动作瞬间所处时刻的分布情况，从图中可知：

① 卧室空调供暖

开启时刻：工作日在早上 08:00—09:00 和夜间 20:00—21:00 出现开启的高峰点，其中在早高峰开启空调发生的频率约为晚高峰的 50%；节假日在早上 08:00—09:00、中午 13:00 和夜间 21:00 出现开启的高峰点，其中早高峰与午高峰开启空调发生的频率分别约为晚高峰的 60% 与 50%。节假日与工作日相比，中午 13:00 会出现开启高峰，且夜间的开启高峰晚了 1h 左右。

关闭时刻：工作日在早上 08:00、下午 3:00 和夜间 22:00 出现关闭高峰，其中晚高峰关闭空调发生的频率最大，早高峰、下午高峰分别约为晚高峰的 70% 与 30%；节假日在早上 09:00—10:00、下午 5:00 和夜间 22:00 出现关闭高峰，其中晚高峰关闭空调发生的频率最大，早高峰、下午高峰分别约为晚高峰的 70% 与 40%。

② 客厅空调供暖

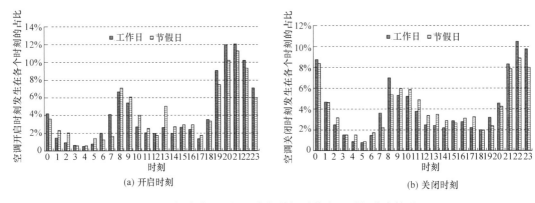

图 2-22　冬季卧室空调开启与关闭动作发生时间分布情况

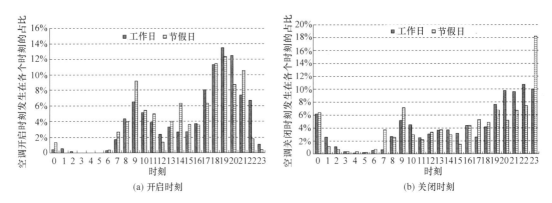

图 2-23　冬季客厅空调开启与关闭动作发生时间分布情况

开启时刻：工作日在早上 09:00 和晚上 19:00 点会出现开启的高峰点，其中早高峰开启空调发生的频率约为晚高峰的 50%；节假日在早上 09:00、中午 14:00 和晚上

7:00 会出现开启高峰点，其中早高峰与午高峰开启空调发生的频率分别约为晚高峰的 70% 与 50%。

关闭时刻：工作日在早上 09:00 和晚上 20:00—22:00 间会出现关闭空调的高峰点；节假日在早上 09:00 和晚上 11:00 出现关闭的高峰点。两者的早高峰关闭空调发生的频率都仅为晚高峰的 40%～50%，节假日在晚上关闭的高峰比工作日有明显推迟的趋势。

（2）空调供冷开启时间

同样的，图 2-24、图 2-25 给出了夏季卧室与客厅空调开启和关闭的时间分布情况：

① 卧室空调供冷

卧室工作日中午 12:00—13:00 和晚上 21:00—22:00 会出现空调开启高峰，且中午空调开启频率仅为晚高峰的 50%，而节假日晚高峰比工作日推迟 1h 左右。相比，工作日早上 06:00—08:00 是关闭空调的高峰点，而节假日相比工作日早高峰一直延续到早上 10:00。

② 客厅空调供冷

客厅中午 11:00—12:00 和晚上 6:00—8:00 会出现开启的高峰点，午高峰开启频率约为晚高峰的 80%，而节假日的午高峰比工作日提前 1h，晚高峰更集中于 20:00。相比，空调在工作日早上 07:00、中午 13:00 和夜间 22:00 出现关闭高峰，其中夜间最高，早上

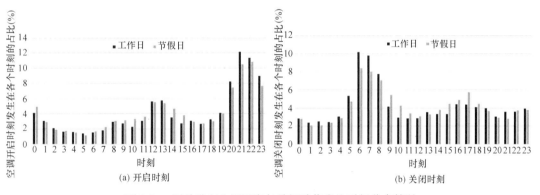

图 2-24　夏季卧室空调开启与关闭动作发生时间分布情况

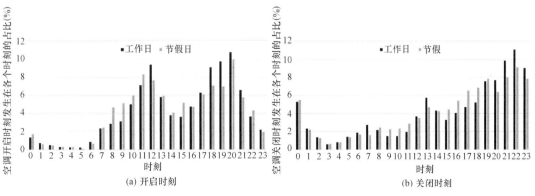

图 2-25　夏季客厅空调开启与关闭动作发生时间分布情况

和中午的频率依次为晚高峰的 25% 与 50%。而节假日在早上 8:00、中午 13:00、晚上 7:00 和夜间 10:00 出现关闭空调的高峰点，其中晚上最高，早上、中午和夜间发生频率依次为夜间的 25%、50% 与 85%。

通过空调运行大数据分析重庆和上海不同室外温度下空调开启的比例，如图 2-26 所示。重庆住宅冬季空调使用率在 10% 左右，而夏季空调使用率在 60% 左右，在日平均气温大于 25℃ 之后，空调使用率逐渐上升。相比，上海冬季空调使用率在 30% 左右，而夏季使用率在 40%~50%，过渡季使用率较低，介于 0~10% 之间，整体呈 U 形分布。总体上看，重庆和上海夏季空调使用率都随着室外温度升高显著增加，但重庆地区的使用率要高于上海。相反，冬季随着室外温度的降低，其空调使用率逐渐增加，但重庆整体较低，而上海使用率较高，这可能与两个城市的气候（室外温度）、经济发展、人员生活习惯差异等有关，这些因素都会显著影响其空调能耗。

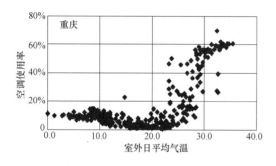 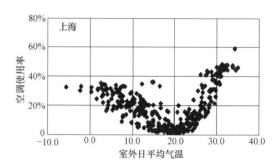

图 2-26　空调器逐日开启率与室外温度的关系

夏季空调器的运行时间段主要集中在中午、晚上和夜间，冬季空调器运行的时间段主要集中在晚上，冬季相比于夏季，用户在晚上睡前有关闭卧室空调的倾向，在早上起床后有开启空调的倾向。

图 2-27 给出了空调运行大数据得到房间空调器冬季每次开启的运行时长。冬季卧室和客厅房间空调器的单次运行时长在 3h 以内的占 70% 左右，其中运行时长在 1h 以内的占比超过 1/3，单次运行时长的中位数都处于 1~2h 之间。

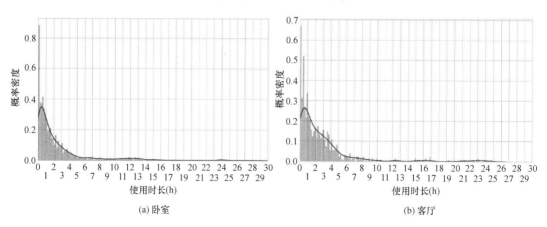

(a) 卧室　　　　　(b) 客厅

图 2-27　冬季空调器单次运行时长分布图

同样，图 2-28 给出了夏季的运行时长分布情况。夏季空调单次运行时长的分布高于冬季，夏季单次使用 3h 以内的占比在 45%～60%，单次运行时长在 1h 以内的比例超过 1/3。其中夏季客厅的运行时长整体上低于卧室，卧室空调单次运行时长的中位数为 3.6h，而客厅空调为 2.3h，其中夏季卧室单次使用大于 4h 的占比接近 50%。使用情景多为短时间的间歇使用，但夏季的卧室空调呈明显的双峰分布，单次运行时长在 0～1h 与 8～9h 的概率较大，说明在夏季卧室空调的运行长时间内连续运行的可能性较大，为了进一步分析双峰的差异，分别将夏季卧室空调单次使用时长在 0～1h 与单次使用时长在 8～9h 的运行次挑选出来，并将其开启时刻的计数分布表现在图 2-29 中，可以发现：对于运行时长在 0～1h 的单次运行，开启时刻较为分散，早上 08:00、中午 13:00、下午 4:00 和夜间 21:00 都是较为集中的开启时刻，这说明夏季卧室空调的短时运行在多个时刻都有较大可能发生；而对于运行时长在 8～9h 的单次运行，其开启时刻主要集中在夜间 22:00 及其以后，这说明在夏季卧室空调长时间连续运行的主要情景模式为用户在夜晚睡觉期间将空调持续开启。

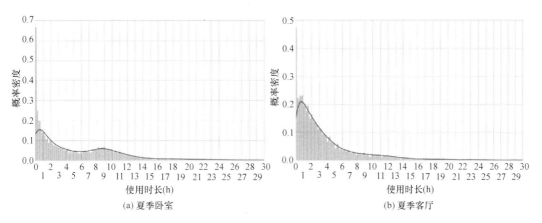

图 2-28 夏季空调器单次运行时长分布图

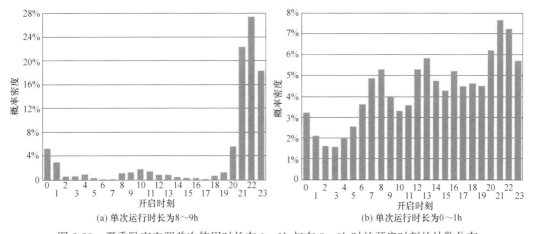

图 2-29 夏季卧室空调单次使用时长在 0～1h 与在 8～9h 时的开启时刻的计数分布

在冬季，无论客厅还是卧室，空调器单次运行均以短时间（0～1h）运行为主，单次运行时长在 3h 以内的占比达到 70%，单次运行时长的中位数在 1～2h 之间，而夏季既存在短时间运行也存在长时间运行，单次运行时长在 2h 以内的比例超过 1/3，同时卧室空调单次运行超过 4h 的比例接近 50%。

2.2.3.3 空调供暖设置温度

温度设定值对供暖能耗有显著影响。采用大数据空调云平台统计了长江流域 9 个典型省份某品牌空调挂机数量，其中冬季监测空调挂机 36947 台，夏季监测挂机 44130 台。进一步计算夏季供冷和冬季供暖情况下各个设定温度占总计样本的比例分布，如图 2-30 所示（注：一台空调设置多个温度，计算比例时按照多台统计，故所有温度设置累计比例大于 100%）。无论是冬季和夏季，监测到的空调设定温度均在 26℃ 的比例最高，冬季比例达 30.4%，夏季比例达 34.6%，而其他空调设定温度所占比例均低于 15%，表明该地区居民无论是供暖还是供冷，使用空调时都倾向于设定 26℃。相比冬夏季空调各个设定温度分布差异，夏季供冷情况下空调设定温度在 27℃ 和 28℃ 所占比例也比较高，约为 15%。分析其原因，由于该地区居民空调使用存在"部分时间、部分空间"特点，空调设定温度不能代表真实室内热环境状况，冬季设定 26℃ 可能是由于使用空调供暖初始阶段，室内温度较低，居民迫切追求短时间内室内快速升温、达到热舒适需求所致。而夏季由于挂机主要安装于卧室，使用多在晚上睡眠时间，因此部分居民考虑舒适性和节能型，倾向于设定高于 26℃ 的温度。

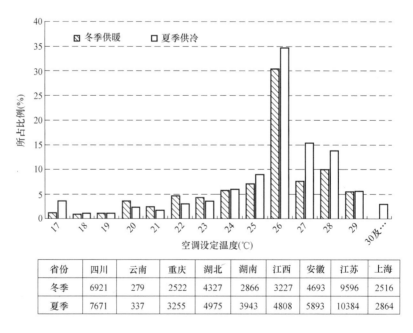

省份	四川	云南	重庆	湖北	湖南	江西	安徽	江苏	上海
冬季	6921	279	2522	4327	2866	3227	4693	9596	2516
夏季	7671	337	3255	4975	3943	4808	5893	10384	2864

图 2-30　空调云平台监测空调设定温度分布（冬季，$n=36947$；夏季，$n=44130$）

（1）供暖设置温度

利用空调运行大数据，将冬季空调单次运行过程中最高设置温度分别在 17~30℃ 时，该次运行设置温度倾向值的分布表现在图 2-31 中。可以发现，无论最高设置温度如何，用户在这次运行过程中，使用时间最长的设定温度就是最高设置温度，说明用户在冬季空调的调节需求较弱，大多数用户在冬季某次空调运行过程中设定了一个温度值之后就不会再去改变设定温度。

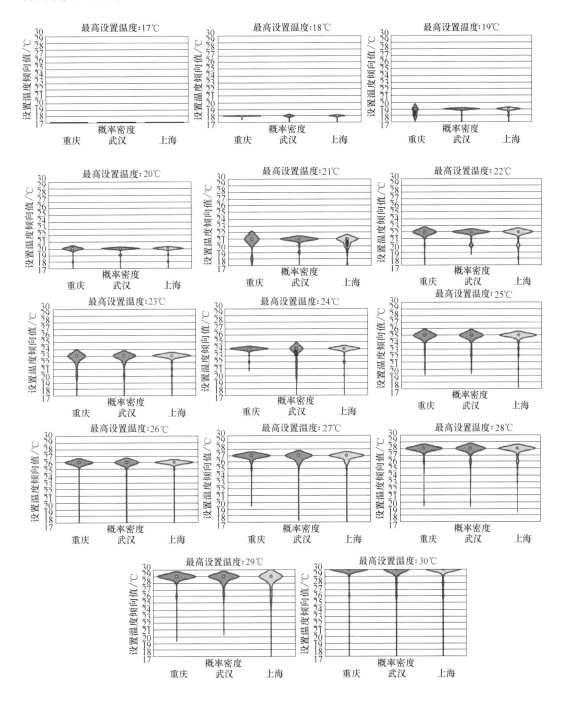

图 2-31　冬季单次运行时最高设置温度分别为 17～30℃时该次运行的设置温度倾向值分布

（2）供冷设置温度

同样，图 2-32 给出了夏季情况。当最低设置温度处于不同区间时，用户对设置温度的需求差异较明显：当最低设置温度小于 26℃时，用户使用时间最长的设定温度概率明显大于最低设置温度的概率，说明当最低设置温度小于26℃时，用户的调节行为整体上比最低设置温度大于26℃时更强。

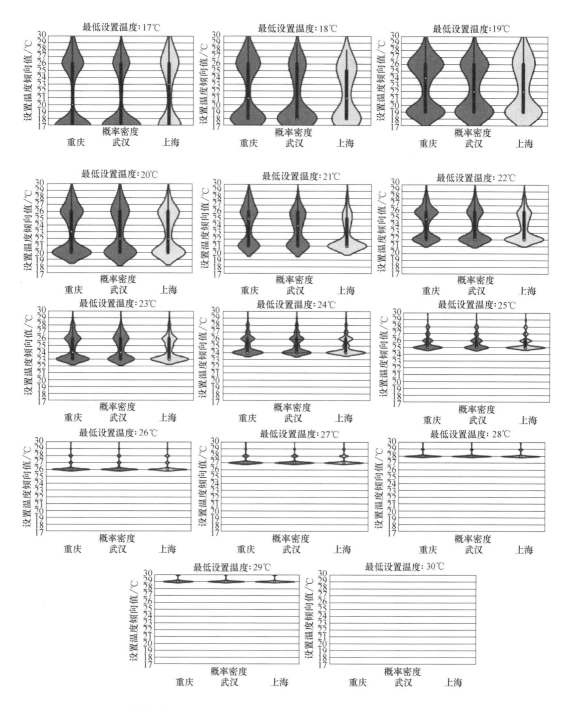

图 2-32　夏季单次运行时最低设置温度分别为 17～30℃时该次运行的设置温度倾向值分布

从上述结果可以推断出，26℃作为房间空调器在夏季的默认设置温度，在调节行为习惯的划分上同样是一个明显的临界值。当空调在一次使用过程中，设置的最低设置温度低于 26℃时，这次运行过程中发生设置温度调节动作的可能性较大，并且存在运行过程中短时间使用一个低于 26℃的设定温度，长时间使用 26℃的情景。此情景下，无论用户在这次运行过程中设置了 17～25℃之间的任一值，用户在这次运行过程中使用时间最长的都是 26℃。而在此过程中设置温度的调节幅度可大可小，表明在一次空调的运行过程中，用户对室内热环境存在持续时间较短的低温需求，这有可能与人员从一个相对较热的室外环境刚进入到室内环境时，为了使得室内温度能够下降得更快一些，往往在空调刚开始运行时会设置更低的温度有关。另一方面，当空调在一次使用过程中的最低设置温度大于等于 26℃时，用户倾向于不调节设置温度或是在 1～2℃的范围内小幅调高设置温度。

2.2.3.4　供暖供冷行为模式

（1）供暖期行为模式

该地区居民冬季供暖存在多种行为模式，采用聚类分析的方法归纳了与供暖相关的行为特征。考虑主观问卷数据类别的多样性，选择了同时支持离散变量和连续变量作为输入的两步聚类分析法。最终，筛选了 7 个利用空调供暖调控室内环境的主要行为，并得到了三种冬季空调供暖的用能模式，分别为白天不使用的模式、间歇性使用的模式和使用需求较高的模式。聚类结果如表 2-10 所示。

冬季空调供暖用能模式的聚类分析结果　　　　　　　　表 2-10

行为特征	行为/对应比例*		
	群组 1-白天不使用的模式	群组 2-间歇性使用的模式	群组 3-使用需求较高的模式
起居室空调开启情况	感到冷时开启/100%	感到冷时开启/100%	只要有人就开启/100%
卧室空调供暖时窗户开启情况***	窗户完全关闭/100%	窗户留有缝隙/100%	窗户留有缝隙/51.5%
起居室空调供暖时窗户开启情况***	窗户完全关闭/74.6%	窗户留有缝隙/81.3%	窗户留有缝隙/58.8%
卧室睡前空调运行模式设定	一直开启至次日清晨/38.1%	设定定时关机/42.4%	一直开启至次日清晨/45.4%
卧室空调设定温度(℃)**	26	26	26
在室时段分布	只有晚间有人在家/41.4%	全天有人在家/42.8%	全天有人在家/43.3%
起居室空调设定温度(℃)**	26	26	25
群组占总体比例/个案数	46%/575	39%/493	15%/194

注：*，"比例"表示该群组对应各行为水平占总体的比例；
　　**，设定温度的平均水平；
　　***，居住者的开窗行为有三种：完全关闭，留有缝隙，大面积开启。

从表 2-10 中可以看出：群组 1 可能是针对上班族的模式，该组别中的人员空调供暖行为主要发生在夜间，且时间较短。此外，该组别中的人员在使用空调供暖时，起居室和卧室的窗户往往是完全关闭的，说明他们倾向于保持房间的封闭性，这种行为有助于降低供暖能耗。相比之下，群组 2 和群组 3 表现出长时间居家的行为模式，在使用空调时开窗的比例更高。群组 2 和群组 3 的区别在于，群组 3 中的人员非常依赖空调供暖，只要他们在起居室，就会一直开启空调，同时，该组别人员夜间在卧室中会整夜开启空调供暖，直到次日清晨才关闭，这种调控行为反映了人员对住宅室内热环境高舒适的要求。

（2）供冷期行为模式

对夏季空调和通风行为的相关数据进行聚类。通过比较各种分析结果发现：按不同功能房间（卧室、起居室）进行分类的聚类数据与按工作日/周末进行分类的聚类数据拟合度更高。对卧室空调供冷划分了四种行为模式：卧室仅睡前使用空调（模式 A）、卧室仅睡眠时段使用空调（模式 B）、卧室午后使用空调（模式 C）和卧室夜间使用空调（模式 D）；对起居室空调供冷划分了两种行为模式：起居室午后使用空调（模式 E）和起居室全天不使用空调（模式 F）。

夏季卧室空调供冷行为模式的聚类结果　　　　　　　　　　表 2-11

行为模式	日期类别	时段							对应模式个案占比
		07-09	09-12	12-14	14-18	18-20	20-23	23-07	
A-卧室仅睡前使用空调模式	工作日	0	0	0	0	0	1	0	26.9%
	周末	0	0	0	0	0	1	0	
B-卧室仅睡眠时段使用空调模式	工作日	0	0	0	0	0	0	1	26.3%
	周末	0	0	0	0	0	0	1	
C-卧室午后使用空调模式	工作日	0	0	0	1	1	1	1	24%
	周末	0	0	0	1	1	1	1	
D-卧室夜间使用空调模式	工作日	0	0	0	0	0	1	1	22.7%
	周末	0	0	0	0	0	1	1	

注：1代表空调运行，0代表空调关闭。

夏季起居室空调供冷行为模式的聚类结果　　　　　　　　表 2-12

行为模式	日期类别	时段							对应模式个案占比
		07-09	09-12	12-14	14-18	18-20	20-23	23-07	
E-起居室午后使用空调模式	工作日	0	0	0	0	1	0	0	75.4%
	周末	0	0	1	1	1	1	0	
F-起居室全天不使用空调模式	工作日	0	0	0	0	0	0	0	24.6%
	周末	0	0	0	0	0	0	0	

注：1代表空调运行，0代表空调关闭。

由于夏季自然通风也是该地区调节室内热环境的主要手段，对于开窗通风也识别了对应的四种模式：卧室仅早起通风（模式 G）、卧室仅睡前关窗（模式 H）、起居室仅早起通风（模式 I）和起居室全天开窗（模式 J）。

夏季卧室开窗通风行为模式的聚类结果　　　　　　　　　表 2-13

行为模式	日期类别	时段							对应模式个案占比
		07-09	09-12	12-14	14-18	18-20	20-23	23-07	
G-卧室仅早起通风模式	工作日	1	0	0	0	0	0	0	67.6%
	周末	1	0	0	0	0	0	0	
H-卧室仅睡前关窗模式	工作日	1	1	1	1	1	0	0	32.4%
	周末	1	1	1	1	1	0	0	

注：1代表窗户开启，0代表窗户关闭。

夏季起居室开窗通风行为模式的聚类结果　　　　表 2-14

行为模式	日期类别	时段							对应模式个案占比
		07-09	09-12	12-14	14-18	18-20	20-23	23-07	
I-起居室仅早起通风模式	工作日	1	0	0	0	0	0	0	72.4%
	周末	1	0	0	0	0	0	0	
J-起居室全天开窗模式	工作日	1	1	1	1	1	1	1	27.6%
	周末	1	1	1	1	1	1	1	

注：1代表窗户开启，0代表窗户关闭。

如表 2-11 和表 2-12 所示，对起居室的空调供冷行为，模式 E 对应空调使用比例较高，模式 F 的使用比例很低。而卧室空调供冷行为的聚类结果比较复杂：模式 A 对应的人员在晚上开启空调一段时间后，会在睡觉前关掉空调；模式 B 对应的人员只在睡觉时开启空调；相比之下模式 D 对应的人员在睡觉之前的一段时间就会开启空调，睡觉时也保持开启状态；模式 C 对应的人员从下午到睡觉的整个时段都开启空调，其对空调供冷的使用比例保持了较高的水平。如表 2-13 和表 2-14 所示，所有通风行为模式均有一个特点，即"在早上（07：00—09：00）和空调停止使用后会开窗通风"，但模式 G 和模式 I 对应的人员只在起床后一段时间内进行开窗通风，而模式 H 对应的人员则是从早上到傍晚长时间的开窗通风，模式 J 对应的人员更是全天开窗通风。因此，模式 G 和 I 的特点是保持房间封闭，只满足最低的通风要求，而模式 H 和 J 的特点是长时间的开窗通风，且通风行为不因为空调的使用而受到制约。此外，通过对比空调供冷行为模式和开窗通风行为模式可以发现，空调使用率最高的模式 C 包含了较高的在室率、较低的空调设置温度和较低的开窗通风率，模式 C 对应的人员对空调的依赖度较高，且长期处于室内环境相对封闭的状态。

2.3　长江流域建筑热环境需求

通过调研与测试，了解长江流域室内热湿环境和热舒适现状，结合实验室研究与分子生物学方法，从人体生理生化指标的角度揭示了人体热调节的特点和规律，科学地确定该地区建筑热环境的定量需求，为长江流域建筑供暖空调解决方案适宜的室内热环境参数设计提供了理论基础和技术支撑。

2.3.1　长江流域室内热环境和人员热舒适

2.3.1.1　住宅热环境特性

根据调研测试所得到的热环境数据，图 2-33 给出了住宅全年各月的室内空气温度、相对湿度和风速分布。长江流域全年的室外温度波动范围较大，最低值为 −4℃，最高值为 41.5℃。相应的室内温度也随之变化，最低值为 1.5℃，最高值为 38.7℃。长江流域全年平均相对湿度在 59.11%～70.79%，测试的室内外平均相对湿度普遍较高，其中冬季较低而夏季较高，且室内相对湿度与室外相对湿度差别不大。此外，测试全年的平均室外风速约 1m/s，没有明显的季节性差异，而室内夏季最高，冬季最低，平均风速在 0.20m/s 左右，这说明室内风速与居民夏季习惯开窗和风扇等行为调节有关。

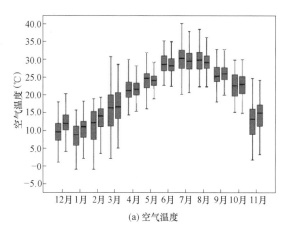

(a) 空气温度

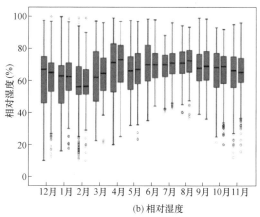

(b) 相对湿度

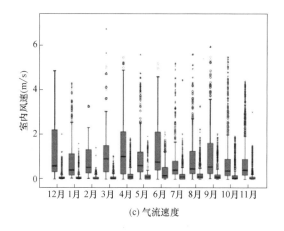

(c) 气流速度

图 2-33　住宅室内热环境逐月变化

将测试获得的逐月热湿环境参数，包括空气温度、相对湿度和空气流速，分季节统计（春季为 3 月、4 月和 5 月，夏季为 6 月、7 月和 8 月，秋季为 9 月、10 月和 11 月，冬季为 12 月、1 月和 2 月），表 2-15 展示了长江流域地区住宅真实热环境现状，其全年室内各个物理参数分布与室外比较接近，表明在现有情况下该地区住宅室内热环境受室外气候影响较显著。

长江流域室内外热环境参数调研统计　　　　　　　　　　　　表 2-15

参数		室外气温	室内温度	室外湿度	室内湿度	室外风速	室内风速
		T_{out}(℃)	T_a(℃)	RH_{out}(%)	RH_a(%)	v_{out}(m/s)	v_a(m/s)
冬季 ($N=2652$)	平均	9.57	11.78	59.11	60.86	0.93	0.09
	最小值	−4.00	2.00	10.00	24.20	0.00	0.00
	最大值	22.00	25.50	99.90	97.60	4.83	2.00
	方差	4.21	3.37	18.40	14.20	0.96	0.18

参数		室外气温 T_{out}(℃)	室内温度 T_a(℃)	室外湿度 RH_{out}(%)	室内湿度 RH_a(%)	室外风速 v_{out}(m/s)	室内风速 v_a(m/s)
春季 (N=2965)	平均	20.05	20.42	65.59	66.87	1.16	0.17
	最小值	2.00	5.00	20.00	22.30	0.00	0.00
	最大值	36.60	34.20	99.00	97.00	6.70	1.91
	方差	5.92	4.86	17.83	14.91	1.11	0.31
夏季 (N=2521)	平均	29.57	28.98	70.35	70.79	0.97	0.28
	最小值	18.20	15.90	38.00	41.60	0.00	0.00
	最大值	41.50	38.70	98.40	98.00	5.56	4.42
	方差	3.58	2.86	11.31	9.90	1.03	0.41
秋季 (N=3385)	平均	20.31	21.07	66.37	67.12	0.94	0.23
	最小值	1.70	1.50	30.00	32.60	0.00	0.00
	最大值	34.00	33.70	99.10	98.50	5.91	3.00
	方差	6.61	5.99	14.15	12.95	1.16	0.42
全年 (N=11523)	平均	19.76	20.50	65.35	66.42	1.00	0.20
	最小值	−4.00	1.50	10.00	22.30	0.00	0.00
	最大值	41.50	38.70	99.90	98.50	6.70	4.42
	方差	8.59	7.37	16.17	13.63	1.08	0.35

2.3.1.2　住宅居民热舒适调研

（1）热感觉

该地区住宅居民的热舒适现状问卷调查及分析表明，热舒适感觉随季节变化。图 2-34 给出了不同季节居民热感觉投票（TSV）随室内空气温度的变化。可以看出，居民热感觉与室内温度显著线性相关，随室内温度的增加而增加，且夏季随室内温度增加更显著。

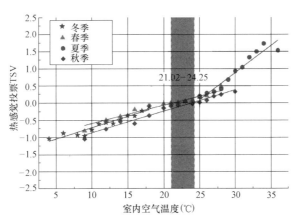

图 2-34　不同季节热感觉投票随室内温度变化

回归可以用来量化响应室内空气温度的热敏感性，不同季节热感觉投票均值与室内空气温度的线性回归结果如表 2-16 所示。进一步分析不同季节的回归方程的系数，可以看出不同季节下居民热感觉随室内空气温度变化的敏感度不同：冬季、春季、夏季和秋季回归系数（斜率）分别为 0.066、0.057、0.155 和 0.064，而夏季线性回归方程的斜率最大，表明夏季居民热感觉随室内空气温度变化的敏感性高于其他季节。

不同季节热感觉回归公式　　　　　　　　　　　　　表 2-16

季节	公式	R^2	中性温度（℃）
冬季	$TS = 0.066T_a - 1.39$	0.93	21.02
春季	$TSV = 0.057T_a - 1.20$	0.95	21.11
夏季	$TSV = 0.155T_a - 3.76$	0.93	24.25
秋季	$TSV = 0.064T_a - 1.52$	0.97	23.83

假定人员处于中性舒适状态，即 $TSV=0$ 时，计算可得到各季节的中性温度，见表 2-16。其中，中性温度值在冬季最低，为 21.02℃；夏季最高，为 24.25℃；过渡季数值在两者之间，如图 2-35 阴影区域所示。尽管春季和秋季室内外平均气温相似，但秋季的中性温度明显高于春季。在相同的温度下，秋季与春季的热感觉存在差异，即秋季比春季感觉稍凉。这可能是由于人员夏季的热经历，使得居民在秋季的可接受热舒适温度值相对提高，因而对于与春季同样偏低的温度，其感觉会偏冷，热感觉投票值会偏低。

（2）月平均中性温度

以月平均室外温度为单位，建立全年各月的热感觉投票值与室内空气温度的线性回归方程，得到中性温度与月平均室外温度的关系如下：

$$T_{n,m} = 0.153T_{out,m} + 19.30 \quad (R^2 = 0.55) \tag{2-6}$$

式中　　$T_{n,m}$——月中性温度；

　　　　$T_{out,m}$——月平均室外温度。

计算出对应月 $TSV=0$ 时的中性温度，将不同月计算得到的中性温度随室外月平均温度变化关系绘制在图 2-35 上，如图中虚线所示。由于适应性差异，该变化关系低估了秋季的中性温度，同时高估了春季的中性温度。可以看到，秋季的中性温度高于线性回归模型计算值，而春季的中性温度低于线性回归模型计算值，即在室外温度上升和下降时期

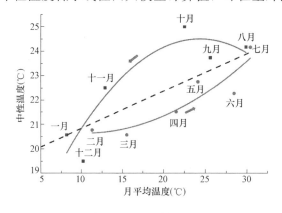

图 2-35　月中性温度随室外月平均温度变化

内，每月的中性温度有明显的区别。这可能是由于热适应的滞后，使得居民投票当月的舒适温度受到前几个月热经历影响。因此，对于住宅室内热舒适评价，应考虑居民不同时期热经历差异，将温度上升和下降阶段分开评价，从而真实反映该地区居民全年动态热舒适需求。

（3）日平均中性温度

根据 Nicol 和 Humphreys 的研究，对于处于真实建筑环境中的人员来讲，人员的热适应性随环境动态变化，因此提出人员中性温度评价指标，来评价某一段时间内人员的热舒适情况，其计算公式如下：

$$T_n = T_a + TSV/G \tag{2-7}$$

式中　G——Griffiths 常数，通常取 0.5；

　　　T_a——室内空气温度，在大多数情况下，当室内没有明显的热辐射源，一般近似操作温度。

采用某一个地点调研当天居民热感觉投票和相应室内外测试温度数据作为一个整体，可计算得到调查日人员中性温度，进一步建立每日中性温度 $T_{n,d}$ 和室外日滑动平均空气温度 T_{rm} 的关系。其中，室外日滑动平均空气温度 T_{rm} 定义为：

$$T_{rm} = \lim_{n \to \infty} \frac{\sum_{i=1}^n (\alpha^{i-1} T_{od-i})}{\sum_{i=1}^n \alpha^{i-1}} \tag{2-8}$$

式中　α——恒定值（<1，适宜取 0.8）；

　　　T_{od-i}——调查前几天每天 24h 的日平均温度，℃。

这里采用调查前 30 天的日平均气温（即 $n=30$）计算平滑平均气温，从而得到全年中性温度与外界气候的关系如下：

$$T_{n,d} = 0.709 T_{rm} + 8.25 (R^2 = 0.87) \tag{2-9}$$

采用上述计算方法，计算得到 $T_{n,d}$ 和 T_{rm} 关系的季节变化如图 2-36 所示，其中实线为全年线性回归方程。

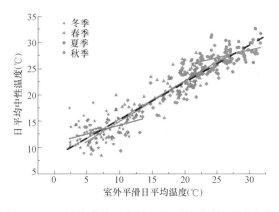

图 2-36　日平均中性温度随室外平滑日平均温度变化

表 2-17 展示了不同季节线性回归模型和检验 R^2。结合图 2-36 和表 2-17 可以看出，日中性温度随外界气候的明显变化主要存在于过渡季节。春季和秋季的日中性温度与室外滑动日平均气温有很强的相关性，且春季和秋季之间没有明显的差异，与全年回

归模型一致。相比夏季和冬季室内日中性温度和室外平滑日平均气温线性关系较弱，其 R^2 值较小，表明居民在夏季和冬季的适应能力达到限值，不同季节的热经历对居民热舒适有显著影响。此外，结合图 2-35 和图 2-36，人员中性温度与室外滑动日平均气温的关系（$R^2=0.87$）比与室外月平均气温（$R^2=0.55$）有更强的相关性，表明住宅中居民的舒适性与当天暴露的热环境有显著关系，距离暴露当天的时间越久，对其舒适性的影响越弱。即使在室外温度近似的天气条件下，人员的热经历不同对热环境的需求也存在差异。

日平均中性温度随室外平滑日平均温度变化的回归方程　　　　　表 2-17

季节	回归方程	R^2
冬季	$T_{n,d}=0.34T_{rm}-10.91$	0.19
春季	$T_{n,d}=0.73T_{rm}-8.12$	0.77
夏季	$T_{n,d}=0.29T_{rm}-19.90$	0.18
秋季	$T_{n,d}=0.76T_{rm}-7.36$	0.81

（4）全年室内热舒适评价

根据适应性理论，住宅中人员有着较好的热适应性，可以通过生理适应、行为调节、心理期望等方式适应热环境。《民用建筑室内热湿环境评价标准》GB/T 50785—2012 给出了建筑自由运行情况下人员的热适应性。考虑到居住者对当地气候的长期热适应，采用姚润明提出的 aPMV 模型。需要将 aPMV 方法表示的主观评价转移到温度和相对湿度的目标区域。将 aPMV 值在 -0.5 到 +0.5 内作为舒适区的边界，即至少 90% 的人满意，可根据该边界和 λ 值反算 PMV。

$$aPMV=PMV/(1+\lambda \times PMV) \tag{2-10}$$

其中 λ 是自适应系数，参考标准 GB/T 50785，对于夏热冬冷区，PMV 大于 0 时，即偏热状态，λ 取值 0.21；小于 0 时，即偏冷状态，取值 0.49。因此，通过热适应得到 PMV 范围为 -0.66~0.56。

由于 PMV 模型是四个环境参数（温度，相对湿度，风速，平均辐射温度）和两个单独参数（衣物热阻和新陈代谢率）的函数。现场调研可以获得平均风速、平均服装热阻和平均代谢率。但平均辐射温度与其他三个变量不同，与空气温度有关并随其变化。美国 ASHRAE 标准中指出，在主要通过对流方式进行良好隔热的建筑中，空气与平均辐射温度之间的差异很小，因此假设平均辐射温度等于空气温度。基于上述方法，可以针对不同的相对湿度水平计算得出可接受的温度上下限值。将相对湿度值 80% 作为该地区的上限，当相对湿度从 30% 增加到 80% 时，温度上限和温度下限均降低了将近 1℃，表明湿度也显著影响热舒适性。

根据计算得到的温度-湿度限值，图 2-37（a）比较了该地区居住建筑居民可接受舒适区和实测住宅室内全年温湿度分布。可以看出，住宅全年人员热舒适温度区间在 18.4~28.6℃ 范围内变化。由于该地区典型的夏热冬冷、全年高湿气候特点，即使在考虑人员适应性情况下获得一个较广的舒适区间，仅有 44.73% 的调研样本室内热环境处于舒适区间内。特别是，由于该地区住宅冬季没有供暖，如图 2-37 中灰色散点所示，冬季室内实际温湿度分布基本在舒适区间外，表明该地区冬季热舒适状况较差。

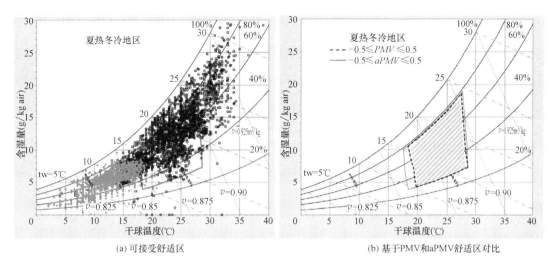

(a) 可接受舒适区　　　　　　　　　　　(b) 基于PMV和aPMV舒适区对比

图 2-37　全年室内温湿度分布焓湿图

图 2-37（b）比较了采用 aPMV 模型和 PMV 模型计算出的两个舒适区，可以看到考虑人员热适应扩展了舒适区。在 30% 相对湿度下，夏热冬冷地区的温度下限的差值为 1.76℃。由于夏热冬冷区域供冷供暖需求同时存在，如果考虑人的热适应性，热舒适温度区间扩大，减少需要供暖供冷的时间，可以一定程度上减缓对能源需求的压力。例如，住宅建筑冬季供暖，考虑到人的适应性行为调节（增加服装热阻等），设计温度设定点可分别比 PMV 对应计算值低 1.76℃。同时舒适区扩展缩短了供暖供冷时间，降低了热环境改善的能源需求。

2.3.2　自然环境下人体生理指标随温度变化规律

人体皮肤表面温度感受器直接通过传入神经上的动作电位传递信号，而感觉神经上电信号传导速度大小直接影响人体热调节响应，因此基于大样本、长时间、自然环境、全温度区间内的实验室人体生理指标测试，选取感觉神经传导速度（SCV）和皮肤温度（T_{skin}）等对温度变化敏感的生理指标，探究其随全年温度变化的响应，以及与人员主观感觉变化的关联。

图 2-38 给出了测试人体感觉神经传导速度随室内温度的响应变化。可以看出，当环境温度在 15～25℃ 变化时，SCV 随环境温度的升高线性增加，而当环境温度高于 30℃ 后，其 SCV 逐渐趋于稳定并略有下降。此外，其他相关电生理指标测试显示，SCV 刺激潜伏期、幅值等电生理事件都与温度显著相关，且存在明显的季节性差异：温度越高，其所需刺激电流越小，响应幅值越大，感觉神经传导速度越快。图 2-39 同样给出了人体测点皮肤温度随环境温度的变化情况。当环境温度约在 15～25℃ 范围内变化时，测点皮肤温度（T_{skin}）随着环境温度的升高近似线性增加。而当环境温度继续升高超过 30℃ 时，皮肤温度逐渐趋于稳定在 35℃ 左右不再增加。分析其原因，由于高温环境中人体通过 T_{skin} 升高来加强散热的能力受到抑制，这时机体主要依靠出汗蒸发等其他调节方式来加强机体散热，因此 T_{skin} 的变化不能再作为表征人体热舒适水平的参考指标。

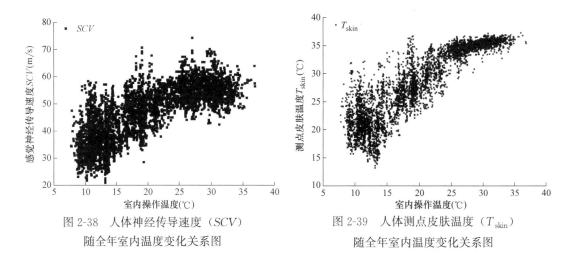

图 2-38　人体神经传导速度（SCV）
随全年室内温度变化关系图

图 2-39　人体测点皮肤温度（T_{skin}）
随全年室内温度变化关系图

取室内操作温度 0.5℃间隔，计算每一温度区间下人体感觉神经传导速度和测点皮肤温度均值，进一步建立了人体 SCV 和 T_{skin} 在全年温度范围（5~40℃）内的响应全图，并采用 Boltzmann 回归，得到了 SCV 和 T_{skin} 随温度变化的 S 形变化规律（见图 2-40 和图 2-41）。

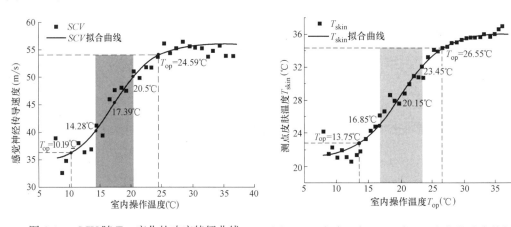

图 2-40　SCV 随 T_{op} 变化的响应特征曲线

图 2-41　皮肤温度 T_{skin} 随 T_{op} 变化的响应特征曲线

2.3.3　长江流域地区建筑室内热环境定量需求

基于热环境现状的调研，结合生理参数测试找到了人体生理参数随环境温度变化的动态响应特性，进一步利用分子生物学方法和实验揭示了微观层面的调节机理，确定了长江流域建筑室内热环境的定量需求。

根据《民用建筑室内热湿环境评价标准》GB/T 50785—2012，结合长江流域不同季节服装热阻、自然通风等行为调节特点，针对该地区每户的家庭结构及各房间在室规律，充分考虑长江流域地区"部分空间、部分时间"的空调使用特点，可得到根据温度界限值确定的舒适区间，如图 2-42 所示，定量指导设计参考。

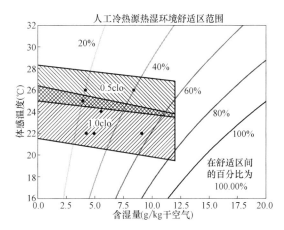

图 2-42　供暖空调模式不同服装热阻（0.5clo 和 1.0clo）下的温湿度舒适区间

考虑方便应用，表 2-18 直接给出了长江流域地区过渡季节、供暖空调季不同等级的舒适温度区间，确定了长江流域建筑热湿环境的定量需求特性。在自然通风模式下，对于Ⅱ级舒适度水平，考虑当地人员的服装、开窗通风、使用风扇等适应性调节行为时，可将过渡区纳入舒适范围中。在供暖空调模式下，考虑当地人员的服装适应性调节行为，可将过渡区纳入舒适范围中。

长江流域住宅室内热湿环境定量需求　　　　　　　　　　　表 2-18

运行模式	等级	温度	相对湿度（%）	备注
空调模式	Ⅰ级	24℃≤T≤26℃	40～60	—
	Ⅱ级	26℃≤T≤28℃	≤70	—
供暖模式	Ⅰ级	22℃≤T≤24℃	≥30	—
	Ⅱ级	18℃≤T≤22℃	—	—
自然通风模式	Ⅰ级	18℃≤T≤28℃	—	
	Ⅱ级	16℃≤T≤30℃	—	考虑当地服装、开窗、风扇等适应性节能行为

考虑供暖空调环境下，人员局部不满意率将显著影响室内热环境的舒适性，结合上述调研实测和实验室测试，针对不同的供暖空调末端和方式，冷吹风感引起的局部不满意率（LPD1）、垂直空气温差引起的局部不满意率（LPD2）和地板表面温度引起的局部不满意率（LPD3）三个评价指标都将影响人员局部热感觉，因此给出了这些参数在满足不同热环境等级需求的指标推荐范围，如表 2-19 所示，可采用供暖空调环境下各等级对应的局部评价指标评价室内热湿环境的等级。

局部评价指标　　　　　　　　　　　表 2-19

等级	局部评价指标		
	冷吹风感（LPD1）	垂直温差（LPD2）	地板表面温度（LPD3）
Ⅰ级	LPD1＜30%	LPD2＜10%	LPD3＜15%
Ⅱ级	30%≤LPD1＜40%	10%≤LPD2＜20%	15%≤LPD3＜20%

2.4 小结

基于长江流域独特的气候特点及居住条件，当地居民长期以来形成了与之适应的热环境调节行为特征：

1）长江流域居民有热舒适自适应调节行为：在室内的着装随室外温度变化明显，在冬季有通过增加衣物来提高人体舒适性的习惯，因此，该地区冬季空调使用时间相对较短；长江流域居民出于对室内温度、湿度、空气质量的调控普遍具有开窗通风的习惯，在可接受舒适范围内，开窗频率随室外温度升高而提高，过渡季节和夏季的开窗频率相对更高，但冬季仍有部分人员开窗通风，大部分居民在早间有开窗通风的习惯；长江流域居民在夏季室外偏热时可能选择使用电风扇来提高室内空气流速，对人体热感觉进行补偿，当风扇难以使人体达到舒适感时，才开启空调进行供冷。

2）长江流域地区主要采用"部分时间、部分空间"的供暖供冷模式。供暖期主要在12月—2月，供冷期主要在6月—9月，各地具体时间随室外气象条件不同有细微的差异；供暖供冷主要以房间空调器为主，冬季其他辅助供暖形式多样，夏季主要辅以风扇和自然通风进行热环境调节；空调大多短时间开启，鲜有全天运行的情况；冬季空调供暖的设定温度以26℃为主，夏季空调供冷的设定温度在26~28℃，多为26℃。

该地区人员的适应性调节行为形成了该地区特有的室内热环境需求。基于长江流域人员对热环境的适应性，该地区在自然通风状态下室内舒适温度范围为16~30℃，在供暖模式下室内温度控制范围应为18~24℃，在供冷模式下室内温度控制范围应为24~28℃。

长江流域居民的上述特点，结合本研究得到的建筑年代、典型户型、家庭结构、人员在室情况等基础信息，将为对该地区能耗需求和室内热环境营造技术路径的提出提供基础数据支撑。

第3章

降低供暖供冷用能需求的围护结构
和混合通风适宜技术及方案

基于长江流域气候特征，结合长江流域供暖空调间歇运行模式，研究了围护结构、混合通风技术及自然能源利用等节能技术对供暖空调能耗的影响，建立了全年供暖空调用电量不超过 20kWh/m² 的长江流域建筑围护结构节能指标与技术体系，提出了建筑自然通风运行模式与策略，开展了技术体系的工程示范效果验证。

3.1 长江流域气候特征与热工气候分区

3.1.1 长江流域气候特征

我国《民用建筑热工设计规范》GB 50176 一直沿用全国五大气候区（严寒地区、寒冷地区、夏热冬冷地区、夏热冬暖地区及温和地区）的气候划分方案。整个长江流域横跨了其中的严寒地区、寒冷地区、夏热冬冷地区及温和地区共 4 个气候区。其中，夏热冬冷地区夏季炎热，冬季寒冷。最冷月平均温度在 0~10℃，北部相较南部更冷；最热月平均温度在 25~30℃，东南部相较西北部更热。同时，日平均温度低于 5℃ 的日数少于 90d/a，日平均温度高于 25℃ 的日数在 40~110d/a。由于夏热冬冷地区复杂的气候特征以及在整个长江流域的重要性，该区域需要更加细致的气候区划分方案。

我国于 2016 年进一步对国家标准 GB 50176—1993 进行了修订，颁布了《民用建筑热工设计规范》GB 50176—2016，提出了二级区划方案。该标准基于"大区不动、细分子区"的调整原则，利用采暖度日数（HDD18，以 18℃ 为基准的采暖度日数）将夏热冬冷地区分为"3A"和"3B"两个子气候区。该分区方案未考虑供冷需求，也没有涉及相对湿度、太阳辐射和风速等其他影响建筑被动设计的气象要素，对于该地区建筑被动设计需要更进一步的划分。

3.1.2 气候分区方法

建筑节能设计应优先考虑基于气候响应的建筑被动设计方法。其基本思想是在不使用人工能源系统的情况下，通过选择材料、运用技术实现建筑保温、隔热，并提供通风与照明，尽可能使建筑室内热环境在自然工况下达到可接受的舒适水平。被动设计相关的案例研究表明，合理选择被动设计方案能有效延长非供暖供冷时间，同时降低供暖供冷峰值负荷。建筑被动设计需要充分考虑自然气候资源，包括空气热湿状态、太阳辐射、风力风向等。因此，在气候区划分时，应该同时考虑这些相关的因素。

气象特征具有周期性变化和趋势性变化，较长时间的气象数据才具有一定的统计意义。研究表明，该地区平均每十年的温度提升达到 0.3～0.4℃，在气候变暖背景下，采用时间跨度过长会拉低当前温度的平均水平，从而使气象数据无法体现气候变化背景下的实际情况。因此，本研究参照现行国家标准采用了十年的气象数据对气候区进行划分。

对于分类参数的选择主要是考虑分区的具体需求。空气温度是影响供暖、供冷负荷的最主要因素之一，被作为建筑热工分区的常用变量，但它仅反映了某一地点在一段特定时间内冷、热的程度。度日数是室外空气温度与舒适温度的差值在一段时间的累积，类似于积分的概念。它是与供暖和空调能耗更为直接相关的参数，通常作为温度的一个替代参数来考虑供热与供冷的需求。

3.1.3 热工气候分区

采用凝聚层次聚类，以空调度日数（CDD26）和采暖度日数（HDD18）为聚类分析的指标将夏热冬冷地区划分成了 3 个热工子气候区。如图 3-1 所示，子气候 A 区的主要特点为夏季炎热、冬季冷，CDD26 在 100～380℃·d 之间，HDD18 在 700～1200℃·d 之间；子气候 B 区的主要特点为夏季炎热、冬季寒冷，CDD26 在 100～380℃·d 之间，HDD18 在 1200～2200℃·d 之间；子气候 C 区的主要特点为夏季热、冬季寒冷，CDD26 在 100℃·d 以内，HDD18 在 1200～2200℃·d 之间。与现行标准的主要区别在于将 3A 区，即供热需求较高的区，划分出了供冷需求相对较高和供冷需求相对较低的子气候区。

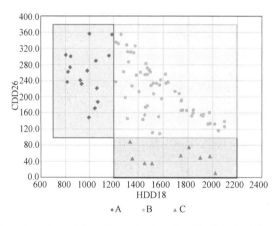

图 3-1 各气象台站采暖度日数和空调度日数的均值分布及热工分区划分

根据空间连续性和取大去小原则，并结合地级市行政区划，在地图上对各城市进行了子气候区划分。子气候 A 区主要包括重庆，四川东南部，浙江南部，福建北部，江西南部，广西北部，广东北部；子气候 B 区主要包括上海，江苏南部，安徽中部及南部，河南南部，四川东北部，湖北中部、南部及东部，湖南全省，江西中部及北部，浙江中部及北部，贵州东北角；子气候 C 区主要包括四川中部及北部，贵州北部及西部，湖北西北角，陕西南部，甘肃南部。由于各子气候区的冷热需求存在一定的差异，本章将针对不同子气候区的气候特点提出气候适宜性建筑被动设计方案。

3.2 气候适宜性围护结构性能参数与节能技术研究

通过建筑围护结构热传递特性与热舒适的动态相关性研究，提出建筑围护结构不同节能构造形式的适用条件及指标参数，分析室外温度、湿度、风速、太阳辐射等环境参数对"部分时间、部分空间"建筑室内热舒适环境的影响，确定遮阳等各类节能技术对调节热舒适环境的有效性，提出长江流域实现全年供暖空调用电量不超过 $20kWh/m^2$ 的住宅建筑围护结构解决方案。

3.2.1 研究方法

3.2.1.1 温度设置和用能模式（表3-1、表3-2）

住宅建筑的被动技术温度范围（$16℃≤T_{op}≤28℃$） 表3-1

季节	人工冷热源开启温度(℃)T_{op}	空调设置温度(℃)
夏季	＞28	26℃
冬季	＜16	18℃

用能模式 表3-2

时间	工作日(周一至周五)	周末(周六、周日)
典型用能模式	起居室:18:00—24:00 卧室:18:00—次日 7:00	起居室:7:00—24:00 卧室:22:00—次日 8:00

3.2.1.2 建筑模型

（1）采用 DeST 软件研究建筑负荷随围护结构总体性能参数变化的趋势，围护结构参数设置如表3-3所示，通过调整外墙传热系数、外窗遮阳系数、外窗传热系数、屋面传热系数、窗墙比等参数来计算不同城市不同围护结构性能参数水平下的建筑负荷变化。冬季遮阳系数保持 0.5 不变。

围护结构模型边界条件 表3-3

序号	构件	结构	传热系数	热惰性指标
1	外墙	钢筋混凝土 200mm＋膨胀聚苯板 25mm	1.225W/(m² · K)	2.178
2	内墙	稀土复合保温砂浆 20mm＋钢筋混凝土 200mm＋稀土复合保温砂浆 20mm	1.328W/(m² · K)	0.523
3	屋面	水泥砂浆 20mm＋多孔混凝土 200mm＋钢筋混凝土 130mm＋水泥砂浆 15mm	0.812W/(m² · K)	1.074
4	外窗	/	2.2W/(m² · K)	/

（2）采用软件 Design builder 研究，以上海住宅为例，各个朝向性能参数变化对能耗的影响，如图 3-2 所示。基准建筑围护结构相关参数如表 3-4 所示。

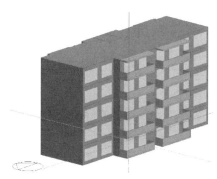

图 3-2　Design builder 建筑模型

围护结构相关参数　　　　　　　　　　表 3-4

参数		数值
围护结构传热系数[W/(m²·K)]	外墙	1.0
	内隔墙	2.0
	楼板	2.0
	屋面	0.8
	窗户	2.4
换气次数(次/h)	/	1.0
室内平均得热强度(W/m²)	/	4.3
额定能效比	供暖	1.9
	制冷	2.3

（3）采用 WUFI 软件研究外墙保温传热量。建筑模型如图 3-3 所示，建筑构造及热工参数见表 3-5。

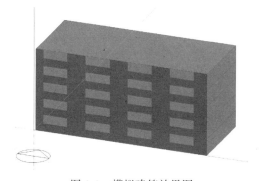

图 3-3　模拟建筑效果图

建筑构造及其热工参数　　　　　　　　　表 3-5

部位	构造层次	传热系数
外墙	砂浆抹灰 5mm＋XPS 保温层 5mm＋混凝土空心砌体 200mm	1.497
隔墙	混凝土空心砌块 200mm	1.653
屋顶	保护层 10mm＋XPS 保温层 25mm＋钢筋混凝土 200	1

部位	构造层次	传热系数
窗户	/	3.5
地面	夯土 350mm＋混凝土垫层 100mm＋保温层 30mm＋面层 20mm	0.68

3.2.2 非透明围护结构指标特性

3.2.2.1 传热系数

图 3-4 为不同外墙传热系数下的单位面积供暖、供冷和总负荷变化趋势。随着外墙保温性能的加强，热负荷逐渐降低，冷负荷逐渐升高，总体呈现出一定的降低趋势。

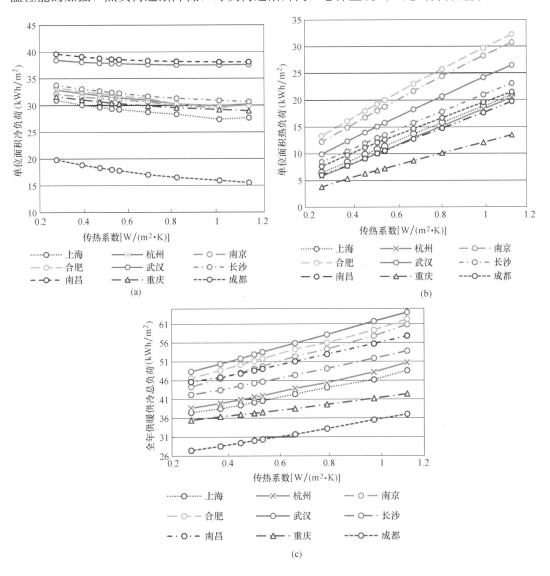

图 3-4 不同传热系数下的负荷

图 3-5 为以上海为例,外墙、屋面、内隔墙和楼板不同传热系数下的单位面积总能耗变化趋势,其中,屋面研究对象是建筑顶楼。外墙、屋面、内隔墙和楼板的基准值为 1.0W/(m²·K)、0.8 W/(m²·K)、2.0 W/(m²·K)、2.0 W/(m²·K),横坐标为较基准值的变化量。

内围护结构性能参数对间歇用能下的能耗均有影响,屋面传热系数从 0.8 W/(m²·K) 到 0.2W/(m²·K) 时,单位面积总能耗降低 10.75%,屋面保温隔热性能对建筑顶楼能耗影响显著。内隔墙传热系数从 2.0 W/(m²·K) 降低到 1.0 W/(m²·K) 引起的单位面积总能耗降低 4.06%,而楼板从 2.8W/(m²·K) 降低到 1.0 W/(m²·K) 时,单位面积总能耗降低 4.10%。

在进行技术实现时,宜采用种植屋面或架空隔热屋面等构造,种植屋面不宜采用倒置式屋面;宜采用平、坡屋顶结合的构造形式,合理利用屋顶空间,屋顶可设置花架,种植攀缘植物、盆栽、箱栽植物等;屋面宜采用浅色或建筑用反射隔热涂料。

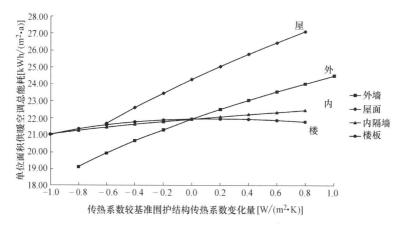

图 3-5 单位面积供暖空调能耗与围护结构传热系数的关系图

3.2.2.2 热惰性

通过调节墙体传热系数 K 和热惰性指标 D,研究挤塑聚苯泡沫板 XPS 和钢筋混凝土组合成的内保温和外保温墙体的传热量,选用 WUFI 软件进行模拟,计算结果见图 3-6~图 3-8。

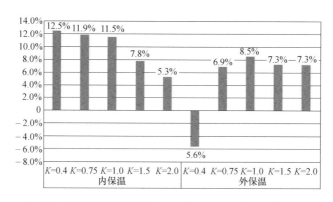

图 3-6 各传热系数的墙体热惰性从 1 增加至 6 的全年墙体传热量减少率

内保温墙体传热系数越高，传热量减少率越低，范围为 $5.3\%\sim12.5\%$。外保温墙体在传热系数为 0.4 时，传热量减少率为负值，说明围护结构的传热量增加，当传热系数大于 0.75 时，墙体的传热量减少率为 $6.9\%\sim8.5\%$，当传热系数为 1.0 时，节能率最高，说明此水平下增加热惰性的节能效果最明显。

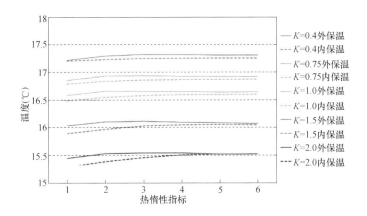

图 3-7　1 月外墙内表面日最低温度的月平均值与热惰性关系

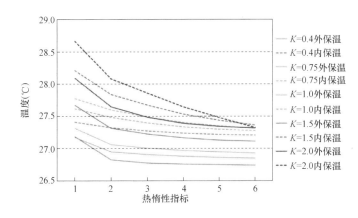

图 3-8　7 月外墙内表面日最高温度的月平均值

典型冬季（1 月），外保温墙体，热惰性指标为 1 的墙体较差，而热惰性指标 $D=2\sim6$ 的墙体日最低温度接近，随着传热系数增大，差别减小。热惰性指标 $D>2$ 的墙体内表面温度对室内热环境贡献差值不大，即热惰性指标 $D=2$ 是较好的选择。典型夏季（7月），外保温墙体热惰性指标为 1 时较差，而热惰性指标 $D=2\sim6$ 的效果类似。

3.2.2.3　不同末端形式下的围护结构热响应

实验台为一栋南北朝向的两层实验楼，建筑面积为 156.8m²，建筑高度为 5.6m。每层 7 个房间，房间面积为 4.0m×3.0m，实验楼外观如图 3-9 所示。选择二楼的 3 个房间（记为 A、B、C）作为供暖区域，其中房间 A、B 的外墙为蒸压加气混凝土结构，房间 C 的外墙为外保温结构，结构参数如表 3-6 所示。采用一台制热量为 11kW 的空气源热泵作为热源。

图 3-9　实验楼外观图

主要围护结构传热系数 ［W/(m²·K)］　　　　　　　　　　表 3-6

房间编号	内墙	外墙	窗户	门	楼板	屋顶
房间 A		0.78				
房间 B	0.78	0.78	2.1	3.4	4.3	3.4
房间 C		0.61				

　　房间 A 为湿式辐射地暖：保温板＋铝箔反射膜＋PE-RT 地暖管＋塑钢植筋网＋豆石砂浆（35mm）＋抹灰面层，管间距为 200mm；房间 B 为干式辐射地暖：铝箔模块＋PE-RT 地暖管＋12mm 厚木地板；房间 C 为毛细管型辐射地暖，4.3mm×0.8mm 的 PE 毛细管，管间距 20mm，结构为保温板＋铝箔反射膜＋毛细管席＋塑钢植筋网＋25mm 豆石砂浆＋12mm 木地板。

　　测量室内外环境参数、围护结构热工参数及系统能耗，其中，室内环境参数包括不同高度处（分别为 0.1m，0.7m，1.5m，2.0m，2.5m）空气温湿度，黑球温度（1.5m 高度）。

　　(1) 连续运行模式

　　测试时，供暖系统均已运行超过 48h，且一楼未供暖，供暖控制温度设定为 20℃，关闭门窗。选取 2 月 6 日 17 点至 2 月 7 日 17 点的测试数据分析，期间室外温度为 −3～10.5℃。测试结果见图 3-10 和图 3-11。

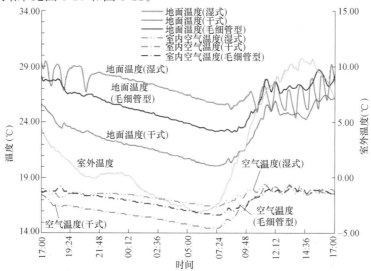

图 3-10　连续运行模式地表温度与空气温度变化

24h 内，湿式辐射地暖的温度变化较小，干式辐射地暖的室内空气温度和地面温度明显低于湿式与毛细管型辐射地暖。辐射地暖房间的不同高度上温度分布较为均匀，相对偏差不超过 6%，靠近围护结构表面的空气温度较高，而处于中间的温度略低。其中，毛细管型辐射地暖的竖向温度分布偏差最小，舒适度更高。

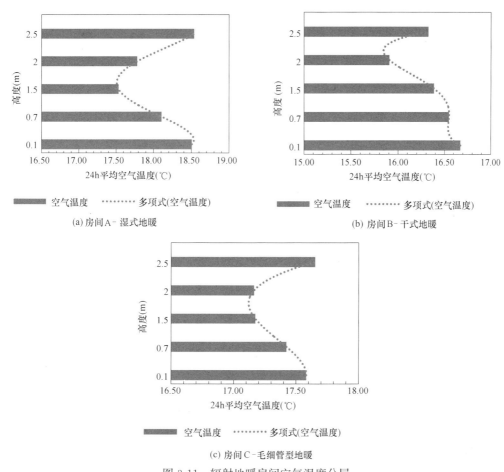

图 3-11 辐射地暖房间空气温度分层

（2）间歇运行模式

实测 2 月份 3 天不同间歇时长下（6h、8h、10h）的供暖。实验开始前围护结构温度与环境温度保持一致，周围房间均未进行供暖。供暖开启后，控制温度设置为 20℃。

图 3-12 反映了三种形式辐射地暖的启动性能——时间常数（启动后地面温度达到其最大变化量的 63.2% 所需的时间）。湿式、干式、毛细管型的空气温度时间常数分别为 1.1h、1h、1.5h。室内空气趋于稳定后，室温大小排序为：湿式辐射地暖＞毛细管型辐射地暖＞干式辐射地暖。

图 3-13 展示了地暖系统停机后室内环境参数的变化。干式地暖室内温度下降速率最快，毛细管型辐射地暖的热惯性最大，湿式系统次之，主要是由于湿式和毛细管系统存在豆石砂浆填充层，蓄热性增加。对于间歇供暖房间，干式系统升温与降温速度最快，较为适合。

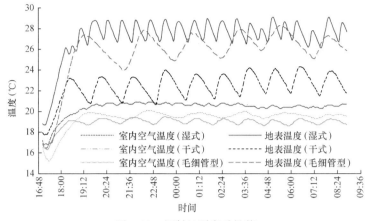

图 3-12　辐射地暖启动性能

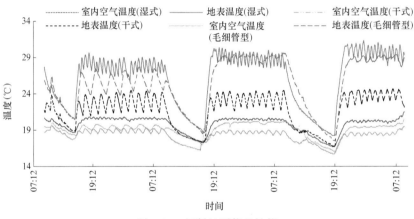

图 3-13　辐射地暖停机性能

3.2.2.4　围护结构传热传湿机理

长江流域典型城市年均湿度在 75% 以上，除湿需求较高，围护结构采用的大多是多孔材料，以加气混凝土为例，在建筑环境中存在着湿传递现象。本节初步研究了围护结构的传热传湿特性，确定了空气相对湿度对材料质量含水率的影响，分析了质量含水率对其导热系数与水蒸气有效扩散系数的影响。

（1）加气混凝土水蒸气有效扩散系数瞬态测试的试样尺寸选取

搭建瞬态测试实验台如图 3-14 所示，传感器直径为 6mm 和 12mm，选取的试样尺寸为 120mm、150mm、200mm 和 250mm。采用恒温恒湿箱（BINDER KMF115）对环境温度和湿度进行控制，控温范围 10～90℃，精度±0.2℃；控湿范围 10%～90%，精度±2.5%。

研究得到 B03 级加气混凝土的合适试样长度为 200mm；B06 级加气混凝土的合适试样长度为 150mm。由于我国目前加气混凝土的孔隙率范围介于 B03 和 B06 级之间，故适合用于水蒸气有效扩散系数瞬态测试的加气混凝土试样尺寸介于 150～200mm 之间。

（2）围护结构材料液态水传递系数及吸收系数

液态水吸收系数连续测量实验台如图 3-15 所示。B04、B05 和 B06 三种不同类型加气混凝土的导热系数随含水率的变化曲线如图 3-16 所示。

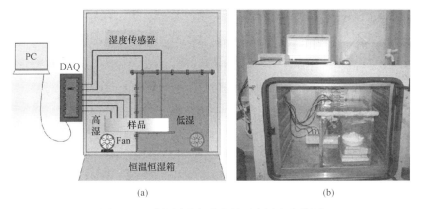

(a)　　　　　　　　　　　　(b)

图 3-14　瞬态测试实验台的示意图和实物图

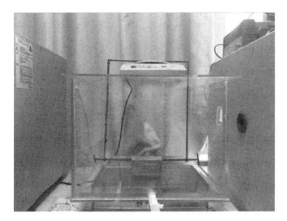

图 3-15　液态水吸收系数连续测量装置

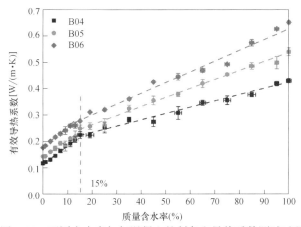

图 3-16　不同含水率加气混凝土的制备和导热系数测试过程

有效导热系数随着质量含水率的变化均呈增长趋势。在质量含水率低于15%时，试样的有效导热系数随含水率的增长均呈明显增大趋势。当质量含水率达到15%时，材料导热系数变化曲线出现拐点，有效导热系数的增长速率较前者增长速率降低，整体增长较为缓和。

图 3-17 为水蒸气有效扩散系数随相对湿度的变化规律。三种型号的加气混凝土水蒸气有效扩散系数随相对湿度的变化规律相似，相对湿度小于50%时增长较为平缓，而在

相对湿度大于 50% 时显著提升。

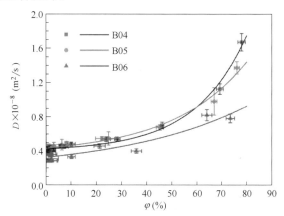

图 3-17　三种不同加气混凝土的水蒸气有效扩散系数随相对湿度的变化规律

3.2.2.5　非透明围护结构性能指标取值

满足全年供暖空调能耗不高于 $20kWh/m^2$ 的不同子气候区的非透明部分围护结构平均传热系数如表 3-7 所示。

非透明围护结构各部分的平均传热系数 $[W/(m^2 \cdot K)]$　　　　表 3-7

建筑及围护结构部位		子气候 A 区		子气候 B 区		子气候 C 区	
		轻质	普通	轻质	普通	轻质	普通
		$<200kg/m^2$	$\geqslant 200kg/m^2$	$<200kg/m^2$	$\geqslant 200kg/m^2$	$<200kg/m^2$	$\geqslant 200kg/m^2$
3 层以上建筑	外墙	≤0.6	≤0.7	≤0.5	≤0.6	≤0.4	≤0.5
	底面接触室外空气的架空或外挑楼板	≤1.2		≤1.0		≤0.8	
	分户墙、分户楼板	≤1.6		≤1.4		≤1.2	
	屋面	≤0.4	≤0.5	≤0.3	≤0.4	≤0.3	≤0.4
3 层及以下建筑	外墙	≤0.5	≤0.6	≤0.4	≤0.5	≤0.3	≤0.4
	底面接触室外空气的架空或外挑楼板	≤1.0		≤0.8		≤0.6	
	分户墙、分户楼板	≤1.4		≤1.2		≤1.0	
	屋面	≤0.4	≤0.5	≤0.3	≤0.4	≤0.3	≤0.4

注：1. 普通指以各种混凝土、砌体（包括加气混凝土砌块）等为外墙或屋面材料，包括粉刷材料层。
　　2. 轻质指用于外墙屋面主体材料的单位面积质量小于 $200kg/m^2$ 的非砌体类材料，如轻质夹心墙板、金属夹心屋面板等。
　　3. 轻质应按现行国家标准《民用建筑热工设计规范》GB 50176 规定，经隔热验算并符合规定要求。

3.2.3　外窗性能指标特征

3.2.3.1　窗墙比

单位面积能耗随建筑各朝向不同窗墙比的变化趋势如图 3-18 所示。南向窗墙比从 0.60 到 0.10，单位面积总能耗升高 5.22%；北向窗墙比从 0.35 到 0.10，单位面积总能耗降低 3.78%；东向窗墙比从 0.25 到 0.10 时，总能耗降低 1.94%；西向窗墙比从 0.25 到 0.10 时，单位面积总能耗降低 1.81%。适当增大南向窗墙比并减小其余朝向窗墙比，可以达到降低单位建筑面积空调能耗的效果。

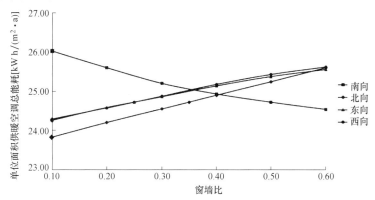

图 3-18 分时分室用能模式下单位面积供暖空调能耗与不同朝向窗墙比的关系图

3.2.3.2 外窗传热系数

不同城市负荷计算结果如图 3-19 所示。外窗各朝向传热系数相同时，随着外窗保温

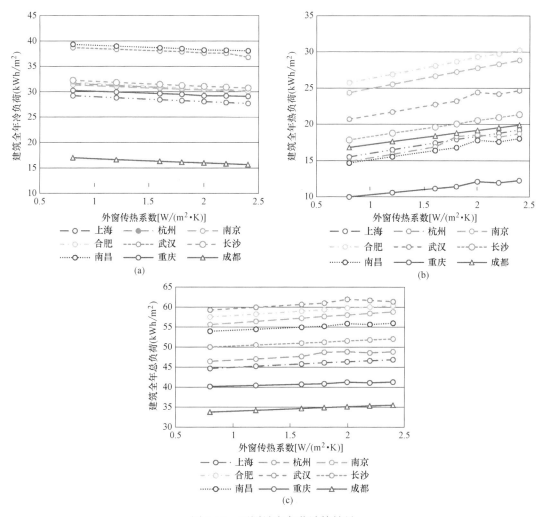

图 3-19 不同城市负荷计算结果

性能的加强，热负荷逐渐降低，冷负荷逐渐升高，总能耗仍呈现出一定的降低趋势。

外窗各朝向传热系数不同时，能耗降低的水平有较大差异，此时设定南向窗传热系数基准值为 2.0W/(m²·K)、北向 2.2W/(m²·K)、东向 2.2W/(m²·K)、西向 2.2W/(m²·K)，计算得到：南向窗传热系数从 2.0W/(m²·K) 变化至 0.8W/(m²·K) 时，单位面积总能耗降低 3.30%，北向窗从 2.2W/(m²·K) 到 1.0W/(m²·K)，总能耗降低 0.82%。而东西向窗传热系数从 2.2W/(m²·K) 变化至 1.0W/(m²·K) 时，单位面积总能耗降低 1.15%。

3.2.3.3 外窗遮阳

建筑遮阳，夏季制冷能耗显著下降，冬季供暖能耗上升。不同城市负荷如图 3-20 所示。建议夏季采用遮阳，冬季不采用遮阳，遮阳系数越低节能效果越好。采用动态遮阳措施更能满足建筑冬夏季不同需求，更有利于节能。

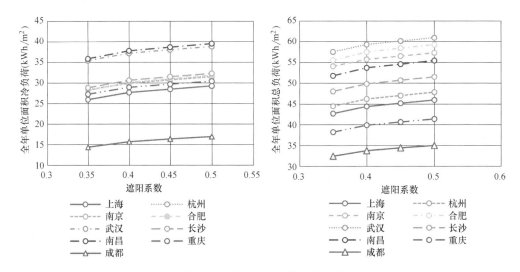

图 3-20　不同城市负荷计算结果

采用固定遮阳（固定透射比）和活动遮阳（冬夏季采用不同透射比）时全年建筑能耗见图 3-21，当采用透射比夏季为 0.2、冬季为 0.6 时，比固定透射比为 0.6 时低 2.2kWh/m²。并且随着透射比增加，即综合遮阳系数升高，年供暖空调能耗升高。

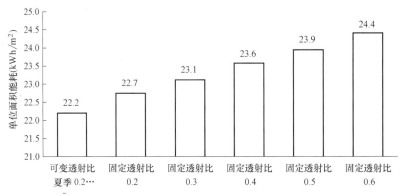

图 3-21　不同遮阳方式对建筑全年供暖制冷单位面积能耗的影响

采用百叶活动遮阳时，全年冷、热、总负荷如图 3-22 所示。遮阳效果为，外遮阳＞自遮阳＞内遮阳。百叶叶片 0°（全覆盖）时，遮阳效果最好，其次是 30°、45°、60°。

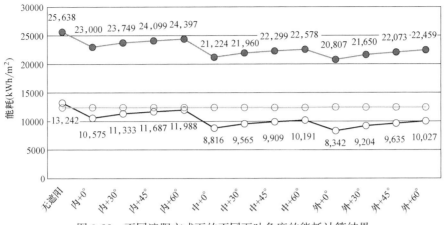

图 3-22　不同遮阳方式下的不同百叶角度的能耗计算结果

实际建筑中，固定构件式遮阳比较常见，各个朝向设置水平构件长度 60cm、90cm、120cm、150cm。不同朝向不同构件长度对遮阳效果影响显著，如图 3-23～图 3-25 所示。夏季，西面和南面遮阳效果优于东面和北面，四个朝向效果排序为南＞西＞东＞北，各朝

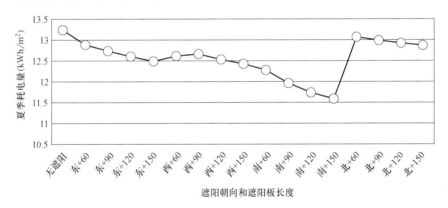

图 3-23　遮阳朝向、构件长度与夏季总耗电量的变化关系

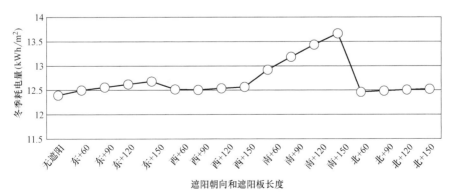

图 3-24　遮阳朝向、构件长度与冬季总耗电量的变化关系

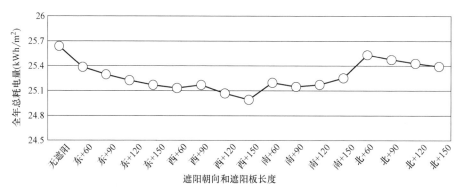

图 3-25 遮阳朝向、构件长度与全年总耗电量的变化关系

向均为遮阳板长度 150cm 时效果最明显。冬季遮阳是副作用，能耗升高显著，南面遮阳带来的能耗升高最多，西面、北面和东面差异不大。西向遮阳构件 150cm 时全年能耗最低，北面遮阳效果不显著，而南向固定遮阳由于夏季效果最好，冬季遮阳的副作用抵消了夏季遮阳的节能效果，全年节能效果没有西面显著。各个朝向均无遮阳时全年能耗最高。

3.2.3.4 外窗性能指标取值

为实现能耗 $20kWh/m^2$ 的目标，根据公式进行优化，不同子气候区的外窗传热系数如表 3-8 所示。

不同窗墙比下的外窗传热系数 $[W/(m^2 \cdot K)]$ 表 3-8

单一立面窗墙比	子气候 A 区	子气候 B 区	子气候 C 区
窗墙比≤0.30	≤2.0	≤1.8	≤1.6
0.30＜窗墙比≤0.40	≤1.8	≤1.6	≤1.4
0.40＜窗墙比≤0.45	≤1.6	≤1.4	≤1.2

建筑外窗综合遮阳系数以及外遮阳要求宜按表 3-9 选取；有外遮阳时，外窗综合遮阳系数取外窗遮阳系数与外遮阳系数乘积。无外遮阳时，外窗综合遮阳系数取外窗遮阳系数。外窗玻璃遮阳系数≥0.6。

外窗综合遮阳系数及活动遮阳要求 表 3-9

开间窗墙比	子气候 A 区		子气候 B 区		子气候 C 区	
	东、西向	南向	东、西向	南向	东、西向	南向
开间窗墙比≤0.20	/	设置外遮阳或中置遮阳	/	设置外遮阳或中置遮阳	/	设置外遮阳或中置遮阳
0.20＜开间窗墙比≤0.30	设置外遮阳或中置遮阳并使外窗综合遮阳系数≤0.35	设置外遮阳或中置遮阳并使外窗综合遮阳系数≤0.40	设置外遮阳或中置遮阳并使外窗综合遮阳系数≤0.40	设置外遮阳或中置遮阳并使外窗综合遮阳系数≤0.40	设置外遮阳或中置遮阳并使外窗综合遮阳系数≤0.40	设置外遮阳或中置遮阳并使外窗综合遮阳系数≤0.45
0.30＜开间窗墙比≤0.40	设置外遮阳或中置遮阳并使外窗综合遮阳系数≤0.30	设置外遮阳或中置遮阳并使外窗综合遮阳系数≤0.35	设置外遮阳或中置遮阳并使外窗综合遮阳系数≤0.35	设置外遮阳或中置遮阳并使外窗综合遮阳系数≤0.35	设置外遮阳或中置遮阳并使外窗综合遮阳系数≤0.35	设置外遮阳或中置遮阳并使外窗综合遮阳系数≤0.40

续表

开间窗墙比	子气候 A 区		子气候 B 区		子气候 C 区	
	东、西向	南向	东、西向	南向	东、西向	南向
0.40<开间窗墙比≤0.45	设置外遮阳或中置遮阳并使外窗综合遮阳系数≤0.25	设置外遮阳或中置遮阳并使外窗综合遮阳系数≤0.30	设置外遮阳或中置遮阳并使外窗综合遮阳系数≤0.30	设置外遮阳或中置遮阳并使外窗综合遮阳系数≤0.30	设置外遮阳或中置遮阳并使外窗综合遮阳系数≤0.30	设置外遮阳或中置遮阳并使外窗综合遮阳系数≤0.35
开间窗墙比>0.45	设置外遮阳或中置遮阳并使外窗综合遮阳系数≤0.20	设置外遮阳或中置遮阳并使外窗综合遮阳系数≤0.25	设置外遮阳或中置遮阳并使外窗综合遮阳系数≤0.25	设置外遮阳或中置遮阳并使外窗综合遮阳系数≤0.25	设置外遮阳或中置遮阳并使外窗综合遮阳系数≤0.25	设置外遮阳或中置遮阳并使外窗综合遮阳系数≤0.30

注：表中的"东、西"指从东或西偏北30°（包括30°）至偏南60°（包括60°）的范围；"南"指从南偏东30°至偏西30°的范围。

另外，针对建筑凸窗，不提倡设置凸窗，设置时，应符合下列要求：1）凸窗传热系数应比表3-8限值减少10%；2）凸窗的面积应按洞口面积计；3）凸窗的顶板、底板及侧向不透明部分应采取保温措施，传热阻不低于热桥要求。

3.2.4 保温

3.2.4.1 不同保温方式的传热性能

研究外保温、内保温、夹心保温以及自保温4种形式，传热系数均为1.0W/(m²·K)，其中，外保温、内保温及夹心保温只是材料层顺序不一样。

（1）全年工况

图3-26是全年供暖和制冷时西向墙体的传热量。其中，外保温和夹心保温夏季和冬季的墙体传热量较大，全年传热量也最大；自保温墙体供暖时段传热量小于外保温和夹心保温，但制冷时段传热量最大；而内保温墙体全年传热量最小。从全年节能角度出发，4种墙体的节能效果排序：内保温＞自保温＞夹心保温＞外保温。

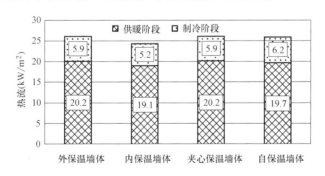

图3-26　供暖及制冷时间内墙体的传热量

（2）连续供暖工况

图3-27是该工况下4种墙体的传热量。3天的总传热量相差不大，说明在连续供暖工况下，如果墙体传热系数确定，节能效果：内保温＝自保温＝夹心保温＝外保温。

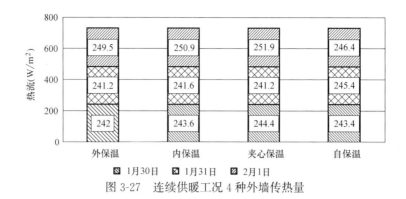

图 3-27　连续供暖工况 4 种外墙传热量

（3）间歇供暖工况

图 3-28 是不同阶段 4 种墙体的传热量。内保温墙体传热量最小，其他 3 种墙体接近，所以单从节能来看，内保温的节能性能优于其他保温形式。节能效果是：内保温＞外保温＞自保温＞夹心保温。4 种墙体在非供暖阶段的墙体热损失排序为：内保温＞自保温＞夹心保温＞外保温，意味着供暖停止后，内保温降温最快。

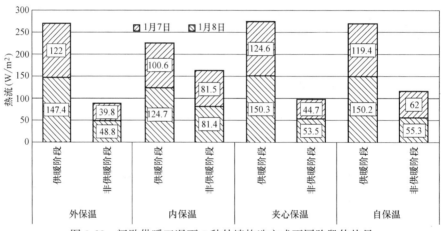

图 3-28　间歇供暖工况下 4 种外墙构造方式不同阶段传热量

（4）连续空调工况

图 3-29 是 7 月 28 日—30 日的墙体内表面温度，自保温墙体的内表温度波动相对较

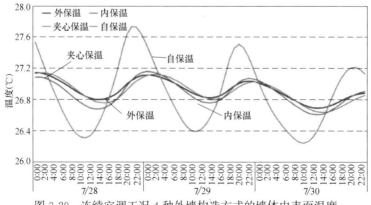

图 3-29　连续空调工况 4 种外墙构造方式的墙体内表面温度

大，温度波幅均大于1℃，较不适用于连续工况。节能效果和连续供暖工况一致。

（5）间歇空调工况

图3-30是制冷阶段吸冷量和被动阶段放冷量。自保温墙体在空调期间从室内吸收的冷量最多，内保温最少；被动阶段外保温墙体释放的冷量最多，因为在制冷阶段外保温墙体储存更多的冷量，在被动阶段室内温度升高时释放量也更大，有利于减缓室内温度的上升。对室内热环境最有利的是外保温墙体和夹心保温墙体，其次是内保温墙体；从节能角度看，内保温＞外保温＞夹芯保温＞自保温。

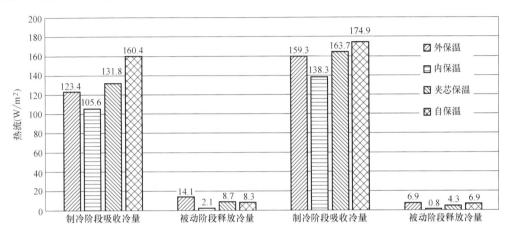

图3-30　间歇空调工况4种外墙构造方式制冷阶段吸冷量和被动阶段放冷量

（6）夜间通风工况

图3-31是墙体吸放热情况，晚上向室内放热，白天从室外吸热。自保温墙体晚上放热量最高，外保温墙体最低，外保温墙体白天吸热量最高，内保温最低。外保温、内保温、夹心保温及自保温墙体的吸放热比分别为49.9%、4.4%、31.0%和18.0%。对室内热环境最有利且对夜间通风利用最充分的是外保温墙体，其次是夹心保温墙体，内保温和自保温墙体则较差。

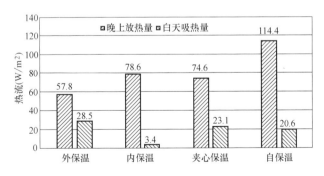

图3-31　夜间通风工况4种外墙构造方式吸放热情况

从上述结果可知，在不同的工况条件下最恰当的墙体保温形式并不相同。所以不宜只针对某一种工况或单独针对供暖或制冷季选择某一种墙体构造形式，而应该考虑全年的天气，其中包括冬夏季各种工况。

3.2.4.2 不同保温方式的节能效果

图 3-32 和图 3-33 为几种不同保温方式下的全年负荷。间歇用能模式,自保温全年能耗最低;持续用能模式,外保温全年能耗最低。从数值上看,不同保温方式全年供暖空调单位面积负荷差异均不显著。

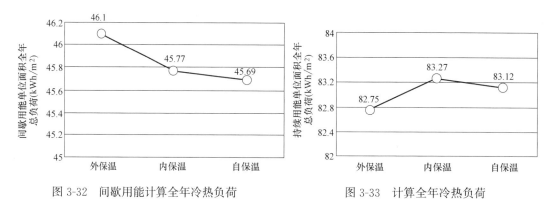

图 3-32 间歇用能计算全年冷热负荷   图 3-33 计算全年冷热负荷

3.2.4.3 不同末端的适宜保温方式

选取实验台 1 个房间(长、宽、高分别为 4m、3m、3m)进行外保温、内保温与自保温 3 种保温体系下的辐射地板末端供热测试,末端采用湿式辐射地暖,热源为空气源热泵,可产生最高温度为 55℃ 的循环热水。系统运行时间设置为 20:00—8:00。壁面温度计布置在每个围护结构中央位置,空气温度计布置于室内中央 1.5m 高度。各外墙保温体系的结构与热工参数如下:外保温——60mm 胶粉聚苯颗粒保温板+200mm 钢筋混凝土;内保温——200mm 钢筋混凝土+60mm 胶粉聚苯颗粒保温板;自保温——240mm 蒸压加气混凝土砌块;传热系数均为 1.1W/(m² · K)。

对流空调下,实测得到供暖开始时刻内保温初始温度最低,外保温为 12.62℃,内保温为 11.41℃,自保温为 11.96℃,原因是在间歇用能模式下的内保温外墙蓄热少。对流空调末端下,外保温、内保温、自保温在的最冷日供热能耗分别为:0.568kWh/m²、0.536kWh/m²、0.554kWh/m²,内保温墙体房间的供暖能耗较低。

辐射末端下,供暖开始时刻温度平均为 14.3℃。其中外保温墙体的室内初始温度比自保温墙体高 0.6℃,比内保温墙体高 1.1℃,是由于内保温墙体蓄热少,供暖开始时刻初始温度低。供暖时间平均温度(℃),外保温为 18.1℃,内保温为 18.4℃,自保温为 18.2℃。外保温、内保温、自保温墙体房间空气温度的时间常数分别为 2.55h、2.45h、2.95h。内保温墙体房间达到设定温度的时间最短。三种保温类型墙体的房间能耗分别为 0.704kWh/m²、0.691kWh/m² 和 0.695kWh/m²,内保温墙体房间的供暖能耗相对较低。供暖关闭后的时间段内(8:00—20:00),室内温度高于 T_{lim}(保证室内供暖舒适的最低温度,即 18℃)的时长外保温为 12h,内保温为 7.9h,自保温为 10.2h。外保温墙体的房间热舒适度最佳,自保温次之。

3.2.4.4 安全性和耐久性

从安全性的角度考虑,住宅新建建筑以高层建筑为主,高层建筑的比例有逐年上升的趋势。外墙外保温层耐久性不强,易脱落,有潜在安全风险,尤其是沿海受台风影响地区及高层建筑中危险性较大。如果高层住宅采用外墙内保温系统，由于其保温材料的施工与装设主要集中在建筑围护结构的室内一侧，并不会暴露在日照、辐射、大气中，从而延长了使用寿命，耐久性更强。从安全的角度考虑宜选取保温内置的方式。

3.2.4.5 保温方式选取

综上，保温层的安全和耐久为主要影响因素时，宜选用保温层内置的方式，包括自保温、内保温及自内组合保温；热反应速度为主要影响因素时，宜选用内保温和自内组合保温；热桥处理为主要影响因素时，宜选用内外组合保温和外保温方式；选择有机保温板时应采用环保阻燃剂，详细如表 3-10 所示。

保温形式推荐 表 3-10

选型因素		保温形式推荐
安全性		内保温;自保温;内保温＋自保温
耐久性		自保温;内保温＋自保温
升温速度	对流空调	内保温;自保温;外保温
	辐射地暖	内保温;外保温;自保温
最冷日供暖能耗	对流空调	内保温;自保温;外保温
	辐射地暖	内保温;自保温;外保温
间歇用能模式		内保温＋自保温;内保温;自保温(包括中置保温、夹芯板);外保温
持续用能模式		外保温＋内保温;外保温;自保温;内保温

3.2.5 气密性

3.2.5.1 换气次数

全年室内基础温度按照"≤18℃、18～26℃、≥26℃"3 个区间统计时长，如图 3-34、图 3-35 所示。由图得到，随着换气次数的增加，冷不舒适小时数逐渐增加，热不舒适小时数逐渐减小。基于室内基础温度计算得到采暖度时数（HDH18）和制冷度时数（CDH26），如图 3-35 所示。随着换气次数增加，采暖度时数上升，换气次数≥5h⁻¹后增速变缓，制冷度时数降低，换气次数≥1h⁻¹后几乎无变化。换气次数 0.3～0.5h⁻¹时全年供暖度时数和制冷度时数达到平衡，可认为是适宜的换气次数水平，此时较低的采暖度时数可显著降低热负荷，略高的制冷度时数可通过加强夏季和过渡季节自然通风来调节降低，最终实现全年节能。考虑到健康需求，换气次数取值为 0.5 次/h。

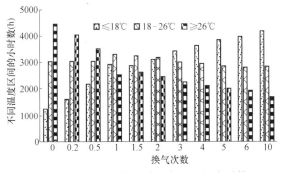

图 3-34 全年室内不同温度区间的小时数

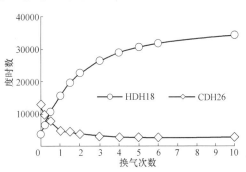

图 3-35 不同换气次数下全年制冷/采暖度时数

长江流域建筑供暖空调方案及相应系统

3.2.5.2 换气次数测试方法

本小节建立并验证了人体释放的 CO_2 为示踪气体的气密性检测方法。

首先进行室内 CO_2 浓度均匀性的验证实验。验证得到 CO_2 垂直方向各测点 CO_2 浓度值的相对误差均小于 3%，同一高度不同位置处 CO_2 浓度值的误差均小于 2%，说明测试房间内各点 CO_2 浓度分布均匀。故在测试房间中心点 1.2m 高处布置 CO_2 浓度记录仪，用来测试不同工况下房间内 CO_2 浓度的变化情况。

实验开始前，先将房间门窗开启通风直至室内外 CO_2 浓度一致；然后关闭门窗，设置气密性条件、供暖末端形式、供暖温度等；待实验房间内温度达到设定温度并稳定后，作为 CO_2 释放源的实验人员进入房间开始测试，按照 $\Delta\tau=10s$ 时间间隔采集室内外 CO_2 浓度以及温度、风速数据，测试时长为 1~2h。实验人员为男性，身高为 1.75m，体重为 75kg，计算得到该实验人员 CO_2 释放速率计算值 4.09mL/s。

无供暖条件下时，室内外 CO_2 浓度变化情况如图 3-36 所示，换气次数为 $1.03h^{-1}$。

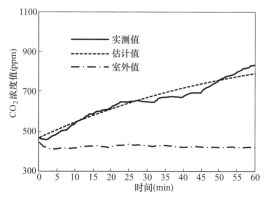

图 3-36　不供暖时室内外 CO_2 浓度变化情况

测试房间内设有对流送风空调时，循环热空气将室内空气加热至 27~29℃，维持 3~7℃之间的室内外温差，换气次数值如表 3-11 所示。由换气次数计算值拟合的 CO_2 浓度估计值，确定系数 R^2 值在 0.89~0.99。与无供暖情况相比，供暖时房间换气次数增加 38%。随着室内外温差的增加，房间换气次数增大。

对流送风供暖时房间换气次数及相应的室外环境参数　表 3-11

工况	供暖形式	室内平均温度(℃)	室外平均温度(℃)	室内外温差(℃)	室外风速(m/s)	换气次数
C1	对流送风	27.3	23.8	3.5	0.98	1.114
C2	对流送风	29.4	25.4	4.0	0.23	1.253
C3	对流送风	29.1	24.4	4.7	0.74	1.282
C4	对流送风	27.6	21.3	6.3	0.73	1.420

测试房间内设有辐射供暖末端时，辐射地板为混凝土填充式热水辐射地面，热源为空气源热泵（额定制热量为 11kW）。同样空气加热温度和温差下，换气次数值如表 3-12 所示。与无供暖情况相比，供暖时房间换气次数增加 37%，随着室内外温差的增加，房间换气次数增大，但是增加幅度逐渐减小。

68

辐射地板供暖时房间换气次数及相应的室外环境参数　　　　　表 3-12

工况	供暖形式	室内平均温度(℃)	室外平均温度(℃)	室内外温差(℃)	室外风速(m/s)	换气次数
R1	辐射供暖	26.7	22.3	4.4	0.67	1.183
R2	辐射供暖	27.3	21.8	5.5	0.72	1.332
R3	辐射供暖	28.6	22.3	6.3	0.69	1.395
R4	辐射供暖	27.0	19.8	7.2	0.63	1.414

从实验中也可以得到，为了提高建筑气密性，需要首先提高外门窗气密性，建筑物外窗不应低于现行国家标准《建筑外门窗气密、水密、抗风压性能分级及检测方法》GB/T 7106 规定的气密性 7 级：$0.5 < q_1 \leqslant 1.0\ m^3/(m \cdot h)$，$1.5 < q_2 \leqslant 3.0\ m^3/(m^2 \cdot h)$；外门窗安装方式应根据墙体的构造方式和建筑高度进行优化设计，外门窗与基层墙体的联结件应采用阻断热桥的处理措施，外门窗建议采用节能型附框；在施工过程中也应加强气密性的处理，各类管道穿透气密层及外墙时，宜对洞口进行有效的气密性处理；外门窗外表面与基层墙体的联结处宜采用防水透气材料密封，门窗内表面与基层墙体的联结处应采用气密性材料密封。外窗框与外墙之间缝隙应采用弹性高效保温材料填充，并采用耐候防水密封胶嵌缝。

3.2.6　热桥

热桥增加了建筑物热量向外界耗散的程度，造成围护结构温度不均，增大了围护结构开裂的可能性，为建筑物的使用寿命及安全带来不利影响。本节通过现场实测与数值模拟结合的方式对热桥节点进行分析，对热桥保温的有效性进行判断，给出建筑可容忍的热桥非保温面积比例。使用 COMSOL Multiphysic 模拟软件对外墙及屋面进行模拟，以验证导热系数设置的正确性。

3.2.6.1　模型建立

选取上海市的室外气象参数、室内计算参数以及室内外表面换热系数如表 3-13 所示。围护结构几何参数及热工参数如表 3-14 所示。

热桥模拟室内外相关参数　　　　　表 3-13

参数	室内	室外
温度（℃）	18.0	0.5
对流换热系数［W/(m² · K)］	8.7	23.0

围护结构几何参数及热工参数　　　　　表 3-14

围护结构构件	尺寸(mm)	导热系数［W/(m · K)］
梁	400×240	1.74
柱	400×400	1.74
外墙	240	0.29
楼板	120	0.44
屋面	120	0.11

续表

围护结构构件	尺寸(mm)	导热系数[W/(m·K)]
内隔墙	120	0.44
EPS 板	20	0.03
水泥砂浆	20	0.93

3.2.6.2 热桥保温材料敷设方向

（1）模拟模型

图 3-37 （a）、（d） 和 （g） 分别给出了平面柱热桥、转角柱热桥和平面梁热桥在无保温情况下的温度云图，（b）、（c）、（e）、（f）、（h） 和 （i） 给出上述热桥在 25% 保温下的模型。25% 保温分为两种形式，方式一为从离墙体较远处开始保温，并逐步向墙体方向相背扩张，如 （b）、（e） 和 （h）；方式二为从墙体邻近部分开始保温，并逐步向离墙体较远处相向扩张，如 （c）、（f） 和 （i）。在分析过程中，将保温比例分别定为 0、25%、50%、75% 与 100%。

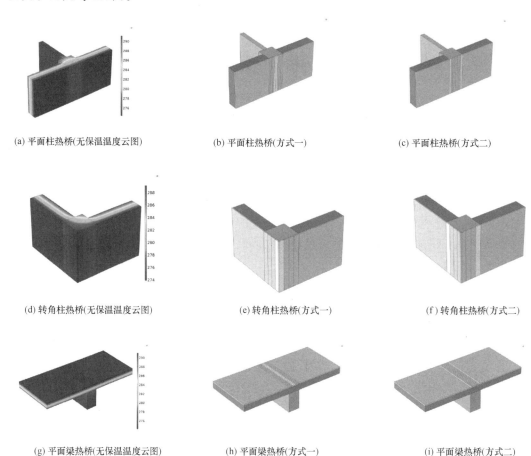

(a) 平面柱热桥(无保温温度云图)　　(b) 平面柱热桥(方式一)　　(c) 平面柱热桥(方式二)

(d) 转角柱热桥(无保温温度云图)　　(e) 转角柱热桥(方式一)　　(f) 转角柱热桥(方式二)

(g) 平面梁热桥(无保温温度云图)　　(h) 平面梁热桥(方式一)　　(i) 平面梁热桥(方式二)

图 3-37　典型热桥无保温时温度云图及 25% 保温情况下热桥模型

（2）计算方法

计算热桥引起的热流量与热桥等效传热系数，如式（3-1）与式（3-2）：

$$\Delta Q = A_{en} \cdot h_{out} \cdot (T_{sur,th} - T_{sur,en}) \tag{3-1}$$

$$K_{th} = \frac{\Delta Q}{A_{th} \cdot (T_{in} - T_{out})} + K_{en} \tag{3-2}$$

式中　ΔQ——热桥引起的热流量，W；

A_{en}——热桥节点外表面积，m^2；

$T_{sur,th}$——热桥节点外表面平均温度，℃；

$T_{sur,en}$——不含热桥时围护结构外表面平均温度，℃；

K_{th}——热桥等效传热系数，$W/(m^2 \cdot K)$；

A_{th}——热桥外表面积，m^2；

T_{in}——室内空气温度，℃；

T_{out}——室外空气温度，℃；

K_{en}——不含热桥时围护结构传热系数，外墙为 0.99 $W/(m^2 \cdot K)$，屋面为 0.79 $W/(m^2 \cdot K)$。

单位体积 EPS 板热桥等效传热系数降低量，计算方法如式（3-3）所示。

$$\eta_i = \frac{K_{th,i} - K_{th,0}}{V_{EPS,i}} \tag{3-3}$$

式中　η_i——热桥保温比例为 i 时，单位体积 EPS 板热桥等效传热系数降低量，i 为 25％、50％、75％或100％，$W/(m^2 \cdot K \cdot m^3)$；

$K_{th,i}$——热桥保温比例为 i 时，热桥等效传热系数，$W/(m^2 \cdot K)$；

$K_{th,0}$——热桥不进行保温时，热桥等效传热系数，$W/(m^2 \cdot K)$；

$V_{EPS,i}$——热桥保温比例为 i 时，EPS 板所用体积，m^3。

（3）计算结果

通过对三种典型热桥的不同保温方式（方式一/方式二）以及不同保温比例（0、25％、50％、75％、100％）进行模拟，热桥等效传热系数和单位体积 EPS 热桥等效传热系数降低量见图 3-38、图 3-39。由图看出，应以方式一对平面线性热桥进行逐步保温，应以方式二对转角线性热桥进行逐步保温；转角柱热桥进行保温经济效益较低，且在以方式二进行保温时，保温比例在 75％以上为过度保温；屋面处的平面梁热桥，由于其构造

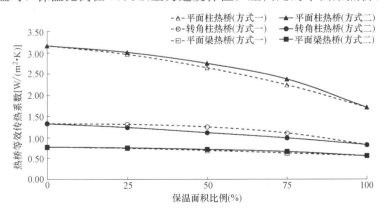

图 3-38　保温材料不同敷设方式及比例所对应的热桥等效传热系数

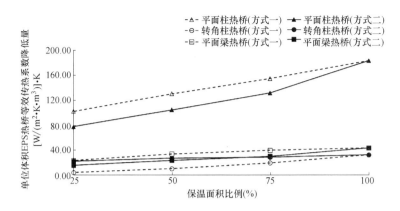

图 3-39　单位体积 EPS 热桥等效传热系数降低量

方式与外墙处的平面柱热桥不同，其热桥等效传热系数始终低于屋面传热系数，因此无需进行保温。

3.2.6.3　热桥保温面积比例模拟与分析

（1）计算模型

此节将确定建筑中可容忍的热桥非保温面积比例。建筑中的热桥节点分为 12 类，编号为Ⅰ～Ⅻ，如图 3-40～图 3-52。本研究仅考虑外墙处的热桥，不包含窗、阳台等构件。

平面线性热桥采用方式一进行保温，转角线性热桥采用方式二进行保温。Ⅱ、Ⅵ、Ⅹ号节点先完成对梁与楼板的保温，再对柱进行 60% 和 100% 的保温；Ⅸ号节点即外墙，Ⅻ号物理热桥面积为零，两者在计算过程中均不进行保温处理；Ⅰ、Ⅱ、Ⅲ、Ⅳ、Ⅸ、Ⅹ、Ⅺ、Ⅻ号节点高度为 1.5m，Ⅴ、Ⅵ、Ⅶ、Ⅷ号节点高度为 3.0m。模拟建筑分别包含 36.5 个、8

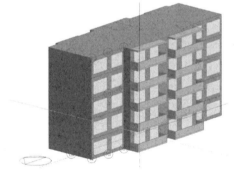

图 3-40　热桥分类示意图

个、13 个、2 个、146 个、32 个、52 个、8 个、36.5 个、8 个、13 个、2 个Ⅰ～Ⅻ号节点。

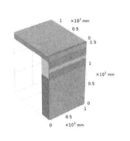

图 3-41　20% 保温情况下Ⅰ
号热桥节点模型图

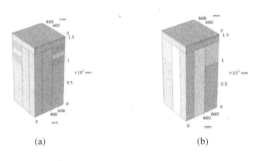

图 3-42　Ⅱ号热桥节点模型图
（a）20% 保温；（b）20% 梁保温及 60% 柱保温

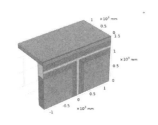

图 3-43　20％保温情况下Ⅲ号
热桥节点模型图

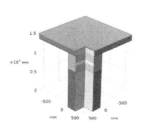

图 3-44　20％保温情况下Ⅳ号
热桥节点模型图

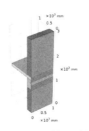

图 3-45　20％保温情况下Ⅴ号
热桥节点模型图

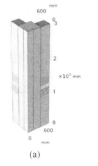

(a)

图 3-46　Ⅵ号热桥节点模型图

（a）20％保温；（b）20％梁保温及60％柱保温

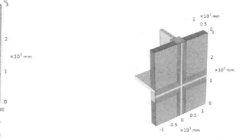

(b)

图 3-47　20％保温情况下Ⅶ号
热桥节点模型图

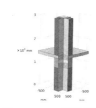

图 3-48　20％保温情况下Ⅷ号
热桥节点模型图

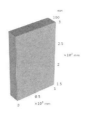

图 3-49　Ⅸ号热桥
节点模型图

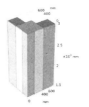

图 3-50　60％保温情况下Ⅹ号
热桥节点模型图

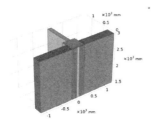

图 3-51　20％保温情况下Ⅺ号热桥节点模型图

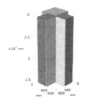

图 3-52　Ⅻ号热桥节点模型图

（2）计算方法

热桥不做保温时的外墙传热系数按式（3-4）计算。

$$K_{en,th,j,i} = \frac{\sum \Delta Q_{j,i} \cdot N_j}{A_{en,total} \cdot (T_{in} - T_{out})} + K_{en} \tag{3-4}$$

$$\Delta K_{\mathrm{en,th},j,i} = K_{\mathrm{en,th}} - K_{\mathrm{en,th},j,i} \tag{3-5}$$

式中　$K_{\mathrm{en,th},j,i}$——对 j 号热桥进行保温比例为 i 时的外墙传热系数，W/(m²·K)；

　　　$\Delta K_{\mathrm{en,th},j,i}$——传热系数降低量，W/(m²·K)；

　　　$\Delta Q_{j,i}$——j 号热桥节点中保温比例为 i 时热桥引起的热流量，j 为 Ⅰ～Ⅻ，i 为 25%、50%、75% 或 100%，W；

　　　N_j——j 号热桥节点数量；

　　$A_{\mathrm{en,total}}$——外墙总面积；

　　$K_{\mathrm{en,th}}$——不对热桥进行保温时外墙的传热系数，W/(m²·K)。

（3）计算结果

通过对 12 类热桥节点不同保温比例（0、20%、40%、60%、80%、100%）进行模拟，可得到如下结论：

1）不对热桥进行保温时，Ⅰ～Ⅻ号节点的热桥总散热量分别为 4.63%、3.73%、5.73%、0.63%、23.86%、7.53%、39.52%、4.59%、0.00%、0.61%、10.42% 和 0.00%，其中散热量最多的三类热桥分别为Ⅶ号、Ⅴ号和Ⅺ号节点中的热桥。

2）根据外墙传热系数的大小，可将热桥节点分为三类：第一类（Ⅴ号、Ⅶ号热桥节点）、第二类（Ⅰ号、Ⅲ号、Ⅵ号、Ⅺ号热桥节点）与第三类（Ⅱ号、Ⅳ号、Ⅷ号、Ⅹ号热桥节点）。可按照上述分类对热桥进行逐步保温。

3）Ⅴ号、Ⅶ号热桥节点单位体积 EPS 外墙传热系数降低量较大，且热桥节点数量较多，该类热桥保温效果最明显。Ⅰ号、Ⅲ号、Ⅵ号外墙传热系数降低量尚可，热桥节点数量较多，热桥保温效果比较明显。Ⅳ号、Ⅷ号热桥节点单位体积 EPS 外墙传热系数降低量较大，但热桥节点数量较少，保温效果不明显。Ⅱ号、Ⅹ号降低量较小，效果几乎可忽略。

3.2.6.4　热桥处理

在实际施工过程中，热桥处理应避免在外墙保温侧固定导轨、龙骨、支架等可能导致热桥的部件；当必须固定时，应在外墙上预埋断热桥的锚固件，并采用有效措施降低传热损失。女儿墙等突出屋面的结构体，其保温层应与屋面、墙面保温层连续，不得出现结构性热桥。女儿墙、土建风道出风口等薄弱环节，宜设置金属盖板，以提高其耐久性，金属盖板与结构连接部位应采取避免热桥的措施。

3.3　适宜的围护结构构造及施工工法研究

当前常规的施工工法对本文的技术体系总体适用，围护结构气密性的施工质量需要重点关注，随着建筑工业化和新型建材的发展与应用，本节提出了 ALC 板（蒸压加气混凝土墙板）应用于钢结构的内嵌式外墙体系，对提高室内空间的整体性与利用率、解决防火与热桥问题、节省造价与工期有一定的帮助。

3.3.1　钢结构住宅蒸压加气混凝土墙板（ALC 板）

3.3.1.1　ALC 板的特点

蒸压加气混凝土墙板是以水泥、石灰、石英砂等为主要原料，根据不同需求添加不同数量经防腐处理的钢筋网片的一种轻质多孔新型的绿色环保建筑材料。主要特点包括：

（1）密度轻：可有效地减小建筑物自重，同时也减小结构构件的尺寸和用量。

（2）抗压强度高：作为一种围护结构板材，特别是配筋板材，轻质高强度，在各种使用条件下满足对墙板的抗弯、抗裂、变形及节点的强度要求。保温隔热性好，可不用或少用保温材料。

（3）隔声性好：较其他轻质板材具有较大的质量优势，其细观结构是由大量均匀的互不连通的微小气孔组成，具有优良的吸收消耗声波的耗能作用，隔声性好。150mm 厚隔墙板平均隔声量为 46dB（含双面 10 粉刷）。相当于 150mm 厚混凝土空心砌块墙（平均隔声量约 40dB）。

（4）耐火性好：是一种无机不燃板材，耐火性好，150mm 厚耐火极限＞4h，且在高温和明火下无有害气体溢出。

（5）耐久性好：是一种无机硅酸盐板材，不老化，耐久性好。

3.3.1.2 墙体结构和性能指标

（1）基本构造

由 ALC 墙板构成的钢结构住宅围护墙体，其基本构造为单一的 ALC 墙板，室内、室外板面均需用耐碱玻纤网格布加强，板缝处尚需额外附加一道耐碱玻纤网格布。楼层高度方向，宜采用一整块板直抵钢梁梁底，如图 3-53 所示。水平方向宜设置凹槽和凸隼，凹槽和凸隼对齐后用胶粘剂粘牢，如图 3-54 所示。

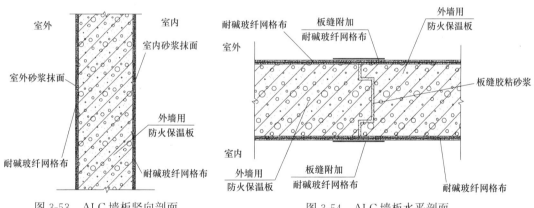

图 3-53　ALC 墙板竖向剖面　　　　图 3-54　ALC 墙板水平剖面

（2）梁、柱节点

钢梁部位采用较薄厚度的 ALC 板包覆。室内侧包覆钢梁的 ALC 板上下端均用胶粘剂与混凝土楼板、钢梁下 ALC 板粘牢，并用自攻螺钉将其固定至钢梁腹板范围的固定用龙骨上，室外侧包覆钢梁的 ALC 板上下端均用胶粘剂与上一楼层 ALC 板、本楼层钢梁下 ALC 板粘牢，同时两端用固定钢钉将其固定在上下楼层的 ALC 板上，如图 3-55 所示。

钢梁下 ALC 板顶部设凸隼，凸隼顶部至钢梁下翼缘底约 20mm。钢梁底部设置角钢固定件，固定件焊接于钢梁下翼缘。角钢固定件的钢梁下 ALC 板的凸隼用螺栓连接固定。

钢柱（墙）范围内，亦用较薄的 ALC 板覆盖。由于室外侧仅用胶粘剂粘结 ALC 板与钢柱，存在长久使用胶粘剂老化失效的风险，因此需在钢柱（墙）上设置栓钉，将

ALC 板挂在栓钉上。栓钉部位洞口另用防火砂浆封堵，如图 3-56 所示。

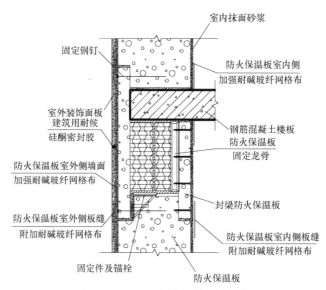

图 3-55 ALC 墙板包覆钢梁节点

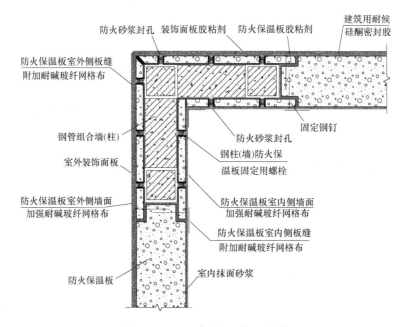

图 3-56 ALC 墙板包覆钢柱节点

性能参数如表 3-15 所示。

ALC 墙板基本性能　　　　　　　　　　　　　表 3-15

强度级别	A2.5	A3.5	A5.0	A7.5
干密度级别	B04	B05	B06	B07
干密度（kg/m²）	≤425	≤525	≤625	≤725

续表

抗压强度(MPa)	平均值	≥2.5	≥3.5	≥5.0	≥7.5
	单组最小值	≥2.0	≥2.8	≥4.0	≥6.0
平均收缩值(mm/m)	标准法	≤0.50			
	快速法	≤0.80			
抗冻性	质量损失(%)	≤5.0			
	冻后强度(MPa)	≥2.0	≥2.8	≥4.0	≥6.0
导热系数[W/(m·K)]		≤0.12	≤0.14	≤0.16	≤0.18

3.3.1.3　热桥处理

非钢梁、钢柱部位的 ALC 板采用的是整块墙板，板缝为企口形式，由黏接剂连接密封。钢梁、钢柱部位内外侧包覆 ALC 薄板。梁、柱部位的 ALC 薄板相对于非梁、柱部位 ALC 板较薄，但该部位 ALC 板兼做防火板，具有优良的阻热能力。整体上，围护墙体保温隔热作用良好。

钢梁部位 ALC 薄板将金属连接件包在板材内侧，无热量传递通路，ALC 板墙体的热桥主要集中部位是钢柱部位挂 ALC 板的栓钉与钢柱间形成的热量传递通道。栓钉与钢柱热桥部位的处理方法包括，钢柱部位的栓钉长度应小于钢柱外侧 ALC 板厚度 2～3cm，栓钉部位 ALC 板的孔洞用保温砂浆填实抹平，防止栓钉直接暴露于空气，同时由于该热桥部位在外墙面积中占比极小，总体对外墙隔热保温影响较小。

3.3.1.4　防火保护

ALC 墙板围护墙的钢柱、钢梁部位室外侧均采用 ALC 墙板，厚度与室内侧 ALC 墙板相同，可满足钢结构的防火要求。合理设置围护墙体构造，使围护墙体成为钢结构住宅的防火保护层，采用各类绝热材料和不燃材料，进一步提高钢结构的防火能力。

3.3.1.5　防水

ALC 板的防水较为复杂。整个墙面采用聚合物防水砂浆，板缝的构造由外至内依次是：防水布、专用密封胶、专用嵌缝剂、专用密封胶、专用底涂、PE 棒及岩棉，如图 3-57 所示。

3.3.1.6　防裂

ALC 板的防裂重点在于板缝的抗裂，主要因素有主体结构变形、材料性能、施工质量及板缝的处理。为防止墙体开裂，需要确保建筑主体稳定、面板材料性能稳定、采用板缝抗裂网格布。

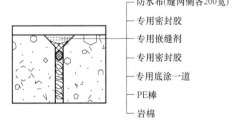

图 3-57　ALC 板的防水构造

3.3.2　ALC 板内嵌式外墙提升施工工法

在 ALC 板内嵌式外墙体系的建造过程中，总结了 ALC 板内嵌式外墙体系的施工要点，在此基础上形成了"ALC 板内嵌式外墙体系施工技术"，并进一步提炼形成工法。

3.3.2.1　工艺原理

通过对 ALC 板材的入场运输、加工、板材架立、板材拼接进行严格控制，以达到板材外观完整整洁、拼缝严密牢靠、垂直度、平整度合格的要求。利用板材在工厂预制精度高，具有良好可加工性的特点，在施工中通过钩头螺栓与梁有效固定，达到减轻劳动强度、缩短建设工期、提高施工效率的目的。

应用 ALC 板内嵌式外墙体系，实现了室内无梁、柱外露，提高了室内空间的整体性与利用率；通过钢梁、钢柱部位 ALC 薄板，解决防火与热桥问题，实现自保温或减小保温层厚度，节省造价与工期。

3.3.2.2　工艺流程

（1）施工准备

① 熟悉施工图纸及相关图集。收集准备质量、安全、施工所涉及的相关规范、规定、施工日志、作业指导书等资料。

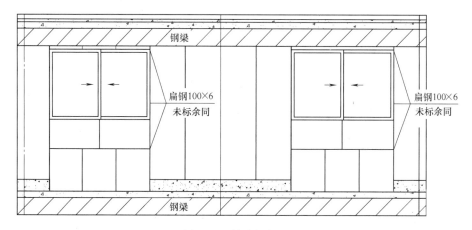

图 3-58　外墙排版图

② 进行排版设计，并绘制相关图纸，如图 3-58 所示。宜从门洞处向两端依次进行，无门洞口的应从一端往另一端顺序排版，当不符合模数时，可适当调整洞口构造柱或自由端构造柱截面尺寸。

③ 编制施工方案，并报部门审核、会签，总包、业主、监理批准。

④ 按计划组织施工工人、板材、机具等资源，做好随时进场施工的准备。

⑤ 进行图纸会审，并对管理人员、工人班组进行图纸、施工组织设计、质量、安全、环保、文明施工、施工技术交底，并做好记录。

⑥ 对从事特殊工种的工人进行岗前培训。

（2）测量放线

按施工图在地坪上弹出 ALC 板安装边线（靠梁安装时，应对梁的平整度进行核实）、门窗洞口位置。在混凝土柱或墙上弹出垂直控制线和水平控制线，以控制整个墙面的垂直度和平整度以及门窗洞口安装标高。

（3）连接件安装

根据图纸及现场实际尺寸，安装连接件，连接件与结构钢梁采用焊接连接，连接间距 60cm；连接件采用 L63×6 号通长角钢，局部采用 L90×50×6 角铁，如图 3-59 所示。

（4）板材吊装

将板材通过塔吊吊运至使用楼层，起吊时采用专用尼龙吊带捆绑于板材两端 600mm 处，吊带规格为 80mm×8m，每一捆板材一次起吊，运至作业面并分类按规格堆放。

板材运至楼层后采用小型运输车进行运输至要求安装的部位，对于在运输中造成的板材边角破损，根据要求使用 ALC 专用修补材进行缺角的修补，对影响板材结构耐力的破损做报废处理。板材的修补允许范围如表 3-16 所示。

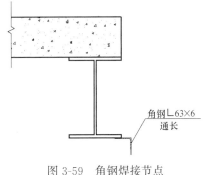

图 3-59　角钢焊接节点

板材修补允许范围　　　　　　　　　　表 3-16

	破损位置	尺寸限制
板角破损		破损在长度方向：$a \leqslant 300mm$　$b \leqslant 80mm$ 破损在宽度方向：$a \leqslant h/2$　$b \leqslant 80mm$
板侧破损		$a \leqslant 300mm$　$c \leqslant 40mm$

（5）开钩头螺栓孔（图 3-60）

在切割好的板材上端中间用专用开孔器开好钩头螺栓孔，每块板一个。

（6）安装管卡

先将板材下端在每块板上端距板边 80mm 处，板厚中间位置安装一只管卡，管卡用榔头敲入板材内不小于 80mm，施工时应放正轻敲。

（7）墙板就位

将板材用人工立起后移至安装位置，板材上下端用木楔临时固定，下端留缝隙 10～20mm，上端留缝隙 10mm。板的安装误差控制在允许偏差范围内。

（8）固定管卡及钩头螺栓焊接固定

每一批板材校正合格后，将下端管卡用两根 25mm 长射钉与素混凝土导墙连接固定，上端钩头螺栓拧紧，钩头螺栓与角钢点焊。遇到洞口时，从洞口开始依次从两边开始安装，如图 3-61 所示。

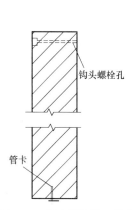

图 3-60 钩头螺栓孔、管卡

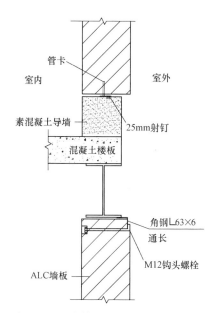

图 3-61 固定管卡、钩头螺栓焊接固定

（9）门窗设备洞口扁钢加固

如门窗设备洞口按设计要求采用钢加固的，以垂直线和水平线为依据，焊接门窗加固型钢，根据垂直线和水平线来控制加固型钢的水平高度和垂直度。焊缝质量应根据《钢结构工程施工质量验收规范》的要求进行，满足要求后才可进行下道工序防锈漆的涂刷，如图 3-62 所示。

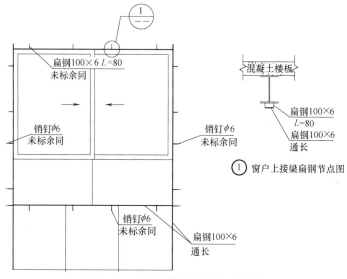

图 3-62 门窗设备洞口扁钢加固图

（10）墙面安装质量检查与修正

整个墙面板安装完成后，应检查墙面安装质量。对超过允许偏差的墙面用钢齿磨板或磨砂板修正。对缺棱掉角的墙板及板材"V"形拼缝处用 ALC 专用修补料进行修补和嵌缝。

（11）钢梁部位 ALC 防火保温板安装

根据已经安装好的外墙 ALC 板，安装控制线弹出 50 薄板安装边线。根据图纸及现场实际尺寸，焊接连接件，角铁与钢结构梁或者柱采用焊接连接，焊脚高度不得小于 4mm，钢梁部位焊接角铁，具体形式见图 3-63。

先将梁的侧面封闭，再封梁底。将板用自攻螺栓与焊接好的连接件连接，室外侧板上端用膨胀螺栓固定，每块板不得少于 4 个自攻螺栓或膨胀螺栓。随后，校正板面平整度。

（12）钢柱 ALC 防火保温板安装

钢柱构建安装和钢梁部分近似，如图 3-64 所示。将板按焊接栓钉点位开孔，在钢柱外表面满涂专用粘结剂，ALC 防火保温板按点位就位，拧紧焊接螺栓螺母，墙板角部打入尼龙膨胀螺栓固定。每块板不得少于 4 个焊接螺栓或尼龙膨胀螺栓固定点。随后，校正板面平整度。

（13）灌浆嵌缝密封

墙面安装完成及质量达到要求后，对板材横向拼缝进行处理（图 3-65）。在板材下端用 1：3 水泥砂浆嵌缝，达到一定强度后拔出木楔，用 1：3 水泥砂浆修补木楔孔洞；室外侧塞 PE 棒，用专用密封胶密封。板材上端用防火岩棉塞缝，用专用材料修补平整，专用密封胶密封。

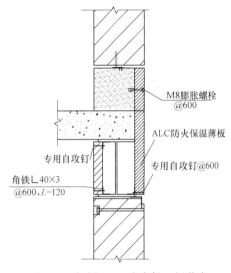

图 3-63　钢梁 ALC 防火保温板节点

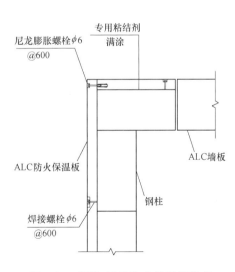

图 3-64　钢柱 ALC 防火保温板节点

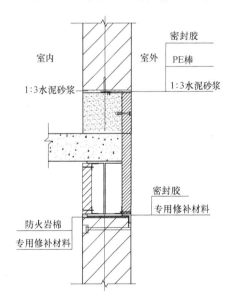

图 3-65　灌浆嵌缝密封

（14）清理、验收

清理墙面、地面，自检合格后报总包、监理部门验收。

3.4 混合通风技术及策略研究

本节研究了过渡季和夏季的适宜自然通风策略并开展示范工程实测验证，同时以典型住宅建筑夏季制冷工况下应用电扇调风作为案例研究机械通风的应用策略，提出了空调环境下风扇调风对建筑舒适度的影响。

3.4.1 自然通风节能潜力

当前评价通风节能潜力主要利用风压差、建筑负荷和温度等参数，如李娜[70] 等人从建筑负荷出发，利用 BIN 法计算建筑负荷并校核计算自然通风的通风量，分析得出了沈阳市自然通风节能量。姚润明[71] 等人采用自然通风状态下的热舒适小时数占评价期间总小时数百分比来评价通风节能潜力，该指标被定义为 NVCP。

本文以上海、杭州、重庆三个城市为例，分析自然通风节能潜力且同时对比分析模型差异，依据杨柳博士[72] 建立的热适用模型求解各城市一年中各月热舒适温度，然后统计室外温度处于热舒适区间的小时数，利用 NVCP 指标对三个城市自然通风节能潜力排序。

统计结果如表 3-17 所示。由表可知，5—10 月 3 个城市均具有较好的自然通风应用条件，在 5—10 月，上海具有最好的自然通风节能潜力，尤其是 5、6、9 月，上海自然通风 NVCP 值均高达 50% 以上，7、8、10 月上海 NVCP 值分别为 38%、43%、35% 左右。除 8 月略低于杭州之外，上海在 3 个城市中具有最好的自然通风节能潜力。

自然通风节能潜力对比 表 3-17

城市	类别	5 月	6 月	7 月	8 月	9 月	10 月
上海	舒适小时数(h)	230	267	413	435	439	179
重庆		191	295	343	334	220	69
杭州		151	197	309	462	281	106
	总小时数(h)	744	720	744	744	720	744
上海	NVCP(%)	30.9	37.1	55.5	58.5	61.0	24.1
重庆		25.7	41.0	46.1	44.9	30.6	9.3
杭州		20.3	27.4	41.5	62.1	39.0	14.2

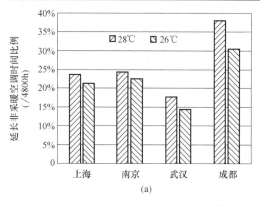

(a)

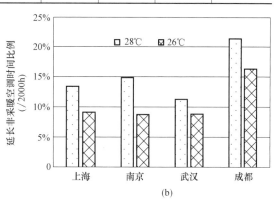

(b)

图 3-66 自然通风延长非供暖空调时间

（a）住宅建筑；（b）办公建筑

对于住宅建筑，28℃舒适温度下，上海、南京、武汉、成都非空调供暖时间延长率范围为 17.7%～38%，26℃舒适温度下，延长 14.4%～30.4%；对于办公建筑，28℃舒适温度下，非供暖空调时间延长 11.3%～18.7%，26℃舒适温度下，延长非供暖空调时间范围为 8.7%～16.3%。自然通风和强化自然通风策略表现为，基于室内基础温度的长江流域过渡季开窗通风、夏季夜间通风和风扇调风等适宜通风模式，可以实现部分的延长夏季非空调制冷时间（图3-66）。

3.4.2　自然通风策略

建立典型居住建筑用能模型，以换气次数为表征参数，模拟计算不同换气次数下全年室内基础温度来分析室内舒适度水平和冷热需求，得到具有适合上海气候特征的房间适宜换气次数、过渡季节通风方式、夜间通风措施在内的通风策略，并通过示范工程温湿度和能耗实测获得房间舒适度和节能效果，以验证通风方式的适宜性。

3.4.2.1　自然通风策略分析

计算模型来自上海某居住建筑，总建筑面积 1700m²，标准层层高 2.95m，共 5 层。利用软件 DeST-h 计算建筑室内基础温度，换气次数变化范围为 0～10h⁻¹，按照 0、0.2、0.5、1、1.5、2、3、5、6 和 10，共 11 个水平，其中，10h⁻¹ 代表着开窗换气次数。针对软件计算得到的不同换气次数水平下的全年室内建筑基础室温温度进行分析。

不同换气次数下自然通风室内基础温度全年变化趋势如图 3-67 所示。可以看出，不同换气次数下室内基础温度曲线全年变化趋势和气象数据一致，从数值来看，换气次数越低，室温越偏离室外温度；换气次数越高，室温越接近室外温度，当换气次数足够大时，室内和室外温度几乎重合。较低的换气次数，意味着建筑气密性较高，保温性能好，室内基础温度高，降低了冬季采用主动式设备供暖需求，但对于夏季、春夏过渡季和夏秋过渡季则会导致室内积蓄热量无法排出。

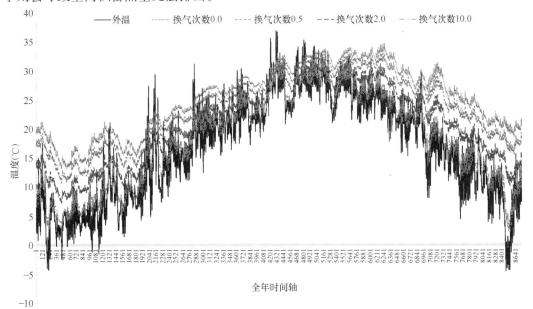

图 3-67　不同换气次数下自然通风室内基础温度全年变化趋势

（1）过渡季节通风

选取春夏过渡季和夏秋过渡季各 1 个典型日进行室内基础温度分析，如图 3-68 和图 3-69 所示。

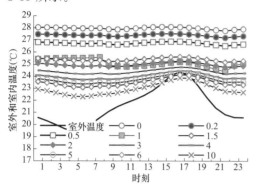

图 3-68　春夏过渡季典型日室内外温度　　　图 3-69　夏秋过渡季典型日室内外温度

从图中得到，春夏过渡季换气次数≥2h^{-1} 时，夏秋过渡季换气次数≥10h^{-1} 时，室内温度基本达到舒适，这表明在春夏过渡季进行常规自然通风即可，夏秋过渡季则需要采用适宜的手段强化自然通风。

（2）夜间通风

如图 3-70 所示，夏季典型日的室内基础温度较平稳，换气次数越高，夜间室内温度和室外温度越接近，室内基础温度峰值低于室外温度峰值，室内基础温度谷值高于室外温度谷值。结合过渡季节通风需求，夜间开窗通风应在 5—10 月室外温度基本舒适时。

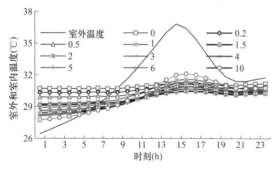

图 3-70　不同换气次数夏季典型日室内外温度

3.4.2.2　自然通风效果实测

选取某新建小区，朝向正南，选定位于中层中间的典型套间 A 和 B，实测室内温湿度、耗电量以及室外气象参数，选择夏秋过渡季作为具有代表性的过渡季节进行实测验证，将 28℃ 作为夏热冬冷地区非人工冷热源包括自然通风状况下的热湿环境舒适度的分界线。

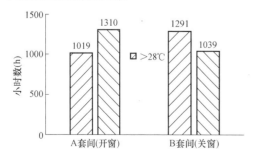

图 3-71　自然通风和关窗条件下的室内温度

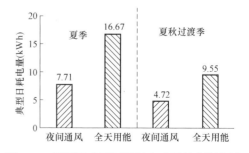

图 3-72　不同季节不同通风方式下的空调电耗

由图 3-71 看出，未开启空调时，通风房间室内热不舒适（＞28℃）时间显著低于关窗房间，舒适时间小时数（≤28℃）高于无开窗通风的房间约 25.7%。图 3-72 显示，典型夏季的夜间采用自然通风实现室内低于 28℃ 时，全天耗电量比全天空调降低 53.3%；典型夏秋过渡季的夜间采用自然通风实现室内低于 28℃ 时，全天耗电量比全天空调降低 50.4%。

3.4.3　机械通风节能潜力

图 3-73 给出了典型城市办公建筑采用机械通风时的节能潜力，首先在给定机械通风控制条件和通风量（设计给定值）下，计算房间自然室温，在不考虑湿度影响，仅以温度作为热舒适指标时，分别计算出房间自然室温满足一定热舒适指标时的时间比例，住宅建筑，26℃ 温度下，4 个典型城市非空调时间延长 7.9%~18.7%，其中，上海、南京和武汉不足 12.5%；28℃ 温度下，4 个典型城市的非供暖空调时间延长 13.9%~23.9%。办公建筑，26℃ 温度下，4 个典型城市非空调时间延长 3.0%~10.9%，28℃ 温度下，非供暖空调时间延长 7.9%~18.0%。

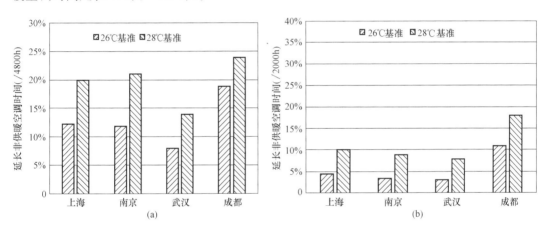

图 3-73　机械通风延长效果分析
（a）住宅建筑；（b）办公建筑

3.4.4　机械通风效果研究

以数值模拟的方式，分析在夏季制冷工况下，采用电扇调风的强化通风模式对室内舒适的影响。

3.4.4.1　CFD 模型建立

通过在 Airpak 仿真软件中建立典型住宅客厅模型，如图 3-74 所示。以分体空调送回风方式进行模拟，基础工况和两种情景边界条件设置如表 3-18 所示。

模型边界条件设置　　　　　　　　　　　　　　　　　表 3-18

工况	典型夏季空调工况边界条件
基础工况：空调 低频运行	客厅模型：房间尺寸 4m×5m×3m，南向窗户面积：3.6m×2m，空调送风：风口尺寸 0.4m×0.2m，风速 1.1m/s，风向向斜下 45°，风量 325m³/h，送风温度 20℃，回风口尺寸 0.4m×0.2m
情景Ⅰ：增大 空调制冷量	空调送风：风口尺寸 0.4m×0.2m，风速 1.7m/s，风向向斜下 45°，风量 488m³/h，送风温度 16℃

续表

工况	典型夏季空调工况边界条件
情景Ⅱ:增加 风扇调风	风扇:直径 0.8m,风速 3.0m/s,风量 3.4m³/s,400r/min

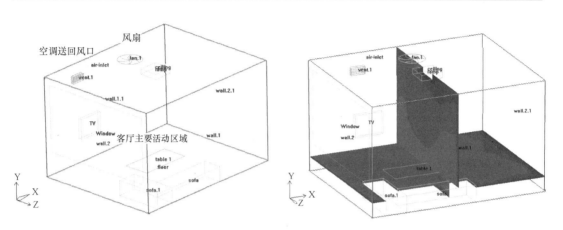

图 3-74　Airpak 中建立的住宅建筑客厅模型

3.4.4.2　空调送风模式和空调电扇混合送风模式对比

图 3-75 为基础工况模拟结果,可看出在空调低频运行设定条件下,人体主要活动区域 PMV 区间+0.8～+1.2,温度区间 27.0～28.5℃,风速区间 0～0.2m/s;主要活动区域温度偏高,PMV 偏高,风速较小。局部 PMV 超出《民用建筑供暖通风与空气调节设计规范》GB50736-2012 中Ⅲ级热舒适等级中 PMV 的要求。

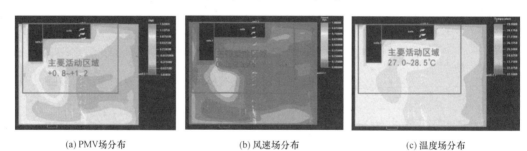

(a)PMV场分布　　　　　(b)风速场分布　　　　　(c)温度场分布

图 3-75　基础工况 0.5m 高度平面的分布图

图 3-76 为情景Ⅰ的模拟结果,空调送风量增加 50%,送风温度降低 4℃,主要活动区域的风速稍有提高,最高至 0.3m/s;区域 PMV 区间降低至 0～+0.8,符合《民用建筑室内热湿环境评价标准》GB/T50785—2012 中Ⅲ级以上热舒适等级中 PMV 的要求。

图 3-77 为情景Ⅱ的模拟结果,空调继续低频运行,增加风扇调风,主要活动区域的风速明显提高,最高至 0.6m/s;区域 PMV 区间降低至+0.2～+0.8,符合《民用建筑室内热湿环境评价标准》GB/T50785—2012 中Ⅲ级以上热舒适等级中 PMV 的要求。

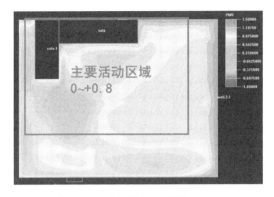

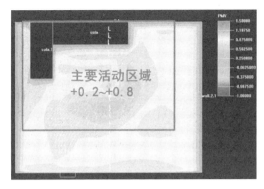

图 3-76　空调送风工况下 0.5m
高度平面的 PMV 场分布

图 3-77　混合通风工况下 0.5m 高度
平面的 PMV 场分布图

3.4.5　混合通风节能潜力量化分析研究

混合通风系统是指在满足热舒适和室内空气质量的前提下，自然通风和机械通风交替或联合运行的通风系统。当自然通风时，以建筑内外风压差和热压差为动力迫使室外空气通过室内带走热量，而机械通风时，主要利用机械动力（一般是通风机）迫使室外空气流经室内带走热量。

3.4.5.1　混合通风节能潜力

图 3-78 给出了典型住宅建筑混合通风的最大节能潜力，以 28℃作为混合通风的舒适温度时，居住建筑延长非供暖空调时间比例 15.0%～36.0%，办公建筑延长非供暖空调时间 11.4%～21.4%。

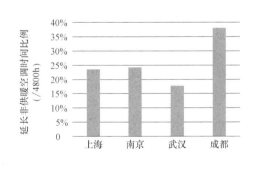

(a)

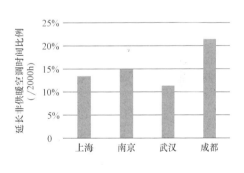

(b)

图 3-78　混合通风延长非供暖空调时间效果分析
（a）居住建筑；（b）办公建筑

3.4.5.2　混合通风应用策略

选取目标建筑为上海市一栋在建办公建筑，探讨过渡季节和空调季节复合通风运行策略以及相应的节能潜力。总建筑面积 2.3 万 m²，使用 Design builder 软件建模，该建筑主要使用多联机＋新风系统运行，运行时间为工作日 8:00—18:00。

为提高通风舒适性，在利用自然通风的同时，当室内温度高于 26℃时，开启机械通风，自然通风和机械通风混合运行。混合通风热舒适小时数及节能潜力统计见表 3-19。采用混合通风后，每月人体热舒适小时数有所上升。为综合对比基础渗透风、自然通风、混合通风三者之间热舒适的变化，对三者工作时间内 NVCP 变化趋势加以对比分析，如图 3-79 所示，采用混合通风后，热舒适得到了较大提高，其中 5 月、6 月、10 月效果最为明显，因此分析混合通风延长非空调制冷时间时，只分析过渡季节的改善情形，即 5 月、6 月、9 月和 10 月。

目标建筑工作时间混合通风热舒适小时数及节能潜力统计（上海）　　表 3-19

通风方式	类别	5 月	6 月	7 月	8 月	9 月	10 月
混合通风	舒适小时数(h)	134	81	29	14	48	160
	总小时数(h)	341	330	341	341	330	341
	NVCP(%)	39.3%	24.5%	8.5%	4.1%	14.5%	46.9%

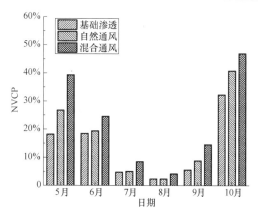

图 3-79　三种通风方式的热舒适变化趋势

量化分析混合通风对过渡季节非空调制冷时间的延长能力，记为 $P_{\text{hybrid ventilation}}$，其定义如公式（3-6）所示：

$$P_{\text{hybrid ventilation}} = \frac{\text{混合通风时间延长的舒适时间}}{\text{需要空调的所有工作时间}} \qquad (3\text{-}6)$$

计算 $P_{\text{hybrid ventilation}}$ 结果汇总于表 3-20。

混合通风延长非空调时间统计表　　表 3-20

项目	5 月	6 月	9 月	10 月
总需要空调小时数	279	269	312	231
混合通风后舒适小时数	72	20	30	50
$P_{\text{hybrid ventilation}}$（每月）	25.8%	7.4%	9.6%	21.7%
$P_{\text{hybrid ventilation}}$（总体）	15.8%			

由表格可知，该研究目标建筑混合通风总体可延长过渡季节非空调工作时间 15.8%。由于长江流域空气湿度较高，而空气湿度过高对自然通风情况下的热舒适有不利影响，以相对湿度 70%~80% 作为开窗通风的控制项，计算得到适宜通风的时间减少 42%~75%，因此能实现的延长非供暖空调时间比例显著降低，部分城市需要通过利用自然能源进一步延长非空调时间。

3.5　利用自然能源缩短空调和供暖时间的技术方案

　　长江流域自然环境中蕴含丰富的自然冷热源，选择适合且高效的自然冷热源利用方式对延长非供暖空调时间、降低建筑能耗具有重要意义。本节探索了更高效的自然能源利用形式，提出了评价不同自然能源类型以及不同应用形式的通用修正度时数方法，构建了相应的主动式围护结构组件和室内末端组件并研究了其应用效果，分析确定了混合通风与利用自然能源的嵌管式围护结构相结合在长江流域典型城市非空调时间的延长效果。

3.5.1　长江流域自然能源应用形式

　　在自然界中存在着诸多可资利用的低品位自然能源，例如：空气干球、湿球、露点温度，土壤温度等。自然界中蕴含的自然能源的温度在全年大部分时间与建筑环境各传热环节的温度的差异并不大，自然能源具有直接用于室内环境营造的潜力。

　　将自然能源直接用于处理围护结构、高大空间顶部热源附近以及室外新风具有巨大的应用潜力。通过将自然能源与围护结构相结合，能够高效拦截和摄取围护结构传热；利用自然能源带走热源处的热量，例如利用自然能源对高大空间顶部进行冷却，能够降低通过回风进入空调箱的热量；利用自然能源对新风进行预冷和预热能够降低新风负荷。因此利用自然能源高效处理通过建筑环境各环节的传热，能够大幅降低需要冷机或热泵等高品位冷热源承担的负荷，进而达到降低空调系统能耗的目的。

3.5.2　长江流域自然能源应用潜力评价

3.5.2.1　修正度时数评价方法

　　Ghiaus. 等人提出采用 degree-hours（度时数）评价自然通风在不同气候区的应用潜力，反映了室外空气温度与室内温度的冷却温差，由于自然通风不需消耗能源，因此度时数能够用来评价自然通风的应用潜力，温差越大，度时数越大，表明自然通风的潜力越大。但是当采用度时数评价机械通风等有能耗的自然能源利用方式时，由于度时数不能反映不同自然能源利用方式的能效，因此采用度时数进行评价时会存在问题。为了对各种自然能源利用方式的潜力进行公平评价，本文在现有度时数方法的基础上提出修正度时数通用评价方法。

　　该方法首先将各种自然能源利用方式的能效与常规机械冷机或者热泵系统的能效进行比较，高于常规冷机或热泵系统的能效认为是节能，以此对度时数进行能效修正，其修正系数反映了不同自然能源利用方式相对于采用常规冷机或热泵系统的节能率，修正系数表达式如式（3-7）。

$$\mu = \left(\frac{\eta_i \cdot Q_{n,i}}{COP_m} - \frac{Q_{n,i}}{COP_{n,i}} \right) \Big/ \frac{\eta_i \cdot Q_{n,i}}{COP_m} = 1 - \frac{COP_m}{\eta_i \cdot COP_{n,i}} \tag{3-7}$$

　　式中，μ 是修正系数；$Q_{n,i}$ 是第 i 时刻自然能源系统处理的负荷，kW；$COP_{n,i}$ 是第 i 时刻自然能源系统的能效，考虑自然能源利用系统本身的采集、输配及末端利用的功耗；COP_m 是常规冷机或者热泵系统的能效，假设为常数；η_i 是自然能源利用系统的能量利用系数，是采用自然能源利用系统导致的常规机械冷热源系统承担的供暖空调负荷的降低量与自然能源利用系统处理的总负荷的比值。对于将自然能源直接用于室内或者直接用于处理新风的自然能源利用方式，其值为 1，对于嵌管式围护结构等将自然能源直接用于外墙或者外窗时，其值小于 1。

因此，对度时数进行修正，得到修正度时数的一般表达式如式（3-8）和式（3-9）所示。

供冷时，$RDH_C = \sum_{C\_s}^{C\_e} \max(t_{base,i} - t_{ne,i}, 0) \cdot \max\left(1 - \frac{COP_m}{\eta_i \cdot COP_{n,i}}, 0\right)$　　（3-8）

供暖时，$RDH_H = \sum_{H\_s}^{H\_e} \max(t_{ne,i} - t_{base,i}, 0) \cdot \max\left(1 - \frac{COP_m}{\eta_i \cdot COP_{n,i}}, 0\right)$　　（3-9）

式中，RDH_C、RDH_H 分别是供冷修正度时数和供暖修正度时数；$t_{base,i}$ 是第 i 时刻自然能源应用位置的基准温度，℃；$t_{ne,i}$ 是第 i 时刻采集到的自然能源的温度，℃；H_s 表示供暖季开始时间，H_e 表示供暖季结束时间。

根据常见自然能源的种类和应用的位置确定自然能源温度和基准温度，如表 3-21 和表 3-22 所示。

任一时刻 i 的自然能源温度 $t_{ne,i}$　　　表 3-21

自然能源类型	低品位冷/热风	低品位冷/热水
自然能源温度 $t_{ne,i}$	冷/热风温度 $t_{SF,i}$	冷/热水温度 $t_{w,i}$

任一时刻 i 的基准温度 $t_{ne,i}$ 和能量利用系数　　　表 3-22

利用途径	用在室内	用来处理新风	用在围护结构
基准温度 $t_{base,i}$	室内温度 t_{romm}	新风温度 $t_{a,i}$	围护结构温度 $t_{b,i}$
能量利用系数	1	1	小于 1

3.5.2.2　修正度时数的简化计算方法

以课题组所提出的利用自然能源的嵌管式外窗为例，其示意图如图 3-80 所示。

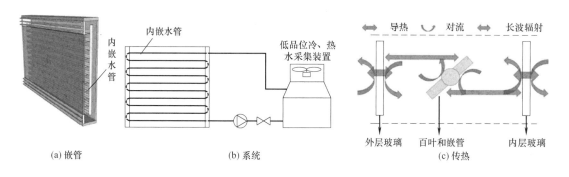

图 3-80　嵌管窗示意图

嵌管窗通水之前，百叶吸收大量太阳辐射热量，温度升高，热量以导热的形式进入室内，通水之后，水流带走太阳辐射热，百叶温度近似为水温，因此输送到百叶的水的温度即为采集的低品位水温，通水之前的百叶温度为基准温度。嵌管窗不通水时，百叶处于热平衡状态，根据窗户传热模型可得热平衡表达式，如式（3-10）所示，由此计算得到百叶温度的计算式（3-11）。

$$K'_{\text{equ}} \cdot (t'_{\text{equ}} - t_{\text{b}}) + SHGC'_{\text{equ}} \cdot I_{\text{r}} = 0 \tag{3-10}$$

$$t'_{\text{equ}} = \lambda_{\text{b}} \cdot t_{\text{a}} + (1 - \lambda_{\text{b}}) \cdot t_{\text{room}} \tag{3-11}$$

式中，K'_{equ} 和 $SHGC'_{\text{equ}}$ 分别是室内和室外环境对水管传热热流的等效传热系数和等效太阳辐射得热系数；t'_{equ} 是室内和室外环境的综合温度；λ_{b} 是室外温度对综合温度的影响系数，其大小表示室外温度和室内温度对综合温度的影响权重。

3.5.3　单一自然能源利用方式的应用效果

在自然能源利用潜力评价的基础上，分别对自然能源用于处理新风和用于处理围护结构的新型自然能源利用方式开展了理论和实验研究，将自然能源采集后用在嵌管式围护结构，能够实现夏季高于室温的水供冷，低于室温的水供热，推荐采用混合通风与嵌管式围护结构等其他自然能源利用形式相结合的自然能源利用方案，进而延长自然能源的利用时间和利用量。

3.5.3.1　利用自然能源的主动式围护结构和室内末端

将温度合适的自然能源用于控制窗户、墙体和屋顶等位置的温度，则可以实现夏季拦截太阳辐射、冬季抑制散热的目的。典型的换热方式可采用嵌管式的结构，如图 3-81 所示。

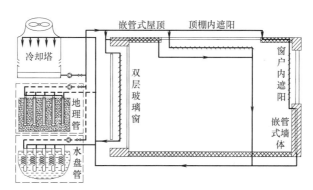

图 3-81　利用自然能源的嵌管式围护结构示意图（夏季为例）

具体的嵌管式墙体结构如图 3-82 所示，在砖墙内布置嵌管层，内置水管。嵌管式结构的换热面积较大，换热系数较高，运行无噪声且不易受到室内外装修的干扰损坏。具体的嵌管式双层玻璃幕墙和嵌管式窗户结构如图 3-83 和图 3-84 所示。水管布置于遮阳装置的龙骨处，水管表面的肋片既可用于遮阳，也可以加强换热。通过机械装置，嵌管式百叶可以旋转和收起，以方便调节。夏季可以通入蒸发冷却或者地埋管等获得的冷却水进行冷却，冬季可利用地源水或者太阳能热水进行辅助加热。

3.5.3.2　构建主动式围护结构的实验研究

实验舱的正视图与侧视图如图 3-85 所示，尺寸为 2.0m（长）× 2.0m（宽）× 2.0m（高），实验舱布置于清华大学旧土木馆楼顶，采光良好，四周没有建筑遮挡。实验舱的非透光围护结构采用夹芯彩钢板，保温层厚度为 10cm，保温材料为聚氨酯（导热系数为 0.032 W/(m·K)）。实验舱底部四脚安装带固定卡的万向轮，方便实验舱的移动与转向。传统舱与嵌管舱的外形结构完全一样，舱内各布置一台风机盘管，最大换热量为

3kW。舱内布置一台对流式电加热器，可实现从 0 到 1kW 的无级调节。窗户的尺寸为 1.5m（高）×1.5m（宽），嵌管舱与传统舱的窗户均由两块玻璃组成。一块为 8mm 厚的钢化玻璃，另一块为双层中空玻璃（5+9air+5）。嵌管舱将保温较好的双层中空玻璃置于外玻，窗户空腔宽度 15cm。传统舱将双层中空玻璃置于内玻，空腔宽度为 60cm，将百叶置于空腔中间位置。嵌管窗所嵌水管外径为 2cm，百叶宽度为 2cm，与对照组百叶颜色一致。管间距为 6cm，管长为 1.4m，总覆盖高度为 1.4m，管数为 23 根。嵌管窗的每根支管与干管之间不渗漏，可实现百叶角度的灵活调节。

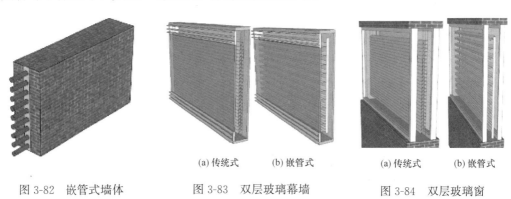

图 3-82　嵌管式墙体　　　　图 3-83　双层玻璃幕墙　　　　图 3-84　双层玻璃窗

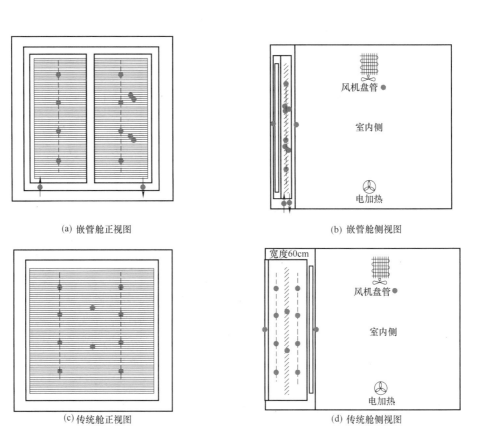

图 3-85　实验舱的结构及测点布置示意图

实验系统实物图如图 3-86 所示。实验中包含 3 套水系统，每套水系统设置一个独立定压水箱，温度独立精准调控。3 套系统分别连接嵌管舱室内风机盘管、嵌管窗盘管和传统舱室内风机盘管。夏季冷源由一台冷水机组（最大功率 10kW）提供，冬季冷源由一台室外空气换热器免费供冷。热源采用可控硅电加热，最大功率 8kW。3 套系统各接一台水泵和一台 Y 形过滤器，通过阀门独立调节流量。3 套系统均采用 PID 温度控制（波动 ±0.5℃），控制目标分别为嵌管窗室内空气温度、嵌管窗入口水温和传统舱室内空气温度。控制方法为利用 PID 控制器调节水箱内电加热的输出功率。实验舱内可通过空气加热器模拟室内热源，空气加热器、室内风机盘管等都连接功率计记录实时功率。冬季实验中，管内流体为乙二醇水溶液（50%），可保证−15℃不冻。夏季实验中，采用水为流体。

(a) 实验台外景　　(b) 电控柜、水箱、管路等　　(c) 正视图（传统舱）(d)嵌管舱内部布置

图 3-86　实验系统实物图

夏季冷却工况，图 3-87 给出了下午窗户主要壁面和腔内空气的平均温度。嵌管窗空腔平均温度仅为 31.6℃，而传统窗空腔的平均温度超过了 40℃。无论嵌管窗还是传统窗，两者的外玻温度与内玻内壁温度几乎相同，低于窗户空腔温度，窗户同时向室内侧和室外侧散热。当日室外温度比室内温度略低，但外玻吸收了部分太阳辐射而有一定的温升，所以导致内外玻的温度基本一样。此外，对于嵌管窗，由于空腔内温度得到有效控制，而且室内外温度也不高，所以空腔内温度分层基本消失。而对于传统窗，尽管室内外温度不高，空腔内温度仍较高，热分层仍旧明显，上部空气可比下部空气高 3.7℃。

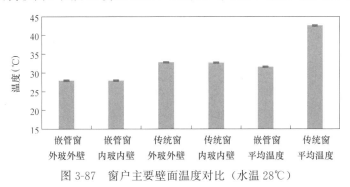

图 3-87　窗户主要壁面温度对比（水温 28℃）

冬季加热工况，图 3-88 给出了 14℃低温热水工况下的瞬时自然室温。

从建筑自然室温来看，冬季仅用 14℃的水即可显著提高室温，较传统舱最高温升 5.5℃，在外温 0℃时室温不低于 11℃，并且将室温波动从 11.3℃减到 7.3℃。夏季用冷却水即可显著降低实验舱自然室温，当传统舱室温高达 48℃时，嵌管舱的室温仅为 31℃左右。

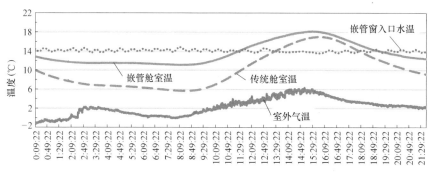

图 3-88　瞬时气象条件变化及室温变化（水温 14℃）

3.5.4　多种自然能源利用方式相结合的应用效果

3.5.4.1　利用自然能源的建筑自然室温和能耗模拟系统

进一步利用热网络模型对嵌管式窗户各环节的传热过程进行深入分析，由此构建出嵌管式窗户的换热热阻网络。根据换热热阻叠加原理可以得到各个环节的传热量，其中进入室内的换热量表达式如式（3-12）所示，其中构成各部分的传热量计算如式（3-12）～式（3-15）所示。

$$Q_{indoor}^{PDSF} = q_{cond}^{conv,out} + q_{cond}^{rad,out} + q_{cond}^{water} + q_{abs-cond}^{eg} + q_{abs-cond}^{ig} + q_{\tau} \tag{3-12}$$

$$q_{abs-cond}^{eg} = \beta_{eg} \times I_{eg} \tag{3-13}$$

$$q_{abs-cond}^{ig} = \beta_{ig} \times I_{ig} \tag{3-14}$$

$$Q_{indoor}^{PDSF} = \frac{T_{conv,out} - T_{indoor}}{R_{equ}^{conv,out}} + \frac{T_{rad,out} - T_{indoor}}{R_{equ}^{rad,out}} + \frac{T_{water} - T_{indoor}}{R_{equ}^{water}} + q_{abs-cond}^{ig} + q_{abs-cond}^{eg} + q_{\tau}$$

$$\tag{3-15}$$

将嵌管式窗户的传热量写成玻璃传热系数和太阳得热系数的表达式，如式（3-16）所示。

$$Q_{indoor}^{PDSF} = (U_{PDSF} \times (T_{equ} - T_{indoor}) + SHGC_{PDSF} \times I_{solar}) \times S \tag{3-16}$$

$$U_{PDSF} = \frac{1}{R_{equ}} = \frac{1}{R_{equ}^{conv,out}} + \frac{1}{R_{equ}^{rad,out}} + \frac{1}{R_{equ}^{water}} \tag{3-17}$$

$$T_{equ} = \frac{R_{equ}}{R_{equ}^{conv,out}} \times T_{conv,out} + \frac{R_{equ}}{R_{equ}^{rad,out}} \times T_{rad,out} + \frac{R_{equ}}{R_{equ}^{water}} \times T_{water} \tag{3-18}$$

$$SHGC_{PDSF} = \alpha_{ig} \times \beta_{ig} + \alpha_{eg} \times \beta_{eg} + \tau \tag{3-19}$$

传热系数和太阳得热系数的表达式分别如式（3-17）和式（3-19）所示，等效传热系数、等效外温和等效太阳得热系数是表征嵌管式外窗的三个特征指标。

将嵌管式外窗的等效特性模型集成到建筑能耗模拟软件 TRNSYS 的平台上，构建出能够利用自然能源的嵌管式围护结构和建筑通风相结合的建筑自然室温和建筑能耗模拟系统。

3.5.4.2　多种自然能源匹配设计方法

假设自然能源利用系统的设计换热量为 Q_d，该系统可选用的自然能源种类为 n 种，对应的每种自然能源承担换热量的设计比例分别为 $\lambda_{1,d}$，$\lambda_{2,d}$，$\lambda_{m,d}$，…，$\lambda_{n,d}$，如

表 3-23 所示，每种自然能源承担换热量的比例值最大值为 1，即完全采用该种自然能源，最小值为 0，即当该种自然能源的效率较低时，其利用比例为 0，因此所选用的各种自然能源承担换热量的比例关系如式（3-20）所示。

$$1 \leqslant \lambda_{1,\mathrm{d}} + \lambda_{2,\mathrm{d}} + \cdots + \lambda_{m,\mathrm{d}} + \cdots + \lambda_{n,\mathrm{d}} \leqslant n \qquad (3\text{-}20)$$

可用自然能源的种类编号及其对应的设计比例　　　　　　　　　　表 3-23

可用自然能源的编号	1	2	$\cdots$	m	$\cdots$	n
每种自然能源承担换热量的设计比例[0,1]	$\lambda_{1,\mathrm{d}}$	$\lambda_{2,\mathrm{d}}$	$\cdots$	$\lambda_{m,\mathrm{d}}$	$\cdots$	$\lambda_{n,\mathrm{d}}$

假设在第 i 时刻，利用单一自然能源的修正度时数大小排序为表达式（3-21），修正度时数越大表明系统相对于传统系统的节能量越大，因此在该时刻，应优先运行修正度时数较大的自然能源，即依次优先运行自然能源编号 1 到 n 的系统，对应的在第 i 时刻每种自然能源承担的负荷比例如表 3-24 所示，表中 Q_i 是自然能源利用系统在第 i 时刻的换热量。

$$RDH_{1,i} > RDH_{2,i} > \cdots > RDH_{m,i} > \cdots > RDH_{n,i} \qquad (3\text{-}21)$$

式中，$RDH_{1,i} \sim RDH_{n,i}$ 分别是单独采用自然能源 $1 \sim n$ 的系统在第 i 时刻的修正度时数。

第 i 时刻每种自然能源承担的负荷比例　　　　　　　　　　表 3-24

自然能源编号	每种自然能源在 i 时刻承担负荷的比例
1	$\lambda_{1,i} = \min\left(\dfrac{\lambda_{1,\mathrm{d}} \cdot Q_{\mathrm{d}}}{Q_i}, 1\right)$
$\cdots$	$\cdots$
m	$\lambda_{m,i} = \min\left(\dfrac{\lambda_{m,\mathrm{d}} \cdot Q_{\mathrm{d}}}{Q_i}, 1 - \lambda_{1,i} - \lambda_{2,i} - \cdots - \lambda_{m-1,i}\right)$
$\cdots$	$\cdots$
n	$\lambda_{n,i} = 1 - \lambda_{1,i} - \lambda_{2,i} - \cdots - \lambda_{m,i} - \cdots \lambda_{n-1,i}$

因此在第 i 时刻所选的 n 中自然能源系统的修正度时数 $RDH_{z,i}$ 可以表达为式（3-22），结合第 3 章推导得到的修正度时数与节能量的关系，即可得到该种不同自然能源设计比例匹配方式对应的系统节能量。

$$RDH_{z,i} = \lambda_{1,i} \cdot RDH_{1,i} + \lambda_{2,i} \cdot RDH_{2,i} + \cdots + \lambda_{n,i} \cdot RDH_{n,i} \qquad (3\text{-}22)$$

系统总投资可以表达为式（3-23）所示，系统的净现值和投资回收期分别如式（3-24）和式（3-25）所示。因此通过调整不同自然能源的设计比例，即可得到对应设计比例下系统的节能量和投资以及经济性，为自然能源利用系统的设计提供依据。

$$M = \lambda_{1,\mathrm{d}} \cdot M_1 + \lambda_{2,\mathrm{d}} \cdot M_2 + \cdots + \lambda_{n,\mathrm{d}} \cdot M_n \qquad (3\text{-}23)$$

$$NPV = \sum \frac{P_E \cdot \Delta E}{(1+K)^y} - M \qquad (3\text{-}24)$$

$$P = \frac{\Delta E}{M} \qquad (3\text{-}25)$$

式中，M 是自然能源系统中的多种采集装置的总投资；$M_1 \sim M_n$ 是每种自然能源采集装置对应的初投资；P 是投资回收期。

3.5.4.3 充分利用混合通风等自然能源后延长非空调时间

在各环节可用传热温差分析的基础上，提出浅表层地热能与嵌管式窗户，嵌管式外墙和新风处理系统相结合的自然能源高效利用的空调系统，系统原理如图 3-89 所示。地埋管换热器提取的浅表层地热能一部分进入到嵌管式窗户，一部分进入到嵌管式墙体，一部分进入到空调箱的新风预处理盘管，一部分进入到热泵机组的蒸发器/冷凝器。以上海地区一个典型的办公建筑为例，对充分利用自然能源后的非空调时间进行研究。

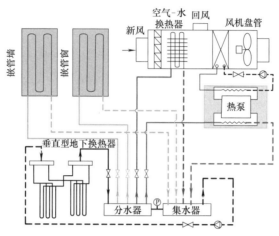

图 3-89　充分利用自然能源的建筑热环境营造系统

进一步对房间温度分布进行统计，如图 3-90 所示，对于传统房间，全年约有 15％的时间房间温度低于 15℃，而充分应用浅表层地热能的房间温度低于 15℃的时间消失，因此冬天基本不需要空调就能够满足室内基本的热舒适要求。而在供冷季节，传统房间全年40％以上的时间房间温度高于 30℃，处于极端不舒服状态，而新系统全年只有约 20％的时间房间温度高于 30℃，因此能够大大缩短冷机运行的时间。

□ <15℃　　□ 15～20℃　　□ 20～25℃　　□ 25～30℃　　□ >30℃

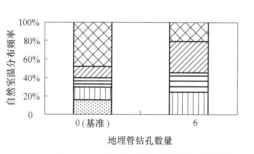

图 3-90　全年自然室温分布的频率

利用热网络模型获得能够描述嵌管窗性能的解析模型，在 TRNSYS 平台上搭建了采用嵌管窗的建筑自然室温模拟分析方法。利用所提修正度时数指标建立了多种自然能源的匹配设计方法以及节能量计算方法，研究混合通风和嵌管式围护结构相结合的自然能源利用系统的最长非供暖空调时间，结果表明，混合通风与嵌管式围护结构相结合能实现住宅非空调时间延长率从整个供冷季来看在 40％～60％，从全年来看在 15％～20％。

第4章

供暖空调末端性能改善技术与统一末端

　　随着生活水平的逐渐提高，人们对室内居住环境和工作环境的要求也越来越高。建筑室内环境很大程度上影响着人们的生活质量和工作效率。温度和湿度作为建筑室内环境评价的重要指标，与人们的健康息息相关，而营造一个舒适健康的建筑室内环境需要借助供暖空调末端这一手段。

　　长江流域地区具有夏热冬冷、全年高湿的气候特征。现有的供暖空调末端在应用中存在高品位冷源浪费、再热过程能源浪费、空气质量差、对流吹风感、室内温差大、盘管送风噪声等诸多待改进的问题，因此需要对供暖空调末端进行进一步研究以提高人们对于建筑室内环境的满意度，同时降低建筑能耗、发展绿色健康建筑。

4.1　供暖空调末端在长江流域地区存在的问题

　　根据供暖空调末端与室内的主要换热形式，主要分为对流型末端和辐射型末端。不同末端在应用时既有其特点和优势，各自也存在问题。对流末端吹风感、竖向温差大，存在运行噪声问题；而辐射末端响应慢、供冷时易结露。

　　对于长江流域冬冷夏热、全年高湿的气候特征，空调的湿负荷处理占总空调负荷的占20％～40％，是整个空调负荷的重要组成部分。目前，常用空调形式的空气处理方式为采用表冷器降温除湿，为了满足除湿要求，经常要把空气温度降到很低。为了除湿，在冷凝过程中把干空气也降到了同样低的温度，某些情况下还需要再热来满足送风温度的要求，造成能量的浪费。因此，需要一种能够独立除湿的手段，把除湿和降温过程分开，从而使用温度较高的冷源就能把空气处理到送风状态，提高了制冷机的效率，也可提高室内的舒适性。目前市场上普遍存在的空调系统都是采用的对流换热来除去室内的热湿负荷来达到降温的目的。而传统对流式空调系统仍存在着一些问题，如供热舒适性差、温湿度耦合带来的损失，对流吹风感，盘管送风的噪声等等。

　　同时，夏热冬冷地区的供暖问题一直受到人们的高度关注。该地区没有集中供暖，但是冬季有供暖的需求，因此居民通常根据自己的经济条件、生活习惯选择合适的供暖末端。这样导致夏热冬冷地区的供暖方式具有一定的多样性，其中主要包括房间热泵空调器、地暖、散热器和小太阳、电油汀等。正是这样具有夏热冬冷地区特色的供暖末端多样性，使得不同的工程可以选择最适宜于自身的供暖技术，夏热冬冷地区的供暖方式正朝着多元化发展。开发适宜于夏热冬冷地区的供暖技术，有利于提升夏热冬冷地区供暖末端的多样性，以使供暖技术在不同工程的应用中实现舒适度和能耗的综合最优。

4.1.1　对流末端

对流末端很容易冷暖两用，且热响应快，能较好地满足长江流域供暖空调系统间歇运行需求，但也存在两个根本问题：冬季供暖时，热空气易出现分层导致热不舒适；另外就是目前的对流末端易出现吹风感而导致不舒适。

常规的对流型空调末端以空气对流的方式与室内环境进行热湿交换，一方面，室内空气的流速大，存在明显的吹风感；另一方面，系统普遍存在着设备容量大、送风能耗高，在同步处理房间的显热和潜热负荷时，空气再热过程造成能源的浪费。实际系统为了节能效果，往往使用大量回风从而减小新风量，使污染物容易在通风系统中扩散传播，降低室内空气质量，影响人体的舒适感和健康。

从 20 世纪 50—60 年代至今，空调技术的不断进步和改善是其广泛应用的重要依据，但在使用过程中其本质存在的诸多问题并没有完全解决，例如对流传热过程中产生的吹风感、室内温度冷热不均、风机盘管噪声等问题。探索改善对流型末端的关键技术，研发舒适、高效的对流型产品显得尤为重要。

4.1.2　辐射末端

辐射供冷供热空调是依靠围护结构内表面与人体、家具及围护结构其余表面进行辐射热交换，在室内形成的温度梯度很小，无吹风感，噪声小，室内舒适性高。但是由于辐射空调仅处理室内显热负荷，室内的湿负荷需要单独的除湿系统来处理，如结合干燥剂除湿、新风除湿通风等方式。辐射末端作为室内空调系统末端的优势突出，但也存在两个根本问题。长江流域供暖空调间歇运行需要供暖空调系统能快速响应，但辐射末端的供热原理及目前构造对热响应时间的影响较大。同时长江流域夏季空气湿度较大，辐射供冷时围护结构表面易结露。现有的辐射末端，通常设计内部的管路贴合于辐射板的辐射面底面，以保证管网与辐射面之间具备良好的热传导性能，进而确保供暖供冷辐射效率，但这样的结构使得辐射末端在夏季的供冷温度不宜过低，过低的供冷温度会使得辐射面的温度低于室内空气的露点温度，室内空气中的水蒸气容易在辐射面上结露，影响室内卫生条件，这就限制了辐射末端的供冷性能。而在冬季，虽然不存在结露的问题，但由于受到辐射加热换热效率的限制及舒适度的要求，加热温度也不宜过高。因为辐射末端的辐射换热能效有限，供暖温度过高会使得辐射板内大量热量聚集而不易散发，进而加速内部管路器件老化，削弱管网的换热性能，缩短使用寿命。同时，辐射末端还存在热响应慢、敷设后难以检查维修等问题。因此如何改善辐射末端的缺陷使其更适宜应用在夏热冬冷地区是值得研究的一个内容。

针对穿孔对流末端普遍存在的热分层和吹风感等热舒适问题，提出自然风技术、射流匀风技术、分区送风技术并开展研究，进而研发出相关的对流末端产品以改善对流型末端舒适性。结合长江流域冬冷夏热，常年高湿的区域气候特征，进行对流型高效末端设备及分散型调温调湿空调末端设备的研发，避免常规空调系统热湿联合处理带来的能源浪费，提高空调系统能效及人体舒适性。

围绕辐射型统一末端开展以下方面研究：间歇运行模式下，辐射末端与建筑本体及内部环境之间的换热规律；辐射响应时间与舒适性及能耗之间的关系；供冷结露主要影响因素；防结露关键技术。同时完成辐射型统一末端装置研发，例如围绕舒适及能耗特性进行多种辐射型个人空调末端研发；辐射供冷新风除湿设备及系统研发；新型半导体快速制热制冷一体化产品研发；热管阵列辐射末端装置研发，辐射型末端生产工艺设计优化。同时以结合优势、避免缺点为指导，对复合型供暖空调末端进行研究，探索更多末端形式。

4.2　对流型统一末端

4.2.1　对流型末端舒适性改善关键技术

针对穿孔对流末端普遍存在的热分层和吹风感等热舒适问题，开展对流型末端供暖舒适性研究并提出评价方法；确定适宜的送风参数（风速、温度）及送风方式等；研究集成对流型末端空气射流技术。

首先通过暖体仿生人的研究，推出了一整套衡量中国人人体舒适度的评价体系与测量标准，解决了空调器舒适度无法实验测量的问题。将仿真暖体仿生人舒适度的测量方法应用于自然风空调的开发为空调的送风提供了衡量标准，为此解决了不同送风模式对人体舒适度的影响无法客观衡量的问题，同时也解决了不同人群对不同自然风模式的无客观评价标准的问题。

通过人体舒适性研究，重点研究从送风技术研究提升对流末端的舒适性水平，提出并研究自然风技术、分区送风技术（左右分区、上下分区送风）并研发相关的对流末端产品。

4.2.1.1　自然舒适送风技术

首先分别在自然界中的多个地点采集自然风的风速特征数据，每次采样间隔数分钟，并对多处地点采集的风速样本进行处理并筛选出多组特征明显的样本。室内机械风的测量则以常见的某办公室内的空调机械送风为样本，以便与自然风数据进行对比。通过对比分析发现自然风与机械风在风时序图、概率分布、功率谱、湍流度、自相关图上的特征都存在较大差异。

下面为截取的特征较明显样本的机械风和自然风风速时序图，如图4-1所示。

由上述对比曲线可发现，自然风的风速波动较大并且随时间的变化显得十分"随机"，相同地点的不同时刻内的平均风速也会发生变化，而且不同的测试地点与测试时间会导致平均风速的不同，但是都不会超过5m/s，在人们所乐意接受的范围内。除此之外，各个样本之间也有许多差别。

自然风总是不断变化，而且难以还原出一模一样的自然风风速波动，那么可以用概率的理论来分析。从各种实验和实践统计中发现一个完全随机的变量，其分布很有可能是正态分布。但由于气流本身的特性并不是完全的随机行为并且受环境因素的影响，其速度分布往往偏离正态分布，如图4-2所示。

由上图对比分析可见自然风的偏度均在1的附近，因而认为其并不遵循正态分布，而较为遵循对数正态分布，机械风也成偏态分布，但偏度较大，中距离时偏度最大，越远越接近自然风。峰度相比自然风也较大但在较远处又减小接近自然风。表明机械风速样本有较大波动。

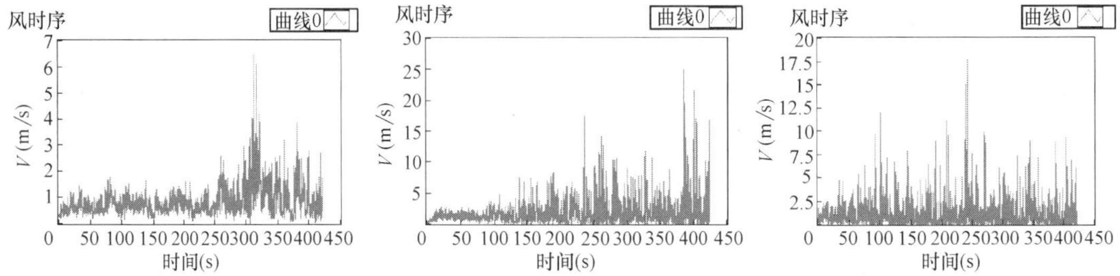

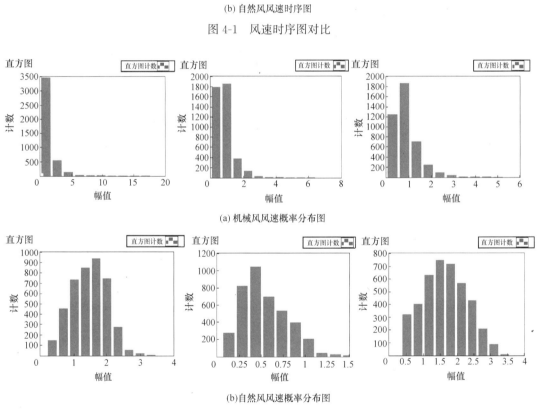

图 4-1　风速时序图对比

(a) 机械风风速时序图

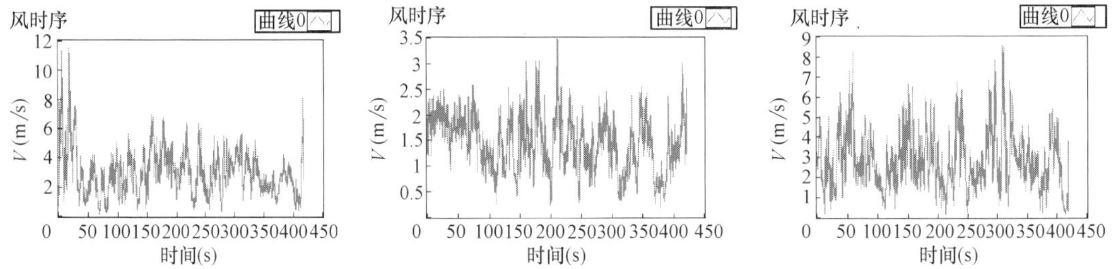

(b) 自然风风速时序图

(a) 机械风风速概率分布图

(b)自然风风速概率分布图

图 4-2　风速概率分布图对比

　　由于湍流的产生对于增强热交换有很大的影响，也就是说可以让人体散热更加高效、舒适，因此湍流度的大小也从一定程度上决定了人体的舒适度。

　　从表 4-1 和表 4-2 的对比分析中可以看出，机械风的平均风速越大其湍流度越大，而自然风的平均风速波动较大，不同类型的自然风平均风速也有区别，这也是本节提出的区别不同类型自然风的输入参数之一。

机械风湍流度　　　　　　　　　表 4-1

类型	低风速			高风速	
距离	近距离	中距离	远距离	中距离	远距离
湍流度	0.64	0.66	1.20	0.46	0.95
平均风速	0.84	1.06	0.86	1.73	0.90

自然风湍流度　　　　　　　　　表 4-2

类型	楼顶			草坪			书院			湖边		
时刻	1	2	3	1	2	3	1	2	3	1	2	3
湍流度	0.51	0.42	0.43	0.37	0.43	0.59	0.49	0.45	0.48	0.58	0.37	0.50
平均风速	3.04	2.72	2.88	1.65	1.46	1.72	0.84	0.73	0.54	1.64	1.46	0.96

如果随机样本误差项的各期望值之间存在着相关关系，这时，称随机误差项之间存在自相关性。自相关系数代表了两个不同时刻样本彼此之间的相互影响程度，即自相关系数度量的是同一事件在两个不同时期之间的相关程度。

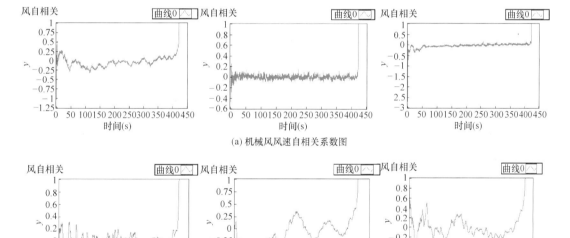

(a) 机械风风速自相关系数图

(b) 自然风风速自相关系数图

图 4-3　风速自相关系数图对比

将机械风与自然风的风自相关图进行对比，如图 4-3 所示。可以发现，机械风的风自相关图中随着时间延续，自相关系数基本在 $y=0$ 处有着小幅度的波动，说明机械风各时刻风速相关性不大。而在自然风的风自相关图中随时间的延续，其波动较大，说明自然风各时刻风速相关性较大。

在大量真实自然风数据的基础上，通过数学的方法寻找到了一个风速控制方程来实时控制风机转速，控制方程如式（4-1）：

$$x_{n+1}=a\,|\,1-b\cdot x_n^2\,|$$

（4-1）

式中 x_n——第 n 个风速数据；

x_{n+1}——第 $n+1$ 个风速数据；

a——比例系数；

b——自然风特征参数。

由公式可见，控制方法是根据前一个时间段风速值计算出下一个时间段的风速值，平均风速的大小可以通过初始风速值 X_0 进行调节，自然风波动的振幅可以通过比例系数 a 进行调节，自然风的特征可以通过特征参数进行调节。自然风的时间间隔可以根据具体情况进行调节，可以为一个固定值，或者通过方程进行控制，时间间隔根据实时风速的不同随时调整。

图 4-4 给出了初始风速 $X_0=0.8\text{m/s}$，比例系数 $a=1.5$ 时的风速时序曲线图，其中时间间隔为 5s。

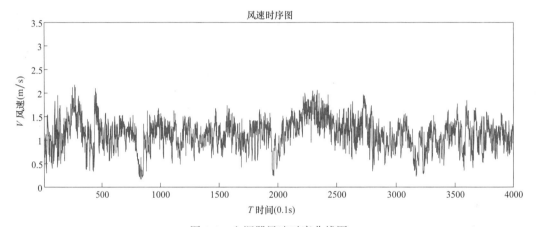

图 4-4 空调器风速时序曲线图

上述所列控制方法为风速的时序图，风速曲线并不能直接应用于空调产品中，需要转换为转速的时序图。由于不同空调产品的风扇类型、风扇大小与风道设计的不同，其转速-风速曲线差异性很大，这就需要测量不同产品的转速-风速关系，根据具体产品的转速-风速关系将自然风方程转换为风机转速的自然风方程，具体表达式如式（4-2）：

$$R_{n+1}=A(X_{n+1}+d_1)+d_2 \tag{4-2}$$

式中 R_{n+1}——第 $n+1$ 个转速数据；

X_{n+1}——第 $n+1$ 个风速数据；

A——为转速-风速比例系数；

d_1、d_2——为相位微调系数。

转速-风速比例系数 A 根据不同的空调产品可以为一个常数，即转速与风速为线性关系。针对复杂风速-转速关系，A 为风速-转速曲线的拟合方程。

通过上述的控制方法，经过空调中央处理器的实时计算便可以实时控制风机电机的转速，输出满足控制要求的变化的风速。

4.2.1.2 左右分区送风技术

为解决大客厅送风距离不足及多人场景下无法送不同的风等难题，采用非对称双贯流技术，设计双动力源高效送风系统，实现大风量，送风距离远，满足大客厅需求，如

图 4-5 所示；采用广域多温区送风技术，设计高效送风系统，配合竖摆叶，实现左右大角度出风，同时搭配智能人感探测，及双风机独立调速，左右多温区独立送风，满足客厅多人不同位置多种风感需求。

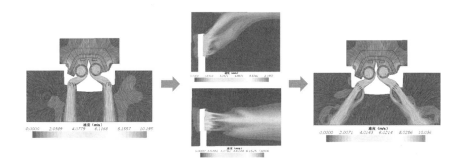

图 4-5　左右分区送风流场仿真图

（1）非对称双贯流技术

非对称双贯流技术，为设计一种特有的非对称结构的双贯流送风系统，如图 4-6、图 4-7 所示，在满足整机外观要求的前提下，采用双动力源实现大风量送风，满足大客厅远距离送风需求。

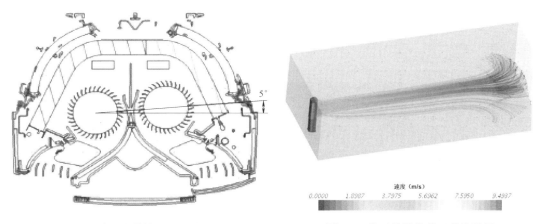

图 4-6　非对称结构的双贯流送风　　　　图 4-7　非对称结构的双贯流送风
　　　　系统截面图　　　　　　　　　　　　　　流场仿真图示

实际产品中，蒸发器的一端需要连接进出液分流管路，这一端实际需要占用空间比另外一端大，以放置进出液管路。同时，通常在进风栅右侧增加进风栅滤网扣手，这导致蒸发器进风高效区进风受阻使得左右蒸发器换热不均，两个出风口出风温度不一致。空调器的能耗变高或者能力不足，用户使用体验差，非对称结构的双贯流送风系统，设计两个贯流风扇中心连线与左右水平线形成夹角 5°，通过设计非对称双贯流送风系统，调节各个贯流系统对应的蒸发器面积，使得蒸发器整体进风速度均匀，确保产品外观竞争力，解决现有行业双贯流送风系统的普遍难题。同时这种风道方案，可提升送风系统效率，在低成本的情况下实现双出口匀温送风。

双动力源带动双送风系统，在同转速下，风量增大 30%，送风距离 15m，提升送风效率，解决风量及送风距离不足的难题。

（2）广域多温区送风技术

采用双贯流风道外旋设计，配合竖摆叶，实现左右大角度出风，同时搭配智能人感探测，左右多温区独立送风，满足客厅多人不同位置多种风感需求。

经过多次仿真及实验迭代，如图 4-8、图 4-9 所示，设计两贯流风道向两侧外旋呈 61.8°黄金夹角，竖摆叶折弯导流，在保证正向直吹时双风道出风可在 1m 内汇聚而实现大风量送风的基础上，竖摆叶最大摆动角度至 40°时，配合风道可实现左右最大出风广度，在保证蒸发器进风均匀的同时，实现广域送风。

竖摆叶摆动至最大角度 40°时，可实现左右 135°的大出风角度，出风覆盖面积更广。双风机独立调速，两个独立风机、每个风机 5 档风速、横竖摆叶调节多个出风方向。同时，利用红外传感器检测不同人体表面温度和距离位置，根据每个人冷热感调节各个导风板送风方向，提升舒适性。红外传感器可以对房间内环境信息，用户的数量、位置、角度信息，用户的冷热感受信息进行收集判断。并依次对空调器的风量、风向、设定温度进行调节，满足用户的舒适性需求。空调红外探头探测的最大角度为 64×120°。采用的 8×8 矩阵式传感器可将房间划分成 96 个空间立体区域，并对各区域内的状态信息进行实时反馈。

广域多温区送风技术，可实现左右最大出风角度 135°，左右多温区独立送风，满足客厅多人不同位置多种风感需求。

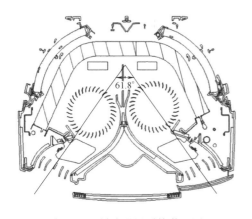

图 4-8 双贯流送风系统截面图

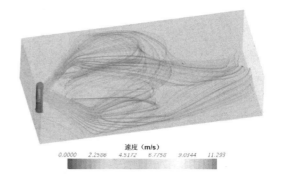

图 4-9 双贯流送风系统流场仿真图示

4.2.1.3 上下分区送风技术

基于空调用户反馈的冷风直吹人、热风不落地等问题，垂直高度上布置上下两个出风口，搭配高效上下送风系统，制冷上出风，冷风覆盖式下降，制热下出风，热风包裹式上升，防止直吹人体的同时，达到冷暖舒适分送的效果。单开上风机，实现瀑布凉风感模式；单开下风机，实现地毯风感模式；开双风机，实现冷热分送风感模式及强风感模式。

上下分区，即设计上下套送风系统，对应两个出风口，实现广角度出风，且两送风系统分别控制，制热时，下出风口工作，制冷时，上出风口工作，解决了普通柜机热风上行，冷风下行的弊端，如图 4-10 所示。

为避免直吹人体，增加出风角度，上出风口设置横百叶和竖百叶，增加水平方向和高度方向的送风范围，上出风口距离地面 1.8m，同时出风方向偏斜向顶棚，出风范围几乎完全避开人体，实现真正的冷风防直吹。冷风较房间热空气密度大，从上出风口吹出后，覆盖式下降，实现防直吹的同时，保证房间降温效果均匀。

下出风口布置在贴近地面处，热风直达地面，热风较房间冷空气密度小，从下风口吹出后，覆盖整个房间地板，包裹式上升，实现效果类似地暖。下风口设有导风板，可根据用户个性化需求，自由调节出风角度，提高用户体验。同时，机身顶部设置旋转机构，工作时，旋转打开上出风口，依靠横竖百叶调整出风方向。不工作时，上出风口闭合，提高美观性，如图 4-11 所示。

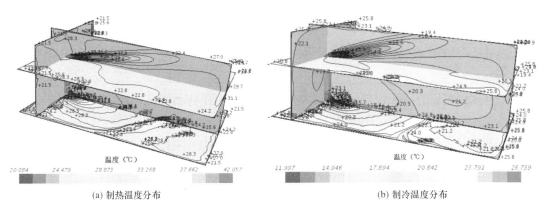

(a) 制热温度分布　　　　　　　　(b) 制冷温度分布

图 4-10　上下冷暖分送柜机仿真云图

上下分区、冷暖分送的舒适技术主要有 S 风道技术、燕尾式稳流风道技术、双吸防结冰技术。

（1）S 风道技术

S 形设计保证扩压断平滑过渡，提高流动效率，实现气流路径最优化以及局部流动效率最优化，增加整体送风风量，如图 4-12 所示；同时，S 形风道延长流体经过 S 的路程，减小噪声，改善体验。相较于普通离心风道，S 形风道前蜗舌设置在蒸发器侧，进风阻力小，换热器表面风速分布均匀性高，较普通风道送风效率高。

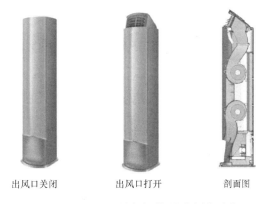

出风口关闭　　出风口打开　　剖面图

图 4-11　上下送风柜机外观图及剖面图

S 风道后部型线是由 3 条圆弧线光滑过渡连接而成，三段圆弧直径依次为 D_1、D_2、D_3，D_1、D_2、D_3 的取值范围可以是 650～800mm、700～820mm、2000～2200mm。曲率最小点在 A 点，建议该点到出风口上沿的距离 L_1 可取值范围为 400～500mm。A 点距离蜗壳出风口的距离 L_2 可取值范围为 200～250mm，建议 L_1/L_2 比值的取值范围为 1.5/1～2.5/1，保证过渡顺滑，系统阻力最小化，提高风量。

S 风道实现转速为 800r/min 时，风量达 792m³/h，相较于普通离心风道提效 9%，噪声降低 2dB。

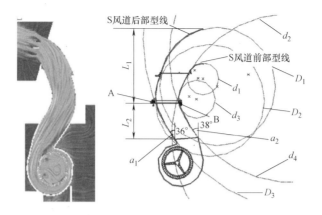

图 4-12　S 风道流场及风道参数示意图

（2）燕尾式稳流风道技术

燕尾式稳流风道技术，扩压段与蜗壳出风口相连，扩压段的下部即为下出风口，出风口下部为稳流段，气流经扩压段后，流速降低，静压上升。热风可直达地面，同时改变传统的"束状"送风方式，改善出风路线，使出风口送风为全方位环抱立体风，增加送风广度，如图 4-13 所示。

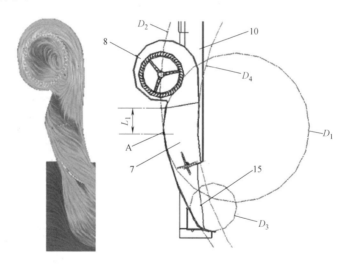

图 4-13　燕尾式稳流风道流场及风道参数示意图

该风道扩压段前部型线等直径延伸，为一段光滑圆弧，建议直径 D_4 的取值范围可以在 $1800 \sim 2000$mm 之间。扩压段后部型线为两段圆弧曲线，建议 D_1 取值范围可以在 $600 \sim 700$mm 之间；D_2 的取值范围可以在 $1900 \sim 2200$mm 之间。另外，扩压段后部型线曲率最小点 A 点距离蜗壳出风口的距离 L_1 的取值可以在 $100 \sim 150$mm 之间。

扩压段后部型线与燕尾式稳流段的后部型线同曲率过渡连接，使流动更加平稳，稳流段底部与稳流段上部圆弧相切过渡，建议底部圆弧直径 D_3 的取值范围可在 $180 \sim 250$mm 之间，保证流道顺滑过渡。

燕尾式稳流风道实现转速为 800r/min 时，风量达 508m^3/h，相较于普通离心风道提效 6%。

（3）双吸防结冰技术

通过合理布置一个蒸发器、两个双吸离心风机，实现单风机吸风即可覆盖整个蒸发器，仿真流线见图 4-14，有效解决了对于多风机单蒸发器空调，单开一个风机易造成蒸发器结冰的问题，提高蒸发器利用率和能效；同时，两个双吸离心风机可四面吸风，如图 4-15 降低吸风阻力，同时增强蒸发器表面风速均匀性，提高蒸发器性能，实现节能送风。

蒸发器尺寸为 1008mm×270mm×39.9mm，设计双吸离心风机尺寸为 196mm×188mm，配合设计风机距蒸发器 L_1＝137mm，蒸发器两风机轴心距 L_2＝504mm，上风机距蒸发器顶端 L_4＝252mm，如图 4-16 所示。

相较于普通双吸离心风道，蒸发器表面风速分布均匀性显著提高。实现蒸发器能耗降低 5%。

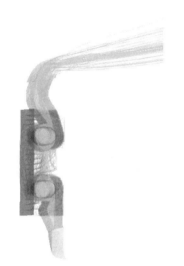 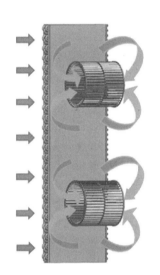 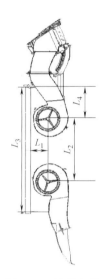

| 图 4-14　单开上风机制冷仿真流线图 | 图 4-15　双吸离心风机四面吸风示意图 | 图 4-16　风道参数示意图 |

4.2.2　分散型调温调湿空调末端设备

4.2.2.1　溶液除湿原理与双效空调系统

溶液除湿原理如图 4-17 所示，溶液除湿膜组件由水通道和位于水通道两侧的溶液通道及溶液通道两侧的空气通道组成。溶液通道两侧的反渗透膜，可以使空气中的水分子通过反渗透膜。即空气中的显热通过空气传递至 LiCl（氯化锂）溶液最终通过水通道中的冷却水吸收，空气中潜热中的大部分转化成溶液的焓值体现为进出溶液的温度和浓度变化，从而被溶液带走，潜热中的小部分热量连同空气中的显热通过冷却水吸收。

溶液除湿双效空调由于潜热通过 LiCl 溶液带走，可以减小冷却水处理负荷，显著提高空调水处理机组的出水温度（即制冷系统的蒸发温度），从而显著提高系统能效。由于溶液的除湿量可以通过控制溶液的进口参数（温度和浓

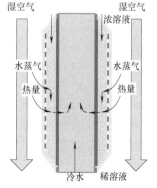

图 4-17　溶液除湿示意图

度）和冷却水的进口温度，能够精准的控制溶液的显热量和潜热量，可以实现不同的运行模式（不同的显热比），可以在长江流域梅雨时节实现除湿的同时进行制热的模式，在冬季制热的同时进行加湿模式。能够在节能的同时显著提高人体的舒适度。

双效空调系统图如图 4-18 所示。

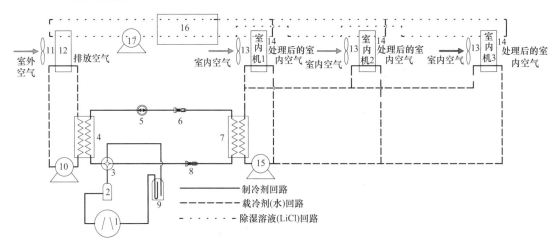

图 4-18　双效空调系统图

1—压缩机；2—油分离器；3—四通换向阀；4—室外换热器；5—电子膨胀阀；6—气管截止阀；7—室内换热器；

8—液管截止阀；9—气液分离器；10—溶液再生换热器循环水泵；11—室外风扇；12—溶液再生换热器；

13—室内风扇；14—除湿冷却换热器；15—除湿冷却换热器循环水泵；16—溶液热交换器；17—溶液泵

4.2.2.2　双效空调系统设计参数研究

为了在不同的热湿比工况下实现节能，对关键部件溶液除湿膜进行内机换热器结构设计和外机膜组数量的优选，在此基础上确定最优风量值，通过优化水侧温度、溶液侧温度、浓度、流量等参数，确定室内机设计参数。

对室外机不同膜组数量（100 片、120 片、140 片）通过单片膜片风量（30.6m³/h、34m³/h、40.8m³/h、51m³/h）对系统的影响进行整机系统仿真，固定 100 片膜组外机换热器，最优结果为风量 27.2m³/h 下，能效达到 3.254；固定 120 片膜组外机换热器，最优结果为风量 30.6m³/h 下，能效达到 3.41；通过固定 140 片膜组外机换热器，最优结果为风量 40.8m³/h 下，能效达到 3.496。根据测试结果，提高膜组片数到 120 片，COP 提高 0.1，但因 140 片有泄漏风险，故综合系统成本、体积、承重等因素，系统外机模组数量确定为 120 片。

通过考察不同因素对系统性能的影响，最终确定双效空调室内机 5kW、3.6kW、2.8kW 样机的选型设计参数，确定优化后的三个室内机设计参数如表 4-3 所示。

双效空调室内机设计参数　　　　　　　　　　　表 4-3

	内机			外机
	2.8kW	3.6kW	5kW	12kW
膜组数	24	32	50	120
尺寸	600×200mm	600×200mm	600×200mm	600×200mm

通过对膜换热器风阻性能模拟及实际测试得出完成双效空调室内机 5kW、3.6kW、2.8kW 样机的最优风量值，为了得到最优性能，根据经过优化后的室内机、室外机片数得出全效空调系统整机设计工况计算系统参数，汇总如表 4-4 所示。

整机设计参数汇总 表 4-4

名称	制冷			制热		
室内机	5kW	3.6kW	2.8kW	5kW	3.6kW	2.8kW
膜片数量	36	26	20	36	26	20
膜片风量	23.12	23.12	24.31	23.12	23.12	24.31
风量(m³/h)	830	600	485	830	600	485
能力(kW)	5	3.6	2.8	6	4.3	3.4
除湿量(L/h)	2.9	1.9	1.4	−4	−2.9	−2.3
出风干球(模拟值)	16	16	16.4	31.1	31.2	30.4
出风露点温度(模拟值)	10.4	10.4	10.6	17.8	17.9	17.4
室外机	—			—		
膜片数量	120			120		
膜片风量	10			14.6		
风量(m³/h)	17			24.82		
加水(L/h)	13.9			0		
显热比	0.65			0.55		
室内机水温	8.7			37.9		
溶液浓度	17.90%			28.70%		
蒸发温度	6.7			−3.9		
冷凝温度	36.1			38.8		
COP	4.25			3.61		

通过系统整机仿真结果表明在制冷大湿度工况条件下，由于双效空调通过 LiCl 溶液处理潜热负荷，系统能效更高。分散调温调湿全效空调末端通过控制溶液浓度，温度可以实现制冷除湿，制热加湿，同时可以满足出风相对湿度在 40%～60% 可调，满足用户对舒适性的要求。其中分散调温调湿统一末端设计图和实物图如图 4-19 所示。

图 4-19　分散调温调湿统一末端设计图及实物图

4.3　辐射型统一末端

4.3.1　新型预制薄型地面辐射末端供暖性能

现有工程广泛应用管径 16mm 的辐射供暖系统，管径增大可能使地板表面温度过高而影响舒适性，同时增加工程的初投资。因此，本节对预制沟槽薄型地暖末端是否可考虑采用较小管径如 10mm 进行探讨研究。首先针对 16mm 管径的新型预制薄型地暖进行实验分析，对 16mm 管径的新型预制薄型地暖末端在不同管内流速、供水温度的工况下进行实验，监测室内人员活动区温度、辐射表面及其他壁面温度、水平及垂直温差等舒适度条件、有效散热量和响应时间，然后通过模拟分析 10mm 相比 16mm 管径的辐射末端是否可行。

根据《辐射供暖供冷技术规程》相关规定，供水温度不宜超过 60℃，民用建筑供水温度宜在 35～45℃ 之间，加热供冷管流速应不低于 0.25m/s。通过预实验测试最后确定供水温度为 35℃、40℃、45℃，流速为 0.8m/s、1m/s、1.2m/s。针对管径 16mm、管间距为 150mm 的新型预制薄型地暖研究不同管内流速、供水温度下的工况下监测室内人员活动区温度、辐射表面及其他壁面温度、水平及垂直温差等舒适性参数、有效散热量和响应时间。

本节研究在重庆大学辐射供暖实验平台进行，实验室主要由控制台、冷热源机房和封闭小室组成。如图 4-20 和图 4-23 所示。

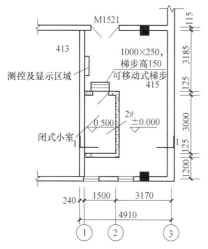

图 4-20　实验房间平面图

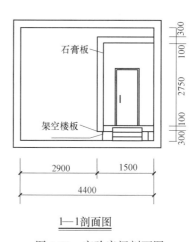

图 4-21　实验房间剖面图

图 4-22　实验房间现场图

图 4-23　冷热源机房

（1）不同供水温度对供暖性能的影响

为考察供水温度对该新型预制薄型地暖在不同供水温度下的供暖性能、室内舒适情况以及响应时间的影响，恒定管内流速以便于直接考虑供水温度引起的变化，设计本实验的供水温度为 35℃、40℃、45℃，管内流速保持为 0.8m/s。

根据图 4-24，45℃、40℃、35℃ 的不同供水温度工况下单位面积有效散热量分别为 59.25W/m²、44.56W/m²、34.66W/m²。随着供水温度的升高，末端供暖性能提高，单位面积的有效散热量增大，三种工况下辐射换热量为有效换热量的 65%～68%，而对流换热量为有效换热量的 32%～35%。

根据图 4-25，从不同角度分析响应时间和单位时间温升，从辐射表面温度角度分析，预制薄型地暖系统的响应时间在 35℃、40℃、45℃ 供水温度下单位时间温升分别为 3.06℃/h、5.5℃/h、8.21℃/h；从室内空气温度角度分析，预制薄型地暖系统的响应时间在 35℃、40℃、45℃ 供水温度下单位时间温升分别为 1.86℃/h、2.91℃/h、3.66℃/h，热响应快。

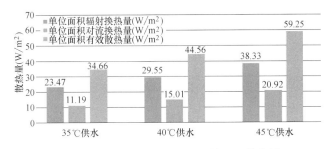

图 4-24　不同供水温度工况下的地面散热量

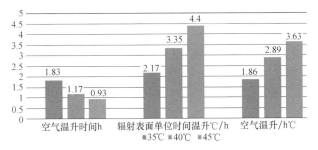

图 4-25　不同供水温度下温升情况

（2）不同管内流速对供暖性能的影响

考察供水温度对该新型预制薄型地暖在不同供水温度下的供暖性能、室内舒适情况以及响应时间的影响，设计管内流速为 0.8m/s、1m/s、1.2m/s，恒定供水温度 40℃。根据图 4-26，三种不同管内水流速工况下单位面积有效散热量分别为 44.18W/m²、47.06W/m²、49.08W/m²。随着管内水流速的升高，末端供暖性能提高，单位面积的有效散热量增大。

根据图 4-27，从不同角度分析响应时间和单位时间温升，从辐射表面温度角度分析，预制薄型地暖系统的响应时间在 0.8m/s、1.0m/s、1.2m/s 不同流速工况下单位时间温升分别为 3.05℃/h、3.24℃/h、3.43℃/h；从室内空气温度角度分析，不同流速工况下热响应时间更短，具有响应快的优势。

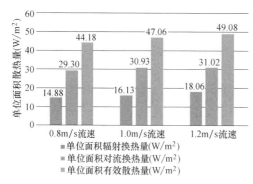

图 4-26　不同管内流速工况下的地面散热量

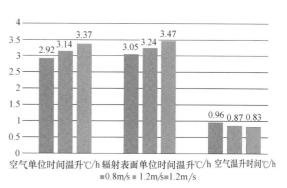

图 4-27　不同流速下温升情况

（3）与常规地暖对比

为控制变量，设计两种末端在相同工况下进行实验对比分析。根据管内流速对其响应时间的影响，设计本对比实验时，恒定管内流速保持为 1.2m/s，供水温度取 40℃ 和较低供水温度 35℃。

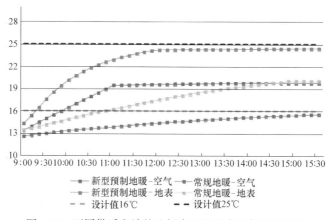

图 4-28　不同供暖末端的地板表面和室内空气温度变化

根据图 4-28，从室内温度角度分析，新型预制薄型地暖系统为 0.83h，常规地暖系统的响应时间为 6.5h，新型预制薄型地暖相比常规地暖热响应时间偏短 87.2%。

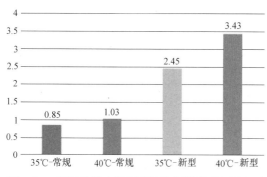

图 4-29　不同供暖末端在不同供水温度下地板表面
单位时间温度变化（℃/h）

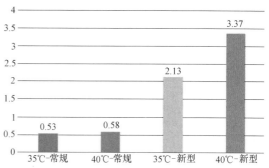

图 4-30　不同供暖末端在不同供水温度下室内空气
单位时间温度变化（℃/h）

根据图 4-29 和图 4-30，在一定流量、供水温度的情况下，新型预制薄型地暖的单位时间温升效果优于常规地暖系统，高于常规地暖系统 70%～80%。新型预制薄型地暖具有热响应时间短、地面温度及房间温度上升快且极值高等特点，能在较短时间内房间温度以及辐射表面温度均达到设定温度，为南方地区辐射供暖间歇运行的可行性提供了依据。

4.3.2 新型预制薄型地面辐射末端供冷性能与防结露研究

（1）辐射供冷响应时间特性和舒适性研究

辐射供冷采用水温控制时，供水温度一般在 14～18℃。对于重庆地区普通瓷砖结构层，推荐供水温度 14～18℃。因此选取的供水温度工况分别为 14℃、16℃、18℃。在室内相同产湿量下，送风量越大，送风含湿量越高。由于房间面积过小，当室内 1 人散湿时（115g/h），采用 1 次/h 和 0.7 次/h 换气次数对应的送风含湿量分别为 5.6g/kg 和 2g/kg，明显低于推荐的 8g/kg 限值，对机组的制冷能力要求非常高，是难以实现的不合理参数。因此，实验时保持 1 人散湿不变，扩大新风量至 2 次/h、1.5 次/h，对不同工况的降温时间进行初步判断，再模拟 1 次/h、0.7 次/h 的降温情况，进行进一步比较。

对"人员未在室提前降温"和"人员在室后降温"两种情况进行对比分析，重点关注达到目标降温温度的降温时间及室内热舒适情况（见表 4-5、表 4-6）。

人员未在室提前降温情况不同工况的降温时间（单位：min）　　　表 4-5

运行模式	供水温度	降温至可接受上限温度 30℃用时	降温至舒适上限温度 28℃用时
仅地面辐射供冷	14℃	40	82
	16℃	45	96
	18℃	50	106
地面辐射＋2 次/h 短暂新风除湿	14℃	34	96
地面辐射＋2 次/h 持续新风降温	14℃	23	46
	16℃	26	44
	18℃	18	42
仅 2 次/h 持续送风	—	24	58

人员在室后降温情况不同工况的降温时间（单位：min）　　　表 4-6

运行模式	供水温度	降温至可接受上限温度 30℃用时	降温至舒适上限温度 28℃用时	降温至舒适温度 27℃用时
地面辐射＋2 次/h 持续新风降温	14℃	28	67	93
	16℃	26	65	99
	18℃	22	64	103
地面辐射＋1.5 次/h 持续新风降温	14℃	30	60	80
	16℃	33	64	87
	18℃	35	66	89

通过实验可知：

① 仅辐射板供冷时，不同供水温度的供冷能力有明显差别，供水温度越低，降温速度越快，在达到目标降温温度时地面温度越低，关闭辐射供冷后辐射板"免费供冷"的时间越长。辐射板表面温度直接影响了系统的降温能力。改进辐射管壁的导热系数和管间距，有利于提高辐射板的供冷量。14℃、16℃以及18℃工况分别需要提前40min、45min以及50min降温至可接受温度上限，需要提前82min、96min、106min开启辐射供冷，才能保证人员入室后操作温度在舒适范围内；14℃、16℃、18℃工况"免费供冷"时长分别为27min、20min以及14min。

② 仅以除湿为目的的短暂新风不能有效缩短降温时间。在室内含湿量达到设计值时停止送风，空间温度会在地面辐射作用下迅速升高，14℃供水工况仍需提前降温96min才能达到目标降温温度。

③ 仅以降温为目的的持续新风可缩短降温时间。对流降温速率是仅辐射供冷的1.5倍。2次/h送风工况的操作温度可以在1h下降到舒适范围内，但所有壁面温度均高于空气温度、人员进入室内时，室温会显著升高。新风可以加快室内空气流动，明显降低室内纵向温差，减小局部不满意率LPD2。

④ 辐射+新风持续降温方式可以显著缩短降温时间，新风温度比供水温度对降温时间的影响大。持续送风加强了地面辐射供冷作用，加速了地面温度的下降，除了辐射板单独供冷时不同供水温度的供冷能力的差异。在降温期间，操作温度下降速率变化明显，而地面温度下降速率变化很小，与仅辐射供冷恰好相反。此外，室内负荷显著影响空气温度的下降速率，但对地面温度的变化影响较小。2次/h送风工况需要提前18～26min降温可达到可接受上限温度，提前42～46min降温才能保证人员进入时操作温度达到舒适上限28℃；若采用人员入室后降温，室内负荷大于提前降温工况，22～28min降温至可接受上限温度30℃，64～67min降温至舒适上限温度28℃，需93～103min降温至舒适温度27℃；1.5次/h送风工况的送风量及送风温度均减小，辐射及新风供冷量增强，仅80～89min即可降温至舒适温度。

⑤ 随着降温的进行，辐射板供冷量不断降低，新风供冷量先增大后减小，最大值出现在送风温度基本达到设计值时刻。因此，加快新风的降温速度可以在一定程度上提高新风供冷能力。按相同产湿量计算的不同新风工况的平均新风供冷量相同。不同供水温度下辐射板供冷量占辐射+新风总供冷量的比例在62%～68%。

综合比较降温时间和室内舒适度，对于人员未在室提前降温情况，仅辐射供冷和仅新风除湿工况的降温时间长，仅新风送风工况在人员进入后室温升高迅速、舒适性降低，而辐射+新风联合工况的降温时间及舒适性均较好。此外，不同供水温度下相同送风工况的降温时间和室内局部不满意率相差很小，再加上供水温度越低对机组制冷能力要求越高，确定18℃为最适合供水温度。对于辐射供冷可能导致结露的问题，对比分析了当室内温度控制在27～28℃范围时有无新风对室内温度及含湿量的影响，分析发现：

① 当采用仅辐射降温无除湿措施时，辐射板表面温度及地面温度持续降低，在持续湿源的作用下，室内含湿量和露点温度持续升高，当地面温度与空气露点温度相近时，辐射板表面温度早已低于露点温度，在瓷砖缝隙附近会出现水雾。

② 当采用辐射+新风降温除湿时，含湿量及空气露点温度下降明显，此时关闭新风，在持续湿源的作用下，室内温度升高到28℃再次开启新风之前，室内无结露风险。采用

仅新风降温除湿时，可以达到辐射＋新风联合工况基本相同的降温效果，但室内空气温度变化比壁面变化快，地面温度基本不变，室温回升更快。

（2）防结露

根据负荷模拟，自然状态下房间初始含湿量较高，为 17g/kg，若不降温除湿，室内相对湿度达到 70％～80％，超出室内人员可接受舒适度上限，同时会增加地面空气露点温度，产生结露现象。因此，适当的除湿方式是必不可少的。在系统刚启动阶段，房间内空气的温度和含湿量较高，露点温度相应也较高，由于辐射空调系统的辐射表面温度下降速度比室内空气降温速度快，辐射板面很容易出现结露现象。持续的新风降温除湿可以平衡室内人员的持续产湿，在无长期开窗或室内人员突增的前提下，基本无结露的风险。

供水温度越低时，地面及空气温度下降越快，越容易发生结露现象。分析供水温度中最低的情况，即 14℃供水温度工况下室内结露情况。

图 4-31 为 14℃供水温度下仅辐射供冷的室内温度变化情况，整个过程无新风除湿。室内初始空气状态为 33.6℃、50.8％，含湿量 17.6g/kg，地面层空气露点温度 22.7℃，远低于地面温度 32.1℃，无结露风险。实验时无人员进出，门缝密封。

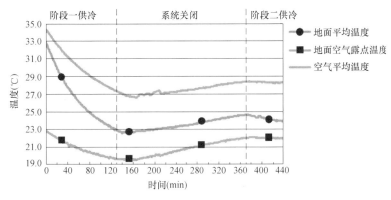

图 4-31　仅 14℃辐射供冷开启/关闭
时室内温度情况

阶段一为人员未在室提前降温阶段，室内无湿源，但空气露点温度在持续下降。可能是室内墙壁等围护结构的吸湿作用，或在预先加热阶段，墙壁内部温度未升至与表面相同的高温而导致热量及湿量的传递。根据规范，供冷表面温度应高于室内空气露点温度 1～2℃，阶段一结束时地面温度 22.9℃，地面空气层露点温度 19.7℃，无结露风险。

室内空气温度降低到 27℃以下后，关闭系统，此时室内有稳定的湿源。地面温度及空气温度回升，室内含湿量增加，地面层空气露点温度升高。

当室温升高到 28℃后，开始阶段二供冷，此时地面温度 23.7℃，地面空气层露点温度 20.5℃，无结露风险。此阶段仅辐射供冷，无新风降温，室内持续加湿。阶段二与阶段一相比，由于人员在室加大了室内的外加负荷，降温速度明显下降。

理论上说，阶段一室内无人提前降温时室内含湿量应不变，空气露点温度应与初始状态基本相同，接近 23℃。而出现图中所示露点温度下降的原因，可能是有两个原因造成的：

① 降温后，空间水蒸气分压力下降，而围护结构内部温度较高，水蒸气分压力较大，

空间的水蒸气通过壁面缝隙进入围护结构内部。

② 围护结构壁面吸湿作用，导致室内水蒸气减少，含湿量降低，露点温度下降。若地面温度的变化仍与图 4-31 相同，则在阶段一后期，地面温度会下降到接近甚至低于空气露点温度，会有结露的可能。若不采取措施，人员进入室内后，室内含湿量增加，露点温度升高，结露现象越来越严重。

当为 14℃供水温度＋2 次/h 新风除湿下的室内温度情况时，保持初始状态相同，地面层空气露点温度 21.8℃，远低于地面温度 31.7℃，无结露风险。当室内空气温度高于28℃时，开启辐射板供冷或低温送风系统；当室内含湿量超过设计值（14g/kg）时，开启低温送风系统，送风条件为 2 次/h。图 4-32 中①～④为不同开启、关闭系统方式。

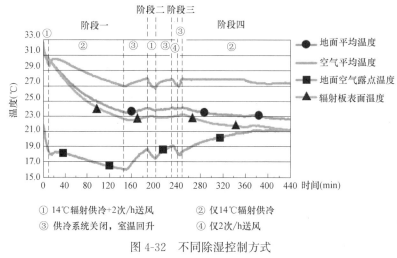

① 14℃辐射供冷+2次/h送风　　② 仅14℃辐射供冷
③ 供冷系统关闭，室温回升　　④ 仅2次/h送风

图 4-32　不同除湿控制方式
下室内温度变化

阶段一室内无湿源，14℃辐射供冷＋2 次/h 短暂新风除湿，10min 后室内含湿量低于14g/kg，关闭送风，继续辐射供冷，露点温度在无送风的条件下仍在降低。147min 后室内空气温度达到 27℃，关闭辐射供冷，人员进入室内。之后，室内负荷增大，并有持续湿负荷产生。室温及室内含湿量开始增加，地面温度及空气露点温度上升，40min 后空气温度超过 28℃。阶段一的降温过程中地面温度始终高于地面空气露点温度 7℃以上，无地面结露风险。

阶段二采用新风＋辐射的降温方式，10min 后室温降到 27℃，然后关闭送风和辐射供冷系统，室温开始回升。此降温阶段时间较短，地面温度仅有小幅度下降，空气露点温度下降明显。约 35min 后室温再次升高到 28℃，回温后的室内温度、地面温度、露点温度与阶段二降温前基本一致。阶段二总用时 45min。

阶段三采用仅低温新风的方式进行降温，新风条件与阶段二基本相同。从数据上看，12min 后室温降到 27℃，地面温度基本不变，由于送风条件相同，露点温度的下降幅度与阶段二基本一致。由于仅通过对流方式降温，空气温度变化比壁面温度快，仅 19min就回温至 28℃。阶段三总用时 31min。

通过比较阶段二、阶段三，单独新风工况可以达到辐射＋新风联合工况基本相同的降温除湿效果，且降温时间仅增加 2min。但回温速度较快，整个阶段总用时少 14min，且反复开启/关闭系统所产生的总能耗可能比联合工况的能耗还高。

　　阶段四为仅辐射板降温，无新风。该阶段的降温过程与前述仅 14℃ 辐射阶段二降温情况相近，起始地面温度 25.1℃，起始空气温度 28℃，在外加热源和外加湿负荷的作用下，地面温度持续降低，室内含湿量和露点温度持续升高，地板表面与露点温度的差值不断减小，但室内空气温度居高不下。在第 420min（即阶段四开始降温的第 174min）时辐射板表面温度开始低于地面空气露点温度，在瓷砖缝隙附近地面开始出现薄水雾。因此，室内有 1 人时，当室温升高到 28℃ 后，仅采用地面辐射降温的方式，在近 4h 后地面会出现结露（图 4-33 为第 460min 地面结露情况），同时室温难以下降。

 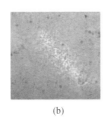 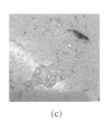

(a)　　　　　　　　　　(b)　　　　　　　　　　(c)

图 4-33　第 460min 拍摄的地面结露照片

（3）气流组织优化研究

　　为改善地板辐射供冷中竖直温度分布不均匀的状况，采用吊扇通风和风机盘管侧吹通风来优化气流组织，改善室内温度场及舒适度。

　　图 4-34 为坐姿操作温度变化，图 4-35 为站姿操作温度变化。

　　据相关研究结论将操作温度 28℃、27℃ 分别作为可接受上限温度、舒适温度。实验结果表明：

　　① 在其他条件相同时，操作温度下降到可接受上限温度的快慢顺序为吊扇、无通风、侧吹通风，吊扇通风用时为无通风的 56%～92%，吊扇通风可有效减少热响应时间。

　　② 通风方式相同时，随着供水温度的上升，操作温度到达可接受上限温度的速度减缓。

　　③ 供水温度相同时，到达 27℃ 的顺序依次为吊扇、无通风、侧吹通风，吊扇通风为无通风的 63%～85%。当供水温度为 18℃ 时，无通风工况和侧吹通风工况无法到达 27℃，而吊扇工况则可以到达舒适温度 27℃，吊扇对室内操作温度的改善更加显著。

　　竖直温度分布如图 4-36 所示，对竖直方向温度测点峰谷差（最大值与最小值的差值）及竖直不满意率进行计算，可得到如下结论：

　　① 坐姿和站姿时，头和脚踝的温差随着供水温度的降低而升高，同一供水温度下，通风可降低头和脚踝的温差，吊扇对温差改善更大，但是侧吹通风和吊扇对头和脚踝温差的改善程度相差不大。

　　② 有通风和无通风时，各供水温度下竖直空气温差导致的不满意率均满足《室内人体热舒适环境要求和评价方法》GB/T 33658—2017 中不满意率不应大于 20% 的要求。

　　③ 无通风时室内竖直空气温差导致的不满意率均随着供水温度的增加而下降，且变化幅度较大。

　　④ 有通风时，不论是坐姿还是站姿，竖直不满意率均明显下降，吊扇通风对竖直温差和竖直不满意率的改善更加显著。而且在相同的通风方式下，供水温度的变化对坐姿和站姿的不满意度影响很小。

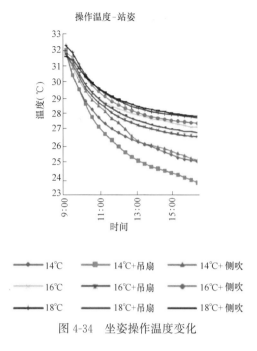

图 4-34　坐姿操作温度变化　　　　图 4-35　站姿操作温度变化

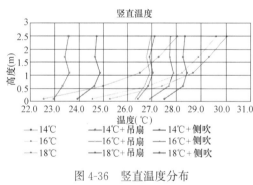

图 4-36　竖直温度分布

4.3.3　辐射空调系统除湿新风机

本节提出一种新型辐射空调用多功能新风机，可实现加热、冷却、除湿、加湿、净化、通风等功能，其内部结构如图 4-37、图 4-38 所示。结合重庆地区住宅对新风机功能的需求，按优先级排序依次是：升温不加湿（35%）、除湿不降温（28.7%）、除湿降温（18.8%）、通风（17.0%）。其中除湿降温需求主要出现在

4 月中旬至 9 月下旬，4—7 月上旬及 9 月，潜热负荷接近或大于显热负荷，室内应用显热比 SHR_{de} 在 0.4～0.55 之间波动，部分时候接近 0.1；7 月中旬—8 月显热负荷略大于潜热负荷，SHR_{de} 在 0.5～0.7 之间波动。多功能新风机通过制冷剂阀、风阀的 on/off 及开度控制，实现除湿降温、除湿不降温、升温、通风四种功能（组件通断情况见图 4-39）。

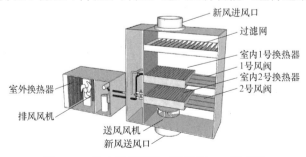

图 4-37　多功能新风机三维模型——风系统

采用理论分析和模拟验证的方式对比分析蒸发器内部结构布置形式，顺逆交叉流式、流程均匀布置，可使换热效果达到最优，另外，不同管径和流量存在其最佳流程数。送风含湿量相同时，$\phi5$ 的换热管的蒸发器相比于 $\phi9.52$ 的蒸发器，送风温度略高 1℃，可减少再热负荷、降低风口结露风险；重量减小 22.5%；体积减小 31.0%，更适合住宅安装。流式、流程结构如图 4-40 所示，换热器参数设计结果见表 4-7。

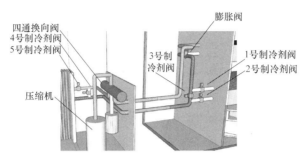

图 4-38 多功能新风机三维模型——制冷剂系统

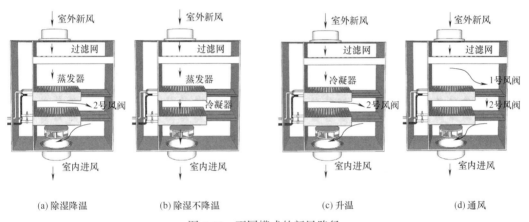

(a) 除湿降温 (b) 除湿不降温 (c) 升温 (d) 通风

图 4-39 不同模式的新风路径

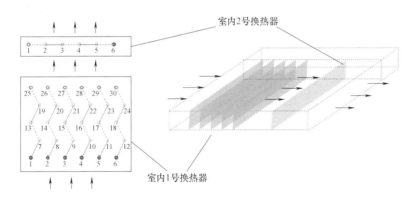

图 4-40 室内换热器流式及风系统流路

新风机在除湿降温、除湿不降温、升温工况下运行时的新风路线图如图 4-41~图 4-43 所示。

换热器参数设计结果 表 4-7

参数项	室内1号换热器	室内2号换热器
管排数	5 排	1 排
每排管数	6 根	6 根
换热管外径	5mm	5mm
换热管内径	4.4mm	4.4mm
换热管横向间距	15mm	15mm
换热管纵向间距	13mm	13mm
换热管类型	内螺纹管	内螺纹管
翅片类型	波纹板	波纹板
翅片间距	2.5mm	2mm
翅片厚度	0.12mm	0.12mm
换热器长度	580mm	580mm
换热器宽度	65mm	13mm
换热器厚度	90mm	90mm

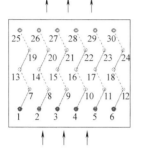 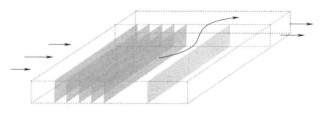

图 4-41 除湿降温模式新风流路

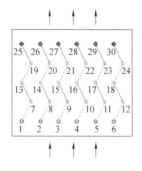 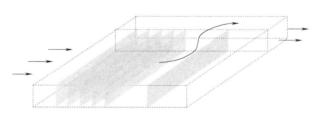

图 4-42 除湿不降温模式新风流路

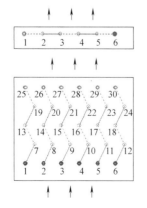 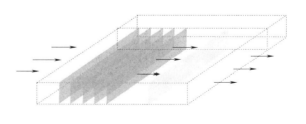

图 4-43 升温模式新风流路

3种模式额定工况下新风的进出风状态点和制冷量如表4-8所示。

新风机额定工况运行参数 表4-8

参数项	除湿降温模式	除湿不降温模式	升温模式
新风进风干球温度	35℃	22℃	7℃
新风进风湿球温度	28℃	—	6℃
新风进风相对湿度	—	90%	—
新风出风干球温度	16.9℃	21.6℃	37.2℃
新风出风含湿量	9.51g/kg	7.81g/kg	—
新风量	300m³/h	300m³/h	300m³/h
额定制冷量	4.83kW	2.88kW	—
额定制热量	—	0.99kW	3.26kW
除湿量	4.18kg/h	2.57kg/h	—

当室外温湿度变化时，新风机的能效比：除湿降温模式3.2~3.8，除湿不降温模式2.6~3.7，升温模式4.2~4.4；新风机的除湿量：除湿降温模式0.5~7.5kg/h。除湿不降温模式0~4.4 kg/h。在4月中旬~7月上旬及9月，新风机在部分负荷下运行，即有能力消除室内潜热冷负荷，将室内湿度控制在舒适度区间，在此基础上，当新风机不足以负担室内显热冷负荷时，开启辐射供冷系统即可使空调设备显热比升高，实现SHR_{de}与SHR_{su}的匹配。在7月中旬~8月下旬，由于潜热负荷较大，约有26%的时间新风机需要满负荷运行，同时辐射供冷系统运行，以消除新风机不能负担的大部分显热负荷。

（1）耦合系统供冷性能分析

选取新风送风温度、供水温度、供水流速三项因素进行分析，分别设置三水平，通过$L_9(3^4)$正交表设计9组模拟工况。模拟对象为整个住宅，家庭结构为三代同堂模式，人员作息为工作日作息，取主卧室温度变化情况进行分析。

对于新风送风温度因素，选取满负荷切换20℃、18℃、20℃三项水平。满负荷切换20℃指的是当辐射系统刚开始运行时，满负荷运行，当室内温度降低至舒适度上限后，切换为20℃，目的是分析新风机在部分工况下运行（对流承担比例较少的冷负荷）或在满负荷下运行（对流承担比例较高的冷负荷）对于耦合系统降温、蓄热放热性能、结露风险的影响。对于供水温度因素，选取12℃切换16℃、14℃、16℃三项水平。对于供水流速因素，选取0.3m/s、0.5m/s、0.7m/s，是基于《辐射供暖供冷技术规程》JGJ 142—2012中加热供冷管流速不宜小于0.25m/s的规定，同时根据已有实验经验及工程经验中一般住宅辐射供冷供暖系统供水流速约为0.5m/s确定。逐一分析各因素对响应时间、初始温度、整体降温速度的影响，整理成表4-9，其中升温速度指的是居民进入室内后由于内热源散热量增加出现的短暂温升速度。

分析表中水平导致的结果之和K值可知，对于响应时间，K_2^A、K_1^B、K_1^C分别为各因素最小值，则可以推论新风机18℃送风、供水温度为12℃切换16℃、供水流速为0.7m/s，三项水平可能构成使响应时间最短的方案。对于升温速度，K_1^A、K_1^B、K_1^C分别为各因素最小值，则可以推论新风机满负荷切换20℃送风、辐射系统供水温度为12℃切换16℃、供水流速为0.7m/s，三项水平可能构成使升温速度最小的方案，即工况1。

对于总体降温速度，K_2^A、K_2^B、K_1^C 分别为各因素最小值，则可以推论新风机 18℃送风、供水温度为 14℃、供水流速为 0.7m/s，三项水平可能构成降温速度最快的方案。

各工况因素分析指标 表 4-9

因素分析指标	新风(A)			供水温度(B)			供水流速(C)		
	响应时间	升温速度	降温速度	响应时间	升温速度	降温速度	响应时间	升温速度	降温速度
	(min)	(℃/h)	(℃/h)	(min)	(℃/h)	(℃/h)	(min)	(℃/h)	(℃/h)
K_1	236.05	8.19	2.53	230.27	8.37	2.96	198.47	7.26	4.00
K_2	232.71	8.78	3.24	237.63	8.67	3.24	233.79	8.77	2.94
K_3	260.34	9.10	2.93	261.20	9.02	2.50	296.84	10.04	1.76
ΔK	27.63	0.92	0.72	30.93	0.65	0.74	98.37	2.78	2.24

分析表中的 ΔK 值可知，由于 98.37min＞30.93min＞27.63min，2.78℃/h＞0.92℃/h＞0.65℃/h，2.24℃/h＞0.74℃/h＞0.72℃/h，由此推论，各因素对响应时间和降温速度的影响程度：供水流速＞供水温度＞送风温度；对升温速度的影响程度：供水流速＞送风温度＞供水温度。基于上述分析得出的两组未组合过的可能最优的方案（表4-10），结合工况 1、8，再进行比较。

不同工况各因素水平表 表 4-10

工况	因素		
	新风送风温度 (℃)	供水温度 (℃)	流速 (℃/h)
1	满负荷切换 20	12 切换 16	0.7
8	20	14	0.7
10	18	14	0.7
11	18	12 切换 16	0.7

不同工况温度变化情况表 表 4-11

工况	初始温度 (℃)	最高温度 (℃)	响应时间 (min)	达设定值时间 (min)	升温速度 (℃/h)	总体降温速度 (℃/h)
1	30.02	30.73	61	152	2.11	1.19
8	30.47	31.31	68	135	2.52	1.54
10	30.11	30.92	65	108	2.42	1.73
11	30.16	30.89	63	105	2.18	1.81

由表 4-11 可知，从响应时间、最高温度和初始温度来看，工况 1 最优。对比工况 8 和工况 10，当供水温度和供水流速相同时，工况 10 的总体降温速度快于工况 8，工况 10 的响应时间短于工况 8；对比工况 1 和工况 11，工况 11 的总体降温速度快于工况 1，而响应时间却长于工况 1。即规律不一致，这是因为两组工况的供水温度虽然一致，但是工况 8 和 10 没有切换，而工况 1 和 11 出现了切换，导致切换前后的制冷能力不同。故认为，对于供水或送风条件中途发生切换的工况，整体降温速度不能反映响应时间，此时通过升温速度评价是更为合理的。

综上，工况 1 为最优工况，响应时间最短，抑制温升能力最强，室内干球温度降低至舒适度区间后提高送风温度，可以使新风机在部分工况下运行，且使其他无人的房间温度不至于降至过低，以实现节能。

（2）耦合系统供热性能分析

采用上述相同模拟参数，对于供水温度因素，根据 JGJ 142—2012 中 35～45℃的供水温度规定，设计 35℃、40℃、45℃三项水平。对于供水流速因素，与供冷季一致。

工况 6 的响应时间最短，总体降温速度最快，故工况 6 为其中最优方案，接下来使用因素分析法分析各工况的影响程度。

以各因素对总体降温速度的影响程度，供水流速＞送风温度＞供水温度，即对于总体降温速度的核心影响因素为供水流速，供水流速越大，则总体降温速度越快。

基于因素分析法得出可能最优的方案为：送风温度 38℃切换 20℃、供水温度 45℃、供水流速 0.7m/s，即工况 10。

7：00—8：00 时段工况 10 的空气温度略高于工况 6，且升温速度更快，是因为此时客厅的辐射系统开始运行，新风机送风温度恢复 38℃。其余模拟结果整理见表 4-12。

不同工况温度变化情况表　　　　　　　　　表 4-12

工况	初始温度 （℃）	响应时间 （min）	达设定值时间 （min）	总体升温速度 （℃/h）	总体降温速度 （℃/h）
6	12.66	20	35	9.15	1.18
10	12.36	19	31	10.91	2.41

工况 10 的初始温度略低 0.3℃，无人在室时段保持较高的室温不利于节能，故从节能性角度，工况 10 更优；在工况 6 的基础上，工况 10 进一步缩短了响应时间和达设定值时间，是因为辐射系统开启的同时，新风机送出更高温度的新风，提升了总体升温速度；而当空气温度达到舒适度下限 16℃后，送风温度逐渐降低至 20℃，干球温度升温速度放缓，24：00 后居民进入睡眠状态后降温速度也略高一些，但是降温后的最低温度 17.63℃仍高于舒适度下限。综上认为工况 10 为最优方案。

（3）新风机对耦合系统运行效果的影响

由于新风机可以承担一部分显热负荷，则模拟辐射系统不运行，仅新风机运行除湿降温模式或开窗通风两种工况，以分析辐射供冷系统开机阈值。

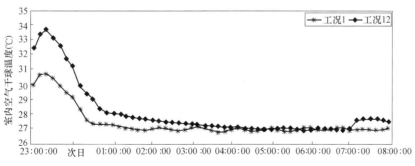

图 4-44　主卧室空气干球温度/相对湿度

图 4-44 显示了两种不同工况下主卧室 23：00—次日 8：00 辐射供冷系统运行时段室

内空气干球温度变化情况。

对于初始温度，工况 1 为 30.02℃，工况 12 为 32.48℃，工况 1 初始温度较低，为缩短响应时间提供了有利的条件。因为在辐射系统开启之前，新风机始终运行，消除了一部分冷负荷，新风因素对于非供冷时段空气温度的影响最为显著。

对于居民进入室内后的短暂升温过程，工况 1 的升温速度为 2.11℃/h，升温幅度 0.7℃，最高温度 30.73℃，而工况 12 的升温速度为 3.78℃/h，升温幅度 1.26℃，最高温度 33.74℃。参考对照组（无热湿处理设备运行）的温升速度 4.37℃/h，工况 1 降低了 2.26℃/h，工况 12 仅降低了 0.99℃/h；工况 1 的最高温度偏离舒适度上限 1.73℃，工况 12 偏离 4.74℃，由此可见，新风机对抑制内热源散热量突增导致的温升效果显著。

对于响应时间，工况 1 为 61min，工况 12 为 91min，新风机使响应时间缩短了 30min。

对于降温速度，从图中可以看出，工况 12 的温度变化曲线的斜率更大，意味着工况 12 的降温速度更快，这是由于工况 12 的响应时间更长，供水温度保持在 12℃的时间更久，使得地面温度更低，同时工况 12 的空气温度亦始终高于工况 1，故工况 12 的换热温差更大，辐射换热量亦更大。

4.4 复合型统一末端

近年来，结合温湿度独立控制的辐射供冷与独立新风相结合的复合系统受到了广泛关注和快速发展。国内外学者对于复合末端的设计和性能优化开展了多方面的研究，包括对辐射吊顶结合送风设备复合系统在不同送风方式下的换热特性、能耗、舒适性，辐射冷却顶板在独立新风作用下的供冷量、结露控制，以及从辐射末端结构着手，具有对流强化、疏导结露等特征的新型辐射末端设计优化等。本节研究了辐射与诱导送风复合末端，并且为针对不同场景要求进行其他复合末端的研发。

4.4.1 辐射与诱导送风复合供暖空调末端

冬夏共用的新型诱导送风与辐射供冷供暖复合空调末端，利用空调机的出风压力实现以少量冷/热空气诱导室内空气，混合空气经开孔辐射面板以热辐射及整流送风，满足供冷/供暖要求，提高室内空调热舒适性，针对夏季供冷结露问题提出控制策略，解决结露问题，同时减少了风机耗能。

4.4.1.1 复合空调系统构建

构建一种诱导送风与辐射复合末端空调系统，如图 4-45 所示。系统主要包括：安装于室内的诱导送风与辐射复合末端、空气处理机组、采用非共沸制冷剂的双温冷水制冷/热泵机组，以及辅助的动力设备和控制装置。双温冷水制冷机组夏季运行时利用非共沸制冷剂（R32/R236fa）的滑移温差和设置的双温蒸发器，可同时提供 6～18℃范围内两种温度的冷媒水，其中低温冷媒水至空气处理机组，对混合了室外新风和室内回风的一次风进行冷却除湿，然后送至室内的复合末端处理室内的热湿负荷；高温冷媒水则进入复合末端的辐射板换热管。

该复合末端的空气处理模式包括以下三种：以水为换热介质的辐射空调模式，以空气为工质的全空气运行模式，以及同时以水和空气为介质的混合运行模式。在夏季，室外新风与室内回风后被空气处理机组冷却除湿处理后，变为干冷状态的一次风，房间的显热负荷被冷却后的辐射板和送入室内的混合风处理，湿负荷则全部由混合风处理。在冬季，经过空气处理机组加热处理的一次风、辐射板热水二者既可以分别单独用来供热，也可以共同起到供热的作用。

诱导送风与辐射复合末端空调系统主要通过以下特征来体现其设计理念：

① 该新型空调末端有效结合了对流末端快速响应和辐射末端低能耗、高热舒适性的优势，既可以像传统辐射空调的辐射板一样在室内均匀分布安装多台设备，使辐射换热和送风更为均匀，提高舒适性；同时，相比单一辐射供冷，具有更好的防结露效果，并实现了冬夏共用统一末端；

② 通过室内末端诱导二次回风，实现一次风低温送风，从而减少送风能耗；

③ 针对热湿负荷处理所需冷源温度的不同，创新地提出了该复合空调末端与双温冷热水机组的匹配，结合空调末端特性，对双温冷水机组两种冷媒水温度及冷量进行调节，可进一步降低供冷供热空调系统整体能耗。

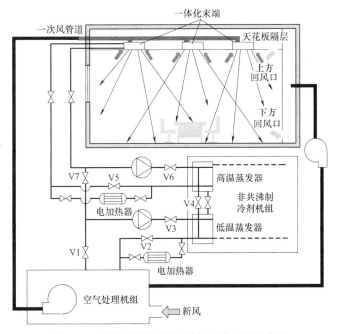

图 4-45　诱导送风与辐射复合末端空调系统图

（1）复合空调末端装置研发与工作原理

图 4-46 所示为新型诱导送风与辐射复合供冷供热空调末端装置结构。该设备的箱体上部接静压箱，内部有一次风喷口、诱导风道、混合室和箱体底部的开孔辐射板等部件。其中开孔辐射板朝向箱体内侧安装有铝制换热扁管，辐射板上均匀布置多个送风孔。

图 4-47 示意了复合末端的工作原理。来自空气处理机组的一次风进入复合末端的静压箱，经均流稳压后由条形喷口高速喷出，利用一次风射流在喷口和混合室入口之间形成的负压，诱导室内的二次风从开孔辐射板两侧的诱导回风口通过诱导风道进入箱体，二次风与一次风在混合室内形成混合风，与开孔辐射板换热并经过送风孔进入室内。不同于常

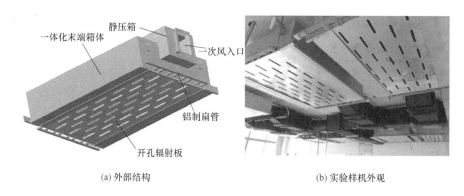

| (a) 外部结构 | (b) 实验样机外观 |

图 4-46 诱导送风与辐射复合末端的外部结构

规主动式冷梁系统的诱导比在 3～5，复合末端采用了诱导比在 1 以下的条形喷口，通过平面射流诱导室内回风，一方面保持混合风与辐射板的换热温差，另一方面减少了送风阻力和噪声。

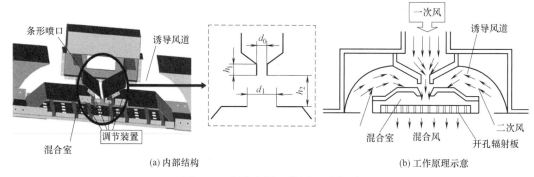

| (a) 内部结构 | (b) 工作原理示意 |

图 4-47 复合末端工作原理示意图

复合末端的底部即开孔辐射板可以设计成与房间吊顶面齐平，箱体安装于天花板内，一体化的结构紧凑，无风机运行噪声，且无需供电，易于维护。复合末端在空调房间内就近诱导了部分室内回风，相比传统空调风系统，减少了送风量和回风量，可实现低温送风，减少了风机能耗。

（2）复合空调末端装置的诱导送风特性

复合空调末端的诱导比 i 定义为诱导回风量 G_r 与一次风量 G_p 之间的比值，G_m 为混合后总风量，见式（4-3）。

$$i = \frac{G_r}{G_p} = \frac{G_m}{G_p} - 1 \qquad (4-3)$$

装置的内部结构参数直接影响诱导比，主要包括喷口宽度 d_0，喷口高度 h_1，混合室入口宽度 d_1，以及喷口至混合室入口距离 h_2。

通过理论计算和实验测试得出了喷口宽度对诱导送风特性的影响，如图 4-48 所示。可以看出，对于一定的喷口宽度，随着一次风量的增加，诱导比出现小幅度上升，当一次风量到达一定值时，诱导比即不再随之增加，此时的诱导比为某一喷口宽度下的最大诱导比 i_{max}。对于同一宽度的喷口，达到最大诱导比时的一次风风量是实验研究和工程设计中的重要参数，也是稳定运行控制的重要条件，定义为某一宽度喷口的特征一次风量 G_{sp}。喷口宽度越大，可达到的最大诱导比越小，达到稳定的特征一次风量越大。

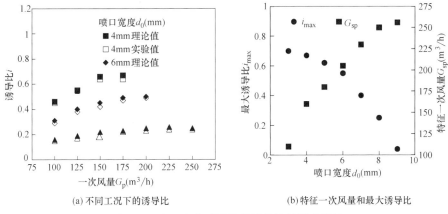

(a) 不同工况下的诱导比　　　　　(b) 特征一次风量和最大诱导比

图 4-48　喷口宽度对诱导送风特性的影响规律

对于其他结构参数对诱导送风特性的影响分析，为了使结果更具通用性，以喷口宽度为特征参数，将其他结构参数无因次化（即取该结构参数与喷口宽度之比）。研究结果显示，随着喷口无因次高度 $h_{1,non}$（即 h_1/d_0）的增大，相应的最大诱导比先增大后减小，当喷口的无因次高度为 0.5 时，最大诱导比出现最大值；随着混合室入口的无因次宽度 $d_{1,non}$（即 h_1/d_0）、无因次距离 $h_{2,non}$（即 h_2/d_0）的逐渐增大，最大诱导比先是随之增大，后趋于定值。不同喷口宽度下最大诱导比达到定值时的无因次距离在 7 到 8 之间，无因次宽度则在 8 至 10 之间。结果见图 4-49。

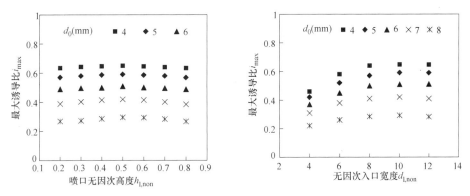

图 4-49　无因次特征结构参数对最大诱导比的影响规律

对于一次风射流参数计算，紊流系数 α 与射流出口断面上的紊流强度和速度均匀性有关，现有文献一般根据喷嘴种类给出紊流系数参考定值。

由紊流系数的定义可知其随一次风量的增加呈现单调递增的趋势。调节喷口宽度 $d_0=6mm$，送风射程 $s_0=48mm$，混合室入口宽度 $d_1=30mm$。调节末端一次送风量，根据实验结果，得到不同风量条件下末端诱导比，如图 4-50 所示。由流量公式解得紊流系数，并可拟合出流量区间内紊流系数与喷口速度的关系式（4-4）：

$$\frac{G_m}{G_p}=1.2\sqrt{\frac{2\alpha s_0}{d_0}+0.41} \tag{4-4}$$

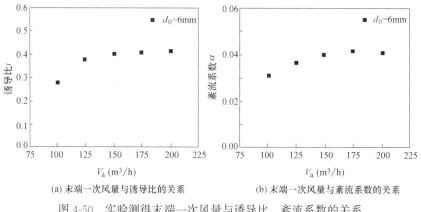

(a) 末端一次风量与诱导比的关系　　　　　　(b) 末端一次风量与紊流系数的关系

图 4-50　实验测得末端一次风量与诱导比、紊流系数的关系

4.4.1.2　复合空调系统室内热舒适性

搭建了采用诱导送风与辐射复合末端的空调实验系统，见图 4-51。实验系统建于一间办公室内，尺寸为 8.5m×8m×2.6m，墙面为蒸压加气混凝土砌块，表面为薄抹灰，地板为挤塑聚苯乙烯保温板，北墙装有采光窗。复合末端单个模块辐射板尺寸为 1.6m×1.3m，面积为 2.08m^2，实验室内一共安装有八台末端模块并且均可以通过风量阀独立控制。实验室设置了四根直杆并每根设置 12 个测点以测量各工况下实验室内竖直温度分布。对于围护结构的壁面温度分别取三种高度处测量。地面和天花板分别设有 4 个温度测点，温度传感器采用 PT-100 热电偶。

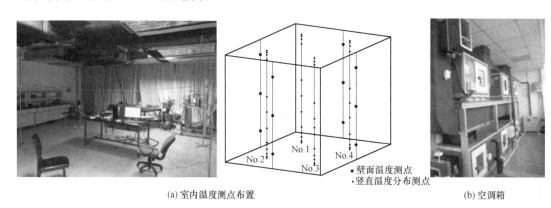

(a) 室内温度测点布置　　　　　　　　　　(b) 空调箱

图 4-51　诱导送风与辐射复合空调末端现场测试照片

由于室内回风口位置也会对室内气流分布和温度分布带来影响，因此先通过实验分别研究了上、下回风口布置对室内温度分布的影响。结果表明：夏季工况下，回风口位于上方时冷空气更容易堆积在地面，与地面附近空气换热时间更长，但由于密度差的作用，无论是上回风还是下回风方式，不同一次风量下的低温混合风都较容易到达地面，因此不同位置回风口下地板附近空气温度之间的差值最大仅 0.3℃；而在冬季工况下，混合风射流需要克服密度差带给热空气的浮升力，不同位置的回风口下室内垂直温度分布有明显区别，冬季工况更适合采用下方回风口，防止低风量送风下混合风流速不足无法克服浮升力，过早进入上方回风口从而引起短路。因此，复合空调末端采用下回风方式，以实现冬

夏兼顾。

为了防止室外环境温度对室内温度场的影响，取系统和室内温度场稳定后 1h 内且室外环境温度波动小于 1℃时的数据，夏季工况时，测试期间室外温度为 32±1℃；冬季工况时，测试期间室外温度为 6±1℃。实验中设定条形喷口开口尺寸为 6mm，启动室内 4 台复合末端，单个末端模块对应的特征一次风量 G_{sp} 为 200m³/h，将一次风量 G_{sp} 无因次化并定义为一次风量系数：$\varphi_p = G_p/G_{sp}$。

（1）一次风量对室内温度分布的影响

选取一次风量系数 φ_p 分别为 0.75、1.00、1.25、1.50 和 1.75 的 5 种工况进行测试。夏季工况时，一次风温度为 16℃；冬季工况时，一次风温度为 40℃。

一次风量对室内整体垂直温度分布规律有较大影响。由图 4-52 可以看出，一次风量越大，室内温度越低，但对垂直温度梯度的影响主要出现在距离复合末端的送风孔较近的部分。位置较低的工作区内，在辐射换热和因密度差而易于沉降的混合风的综合作用下，垂直温度梯度及其受一次风量变化的影响逐渐减小。

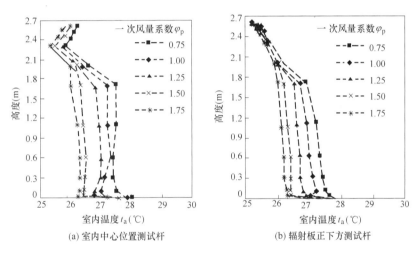

图 4-52　夏季一次风量对室内垂直温度分布的影响

图 4-53 给出了冬季一次风量对室内垂直温度分布的影响。与夏季工况下受一次风量的影响规律相类似，在室内工作区内，一次风量大于复合末端的特征一次风量时，高度在 2.3m 以下，随着一次风量的增加，温度逐渐升高，温度梯度逐渐降低。另一方面，由于复合末端的辐射换热效果，当一次风量大于特征一次风量时，一次风量的增加对垂直温度梯度的改善已没有太大效果。

一次风量对室内水平温度分布的影响，选取坐姿时头部高度 1.1m 进行研究。一次风量的增大可以改善室内水平方向温度分布的均匀性，但是无法消除水平方向温度差，特别是复合末端正下方与空调负荷较高的外墙侧区域。

（2）一次风温度对室内温度分布的影响

图 4-54 给出了夏季和冬季一次风温度对室内垂直温度分布影响的实验结果。在空调负荷调节时，仅依赖夏季降低一次风温度，或冬季提升一次风温度，反而会增加室内垂直方向温度梯度，增加室内温度场的不均匀性，这就要求一次风温度和一次风量二者结合起

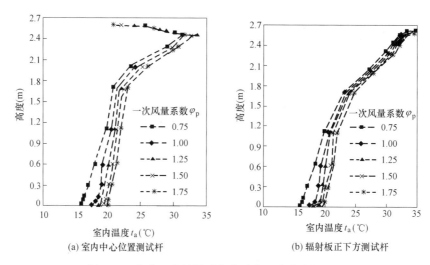

图 4-53 冬季一次风量对室内垂直温度分布的影响

来共同调节，以实现满足负荷要求的同时达到更好的热舒适性。

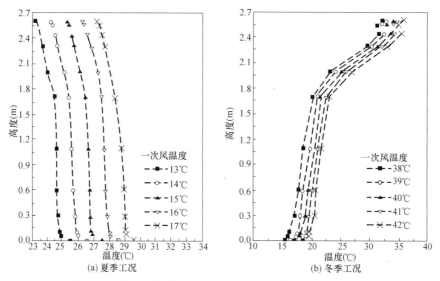

图 4-54 夏季和冬季一次风温度对室内垂直温度分布的影响

图 4-55 给出了室内水平温度分布。夏季邻接室外环境的北外墙温度最高，沿南北方向逐渐降低，复合末端正下方温度最低，而冬季则正相反。随着一次风温度的变化，室内水平方向温度分布规律并没有太大变化。一次风温度的变化主要影响的是室内平均温度的变化，对室内水平方向温度场分布的影响不大。

（3）一次风对 PMV 指标的影响规律

将冬夏相对湿度下 PMV 为 0 即最舒适时复合末端空调和一次回风空调系统运行下的室内温度进行计算对比，得出复合空调系统的室内设计温度，在夏季时比一次回风空调系统高了 0.9~1.2℃，在冬季时比一次回风空调系统低 1.1~1.3℃，即空调系统的室内设计温度将介于辐射空调系统与传统空调系统之间。

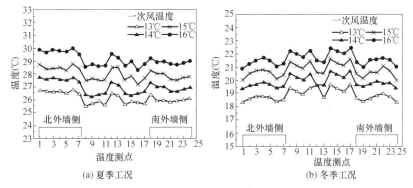

图 4-55　一次风温度对室内水平温度分布的影响

图 4-56 给出了冬夏季 PMV 指标随着一次风量系数 φ_p 和一次风温度的变化规律。分析可知，过大的一次风量在夏季使室内环境过冷，在冬季则抑制了室内环境随着一次风量增加而变暖的趋势。夏季工况，一次风温度在 $14\sim16℃$ 之间时，PMV 指标满足 ASHARE 的舒适性标准；冬季工况时，由于复合末端室内诱导二次回风会导致孔板送风温度下降，为保证足够的室内送回风温差，冬季一次风温度不低于 $40℃$。

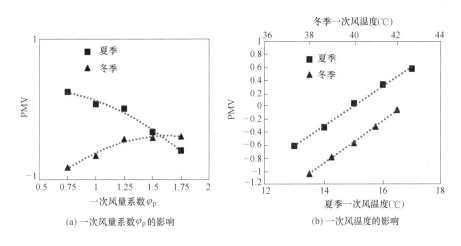

图 4-56　PMV 指标随着一次风量系数和一次风温度的变化规律

4.4.1.3　复合空调末端防结露控制与启动特性

在辐射空调末端运行过程中，当开孔辐射板表面温度达到附近空气露点温度时，辐射板表面将发生结露。产生结露的原因主要包括：系统刚启动时，辐射表面温度下降较快，但是室内空气温度下降速度较慢，随之室内空气露点温度难以控制；通过建筑物围护结构的缝隙或者门窗的开启，湿度较高的环境空气进入室内；室内人员增加或其他突发散湿源等。因此，结露是辐射空调系统应用时必须考虑的问题，需要在系统设计和实际运行阶段采取合适的预防措施和防结露控制。

（1）复合末端辐射板结露温度

设计参数影响到局部阻力和室内气流控制。因此选取一次送风温度和风量进行控制，对不同辐射板开孔率下的结露温度进行研究。

针对不同辐射板开孔率的复合末端，当一次风量系数 φ_p 在 $0.75\sim1.75$ 之间，一次风温度在 $10\sim16℃$ 范围调节时，所有工况下测得的最高和最低结露温度如表 4-13 所示。可知开孔率越高，辐射板附近相对湿度较低的空气层越厚，结露温度越低，并且一次风温度和风量对结露温度的影响越大。但是开孔率过高时，开孔率对结露温度的影响变小。此时需要注意一方面会减少混合空气与辐射板的换热量，另一方面会增加送入室内的风速，影响舒适性。

不同开孔率下的最高和最低辐射板结露温度 表 4-13

开孔率 H	辐射板结露温度（℃）	
％	最高	最低
3	15.4	13.4
6	14.5	12.3
9	14.1	11.7

对于复合末端结露温度的测试，通过第三方检测（CMA 认证）达到技术指标：夏季运行时，当室内温湿度维持在（27℃，60％），相比室内空气露点温度，辐射板结露温度降低了 $4\sim5℃$，因而相比传统辐射末端，复合末端具备更优的防结露性能，其辐射板在不结露的前提下可在更低的温度下运行。

（2）结露速率分析与控制策略

采用传质的相关性来分析辐射板表面的结露速度。在室内设定温度 28℃，相对湿度 65％ 时辐射板表面的结露相关参数实验结果如图 4-57 所示。可以看出：传质系数随着过冷度增加而略有上升，并且随着一次风量增大，其上升幅度逐渐增加；结露速率随着过冷度近似线性增长，与传质系数相似，其上升幅度也随着一次风量增加而逐渐增加。

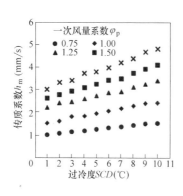
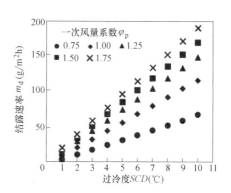

图 4-57 传质系数、结露速率与过冷度间关系

（3）室内温度响应特性

为了测试辐射与诱导送风复合末端的启动特性并优化运行策略，采集了不同工况下室内空气温度和围护结构内表面温度的变化过程并与传统的辐射空调进行对比，从而分析得出系统启动和响应的特性。

图 4-58 为夏季工况下以普通辐射空调模式及辐射与诱导送风复合模式下室内空气和各围护结构表面平均温度随时间的变化过程。普通辐射空调模式在室内温度趋于稳定的过

程中温度下降的速度越来越慢；辐射与诱导送风复合模式下，送风的强制对流换热，室内空气温度下降速度与围护结构内表面温度下降差异不大，大幅缩短了启动时间。

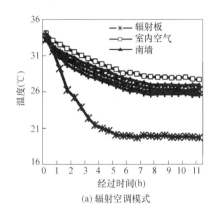

(a) 辐射空调模式

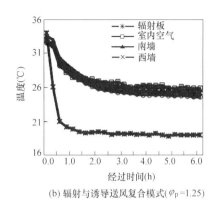

(b) 辐射与诱导送风复合模式(φ_p=1.25)

图 4-58　复合末端不同模式下启动阶段温度变化

（4）室内湿度响应特性

为探讨系统启动阶段湿度的变化情况，选取两个室内空气湿度变化测试点进行实验，室内平均相对湿度选取人体为坐姿时头部高度 1.1m 的典型位置为测点。复合空调系统运行过程中，辐射板表面为室内所有物体表面中温度最低且温度变化最剧烈的，以辐射板表面附近（距离辐射板表面 0.01m 以内）的空气相对湿度为最大相对湿度。测试期间，室外环境干球温度为 34±1℃，相对湿度为 63%～66%。

图 4-59 给出了不同一次风量下室内空气的平均相对湿度和最大相对湿度随系统运行时间的变化过程。对于辐射与诱导送风复合模式，一次风量越大，达到稳定状态时间越短。相比之下，一次风温度的变化对启动时间产生影响程度不大。在稳定状态下，由于热惰性，负荷变化对于室内热环境的改变幅度同样较小且缓慢，改变一次风温度时系统的响应能力足以满足室内舒适性。由于稳定状态不宜采用较大且变化幅度大的风量，因此适合保持一次风量控制一次风温度。

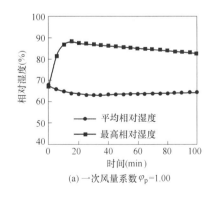

(a) 一次风量系数φ_p=1.00

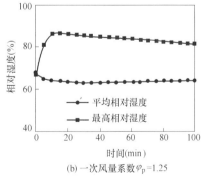

(b) 一次风量系数φ_p=1.25

图 4-59　空气相对湿度随时间的变化

传统辐射耦合新风空调系统，通常需要先开启新风系统预除湿，再启动辐射末端处理显热负荷，预除湿阶段的新风系统主要处理潜热负荷；而诱导送风与辐射复合末端同时处理显热负荷和潜热负荷，相当于把预除湿阶段合并至处理显热负荷阶段，一方面缩短了启动阶段时间，另一方面降低了系统控制复杂程度。

4.4.1.4 能效分析及工况优化

（1）复合末端供冷量、流体输运能耗分析

进一步分析不同工况下复合空调末端的冷热媒流体单位输送量下的供冷量、除湿量等性能，并与常规辐射空调末端、对流空调末端运行能效进行对比。当复合末端处于稳态时，辐射板处于与混合室内空气的对流换热、与混合室内壁的辐射换热、与板上换热盘管的导热、与室内空气的对流换热、与室内综合表面的辐射换热的平衡。对于采用孔板送风形式的辐射板面换热，式（4-5）为 ASHRAE 采用 T. C. Min 等人用于计算混合对流换热量部分的模型：

$$h_{cf} = F_c + 2.13 |t_{ia} - \bar{t_b}|^{0.31} \tag{4-5}$$

式中，F_c 为一阶回归修正函数，表示强迫对流对换热产生的修正值。对于本复合末端实验装置开孔率，孔口平均风速远小于 2m/s，可按自然对流模型计算。因此，F_c 项可忽略。t_{ia} 为室内空气温度；t_b 为辐射板的平均温度。

（2）冷水工况对复合末端性能的影响

以某典型运行工况为例，夏季室外新风参数为（33℃，65%），房间占地面积为 60m²，设计室内常驻人员 8 人，散湿量 0.109kg/(h·人)。根据最小新风要求，室外新风量为 200m³/h。总送风量 400m³/h，诱导比为 0.25。室内开启 8 个复合末端模块，即辐射板总面积 16.64m²。低温冷水（t_l）温度在 6～8℃，高温冷水（t_g）在 13～15℃间调节，复合末端稳态运行性能，包括辐射板表面温度、孔口送风温度。

冷水流量对复合末端性能的影响研究结果表明：复合末端辐射板的温度随高、低温冷水流量的增加而降低。高温冷水流量的增加提高了换热盘管内水流速度，从而提升高温冷水与换热盘管的对流换热系数，低温冷水流量的增加降低了送风温度，减少了辐射板在混合室内的供冷。计算可得 $\frac{d^2 t_b}{d^2 m_g} \approx 0$，$\frac{d^2 t_b}{d^2 m_l} < 0$，即随着高低温冷水流量的增加，板温下降的速度基本不变，而随着低温冷水流量的增加，板温下降的速度逐渐变缓，这是因为低温冷水流量对板温的影响还受风量因素的共同影响。

综合考虑末端运行性能，适当增加低温冷水流量可以降低孔板送风干球温度及露点温度，有利于提高末端除湿量和增大防结露运行裕量温差；而增加高温冷水流量会降低辐射板温，有利于提高辐射换热量，但不利于防结露控制。因此实际运行中要综合考虑末端运行特性以及输运能耗，来设计高、低温水流量。

（3）复合末端与传统对流送风末端能效对比

对于采用常规对流空调末端的一次回风空调系统，如果经过空调箱后的一次送风没有经过再热，送入室内的温度偏低，影响舒适感；复合末端在室内诱导二次回风后可提高混合后的送风温度，因此下文将诱导送风与辐射复合空调系统与二次回风空调系统进行对比。

采用系统压降模型进行风机能耗计算，两种系统具有相同的送风管网和风机，不同的是采用诱导器装置增加了一部分末端阻力。但系统只需在启动时或有高供冷需求时开启大风量工作模式，正常运行时，末端阻力一般占总阻力的 10%～30%。当诱导送风与辐射复合空调系统送风量为 400～800m³/h 范围调节时，相对应二次回风空调系统的总送风量分别为 500、635、762、896、1040m³/h，二者性能结果对比主要结论如下：

① 在处理相同热湿负荷条件下，由于混合风与辐射孔板还会产生换热，与混合室内风温保持 5～6℃ 的换热温差，因而复合末端从孔口处送出的风温比二次风空调系统送风温度高，且由于辐射板与室内的辐射换热，复合系统的显热负荷中辐射换热可占到 40%，更符合人体热舒适需求。因此，复合末端也比二次回风系统具有更高的热舒适性。

② 相比二次回风空调系统，复合末端即使工作在未达到特征一次风量的低风量工况下，复合系统的系统压降相比二次回风系统有 5%～10% 的增加。

③ 当室内总送风量在 500～1040m³/h 范围内变化时，因一次风量的大幅减少，复合末端单位风量总热负荷处理能力相比于二次回风系统可以提升近 30%，相同总热负荷处理量下减少送风能耗 20% 以上。

4.4.2 装配式载能空调系统复合末端

随着装配式建筑的发展和推广，装配式墙板因其轻质、制造效率高、装配简单、隔声降噪、表面平整度高、抗压强度高，结构、保温、装饰一体化等优点，作为装饰集成墙面被广泛应用。现有的装配式墙板结构内部通常采用规整的空腔结构设计，已逐渐实现了模块化、通用化生产，并且根据该装配式墙板的使用需求以及饰面美观需求可使用不同的材料进行生产加工。同时，空气载能辐射空调作为一种新型辐射空调系统被逐渐提及与研究，可以满足夏季制冷和冬季供暖的双重需求。该新型辐射空调系统以空气作为能量载体对辐射面板进行赋能，同时利用载能空气直接对室内进行对流输出，在很大程度上解决了传统辐射空调末端易结露、缺少新风的问题，提升了系统的供冷、供暖能力，同时也具备传统辐射空调系统节能和舒适的优点，实现辐射、对流的优势互补。因此本章提出一种基于装配式墙板的载能空调末端，能在实现装配式墙板装饰功能的同时，利用装配式墙板的

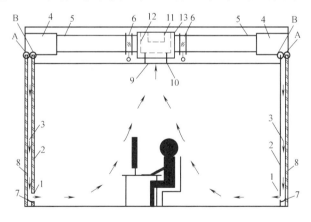

图 4-60 系统工作原理图

1—装配式复合末端室内送风口；2—装配式复合末端室内辐射面板；3—装配式复合末端中空腔体通道；
4—出风静压箱；A—出风静压箱弹性构件；B—出风静压箱栓接构件；5—送风管；6—电控风阀；
7—导流板；8—隔热层；9—室内回风口；10—空气处理机组回风管；11—空气处理机组新风管；
12—空气处理机组混风箱；13—空气处理机组

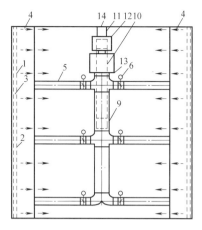

图 4-61　系统构造俯视图
（注释同图 4-60，14-新风口）

结构作为空气载能辐射空调系统的复合末端，实现对流、辐射一体化，将在不额外占用建筑空间的前提下营造一个舒适的室内环境。

该系统工作原理及构造如图 4-60、图 4-61 所示，空气处理装置除了采用图示的空气处理机组，也可以根据实际需求选用风机盘管等空气处理设备。为实现装配式复合末端辐射、对流一体化的功能，需对常规的装配式墙板结构进行改良。装配式复合末端的室内辐射面板材的选择需兼顾换热性能以及作为室内侧墙面所要求的强度、硬度，应采用硬度高、不易变形且导热系数优良的材料作为装配式复合末端的室内集成辐射墙面板材，并且可在面板表面涂以高发射率涂层以提高辐射效果、涂以憎水材料以实现在一定程度上的防结露。同时为了使末端装置能够营造最佳的热舒适环境、快速响应并降低整体能耗，需对条缝型、多孔型等形式的送风口构造和风口位置、送风参数等进行优选确定，以使其效果达到最优。

4.4.2.1　复合末端构造参数研究

复合末端的辐射面板热工参数、结构几何参数等构造参数关系到复合末端与流道内的载能空气以及与室内环境的换热情况。为了充分发挥复合末端辐射换热能力以发挥节能潜能，同时营造合理舒适的室内热环境，需要对复合末端的构造形式进行研究与确定。

（1）复合末端板材关键热工参数分析与预测

首先根据热平衡关系，结合房间及复合末端的几何参数与热工参数，利用 Matlab 构建基于条缝型复合末端的装配式载能空调系统房间的稳态换热求解模型。由于辐射换热的方式具有舒适性高、能耗低的特点，因而通过对复合末端的板材进行合理筛选以发挥其辐射换热能力是有利于改善室内热环境、提高系统节能性的途径。基于此，利用 Matlab 换热求解模型探究辐射面板导热系数和发射率这两个热工参数对复合末端辐射面板辐射换热量的综合作用。经过预测可以得出在复合末端室内辐射面板发射率和导热系数这两个关键热工参数中，发射率对于辐射面板辐射换热量的提升作用显著，而导热系数的影响范围相对有限。在相同的边界条件下，随着辐射面板发射率的升高，辐射面板辐射换热量也随之增大。当辐射面板导热系数在 0 到 1W/（m·K）之间时，随着导热系数的增大，辐射面板换热量也将增大，但是上升的幅度逐渐减小；当导热系数大于 1W/（m·K）时，换热量趋近于不变，如图 4-62 所示。因此在进行复合末端板材筛选时，应选择发射率高、导热系数大于 1W/（m·K）的板材。

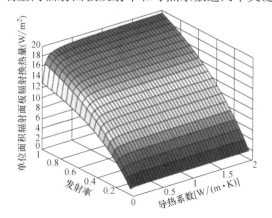

图 4-62　关键热工参数对辐射换
热量的综合影响

（2）现有辐射面板材料模拟与确定

前节通过 Matlab 换热求解模型的预测分析得到了复合末端板材发射率、导热系数对于换热性能的影响规律，而对装配式复合末端室内辐射面板材料的选择尚需要兼顾其作为室内侧墙面所要求的强度、硬度。为了更切实地实现复合末端作为装配式墙板的饰面功能以及其辐射、对流一体化的空气调节功能，本节对市面上现有的面板材料进行筛选与对比，选取了铝镁合金集成墙板、纤维素纤维水泥板以及竹木纤维集成墙板、石塑集成墙板四种墙面板材进行 Fluent 模拟对比。

在辐射、对流的共同作用下，基于各个板材的装配式空气载能空调系统均能在开启 5min 内使室温从 30℃降低到 27℃，在系统开启 30min 内可以到达稳态，可见复合末端的构造形式有利于缩短响应时间。在系统达到稳态时，如图 4-63 所示，通过对比，发射率 0.96、导热系数 1.11W/（m・K）的纤维素纤维水泥板的总换热量最大且辐射换热量占比最大，且其本身密度较小、安装轻便，在市面上已经拥有了一定的流通度，在现阶段便于推广与应用。故而综合考虑，推荐采用纤维素纤维水泥板材料作为装配式空气载能辐射空调系统复合末端的室内辐射面板材料。

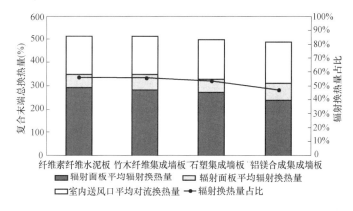

图 4-63　不同辐射面板材料的装配式空气载能空调系统的各项供冷量

（3）复合末端室内送风口形式研究

① 条缝型复合末端安装方式与房间适配性

基于条缝型复合末端的装配式载能空调系统的主要特点为复合末端的室内送风口位于房间的近地面处，因此拥有相对完整的复合末端室内辐射面，且载能空气在复合末端中空腔体流道内的流动路径较长，与复合末端室内辐射面板的接触更为充分，对辐射面板的赋能更为充分。综合考虑实际应用的需求，对条缝型复合末端单、双侧安装方式下的应用效果进行分析，发现不同安装方式的条缝型复合末端在夏季工况均可以营造置换通风的送风流态，人员工作区温度分布均匀、舒适性好，如图 4-64、图 4-65 所示。单侧、双侧两种安装方式的条缝型复合末端均能营造出较为舒适的室内环境，二者的主要区别在于应用面积不同所带来的辐射换热量构成不同，以及室内送风口数量不同可能带来的出风速度的不同。落实到具体应用场景时，需要根据房间使用性质、人员长期逗留位置以及室内壁面的安装条件，结合室内送风口送风特性，对条缝型复合末端的单、双侧安装方式以及送风量、送风温度、送风口面积进行综合考虑和设计。

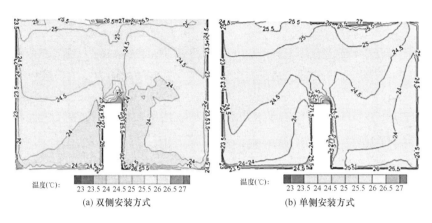

(a) 双侧安装方式　　　　　　　　　　(b) 单侧安装方式

图 4-64　中央截面 $Y=1.8$m 处室内温度场分布

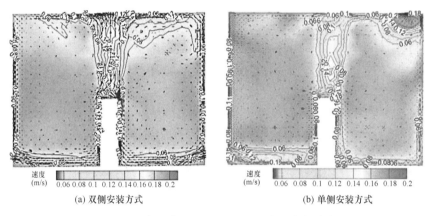

(a) 双侧安装方式　　　　　　　　　　(b) 单侧安装方式

图 4-65　中央截面 $Y=1.8$m 处室内速度场分布

② 孔板型复合末端优选与模拟分析

由于孔板送风方式具有送风射流扩散速度快、混合程度高，温差和风速衰减快，工作区温度和速度分布较为均匀的特点，因此，本节进一步提出基于孔板型复合末端的装配式载能空调系统，以试图在工作区营造出更为均匀的温度场、速度场，达到提高通风效率、改善人体呼吸品质的目的。

为了发挥孔板型复合末端的上述效益，需要进一步对可能影响孔板型复合末端的气流流态和换热性能的结构几何参数进行研究。据此，采用正交试验的方式，通过分析取孔板型复合末端的开孔率、孔径、开孔面高度、腔体厚度作为关键影响因素，结合实际应用需求对各因素的水平进行确定。其中，开孔率分别取 0.5%、1.0%、1.5%；孔径分别取 5mm、7mm、9mm；复合末端辐射面板开孔面顶距地高度分别取 1.1m、1.4m、1.7m，考虑到复合末端作为装配式墙板需保留轻薄特点的需求，腔体厚度分别取为 10mm、30mm、50mm。因此本次正交试验涵盖四个因素三个水平，参照典型的 L9（34）正交表选取 9 种组合方案进行分析。

在对孔板型复合末端结构几何参数进行研究时，首要关注其是否能满足室内环境舒适性的需求，进而需要避免复合末端的流动阻力过大从而降低送风能耗。基于此，在本正交试验中取室内速度及温度不均匀性系数和阻力系数作为评价指标，采用加权综合评价的方式确定优选方案，并按照熵值法确定各指标的权重。通过直接观察法、极差分析法、水平趋势图的综合比较后，确定综合评分指标下的孔板型复合末端最优水平组合为开孔率0.5%、孔径 9mm、开孔面高度 1.4m、复合末端内部中空腔体厚度 50mm。在该构造形式下，孔板型复合末端可以更好地兼顾室内环境舒适性和其自身阻力特性。进一步对最优组合方案的孔板型复合末端作用下的室内热环境进行分析，图 4-66 给出了人员工作区典型截面 $Y=1.8$m、$X=1.65$m 处的室内温度场分布。孔板的存在在一定程度上破坏了复合末端室内辐射面板的完整性，因而与单侧条缝型复合末端相比，单侧孔板型复合末端的辐射换热量减少了 9.6%。而另一方面，孔板型复合末端室内送风孔口在工作区内的均匀分布使其可以在室内空间营造一个十分均匀的温度场分布，人员工作区舒适感很好。

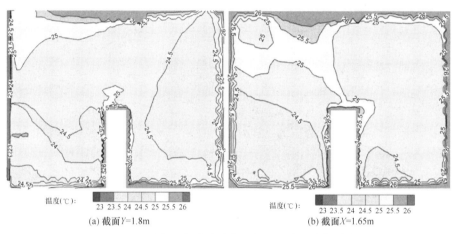

图 4-66　孔板型复合末端作用下的室内温度场分布

图 4-66 给出了人员工作区典型的速度分布情况，从气流组织形式的角度分析，孔板型复合末端应用于夏季供冷时，最下部孔口的送风气流呈现为近似单向流的流态，呈现为平行推流流动；而中、上部孔口的气流组织形式近似层式通风，冷气流在重力的作用下逐渐下沉，呈现为以"V"字形的路径扩散。送风气流直接送入工作区，该构造形式可以为工作区人员提供较好的空气质量。从速度场的分布而言，孔板型复合末端的近壁面处的气流速度相对较大，但载能空气从孔板出流后速度衰减较快，气流到达工作区后的速度在0.1~0.2m/s，工作区的速度场分布均匀，无人员吹风感风险。相较于以高风速射流直接作用于人体头部所在位置、垂直速度梯度大的层式通风而言，孔板型复合末端系统可以减少引发人体吹风感的风险，且整体人员工作区无气流死区。

4.4.2.2　不同末端形式对比

通过前节分析可知，条缝型、孔板型两种复合末端形式均具备在夏季营造舒适室内环境的能力。本节进一步加入传统的混合通风方式，对条缝型复合末端、孔板型复合末端、混合通风传统末端的应用效果进行对比，分析三种末端形式在夏季和冬季应用场景中的适用性，旨在确定能够实现冬夏一体化，并营造舒适室内环境、优化室内能量分配的最优末端形式。

对相同边界条件下的三种末端形式作用效果进行模拟，其房间物理模型如图 4-67所示。

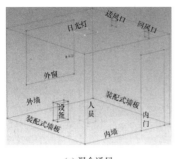

(a) 混合通风

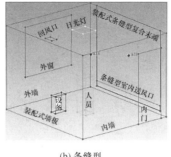

(b) 条缝型

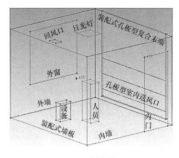

(c) 孔板型

图 4-67　三种末端形式下的房间物理模型

（1）夏季应用效果分析与对比

通过对垂直温度场分布和人员工作区各个测线的头脚温差情进行分析，孔板型复合末端在三种末端形式中营造的人员工作区的温度分布最为均匀。三种末端形式能够使室温满足设计需求，且三种末端形式均能使人体体表平均温度在 32.6～35.9℃ 之间的可接受范围内，而条缝型复合末端与孔板型复合末端对于人体的降温效果较好。

对人员工作区内各个高度测点的吹风感进行计算，得到三种末端形式作用下人员工作区不同高度的平均吹风感，如图 4-68 所示。三种末端形式作用下的工作区均满足规范中由吹风感引起的不满意度不应大于 20% 的建议，且条缝型、孔板型两种构造形式的复合末端的室内吹风感满足规范中划分的室内热环境 A 级舒适感要求。

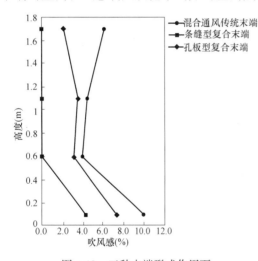

图 4-68　三种末端形式作用下
的人员工作区吹风感

在夏季工况下，混合通风传统末端、条缝型复合末端、孔板型复合末端的 PMV 分别为 0.28、0.20、0.26。根据 ISO7730 标准的建议，PMV 指标的推荐值应在 −0.5～+0.5 之间。在夏季工况下，三种末端形式对室内环境进行调节作用后的热舒适 PMV 指标均在推荐范围内，室内人员处于热中性以及微暖的区间内。根据 ISO7730 标准对三种末端作用下的室内热舒适进行分级，条缝型复合末端作用下的室内热环境处于室内热舒适 A 级，而孔板型复合末端、混合通风传统末端作用下的室内热环境处于室内热舒适 B 级。

通过对三种末端形式作用下的室内流场分布和各个舒适性指标的对比与分析可知，三种末端形式均能使室温满足设计要求。相对而言，在夏季工况下，采用相同的送风参数时，条缝型复合末端和孔板型复合末端可以提供更舒适的室内温度场、速度场。而且作为辐射、对流一体化的复合末端，其调节人体表面温度的能力更强。在保证相同舒适度的前提下，装配式复合末端的应用方式可以实现对送风参数的进一步优化以节约能耗，拥有节能潜力。

室内的气流组织形式影响着室内空气能量的分配情况，对三种末端形式的能量利用系数进行计算和对比以判断各自的能量利用效果。三种末端的能量利用系数分别为 1.03、1.18、1.14。条缝型、孔板型两种构造形式的复合末端在夏季的能量利用率分别比混合通风高了 14.67％和 11.12％。由此可见，虽然装配式复合末端的载能空气在对辐射面板进行赋能的过程中会消耗其自身能量，且辐射面板并不会直接对室内空气温度进行调节，而是主要通过与其他壁面、热源表面之间的换热来实现对室内环境的作用，因此难以定量分析载能空气以赋予辐射面板冷量的方式调节室内环境的这部分能量的利用率。但是通过上述分析可知，载能空气通过室内送风口对室内的直接对流输出能够营造合理的气流组织，使得复合末端在室内空气的能量分配方面依旧比混合通风模式好。

　　综上可知，在相同的送风参数下装配式复合末端可以实现更加舒适的室内环境，在辐射、对流一体化的作用方式下对人体热负荷的承担能力更强，而且在能量利用率方面较混合通风方式高，在夏季应用效果好、节能性高。

　　（2）冬季应用效果分析与对比

　　分析三种末端形式作用下的室内速度场分布情况，并对比送风角度变化带来的影响。混合通风方式作用下的室内速度场分布如图 4-69 所示。混合通风传统末端以 1.59m/s 的送风速度进入室内并不足以克服热浮力的影响，在加设一定的送风角度后依旧难以实现对室内热环境的有效调节，而且该送风速度已然造成局部人员活动区的风速过大，人员头部可能存在吹风感风险。由此可见，混合通风方式并不适用于冬季供暖工况。

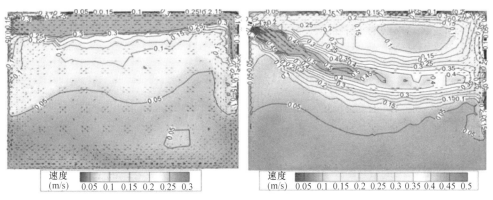

截面Y=0.9m(左图：送风角度0°，右图：送风角度30°)

图 4-69　混合通风传统末端作用下的室内速度场分布

　　对条缝型复合末端作用下的室内速度场分布进行分析，如图 4-70 所示。不论是否调节送风角度，由条缝型复合末端室内送风口送出的送风气流完全无法进入工作区，而是直接贴附壁面上升。气流在流动的过程中热量不断丧失，存在严重的气流短路现象，送入室内的载能空气的热量将被浪费。由此可见，在冬季工况下，条缝型复合末端同样难以实现对载能空气的充分有效利用。

　　进一步分析孔板型复合末端在冬季的应用可行性，如图 4-71 所示。当孔口的送风气流水平射出时，即可较为有效地进入人员工作区，人员工作区的平均速度在 0.1～0.15m/s 之间。在以向下 30°角送风时，送风气流能够更加充分地对人员工作区的空气进行调节。但值得注意的是，送风主射流受回风口的影响较大，存在局部区段风速达

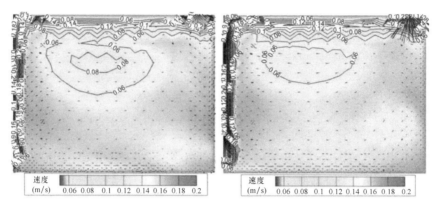

图 4-70　条缝型复合末端作用下的室内速度场分布

0.25m/s，需进一步关注是否会产生人员吹风感的风险。

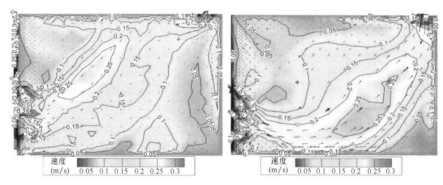

图 4-71　孔板型复合末端作用下的室内速度场分布

　　结合垂直温度场分布和人员工作区各个测线的头脚温差情况进行分析，如图 4-72 所示。对于混合通风方式而言，改变送风角度能够明显改变送风热气流的流动路径，从而在一定程度上改善室内热环境。但由于热气流无法充分与人员工作区空气混合，这反而将加剧人员坐姿和站姿的头脚温差。对于条缝型复合末端而言，由于复合末端直接对流输出的热气流短路明显，室内环境主要通过复合末端室内辐射面板的辐射换热进行调节，因而人员头脚温差较小。由于孔板型复合末端的孔口微小且在人员工作区附近均匀布置，因而其送风气流能在一定程度上克服热浮升力的影响，实现对室内热环境的直接调节。人员工作区的头脚温差不大于1℃，在靠近孔口的区域甚至能营造出"脚暖头凉"的舒适环境。通过对这三种末端形式的对比可知，在冬季工况下孔板型复合末端营造舒适室内热环境的能力更强。

　　三种末端形式的平均吹风感如图 4-73 所示。当送风气流水平射出时，三种末端形式作用下的室内吹风感均满足规范中划分的室内热环境 A 级舒适感要求。当送风角度为水平向下30°时，混合通风的送风气流室内站姿高度1.7m处吹风感达10.93%，由此可见在改变送风角度以改善室内热环境的同时还需要兼顾送风气流分布的合理性，但三种末端形式作用下的人员工作区吹风感依旧均满足规范中由吹风感引起的不满意度不应大于20%的建议。

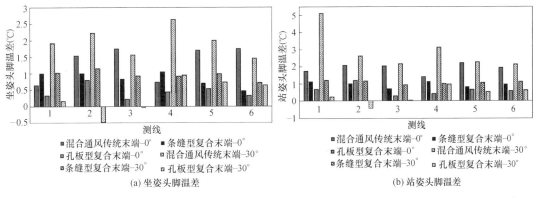

(a) 坐姿头脚温差   (b) 站姿头脚温差

图 4-72 三种末端形式作用下的室内头脚温差

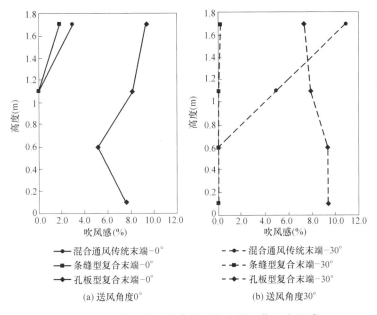

(a) 送风角度0°   (b) 送风角度30°

图 4-73 三种末端形式作用下的人员工作区吹风感

在冬季工况下，人体代谢率取成年男子在办公室内打字工作时的能量代谢率 $70W/m^2$，并按照冬季室内典型着装取服装热阻为 1.23clo，假定室内相对湿度为 50%，以此对三种末端形式作用下的室内人员工作区的热舒适 PMV 指标进行计算，表 4-14、表 4-15 分别给出了冬季工况下三种末端形式在送风角度 0°、水平向下 30°送风的供暖效果。

不同末端形式供暖效果（送风角度0°）   表 4-14

末端形式	供热量(W)	工作区平均温度(℃)	平均辐射温度(℃)	PMV
混合通风传统末端	317.50	19.94	18.10	−0.40
条缝型复合末端	324.55	19.77	18.75	−0.35
孔板型复合末端	325.93	20.32	18.72	−0.36

当采用水平送风时，混合通风传统末端、条缝型复合末端、孔板型复合末端作用下的室内人体舒适性指标 PMV 分别为：−0.40、−0.35、−0.36，均满足 ISO7730 标准的

PMV 指标的推荐值应在－0.5～＋0.5 之间的建议，且均处于室内热环境 B 级舒适性范围内。相对而言，装配式复合末端能够通过辐射换热的方式提高室内的平均辐射温度，因而人体舒适性更佳。

不同末端形式供暖效果（送风角度 30°）　　　表 4-15

末端形式	供热量（W）	工作区平均温度（℃）	平均辐射温度（℃）	PMV
混合通风传统末端	322.46	20.34	18.12	－0.36
条缝型复合末端	329.57	19.79	18.77	－0.35
孔板型复合末端	332.42	20.52	18.82	－0.35

当以水平向下 30°的送风角度进行送风时，三种末端形式作用下的 PMV 指标分别为：－0.36、－0.35、－0.35。其中，送风角度的改变带来 PMV 指标的改善程度最大的为混合通风传统末端，原因在于由混合通风末端送出的热空气在送风角度的引导下在一定程度上能够进入人员工作区，使得工作区平均温度有所提升。但由于其作用程度有限，送风气流抵达人体站姿高度后即随着速度的衰减而在热浮力的作用下逐渐上扬，这将造成人员工作区温度场、速度场不均匀性的加剧，使得人体头脚温差变大，最大高达 5.11℃。局部热不舒适感远大于 ISO7730 标准即《热环境的人类工效学——用 PMV 和 PPD 指数的计算及局部热舒适度标准分析测字和解释热舒适度》的规定，不满足室内热环境分级的最低要求。而两种构造形式的装配式复合末端在送风角度为 30°时的室内热环境依旧处于 B 级舒适范围内。

冬季工况下，装配式复合末端能够营造更为均匀的人员工作区温度场、速度场分布，其辐射、对流一体化的调节形式使得室内平均辐射温度较混合通风方式营造的室内环境高约 0.6℃，人体热感觉更佳。但条缝型复合末端同混合通风方式一样，在冬季应用场景中存在室内上部热气流堆积严重的现象。相比之下，孔板型复合末端的送风气流能更加直接地作用于人员工作区，人体头脚温差很小。而且，能够保持人员工作区吹风感小于 10%，无吹风感风险。从营造舒适室内热环境的角度而言，三种末端形式中，孔板型复合末端在冬季场景的应用可行性最佳。

对三种末端形式在冬季工况下的能量利用系数进行计算，在未改变送风角度时，混合通风传统末端、条缝型复合末端、孔板型复合末端的能量利用系数分别为：0.90、0.91、1.04，仅有孔板型复合末端的能量利用系数大于 1，说明其他两种末端形式在冬季工况下存在较为严重的热气流短路和能量浪费现象。以水平向下 30°角进行送风时，三种末端形式的能量利用系数分别为：0.97、0.92、1.07。在以一定的送风角度进行引流后，混合通风方式的能量利用系数大幅提升，但仍旧不大于 1，依旧存在能量浪费的情况，不利于节能。而送风角度的改变对于条缝型复合末端的能量利用系数的影响很小，原因在于条缝型复合末端的室内送风口在夏季的应用性质为置换通风送风口，为了避免吹风感，其送风口面积往往较大导致其冬、夏送风速度难以提升，因而在冬季工况下送风热气流完全无法克服热浮力的影响。相对而言，得益于孔板型复合末端的构造形式和送风特点，不论是否改变送风角度，其均能营造舒适的室内环境，并实现对载能空气能量的合理利用，在冬季场景中同样具备适用性。

第5章

高效空气源热泵设备

长江流域夏热冬冷、全年高湿，人员用能习惯、行为各异，特别是对供暖空调设备的使用具有"部分时间、部分空间"特征，因而其设备也具有间歇用能的特点。空气源热泵具有高效节能、冷热兼顾，且安装、操作简便，故在长江流域得到了广泛应用并逐年增长。本章将研究长江流域空气源热泵的需求特征，以及压缩比（压比）适应、容量调节与探霜除霜等关键技术，并应用相关技术研发高效的热泵型空调器、多联机、无霜空气源热泵系列产品，从而构建适宜于长江流域的高效空气源热泵技术体系。

5.1 长江流域建筑对供暖空调设备的要求

在长江流域建筑围护结构设计、通风控制策略制定后，为了保持用户的热舒适，建筑仍有一定的冷热负荷需要通过供暖空调设备进行处理。为此，研究并确定长江流域建筑对供暖空调设备的要求研发高效空气源热泵的基础，需首先调研长江流域室外工况及建筑负荷特征，据此进一步确定空气源热泵在长江流域的制冷与制热额定工况（或名义工况），并通过理论分析，以获得空气源热泵的技术需求特征。

5.1.1 长江流域室外工况及建筑负荷特征

长江流域横跨我国西、中、东部，覆盖了严寒、寒冷、夏热冬冷、温和气候区，由于不同区域的气候特点、使用方式和建筑负荷特征不同，其需求冷热量差异很大，因而，探明各地的气候特点及建筑负荷特征是确定空气源热泵技术路径的前提。

空气源热泵设备的性能与很多因素有关，除设备配置和调控特性外，最为显著的是使用侧和室外侧工况。当使用侧工况确定后，制冷与制热性能受室外参数的影响较大，因而，本节将重点分析空气源热泵设备工作的室外工况。

图5-1给出了我国典型城市的热泵运行在制冷与制热时的室外平均温度与极值温度的统计结果。全国制冷季节平均室外温度为27.0℃，各地的最大偏差仅约4℃；而制热季节的平均室外温度为4.0℃，但各地的最大偏差则高达13℃。一些城市的极端工况则差异更大，如：长沙、海口等夏季的最高温度达到42℃，而哈尔滨、长春等则仅为32℃；长春的冬季则低至－33℃，而海口的最低温度则高达8℃。

图5-2是长江流域典型城市供冷及供热季节的室外温度小时数分布。可以看出，位于夏热冬冷及温和地区的长江流域中下游各主要城市的室外环境具有相同特征，其夏季最高温度基本都在34～37℃之间，分布数最大值在26～28℃范围内；而冬季的最低温度位于－3～－5℃，分布数最大值在6～8℃之间。位于长江上游青藏地区的青海玉树、四川甘

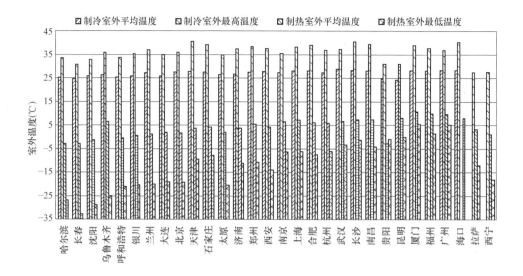

注：根据 GB/T 17758 数据，拉萨、西宁无制冷季，故无制冷室外平均温度；海口无制热季，故无制热室外平均温度。

图 5-1　我国主要城市的制冷季和制热季的室外温度

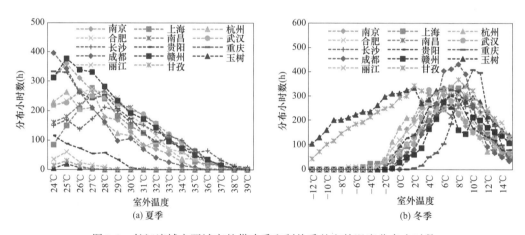

图 5-2　长江流域主要城市的供冷季和制热季的室外温度分布小时数

孜等地，由于受海陆环境、海拔高度和高原形态的影响，冬季严寒、夏季凉爽，在建筑气候区划中属于严寒或寒冷地区。

　　由于本章重点聚焦于长江流域中、下游各主要城市的气候及空气源热泵的适用特征，故下文在没有特殊说明时，"长江流域"均指长江流域中、下游，"空气源热泵"也是指适用于这一地区的空气源热泵。

　　空气源热泵的蒸发器结霜会导致其风阻和霜层热阻增大、传热系数降低，降低热泵的制热能力，严重时会造成机组停机，为保证空气源热泵正常运行，需采用除霜来融化蒸发器表面的霜层。当空气温度在 $-5\sim5$℃，相对湿度在 60% 以上，空气源热泵位于重霜区，而长江流域冬季室外温湿度约有 50% 的时间位于重霜区（参见图 5-3），因此，准确探霜、

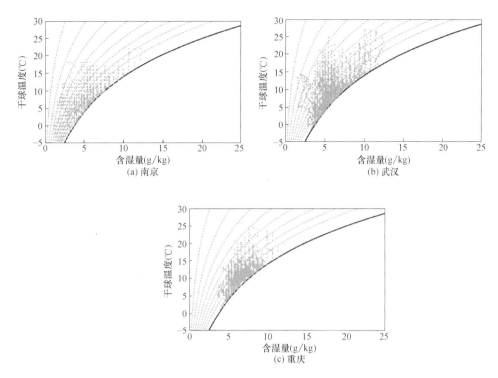

图 5-3 长江流域主要城市制热季的室外状态点分布情况

高效除霜、实现蒸发器抑霜与无霜运行是研发适用于该地区的空气源热泵的关键技术问题。

由于不同地区、不同类型建筑的负荷特征各不相同，为了评价某种空调系统的应用效果，需要基于同样的建筑负荷标准来比较。为此，下面采用同一建筑模型，并采用相同的人员、室内灯光设备、新风设定，模拟长江流域主要地区的建筑负荷，并确定不同地区、不同类型建筑用于评价空气源热泵季节运行性能的制冷与制热负荷线 BL：

$$BL = at_j + b \tag{5-1}$$

式中　BL——单位供暖建筑面积的冷热负荷，W/m^2；

　　　t_j——室外干球温度，℃；

　　a，b——分别为与气候和建筑类型有关的系数。

图 5-4 是南京市居住建筑的负荷分布情况，可以看到，由于空调间歇性运行特征，长江流域建筑在同一外温下的负荷分布非常分散，即在同一外温下要求空气源热泵提供不同的制冷（热）能力以适应负荷的大范围变化；此外，空气源热泵的工作范围广、温度跨度大，压比变化范围大。图 5-5 给出了抽象出的典型城市建筑的制热与制冷负荷线，可以看到，长江流域典型城市的建筑负荷线区别较小，即冬季制热和夏季供冷需求较为一致。因此，长江流域空气源热泵设备的室外工况、建筑的负荷需求比具有一致性，可以按照同一基准（名义或额定工况）设计空气源热泵。

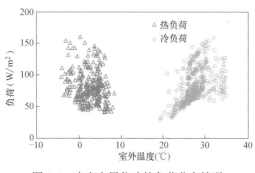

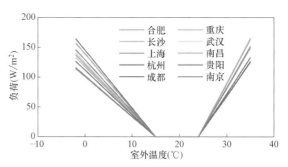

图 5-4　南京市居住建筑负荷分布情况

图 5-5　长江流域主要城市居住建筑负荷线

5.1.2　空气源热泵的制冷与制热名义工况

空气源热泵因其服务于不同地区、不同类型的建筑，其名义工况至关重要，不仅是产品的设计基准，更是产品技术方案选择、容量确定和能效水平决策的前提。因此，针对不同室外工况，在产品设计时也将针对性地采用不同的技术路线。目前，我国不同气候区的空气源热泵的名义制冷工况均按照 ISO 5151 分类中的 T1 气候区确定，即室外干/湿球温度＝35℃/24℃；而制热工况则根据 ISO 5151 中的 T1 气候区特征和我国寒冷地区的供热需求，形成了以干/湿球温度＝7℃/6℃的普通型以及−12℃/−14℃的低环境温度型两类空气源热泵名义工况，但这两类热泵仍不能满足我国所有地区尤其是长江流域的采暖应用需求。

1. 全国空气源热泵制热分区方案

根据我国主要地区空气源热泵全年运行的室外工况分布，其制冷性能宜采用统一的室外名义工况进行设计，而制热性能则应进行分区给出其室外侧名义工况，以便针对不同气候区域研发对应的空气源热泵产品。综合空气源热泵系统方案的差异性及其运行特性，结合《民用建筑热工设计规范》GB 50176 给出的建筑热工分区以及《民用建筑设计统一标准》GB 50352 建筑气候区划，将我国空气源热泵划分为对应的制热区域类型，如表 5-1 所示。

全国空气源热泵制热分区方案及适用温度范围　　　　　　　　表 5-1

适用环境温度	制热分区类型	GB 50176 建筑热工分区	GB 50352 建筑气候区划
≥2℃	制热 A 区型	夏热冬暖地区	Ⅳ区
≥−7℃	制热 B 区型	夏热冬冷地区及温和地区	Ⅲ区和Ⅴ区
≥−25℃	制热 C 区型	寒冷地区	Ⅱ区、ⅦD 区
	制热 C 区(高寒)型		ⅥC 区
≥−35℃	制热 D 区型	严寒地区	Ⅰ区、ⅦA、ⅦB、ⅦC 区
	制热 D 区(高寒)型		ⅥA、ⅥB 区

2. 长江流域空气源热泵名义工况确定

空气源热泵可按使用侧传热介质的不同分为空气-空气热泵、空气-水热泵两大类，但同一气候区域的各种空气源热泵，其室外侧名义工况均相同。空气源热泵"名义工况"通常是按此方法确定：制冷与制热的不保证时间为 3% 所对应的干球温度为名义干球温度，以及将位于此干球温度±1℃内的室外湿球温度统计平均值作为名义湿球温度。

　　根据全国空气源热泵制热分区方案，长江流域空气源热泵应按表 5-2 所示 B 区设计，图 5-6 给出了长江流域典型城市、典型气候年的干球温度统计平均值，从中可以获得各种（1%～10%）供热不保证率下的室外干球温度。由此可见，采用室外干/湿球温度−2℃/−3℃作为空气源热泵名义制热工况能够兼顾长江流域的绝大部分区域。

长江流域空气源热泵的名义制冷与名义制热工况　　　　表 5-2

气候分区	代表城市	室外侧		使用侧			
		制冷	制热	热泵类型	末端形式	制冷	制热
长江中下游（制热 B 区型）	南京、武汉等	35℃/24℃	−2℃/−3℃	空气-空气	室内机	27℃/19℃	20℃/—
				空气-水	散热器	—	50℃
					风机盘管	7℃	41℃
					地板采暖	—	35℃
长江上游（制热 C 区型）	甘孜、阿坝等	35/24℃	−12℃/−13.5℃	同上			
长江上游（制热 D 区型）	玉树等	35℃/24℃	−25℃/—	同上			

　　根据技术经济性分析，可以确定空气源热泵使用侧名义工况。结合对长江流域上游的气候特征分析，总结给出了用于长江流域的各类空气源热泵的名义工况，如表 5-2 所示。

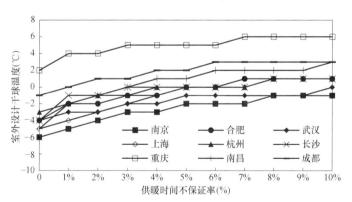

图 5-6　长江流域典型城市、典型气候年的干球温度统计平均值

5.1.3　长江流域空气源热泵的技术特征

　　在明确不同气候区建筑负荷特征以及空气源热泵的室外名义工况后，尚需探讨不同气候区的空气源热泵技术要求，以便于确定产品的名义制冷与名义制热工况下的容量比（即名义热冷比）、理论输气量以及需求压缩比等反映热泵设计方案的基础参数。下面以南京为例，分析长江流域用空气源热泵的技术特征。

5.1.3.1　名义热冷比

在设计兼顾制冷需求的空气源热泵产品时，必须确定其名义制热量与名义制冷量，其二者的相对大小可采用名义热冷比（即热泵的名义制热量与名义制冷量之比）来表征，它虽然是热泵产品的一个设计指标，但也反映了不同气候区典型建筑的冷热量需求关系。

基于暖通空调设计规范的要求，可以通过计算获得长江流域住宅建筑与工商业建筑在其工程设计工况下的供暖与空调负荷，将二者之比称为建筑的"需求热冷比"（记为：HCR_{BL}）。根据建筑的冷热负荷线折算成空气源热泵在其对应名义工况下的制热量、制冷量以及热泵产品的"名义热冷比"（记为：HCR_n），由此确定热泵产品名义容量的相对关系。由此可知

建筑的需求热冷比：

$$HCR_{BL} = BL_h(t_{dh})/BL_c(t_{dc}) \tag{5-2}$$

热泵产品的名义热冷比：

$$HCR_n = Q_h(t_{nh})/Q_c(t_{nc}) = BL_h(t_{nh})/BL_c(t_{nc}) \tag{5-3}$$

式中　$BL_h(t_j)$、$BL_c(t_j)$——分别为建筑在室外温度 t_j 下的热负荷和冷负荷，W/m^2；

$Q_h(t_j)$、$Q_c(t_j)$——分别为热泵在室外温度 t_j 下的制热量与制冷量，kW，为了保证室内舒适性需求，热泵产品应输出与建筑冷热负荷相匹配的冷、热量；

dh、dc——分别表示建筑冬季供暖、夏季供冷的空调室外设计工况；

nh、nc——分别为热泵产品的名义制热与名义制冷工况。

表 5-3 给出了长江流域典型建筑的需求热冷比及其热泵产品的名义热冷比。从表中可以看出，不同类型和用途的空气源热泵的名义热冷比存在很大差异。对于住宅建筑用空气源热泵（容量<35kW）而言，其 HCR_n 约为 1.0，而办公或商业建筑用热泵的 HCR_n 仅约 0.4。

长江流域典型建筑及空气源热泵名义工况下的热冷比　　　　表 5-3

热泵分区	热冷比类型	室外侧干球温度（制热/制冷）	住宅建筑用热泵产品热冷比			商业建筑用热泵产品热冷比		
			连续运行	间歇运行	均值	办公建筑	租赁商铺	均值
主要（B区）	HCR_{BL}	−4.1℃/34.8℃	1.07	1.20	1.13	0.45	0.38	0.42
	HCR_n	−2℃/35℃	0.93	1.04	0.99	0.4	0.34	0.37
青藏（C区）	HCR_{BL}	−9.9℃/33.5℃	1.59	1.68	1.63	0.99	0.41	0.70
	HCR_n	−12℃/35℃	1.43	1.52	1.47	0.96	0.40	0.68
青藏（D区）	HCR_{BL}	−24.2℃/30.7℃	4.35	/	4.35	2.31	0.87	1.57
	HCR_n	−25℃/35℃	2.32	/	2.32	1.64	0.61	1.11

5.1.3.2　需求压缩比

不同气候区的空气源热泵在制冷与制热时的需求压缩比不同，其产品所采用的循环形式也不同。因此，明确名义制热与名义制冷工况下的需求压缩比（热泵设备的冷凝压力与蒸发压力之比）对于产品研发时的系统形式选择至关重要。以目前常用的 R410A、R32 制冷剂制取冷热水（空气-水热泵，冷热水机组＋风机盘管）和冷热风（空气-空气热泵，如房间空调器、多联机、单元式空调机等）的空气源热泵设备为例，它们在长江流域应用

时的理论压缩比需求值如表 5-4 所示。可以看出，无论是空气-空气还是空气-水热泵设备，其冬季的需求压缩比均大于夏季，且水系统的更大。

长江流域空气源热泵设备在制冷与制热时（设计工况）名义工况下的需求压缩比　表 5-4

热泵类型及其工况			制热工况			制冷工况
			主要区域（B区）	青藏（C区）	青藏（D区）	
热源侧（室外侧）		室外侧工况：干/湿球温度（℃）	$-2/-3$	$-12/-13.5$	$-25/-$	35
		机组设计：蒸发或冷凝温度[a]（℃）	-8	-20	-35	45
使用侧	空气-水热泵	使用侧工况：末端供水温度（℃）	41			7
		机组设计：冷凝/蒸发温度[b]（℃）	46			4
		需求压缩比（$\varepsilon=p_c/p_e$）　R410A	4.49	6.84	12.36	2.67
		需求压缩比（$\varepsilon=p_c/p_e$）　R32	4.58	7.05	12.92	2.69
	空气-空气热泵	使用侧工况：进风干/湿球温度（℃）	20/—			27/19
		机组设计：冷凝或蒸发温度（℃）	44			7
		需求压缩比（$\varepsilon=p_c/p_e$）　R410A	4.28	6.52	11.78	2.44
		需求压缩比（$\varepsilon=p_c/p_e$）　R32	4.37	6.72	12.33	2.45

注：a) 热源侧：蒸发温度对应制热工况，冷凝温度对应制冷工况；b) 使用侧：冷凝温度对应制冷工况，蒸发温度对应制热工况。

5.1.3.3　理论输气量

不同制热分区的空气源热泵产品，因其在名义工况下的蒸发与冷凝温度不同，故当其制热与制冷时的需求输气量差异很大时，则需采用变频调速等变容调节措施。以采用对流末端的空气源热泵为例，根据名义热冷比及单位制热（冷）量需求，结合制冷循环及其吸气比容，分析制冷与制热时的需求理论输气量，并依据"需求理论输气量"确定空气源热泵的压缩机容量大小。表 5-5 示出了制取 1kW 名义制热量和 $1/HCR_n$ kW 名义制冷量时的理论输气量以及二者之比（即"需求理论输气量比"）。可见，制冷与制热时所需的理论输气量差异很大，因此，长江流域空气源热泵应发展变容调节技术。

长江流域空气源热泵在名义制热与名义制冷工况下的理论输气量　　　表 5-5

热泵分区	制冷剂种类	名义制热需求理论输气量 $[m^3/(h\cdot kW)]$	名义制冷需求理论输气量 $[m^3/(h\cdot kW)]$		需求理论输气量比	
			户用型	工商业用型	户用型	工商业用型
主要（B区）	R410A	0.867	0.623	1.668	1.391	0.520
	R32	0.813	0.603	1.164	1.348	0.504
青藏（C区）	R410A	1.257	0.420	0.907	2.995	1.385
	R32	1.084	0.394	0.878	2.669	1.235
青藏（D区）	R410A	2.091	0.266	0.556	7.862	3.762
	R32	1.720	0.257	0.537	6.684	3.198

结合夏热冬冷地区子气候分区和上述需求特征的参数分析，可以得到适用于长江流域

中下游各子气候分区各典型城市空气源热泵产品对压缩机的技术要求，如表 5-6 所示。

从表中可以看出：对于夏季炎热、冬季较为温和的 3B 区重庆、赣州，其空气源热泵的制热需求压缩比和需求理论输气量比都较低；而适用于夏季凉爽、冬季较冷的 3A-2 区成都的空气源热泵，其制冷需求压缩比较低，而需求理论输气量比较高；而更为广阔的长江中下游地区即 3A-1 区，所需空气源热泵的技术特征指标则基本一致。总体而言，相比于制热 C 区的制热需求压缩比超过 6.5、需求输气量比达到 3.0 而言，长江流域制热 B 区（夏热冬冷地区）的总体特征相似，其需求制热压缩比在 3.57～4.64 之间，需求理论输气量比在 0.87～1.43 之间。考虑到产品研发设计的通用性和技术经济性，该地区可采用相同技术方案研发空调器等空气源热泵产品，这也与长江流域空气源热泵不必进一步分区的结论相印证。

长江流域典型城市房间空调器对 R410A 压缩机的技术要求　　　　　　　表 5-6

夏热冬冷地区微分区		3A-1							3A-2	3B	
地点		上海	南京	杭州	合肥	南昌	武汉	长沙	成都	重庆	赣州
名义工况:室外干球温度(℃)	制热	−2	−3	−1	−1	0	−2	0	1	5	2
	制冷	35	34	35	35	37	35	36	33	36	37
名义热冷比(W/W)		1	1.04	1.04	1.05	0.9	0.92	0.88	1.03	0.83	0.87
制热需求压缩比		4.49	4.64	4.34	4.34	4.2	4.49	4.2	4.07	3.57	3.93
制冷需求压缩比		2.73	2.73	2.73	2.73	2.86	2.73	2.79	2.6	2.79	2.86
制热需求理论输气量[m³/(h·kW)]		0.87	0.89	0.84	0.84	0.82	0.87	0.82	0.79	0.71	0.77
制冷需求理论输气量[m³/(h·kW)]		0.66	0.65	0.66	0.66	0.68	0.66	0.67	0.64	0.67	0.68
需求理论输气量比		1.3	1.43	1.33	1.33	1.08	1.2	1.07	1.27	0.87	0.99

鉴于空气源热泵的名义热冷比和压缩机的需求压缩比、需求理论输气量比的约束，研发长江流域用空气源热泵应重点关注以下问题：

1）使用场合不同，其设计侧重点也不同。对于空调器、小型多联机等户用型热泵产品，必须冷热兼顾；对于工商业用型空气源热泵产品，由于内热源、工作时间等造成的负荷特征差异，该地区产品的主要服务功能为制冷。

2）需求压缩比不同，其产品所采用的循环形式也不同。对于制冷工况，只需单级压缩即可满足要求；而对于制热工况，压缩比较制冷略大，可采用单级压缩循环，但如果采用单级压缩中间补气（即准双级压缩）和双级压缩（或三压力）循环形式，其制热性能更佳；此外，如果一台空气源热泵产品只采用一台压缩机，在设计以制热为主的空气源热泵产品时，考虑到需求压缩比较大，宜按制热性能确定其循环形式，并考虑选配较大压缩比带中间泄出的压缩机，以提升全年的系统能效比。

3）需根据产品的用途不同，针对性地设计空气源热泵。当需求理论输气量比差异很大时，应采用变容调节技术。对于家用空气源热泵产品，因其冬夏输气量比差异显著，理论输气量比大于 1，宜以制热需求为基准进行设计；对于工商业用机组，长江流域用空气源热泵的理论输气量比小于 1,故应以制冷需求进行设计。这些产品均应采用变容调节技术,不仅实现快速启动改善室内舒适性,而且还能提高产品的部分负荷性能,降低全年运行能耗,这对制取冷热风的房间空调器和多联机产品更为重要。

4) 对于玉树、甘孜等长江上游的高原、高寒地区(制热 C 区及 D 区),由于夏季凉爽,冬季严寒,几乎没有制冷需求,而制热需求压缩比在 7.0 以上,因此应发展双级或准双级压缩的变速调节压缩机技术,并在热泵产品研发时需注意风机等部件的选型,以满足高原低气压环境的使用和性能要求。

上述空气源热泵分区设计方案已纳入我国多部国家与行业标准中,如《低环境温度空气源热泵(冷水)机组》GB/T 25127.1—2020 和 GB/T 25127.2—2020、《多联式空调(热泵)机组能效限定值及能效等级》GB 21454—2021、《空气源热泵冷热水两联供机组》JB/T 14077—2021(报批稿)、《地板采暖用空气源热泵热水机组》JB/T 14070—2021(报批稿)、《蒸气压缩循环蒸发冷却式冷水(热泵)机组》JB/T 12323—202X(报批稿)和《单元式空气调节机》GB/T 17758—202X(征求意见稿)等,并将逐渐推广到我国所有的空气源热泵产品标准中。

5.2　转子压缩机的压比适应及容量调节技术

目前,长江流域住宅建筑普遍采用房间空调器等直接膨胀式空气源热泵系统(简称:直膨式系统)进行夏季制冷和冬季采暖。空调器在夏季能很好地满足制冷需求,但在冬季采暖时,由于其制热量无法满足寒冷天气间歇运行制热的容量要求,导致室内温度在较长时间无法达到舒适要求,受到用户的普遍抱怨。同时,较低的运行能效导致的高运行费也饱受诉病。因此,提升直膨式系统的冬季制热性能是研发长江流域空气源热泵的技术关键。

前文研究表明:空气源热泵冬季制热能力不足的主要原因在于低蒸发温度下制热量下降和大压比下系统能效衰减。对应可采用的技术手段包括:压缩机变频、双级压缩、复叠系统和压缩机补气等。双级压缩和复叠系统虽能明显提空气源热泵在冬季的制热能效和制热量,但会导致夏季制冷效率明显降低,同时较高的成本增加也将影响其推广使用。因此,联合采用压缩机补气和变频的空气源热泵将是长江流域住宅空调采暖的最佳解决方案。

转子压缩机是空调器最常用的压缩机形式。因此,发展高效、可靠的变频补气转子压缩机是发展适用于长江流域气候特征的家用空调器的核心。据此,本研究的重要任务之一是研究新型端面补气、滑板补气以及吸气/补气独立压缩的变频转子压缩机。

5.2.1　新型端面补气技术

5.2.1.1　压缩机结构

提升长江流域住宅用热泵型空调器全年性能的核心在于发展适应该地区气候特点的高适应性制冷压缩机。传统转子压缩机补气包括无补气阀端面补气和气缸壁补气两种方式。分析显示:无补气阀端面补气结构存在变工况适应性差、补气口面积小等问题;气缸壁补气存在补气向吸气腔的旁通等问题。两种补气压缩机均呈现补气效果不佳,所以在实际工程中较少应用。因此，如果实现补气开始和/或补气结束时间的自由控制，大幅提升有效补气量，则有望大幅提升补气转子压缩机的性能。

据此，本研究提出了一种新型的端面补气转子压缩机结构。该新型补气结构的补气口设置于压缩机上法兰或者下法兰上，由补气单向阀控制补气口的启闭。该新型补气结构克服了传统补气结构的缺陷，具有四个方面的优点：①补气口面积可大幅增大；②大幅提升补气的变工况适应性；③避免补气制冷剂向吸气腔的回流；④避免余隙容积对容积效率的影响。理论研究发现，新型端面补气结构可行的补气区域应满足三个条件：①避免补气制冷剂回流，因此要求补气口不与吸气腔连通；②考虑到压缩机的润滑性能，补气口还应彻底避免与转子内圆接触；③补气口应设置在压缩腔区域内。满足上述条件的补气口开设区域如图5-7（a）所示。

在模拟仿真验证了该新型压缩机具有明显的性能优势的基础上，研发了具有新型端面补气结构的转子压缩机。压缩机的结构参数如表5-7所示。

为了便于加工，在内、外边界以及靠近压缩机滑板的边界相连接位置都加工成圆弧形状，所以，补气口是由5段圆弧和一段线段围合而成，如图5-7（b）所示。计算表明，1.5hp空调器用新型端面补气压缩机的补气口面积为 $5.73mm^2$，最大理论补气区域的面积为 $28.24mm^2$，占最大理论面积的20.29%。

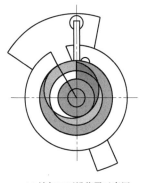
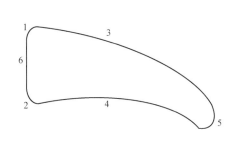

(a) 补气口开设位置示意图　　　　　　　(b) 实际补气口加工形状

图 5-7　新型端面补气口位置及形状

压缩机基本参数　　　　　　　　　　　　　　　　表 5-7

气缸半径 （mm）	转子半径 （mm）	转子高度 （mm）	转子厚度 （mm）	滑板厚度 （mm）	吸气口下边 缘角
21	16.408	19.985	4.408	4	0.553

图5-8给出了各个关键部件的实物图片。压缩机吸气从气缸的一侧吸入，如图5-8（a）所示；补气单向阀前安装有升程限制器，用于限制单向阀形变的程度以保护单向阀的安全，图5-8（b）给出了升程限制器的侧视图；升程限制器和单向阀组合而成的单向阀基座和安装有补气通道一侧的法兰安装在一起，单向阀基座留出补气制冷剂流通的通道空间，如图5-8（c）所示；在保证压缩机安全运转的中间隔板上安装补气口，同时也预留电机曲轴旋转孔和螺钉安装孔，如图5-8（d）所示，中间隔板直接和压缩腔接触。安装完成的新型端面补气转子压缩机如图5-8（e）所示。

(a) 压缩机气缸　(b) 升程限制器　　　　(c) 压缩机法兰　　　　(d) 中间隔板及补气口　　(e) 安装完成后的整机
　　及吸气口

图 5-8　新型端面补气压缩机部件及整机

5.2.1.2　压缩机性能测试

（1）变工况下压缩机的制热性能

利用所研制的 1.5hp 新型端面补气转子压缩机，在国家标准压缩机测试实验台上对压缩机的性能进行了测试，图 5-9 给出了补气压缩机的补气阀开启与关闭时与普通单级转子压缩机在不同蒸发温度条件下的制热性能（冷凝温度为 54.4℃）的实验结果。

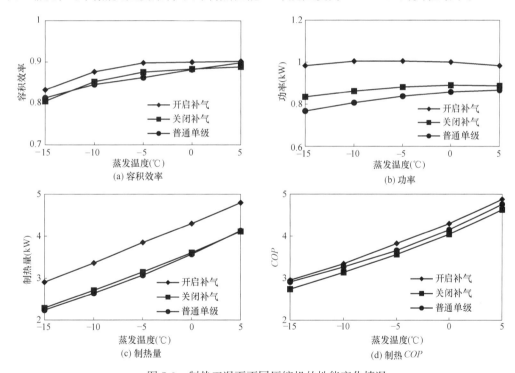

图 5-9　制热工况下不同压缩机的性能变化情况

从图 5-9（a）可以看出，压缩机的容积效率随着蒸发温度升高而逐渐升高，主要原因在于系统压比减小致使压缩腔内制冷剂的泄漏量减少。开启补气后的压缩机容积效率高于关闭补气的压缩机和普通单级压缩机，关闭补气的压缩机和普通单级压缩机的容积效率相差不大，这说明补气结构对压缩机容积效率几乎没有影响。

图 5-9（b）展示了三种压缩机的功率随着蒸发温度的变化情况。三种压缩机的功率

首先随着蒸发温度的升高而增加，但是增幅越来越小，达到功率最大值以后，功率又略有降低。在所有的工况中，开启补气的压缩机功率相比于普通单级压缩机增加了 13.4%～28.1%，并且蒸发温度越低，功率增幅越大。关闭补气的压缩机功率高于普通单级压缩机，是因为补气结构中存在背压腔，致使其功率比普通单级压缩机增加了 2.4%～8.8%。

从图 5-9（c）和图 5-9（d）可以看出，端面补气压缩机的制热量和制热 *COP* 明显高于单级压缩机和关闭补气后的压缩机，这是因为补气增加了冷凝器中的制冷剂流量以提升制热量，同时使补气制冷剂从高于蒸发压力的补气压力返回压缩机以提升能效。在所有的工况下，端面补气压缩机的制热量相比于普通单级压缩机提升了 16.2%～30.0%，制热 *COP* 提升了 1.5%～4.6%。相比于关闭补气的压缩机，制热量也提升了 16.6%～27.0%，制热 *COP* 提升了 5.3%～7.9%。因此，端面补气方案能够显著地提升压缩机的制热量和能效比。

（2）变工况下压缩机制冷性能

图 5-10 示出了蒸发温度为 7.2℃压缩机在不同冷凝温度时的制冷性能。从图 5-10（a）、（b）中可以看出，随着冷凝温度升高，压缩机功率升高，开启补气后的端面补气压缩机的功率相较于普通单级压缩机增加了 4.0%～15.2%。在冷凝温度较低时，普通单级压缩机的容积效率略高于带有端面补气结构的压缩机容积效率，但在高冷凝温度时，二者容积效率几乎相同。

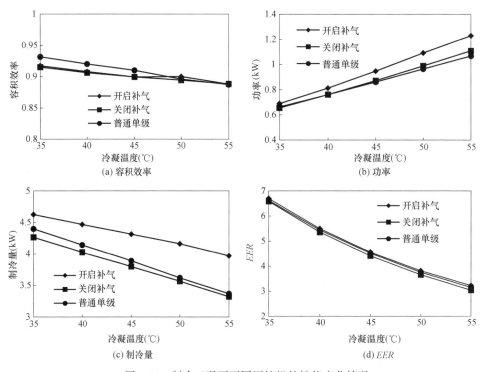

图 5-10　制冷工况下不同压缩机的性能变化情况

由图 5-10（c）、（d）可知，在所有工况下，压缩机的制冷量和制冷能效比 *EER* 都随着冷凝温度升高而降低。开启补气后的压缩机制冷量相较于普通单级压缩机提高了 5.2%～17.8%，比关闭补气后的压缩机提高了 8.5%～19.5%。开启补气压缩机的制冷

EER 比普通单级压缩机高 $0.9\%\sim2.3\%$，比关闭补气的压缩机高 $1.7\%\sim6.1\%$。

上述实验数据表明，新型端面补气压缩机相比较普通单级压缩机在制冷能力和制冷能效比上都更有优势。

（3）采用新型端面补气压缩机的空调器样机

将所研发的新型端面补气转子压缩机应用于 1.5hp 商品化空调器中，并采用闪发罐作为经济器，使用电子膨胀阀作为节流装置，室内外换热器和常规家用空调器一致，得到新型端面补气空调器样机，样机实物如图 5-11 所示。

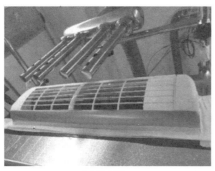

(a) 室内机　　　　　　　　　　　　　　　(b) 室外机

图 5-11　新型补气型空调样机

实验测试了补气模式和不补气模式下的新型空调器的性能。在实验中通过控制压缩机的吸气过热度使系统达到稳定，所有工况下压缩机的吸气过热度统一设定为 5℃。改变新型空调器工作的室外环境温度以及压缩机运行频率，测试开启补气和不补气模式下空调器的性能。为了测试新型空调器在宽工况范围变化下的表现，制热工况和制冷工况下室外温度范围分别为 $-15\sim7$℃ 和 $29\sim40$℃。实验分为相同能力条件和相同压缩机频率条件，在相同能力条件下，通过调整压缩机的频率使空调器保持制冷/制热能力恒定，在相同压缩机频率条件下，压缩机频率分别固定为 30/60/90Hz 用于测试空调器在低频、中频和高频下的性能。

在相同制冷能力条件下，实验测量两种模式的空调器的功率、能效以及工作频率，如图 5-12 所示。在外温为 29℃ 和 35℃ 条件下，补气空调频率分别比不补气低 1Hz 和 6Hz，相应地，补气空调的功率分别降低了 0.5% 和 4.9%，制冷 *EER* 分别提升了 0.6% 和 4.3%。

在相同制热能力下，两种空调器功率和制热 *COP* 对比结果如图 5-13 所示。除了室外温度为 10℃ 时系统的功率升高了 1.1% 之外，在其他制热工况下，补气系统的功率降低了 $1.6\%\sim10.6\%$，其制热 *COP* 提升了 $0.7\%\sim13.0\%$。

为对比空调器在相同频率下的性能，分别测试了压缩机的运行频率为 30Hz、60Hz 和 90Hz 不同模式下空调器的性能。

在制冷工况下，两种空调器的性能对比结果如图 5-14 所示。在 30Hz、60Hz 和 90Hz 下，补气系统的制冷量分别提升了 $4.1\%\sim12.0\%$、$4.3\%\sim9.4\%$ 和 $5.4\%\sim11.5\%$，参见图 5-14（a）。图 5-14（b）给出了空调器两种运行模式的制冷 *EER* 测试结果。两模式的制冷 *EER* 都随室外温度和压缩机频率的升高而降低，这是由系统压比随之增大造成

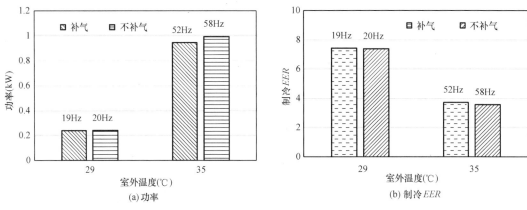

(a) 功率   (b) 制冷 EER

图 5-12 制冷工况同能力不同空调器性能对比情况

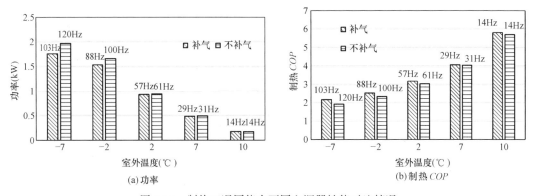

(a) 功率   (b) 制热 COP

图 5-13 制热工况同能力不同空调器性能对比情况

的。就不同频率下的实验结果而言，频率为 90Hz、补气系统在外温 29℃时的 EER 降低了 3.3％，但在 35℃时提高了 8.0％；频率为 60Hz、补气系统在外温 29℃时的 EER 较不补气系统低了 1.8％，但在 35℃和 40℃下则分别高出了 0.4％和 1.5％。表明在中高频条件下，室外温度越高，补气系统的 EER 提升程度越大。频率 30Hz 时，补气系统在 29℃和 40℃下的 EER 略低于不补气系统，但在 35℃下的 EER 比不补气系统高 4.0％，这主要是由于电机效率存在关于频率的最优值。

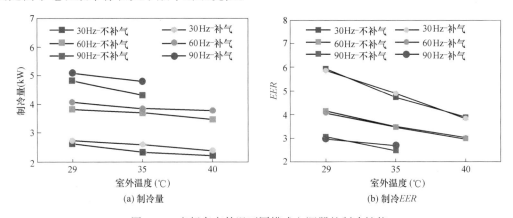

(a) 制冷量   (b) 制冷 EER

图 5-14 变频率变外温不同模式空调器的制冷性能

图 5-15 给出了两种系统在制热工况下的性能对比结果。随着室外温度升高，系统中的制冷剂质量流量增大，系统的制热量也随之增大，如图 5-15（a）所示，开启补气后，在 30、60、90Hz 下，补气系统的制热量分别提升了 6.4%～22.9%、8.2%～15.6%和0.9%～12.1%。图 5-15（b）给出了两种系统的制热 COP 比较结果。30Hz 时，当室外温度在 0℃以下时，补气系统的 COP 比不补气系统提升了 2.9%～12.1%，在 60Hz 和90Hz 下，除 7℃的工况外，补气系统的 COP 均高于不补气系统，两种频率下系统 COP 分别提升了 1.8%～7.8%和 0.8%～6.7%，且室外温度越低，补气系统 COP 的提升程度越高。在 7℃时，由于补气压力高、压缩机补气比低，而且补气系统功率更高，因此补气系统 COP 不如不补气系统。

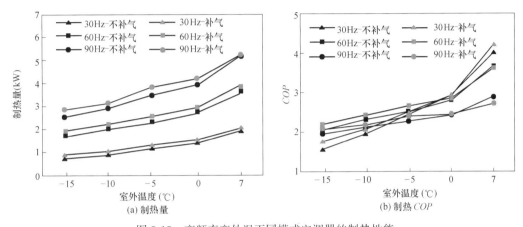

图 5-15 变频率变外温不同模式空调器的制热性能

上述研究表明，新型端面补气结构综合了传统端面补气和气缸壁补气结构的优点，同时避免了传统补气结构的缺陷。进而研发出的新型端面补气转子压缩机，其能力和能效明显高于常规转子压缩机：制热量提升了 16.2%～30.0%，制热 COP 提升了 1.5%～4.6%，制冷量提升了 5.2%～17.8%，制冷 EER 提升了 0.9%～2.3%。将此压缩机应用于 1.5hp 变频空调器中，实验结果表明：相对于常规转子压缩机的房间空调器，在同等频率下，空调器的制热能力最大提升了 22.9%，制冷量最大提升了 12.0%，制热 COP 和制冷 EER 则提升了 13.0%和 4.3%。

综上所述，新型端面转子压缩机补气技术有效解决了传统补气结构的缺陷，在长江流域有着广泛的应用前景。

5.2.2 滑板补气技术

5.2.2.1 滑板补气压缩机研制

图 5-16 为本研究提出的另一种新型补气转子压缩机结构即滑板补气转子压缩机。在滑板内部设置有补气通道，补气通道出口设置单向弹簧阀。当转子旋转到吸气结束位置时，滑板下移到补气口刚好从滑板槽中露出位置。由于补气压力远高于此时的腔内压力（约等于吸气压力），在压差作用下，弹簧阀迅速打开，启动补气过程。随着转子旋转和补气过程进行，压缩腔内压力逐渐升高，当腔内压力与补气压力基本相当时，补气弹簧阀在

弹力作用下弹回，补气过程结束。由此可以看出：滑板补气可自主适应工况的变化，同时也避免了补气向吸气口的回流。因此，滑板补气结构在理论上具有优良的热力学性能。

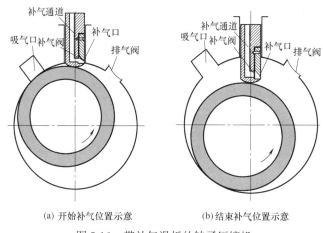

(a) 开始补气位置示意　　　　　　(b) 结束补气位置示意

图 5-16　带补气滑板的转子压缩机

按照前述滑板补气压缩机的设计方法，进行了压缩机设计和试制，其样机参数如表5-8 所示。

滑板补气压缩机的几何参数　　　　　　　　　　　　表 5-8

气缸半径 （mm）	转子半径 （mm）	转子高度 （mm）	吸气口下边缘角 （rad）	排气口下边缘角 （rad）
30.0	24.0	30.0	0.60	5.96

由于该方案需要在滑板上设置补气单向阀，考虑到结构强度，滑板厚度从原来的4mm 加厚至 9mm，如图 5-17（a）所示。在滑板竖直方向打两个直径为 3mm 的相邻孔作为补气通道，如图 5-17（b）所示，两个补气通道在滑板底部汇合，转弯后与一个直径为5mm 的口连接，如图 5-17（c）所示，在口上设置补气阀片控制该口的启闭，阀片外部有一个阀片升程限制器控制补气阀片升程，如图 5-17（d）所示，在升程限制器底部有一个长条形的补气口，如图 5-17（e）所示，补气制冷剂通过阀片后再经过补气口进入压缩腔。最后整体加工完成的带补气单向阀的偏心滑板如图 5-17（f）所示。

由于补气制冷剂从滑板顶部引入，因此在压缩机开启阶段，该腔内压力很低，而在压缩过程中滑板必然会与转子脱离。因此，为了使压缩机在启动阶段能顺利、稳定地建立起压差，采用高刚度的弹簧来替代原始弹簧，如图 5-18（a）所示。在压缩机启动建立压差阶段，弹簧的弹力将使滑板与转子紧密贴合。但由于滑板加厚，滑板槽需要加厚，吸、排气安装角也需要加大，因此气缸结构有所改变，图 5-18（b）示出了加工完成的机体结构。最后，通过配置适宜的电机以及压缩机外壳，完成整机组装，如图 5-18（c）所示。

5.2.2.2　性能测试

表 5-9 给出了常规单级、滑板补气和双级压缩三种压缩机在国标工况下的实验测试性能。

1）相比常规单级转子压缩机，滑板补气压缩机制冷量和制热量分别提升 13% 和12.7%，功耗增加了 11.8%；制冷 *EER* 和制热 *COP* 均提升了 1% 左右。

(a) 滑板厚度

(b) 补气通道

(c)补气通道出口

(d) 升程限制器

(e) 长条形补气口

(f) 偏心滑板

图 5-17　滑板补气样机滑板加工部件

(a) 高刚度弹簧

(b)滑板补气泵体

(c)滑板补气整机

图 5-18　滑板补气样机示意图

2）相比双转子压缩机，滑板补气压缩机的制热量和制冷量分别降低了 7.4% 和 7.8%，功耗降低了 8.9%；制冷 EER 和制热 COP 分别提高了 1.65% 和 1.26%。

滑板补气压缩机的制冷（热）量低于双级压缩机，其主要原因是滑板补气为准二级压缩，其补气量一般小于二级压缩；双级压缩机的能效较单级和滑板补气压缩机低，这是由于低压比时双转子压缩机的性能衰减所致。

国标工况下的测试结果　　　　　　　　　　　　　　　　　　　　　表 5-9

压缩机类型	制冷量（kW）	功耗（kW）	制冷 EER	制热量（kW）	制热 COP
常规单级	5.3198	1.6321	3.259	8.4991	4.259
滑板补气	6.0123	1.8252	3.294	7.8375	4.294
双级压缩	6.4948	2.0043	3.240	6.9519	4.240
压缩机类型	冷凝器质量流量（kg/h）	蒸发器质量流量（kg/h）	中间压力（MPa）	补气质量流量（kg/h）	补气比
常规单级	112.1	112.1	—	—	—
滑板补气	126.8	110.3	1.09	14.96	0.15
双级压缩	136.9	117.03	1.01	19.87	0.17

图 5-19（a）给出了滑板补气和单机双级压缩机在不同蒸发温度和冷凝温度下的补气压力变化规律。可以看出，在所有工况下，滑板补气压缩机的补气压力都高于双级压缩机。对于采用闪发器的（准）双级压缩循环而言，中间（补气）压力越高，节流后的干度越小，闪发的制冷剂气体量越少，即导致补气流量偏小，因此，滑板补气压缩机的补气流量低于双级压缩机，如图 5-19（b）所示。蒸发温度对补气流量的影响取决于两方面因素，一方面，随着蒸发温度降低，补气压力降低，使其补气量增大；另一方面，随蒸发温度降低，总制冷剂流量（冷凝器内制冷剂流量）减少，导致补气制冷剂减少。从实验结果来看，二者在不同情况下占据的主导地位不同。对双转子而言，当蒸发温度较高时前者占主导因素，而在蒸发温度较低时后者为主导因素，因此，总体趋势呈现出随着蒸发温度的上升，补气量先缓慢上升再缓慢下降。对于滑板补气，综合表现为补气质量流量随着蒸发温度的降低而缓慢减小。

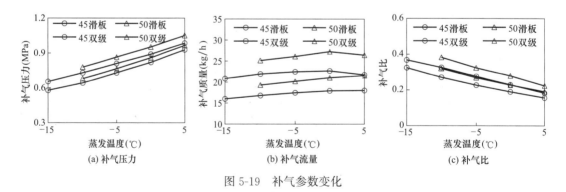

图 5-19　补气参数变化

图 5-19（c）给出了滑板补气和双级压缩机在不同工况下的补气比，可以看出，随着蒸发温度的降低，补气比增大；随着冷凝温度的升高，滑板补气与双级压缩机的补气比均有所升高。而滑板补气的补气比低于双级压缩主要是由于补气结构存在的固有压力损失致使滑板补气的补气压力高于双级压缩，进而使闪发器的干度减少，补气比减小。

总结而言，滑板补气结构具有很好的变工况适应性，补气口面积可以得到大幅度提升，能够避免补气口和吸气腔的接通，因此，滑板补气转子压缩机对性能参数有良好的改善效果。实验结果表明，在长江流域气象条件下，补气压缩机性能优于单级转子压缩机和双级压缩机。

5.2.3 吸气/补气独立压缩技术

并联多缸转子压缩机是指将多个压缩泵体并联设置，每个泵体均实现从低压吸气、压缩和向高压排气过程。同时，某些泵体还可通过控制滑板的状态实现压缩机的卸载。因此，并联多转子压缩机可实现对系统制冷/制热量分档调整，这在制冷量大范围变化场景中具有较好的应用前景。

但需要注意的是，上述分析是针对多个气缸均从低压吸气向高压排气的情况。实际上，为了降低膨胀损失采用两次节流循环时，中压气态制冷剂除了采用串联双级压缩机或者带补气结构的准二级压缩机压缩外，也可设置一个单独压缩机用于中压气体的压缩。此时，大小两个压缩机处于并联状态，但吸气压力不同，这种结构也能实现单级和双级压缩的转化，避免单独采用单级或双级压缩的不足。本节对此新型压缩机及其系统性能进行分析。

5.2.3.1 吸气/补气独立压缩循环与压缩机结构

吸气/补气独立压缩技术需设计一种不等容双缸并联独立压缩变频转子压缩机，即图 5-20 (a) 所示系统中的压缩机。该系统主要包括：压缩机、冷凝器、两级节流装置、闪蒸器和蒸发器。与常规普通循环相比，其特殊之处在于系统中的吸气与补气经各自的气缸独立压缩后混合为排气状态再进入冷凝器。

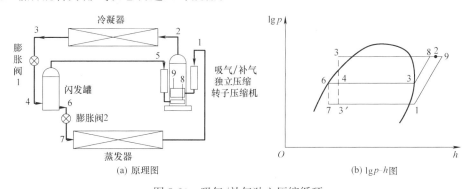

(a) 原理图 (b) lg$p$-h图

图 5-20 吸气/补气独立压缩循环

吸气/补气独立压缩的循环过程 p-h 图如图 5-20（b）所示。点 1 为压缩机主气缸的吸气状态点，蒸发器后的气态制冷剂经过主缸压缩后升温升压到状态 9。辅助气缸从闪蒸罐中抽取状态 5 的气态制冷剂，将其压缩至高温高压的状态 8。由于辅助气缸容积小，吸气压力高，辅助气缸排气温度低于主缸排气温度。两部分制冷剂气体混合为状态点 2。混合后的制冷剂气体进入室外换热器冷凝放热至过冷状态点 3。冷凝器后的液态制冷剂经第一级节流后成为气液两相状态 4，进入闪蒸罐。在闪蒸罐中，制冷剂分离为饱和气态 5 和饱和液态 6 两部分。饱和气态制冷剂 5 经辅助气液分离器，进入辅助气缸。饱和液态制冷剂 6 经过二级节流减压降温至状态 7，进入室内换热器蒸发吸热后返回压缩机主气缸。

不等容双缸并联独立压缩变频转子压缩机（简称：独立压缩压缩机）与传统转子压缩机具有显著区别，其气缸部分详细结构如图 5-21 所示。双缸并联独立压缩压缩机有主气缸和辅助气缸两个压缩腔体，分别直接从外部吸气管吸入低压和中压制冷剂。压缩后，高

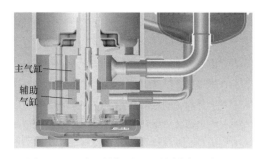

图 5-21 吸气/补气独立压缩制冷压缩机的
气缸结构示意图

压制冷剂统一排放到压缩机壳体内。两个压缩气缸使用同一曲轴和电机，气缸错向设置以降低压缩机的振动和噪声。此外，为了保证系统的可靠性，避免压缩机回液，故在压缩机主气缸和辅助气缸的进气管上分别配置有独立的气液分离器。两个压缩气缸的容积比ε（辅缸/主缸）与制冷剂、设计蒸发温度和冷凝温度等参数有关，一般在 0.05～0.25 范围内。

5.2.3.2 吸气/补气独立压缩房间空调器的性能

依据《房间空气调节器》GB/T 7725—2004 规定的测试方法，对采用吸气/补气独立压缩技术的 1hp 壁挂式空调器空调系统的制冷、制热能力和全年能源消耗效率 APF 进行测试，见表 5-10。同时对单级压缩系统进行对比测试，将相同空调器的压缩机替换为常规单缸压缩机，在同一个焓差实验室对其制冷、制热能力和全年能源消耗效率 APF 进行测试。

空调器 APF 的测试工况   表 5-10

工况	额定制冷	中间制冷	额定制热	中间制热	低温制热
室内干/湿球(℃)	27/19	27/19	20/15	20/15	20/15
室外干/湿球(℃)	35/24	35/24	7/6	7/6	2/1

此外，在实际使用过程中，空调器运行的环境温度多变（-9～50℃），分别挑选了几种情况如表 5-11 所示。所列举的制冷、制热两种模式各三个不同外温条件，在运行功耗接近情况下，进行能力和能效对比测试，进一步对比分析吸气、补气独立压缩技术的空调系统在用户实际使用过程中所产生的节能改善效果。

自由运行时的测试工况参数   表 5-11

工况	35℃制冷	43℃制冷	48℃制冷	7℃制热	2℃制热	-7℃制热
室内干/湿球(℃)	27/19	27/19	32/23	20/15	20/15	20/15
室外干/湿球(℃)	35/24	43/26	48/34	7/6	2/1	-7/-8

压缩机在各工况下的能效对比结果如图 5-22 所示。压缩机高频运行，额定制冷模式下能效提升 6.96%；压缩机低频运行时，中间制冷模式下能效提升 5.82%；额定制热模式下能效提升 6.37%，中间制热模式下能效提升 5.18%；额定低温模式下能效提升 5.72%，APF 提升 6.12%。

对比不同国标测试工况下的能效提升效果，可知看出，在额定制冷/制热模式下，压缩机运行频率高，此时该吸气补气独立压缩系统对整机性能系数提升效果高于中间制冷/制热模式。该吸气/补气独立压缩技术对高频下系统能效比提升更明显。总的来看，吸气/补气独立压缩对压缩机的性能提升有着明显的效果。实验表明，应用了吸气/补气独立压缩技术的空调器在不同国标能效测试工况下的性能相比于相同理论输气量的常规单级压缩系统均有较大提升，因此，其变工况适应性更好，具有良好的节能效果，能够有效地适应长江流域的制冷、供暖需求。

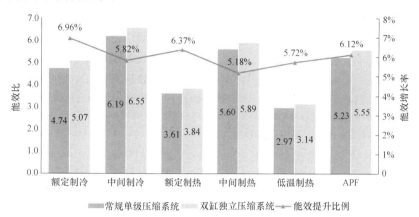

图 5-22 同理论排量的双缸独立压缩与常规压缩机的空调系统能效对比

5.3 抑霜、探霜与除霜技术

空气源热泵以其兼顾制冷与制热、节能环保、安装灵活等优点，被广泛作为建筑冷热源设备使用，尤其是在夏热冬冷地区。但在冬季制热时，其室外蒸发器容易结霜，特别是，室外环境温度和相对湿度分别为 $-5 \sim 5℃$ 之间和 60％ 以上时，蒸发器位于重霜区。蒸发器结霜对空气源热泵的运行造成不良影响，霜层的形成增大了蒸发器表面的导热热阻，同时空气流过蒸发器的阻力增加、风量减小。伴随着霜层的生长，机组制热量衰减、制热性能系数下降，为保证其高效运行，则需按需除霜。目前，逆循环除霜是应用最广的除霜方法之一。逆循环除霜时，室外机作为冷凝器，室内机作为蒸发器，为防止向室内吹冷风，在除霜过程中室内风机关闭，除霜能量主要来源于压缩机消耗电能和室内换热器盘管的蓄热，因此造成了除霜能量来源不足，从而导致除霜时间和制热恢复时间均较长。由于在除霜过程中空调器不能为室内提供热量，降低了室内的热舒适性。

空气源热泵在低温高湿环境下运行时的结霜问题已成为制约其高效运行的瓶颈。霜层的沉积在开始一段时间内对热泵机组运行的影响较小，蒸发温度、制热量和 COP 仅会出现小幅下降。但随着霜层厚度的不断增加，系统性能将出现较大降幅，并且随着霜层的继续生长，系统性能呈现加速下滑趋势。通过结霜模型模拟结霜对空气源热泵性能的影响发现，在室外空气温度为 0℃，相对湿度为 80％，结霜时间达到 60min 时，蒸发温度降低导致其制热量和 COP 的降幅分别达到 10.9％ 和 6.9％。因此，延长除霜周期、降低除霜能耗和减少对用热侧的影响成为空气源热泵能效提升及进一步推广应用的关键。

5.3.1 超疏水表面改性抑霜技术

发展有效的抑霜技术，能缓解结霜过程中热泵制热量和制热效率的衰减，同时可减少热泵的除霜频率，降低除霜能耗，增加有效供热时间。根据霜层生长的宏观特征将结霜过程分为霜晶生长期、霜层生长期和霜层充分生长期三个阶段，其中，霜晶生长期又可细分为凝结液滴形成、液滴冻结、霜晶生成和成长过程。

图 5-23 显示了蒸发器表面霜层的生长过程。在霜晶生长期，空气中的水蒸气首先在蒸发器表面发生相变形成凝结液核，水蒸气分子在存活下来的液核表面凝聚，使液核不断长大成宏观的凝结液滴。凝结液滴通过不断生长以及与周围液滴的合并形成尺寸更大的液滴。随着液滴温度下降并冻结，冻结后的液滴表面形成霜晶，结霜过程随之进入霜层生长期。在此阶段，随着霜晶体的长大，柱状霜晶的顶端开始出现分枝，霜晶在横向与纵向两个维度不断生长，霜晶之间相互交错和覆盖，使霜层成为多孔的网状。由于水蒸气在霜层表面的凝华和向霜层内部的扩散，霜层高度和密度均增加，并逐渐发展到霜层充分生长期。在此阶段，霜层高度的增大导致其热阻增大，暴露在空气中的霜晶顶端温度升高到0℃时，顶端发生融化和倒伏现象，融化的水渗入霜层内部冻结成冰晶，又使得霜层密度增大、热阻减小，顶部霜晶的温度降到0℃以下，霜晶继续生长。由于霜层反复经历融化、结冰循环，霜层变得越来越密实，表面越来越平坦。

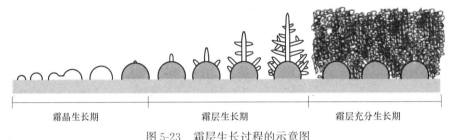

图 5-23　霜层生长过程的示意图

5.3.1.1　超疏水表面的抑霜机理

近年来，受"荷叶效应"等自然现象及生物的启发，国内外学者开展了超疏水表面的制备与应用研究，通过湿化学刻蚀、纳米涂层喷涂及电火花微加工等方法制备出具有纳米、微纳复合结构的超疏水表面。液滴置于表面所形成的夹角称为接触角，当$\theta < 90°$，表面为亲水表面；当$90° < \theta < 150°$，表面为疏水表面；当$\theta > 150°$，表面为超疏水表面。可视化观测发现，表面接触角对结霜过程存在重要影响，超疏水翅片的结霜过程及霜层物性与亲水、普通和疏水表面有着明显差异。

结霜初始阶段的凝结液滴是霜晶生长的基体，延缓或破坏凝结液滴生长-冻结过程的演化发展，是抑制结霜的关键所在。相比于具有低接触角的表面，超疏水表面形成的凝结液滴分布稀疏，尺寸较小，且冻结时间晚。得益于此，超疏水表面展现出优良的抑霜性能。其抑霜机理主要包括以下几个方面：

① 超疏水表面的凝结成核位垒高。由于超疏水翅片表面的接触角较大，相比于低接触角表面，形成凝结液核所需克服的位垒也较大，因而超疏水翅片表面凝结液核的形成更加困难，水蒸气凝结过程自然得到抑制。

② 超疏水表面的凝结成核密度低。水蒸气的凝结成核密度是指翅片表面单位面积上形成的液核数量，凝结成核密度也随接触角的增大而减小。由于超疏水翅片表面的接触角较大，凝结成核密度小，形成的凝结液滴分布密度更稀疏。分布稀疏的凝结液滴会导致霜晶的横向传递速度减缓，同时也可降低翅片表面的霜晶覆盖率。

③ 超疏水表面凝结液滴的生长速度慢。参见图 5-24，超疏水表面的微纳结构使凝结液滴呈 Cassie 润湿模式，固-液间实际接触面积（导热面积）小，且由于结构缝隙间空气

的存在，极大地增加了冷表面与液滴间的传热热阻，使得凝结液滴生长缓慢。而非超疏水表面的凝结液滴一般呈 Wenzel 润湿模式，即液滴完成浸润表面粗糙结构，固-液间实际接触面积（导热面积）大。凝结液滴在超疏水表面呈 Cassie 状对表面的持续抑霜作用至关重要。由于冻结液滴与冷表面接触面积小，减少了霜层与冷表面的热量交换，即使超疏水表面被霜层覆盖，仍可有效抑制后续霜层生长。

④ 超疏水表面频繁出现凝结液滴合并后的自发弹跳现象。结霜初始阶段超疏水翅片表面凝结液滴的合并、弹跳脱落现象，是导致液滴分布稀疏的两个主要原因之一，也是超疏水翅片结霜过程中区别于其他翅片表面最显著的行为特征。图 5-25 所示为高速摄像仪拍摄的凝结液滴自弹跳过程。

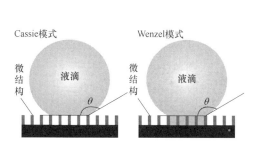

图 5-24 液滴对翅片表面微结构的润湿模式

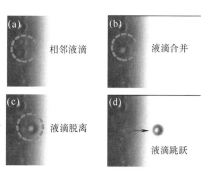

图 5-25 结霜初始阶段超疏水翅片表面凝结液滴的自弹跳现象

5.3.1.2 融霜特性及超疏水换热器的制备

常规翅片表面在霜层融化的动态过程中伴随着霜层分解、霜层融化和融霜水收缩，而具有较小接触角滞后的超疏水翅片的融霜过程存在显著差异。图 5-26 显示了超疏水翅片的融霜过程。融霜开始后，霜层顶部沿背离翅片的方向卷起，并迅速与翅片剥离，最终整体从翅片表面脱落。霜层脱落后的翅片表面比较干燥，只有少量微小尺寸的液滴滞留。霜层的剥落节约了融霜耗热量，减少了融霜时间，但并非所有超疏水表面都具有这一特性。只有同时具备较大的接触角和较小的接触角滞后，才能实现翅片表面霜层的直接剥落。

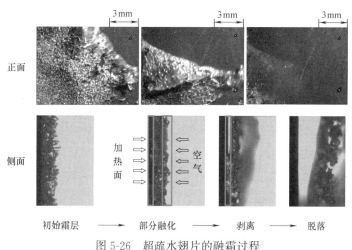

图 5-26 超疏水翅片的融霜过程

在融霜过程中，由于翅片表面的黏附作用，部分融霜水会滞留在翅片表面。滞留水需被蒸发除尽，否则会在下一个结霜周期内形成致密的霜层，而蒸发融霜滞留水所消耗热量约为融化等质量霜层的 8 倍。此外，蒸发融霜滞留水使得整体除霜时间延长，降低了除霜效率。对于超疏水翅片，由于融霜初期霜层从表面脱落，使之表面保持干燥。实验结果表明，超疏水翅片的滞留水量比亲水翅片、普通翅片以及疏水翅片分别减少 90.8%、87.3% 和 84.9%。可见，超疏水翅片能够有效抑制融霜水的滞留，从而减少蒸发融霜水所需的时间和热量，提高除霜效率。

通过对普通翅片管换热器依次进行溶液刻蚀、去离子水煮沸和表面氟化处理，实现了超疏水换热器的整体化制备，翅片表面具有高接触角和低滞后角特征，或通过制取 SiO_2 超疏水涂层直接喷涂普通翅片后获得性能优异的超疏水翅片，并最终组装成超疏水换热器，如图 5-27 所示。

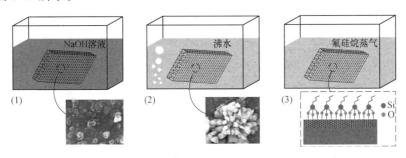

(a) 超疏水翅片管换热器的制备过程示意图

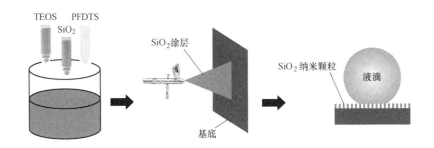

(b) 可喷涂超疏水表面的制备流程示意图

图 5-27　超疏水材料制备流程示意图

在环境温度为 0℃，相对湿度为 90%，通过对亲水型、普通型和超疏水型三种翅片管换热器（表面接触角分别为 13.7°、95.3° 和 156.8°，换热器尺寸为长×宽×高＝300mm×45mm×200mm）表面的结霜/融霜过程以及性能参数进行对比测量，从图 5-28（a）给出的结霜量随结霜时间的变化过程可以看出，结霜工况运行 60min 后，亲水型、普通型和超疏水型换热器表面的结霜量分别为 0.27、0.36 和 0.22kg；与亲水型和普通型换热器相比，超疏水型换热器表面的结霜量分别减少了 18.5% 和 38.9%，其融霜耗热量分别减少了 47.2% 和 61.9%。从图 5-28（b）可以看出，结霜 60min 后，普通型换热器的风量接近于 0，表明翅片间隙已被霜层堵塞，而亲水型和超疏水型换热器的风量分别为 49.6m³/h 和 125.0m³/h，降幅分别为 79.7% 和 49.9%。实验结果表明：在相同结霜工况下，超疏水型换热器表面的风量衰减最少，这表明超疏水型换热器表面的霜层生长得到了有效抑制，同时由此导致的风量衰减较小。

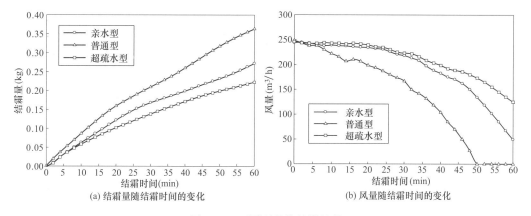

(a) 结霜量随结霜时间的变化　　　(b) 风量随结霜时间的变化

图 5-28　不同型号换热器性能

霜层融化后，部分融霜水会滞留在换热器表面。如图 5-29 所示，对于润湿性极好的亲水型换热器，融霜水平铺在翅片表面，形成了一层薄薄的水膜。对于普通型换热器，翅片表面形成了许多大小分布不一的"水桥"。对于超疏水型换热器，翅片表面保持相对干燥，没有发现明显的融霜水滞留现象，只有在换热器的内部管壁上有少量微小尺寸的液滴滞留。由于超疏水型换热器抑制融霜水滞留的性能显著，因此使用超疏水型换热器作为空气源热泵的室外换热器，可减少蒸发融霜水耗热量，从而进一步提高热泵除霜效率。

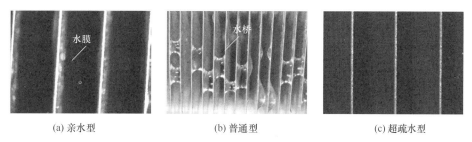

(a) 亲水型　　　　　(b) 普通型　　　　　(c) 超疏水型

图 5-29　不同翅片表面融霜水滞留对比

5.3.2　探霜技术

空气源热泵由于制冷剂和进风分布不可能非常均匀，因而导致蒸发器的结霜不匀，从而导致蒸发器结霜状态探测不准，也导致融霜效果不好，化霜干净程度检测不准等问题。上述问题容易导致蒸发器"有霜不除，无霜除霜，化霜不尽"的误除霜现象，进而导致空气源热泵长期运行后出现制热性能衰减，舒适性变差，浪费化霜电能，能效比降低。因此，精确探测空气源热泵的结霜状态，是防止误除霜现象发生的重要条件。

5.3.2.1　室外环境-换热器出口双温探霜

从现有探霜技术看，除霜判据从单一参数控制，逐渐发展为多参数、综合指标控制，并逐步结合数据挖掘、机器学习技术，提高其控制精度。然而，受到空气源热泵动态变化及现实条件的影响，传统方法并不能完全解决"有霜不除，无霜除霜"的误除霜现象。

在制热运行时，压缩机回气温度与室外换热器中部温度变化规律相似，且其变化规律与室外换热器出口温度相同，因此低压侧的温度变化规律有局部相似性；但室外换热器出口温度曲线与其他曲线有着明显不同。通过大量的实验工况对比可以发现，回气温度与室外换热器中部的换热管路上温度会受到冷媒量、室外换热效果的影响，完全依靠上述温度点作为空调器结霜状态的判据容易出现误判；并且，还需要额外增加一个化霜结束判定的传感器，增加电控系统的成本与复杂度。相比之下，室外换热器出口温度受外部因素影响小，因此更适合作为判断结霜的参数。

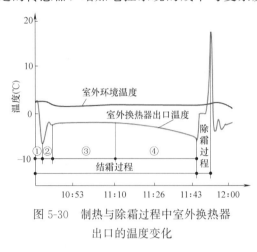

图 5-30 制热与除霜过程中室外换热器出口的温度变化

图 5-30 给出了热泵结霜过程中室外换热器出口的温度变化情况，可见，系统制热及结霜的整个过程可以分为四个阶段。①在起始阶段，随着空调器制热开启，室外换热器温度快速下降，低于室外环境温度某设定值；②在调节阶段，当频率与风速稳定后，系统压力逐渐趋于平稳，室外换热器的温度也逐渐上升达到某设定值；③在系统进入稳定制热过程中，室外换热器温度维持在某一个温度值，但仍低于室外环境温度；④系统进入结霜阶段、出现结霜现象时，室外换热器的温度逐渐缓慢降低，并随着运行时间与结霜量的增加，降低的速度加快。可以看出，室外换热器出口温度与整个结霜过程密切相关。因此，采用室外换热器出口温度与环境温度相结合的探霜方法，可以较好地反映室外换热器的结霜程度。

通过对不同机型及不同工况进行大量的非稳态制热实验，观察结霜现象、除霜效果以及系统的参数变化规律（图 5-31），都证实了采用室外换热器盘管出口温度、室外环境温度以及盘管出口温度随时间的变化率作为判据，可以获得良好的探霜效果。

① T3波动阶段，② T3缓慢稳定阶段，③ T3缓慢稳定阶段，④ T3下降阶段， ⑤ T3快速上升阶段

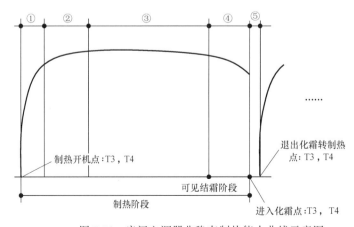

图 5-31 房间空调器非稳态制热能力曲线示意图

将改进后的探霜程序置于机组，与原始探霜程序在同一套机组上进行对比实验，以低温制热为例验证制热的效果：在室外干湿球温度为2/1℃、室内干湿球温度为20/15℃的工况下，改善后的探霜程序的结霜探测更为准确，且可以延长化霜周期8%，提升能力约0.5%（见表5-12）。换言之，新探霜策略有效地延长了除霜周期时间，改善了制热舒适性。

1hp 房间空调器采用新、旧探霜程序的应用效果　　　　　　　　表 5-12

实验条件	工况	室内干/湿球温度＝20/15℃,室外干/湿球温度＝2/1℃		
	能力(W)	能效比(W/W)	化霜周期	化霜时间(s)
改进探霜程序	3492	2.48	1:02:48	348
原始探霜程序	3476	2.48	0:58:13	328
改进效果	提升 0.5%	改善 0.0%	延长 7.9%	缩短 6.1%

5.3.2.2　风机电流变化率辅助探霜

随着室外机结霜量的增加，霜层会逐渐增厚，将导致空气流过室外侧换热器的阻力增大，从而使蒸发器风机直流电机的功率变大，相应的直流电机母线电流值也将变大。因此，在上述室外环境-换热器出口双温探霜方法的基础上增加风机电流检测，通过检测直流电机母线电流值变化率，来修正判定热泵是否进入除霜的条件，从而进一步提高探霜精度。

对于多联机而言，通过对室内机盘管温度、室外机盘管温度、室外机风机电流和系统压力以及室内机运行数量对除霜时机进行多维度综合判断，以确保判断除霜时机时不会代入异常干扰。该方法不仅有效地避免了多联机系统因运行参数不稳定而错误进入除霜程序，还在提升除霜时机的判断准确程度的同时避免大幅度增加多联机系统的数据运算量，保证了多联机系统的运算效率，增加了多联机系统的反应灵活性。

为保证机组在运转过程中避免因风机传感器异常导致无法进入除霜的问题发生，需保证室外风机在各转速下直流电机母线电流值变化率（m 值）在其正常范围内，当超出其设定范围时，则认为风机检测电流值存在异常，机组将恢复原有标准除霜程序进行除霜判断。其具体流程如图 5-32 所示。

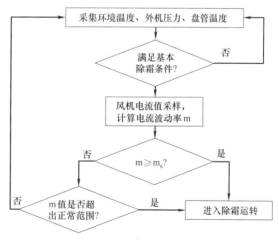

图 5-32　检测蒸发器风机电流的探霜流程图

图 5-32 中室外风机直流电机母线电流值变化率（m 值）定义如下：

$$m = \frac{I_t}{I_o} \tag{5-4}$$

式中　I_t——运行过程中室外风机直流电机母线电流值，A；
　　　I_o——前次除霜完成初始时室外风机直流电机母线电流值，A。

图 5-32 中的 m_s 表示室外机在该运转条件下满足除霜进入条件的室外风机直流电机母线电流值变化率。依靠电流变化率辅助探霜，改善了因室外换热器表面积灰，脏堵以及包括风机转速变化等因素导致的误除霜情况发生。

5.3.2.3 蒸发器送风压差变化率辅助探霜

霜层厚度是决定空气源热泵进入除霜状态的重要判据，准确探霜是解决空气源热泵除霜控制策略的基本环节。由于结霜厚度直接影响风机的风量，故基于风机特性，根据预先实验探明的静压-电流特性曲线，将采集的换热器风阻（利用风机的驱动电压占比参数 duty 因子，模拟霜层厚度）作为除霜判据之一，并结合环境温度、室外盘管出口温度及其变化率实现精准探霜，降低了误除霜概率。

蒸发器压差变化辅助探霜方法的应用效果 表 5-13

调运行工况	除霜方法	除霜周期（min）	除霜周期内的平均换热量(W)	COP（W/W）	改善效果
室外干/湿球温度=－2/－3℃；100%负荷率	原除霜控制策略	93	47600	3.40	制热量增大 5.4%，COP 提升 11%
	智能除霜控制策略	105	50150	3.78	
室外干/湿球温度=－5/－6℃；75%负荷率	原除霜控制策略	100	42500	3.00	制热量增大 2.6%，COP 提升 12%
	智能除霜控制策略	72	43600	3.35	
室外干/湿球温度=－15/－16℃；100%负荷率	原除霜控制策略	178	38078	2.30	制热量增大 4.4%，COP 提升 16%

实验表明，采用该辅助探霜方法后，空气源热泵能更为准确地判定室外换热器的结霜状态并进行除霜操作，避免了霜层的严重增厚和密实，实现了"有霜则除，无霜不除"的效果，从而提升了空气源热泵在整个除霜周期内的制热量和能效比，参见表 5-13。例如，空气源热泵在室外干/湿球温度为－5/－6℃、75%负荷率时，采用该辅助方法探霜，其除霜周期缩短了 28%，制热量提升了 2.6%，且制热能效比 COP 提升了 12%。

5.3.3 除霜技术

逆循环除霜是目前最常用的除霜方式，其主要缺点在于：在除霜过程中需要中断供热，室内温降大，影响室内环境的舒适性；除霜的热量来源不足，导致除霜时间过长。为解决上述问题，相变蓄能除霜和热气旁通除霜等不间断制热除霜技术得到了发展。相变蓄能除霜是通过设置在压缩机壳体上的相变蓄能器（模块）贮存制热运行运行时的压缩机漏热量用于除霜，除霜时以此作为热泵的低位热源，为霜层融化和室内环境提供能量，无需从室内取热，同时还可以在除霜时向室内供热；热气旁通除霜是在制热过程中，将压缩机的高温排气直接引入室外换热器中，用高温排气的热量将霜层融化，无需从室内取热，提高舒适性，改善用户的制热使用体验。

5.3.3.1 相变蓄热除霜

相变蓄热除霜，根据蓄热与结霜情况可选择持续供热除霜或停止供热除霜两种模式，参见图 5-33。当采用持续供热除霜模式时，压缩机不停机，四通阀不换向，在除霜过程中能持续向室内供热，改善室内热舒适性，但除霜时间较长。当采用停止供热除霜模式时，压缩机不停机，四通阀不换向，由于除霜时高压气态制冷剂不进入室内机，故除霜热量充足，除霜快速，虽室内温度略有降低，但显著优异于逆循环除霜，且制热恢复时间短。

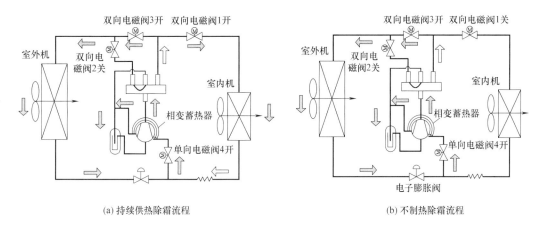

(a) 持续供热除霜流程　　　　　　　　　(b) 不制热除霜流程

图 5-33　空气源热泵相变蓄热除霜的运行流程

相比于逆循环除霜，相变蓄热除霜具有如下特点：除霜时四通阀无需换向，避免了四通阀换向的气流噪声；从相变蓄热材料中取热，可同时向室内和室外换热器供热，在除霜的同时可有效地保障室内的舒适性；在除霜过程中，对流过室内与室外换热器的高压制冷剂分别进行节流，故能方便地调节各支路中的制冷剂流量，从而可有效地协调除霜时间长短和室内供热量的关系，从而选择适宜的除霜模式。

为检验相变蓄能除霜的实施效果，在热泵系统中设置了如图 5-34 所示的温度测点。每个蓄热罐共 6 个温度测点，内圈上、中、下各 2 个，外圈上、中、下各 2 个。由于热量主要来自压缩机的漏热，选取相变材料的相变温度为 18℃，因此充分蓄热的标志是外圈下部的温度达到 25℃。从图 5-35 的实验结果可以看出，蓄能 45min 时，相变材料的温度未能全部达到相变温度以上，特别是位于外圈底部相变材料的温度最低，但在 105min 后，相变材料的温度全部达到相变温度以上。

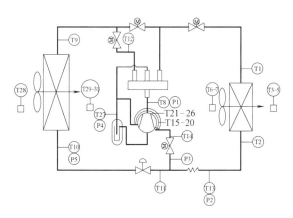

图 5-34　空气源热泵相变蓄能除霜实验测点布置图

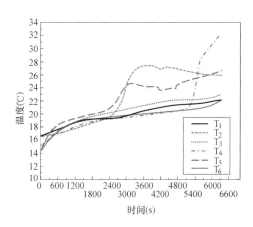

图 5-35　相变蓄热器蓄热温度曲线

表 5-14 给出了不同除霜模式的除霜效果（结霜时间均为 45min）。

测试结果对比　　　　　　　　　　　　　　　　　　　　　表 5-14

除霜模式	化霜水质量（kg）	除霜时间（s）	恢复制热时间（s）	耗电量（kJ）	室内进、出风温差(℃)	平均排气压力（MPa）	平均吸气压力（MPa）
充分蓄热＋不间断制热	1.04	115	0	239.2	3.6	1.61	0.71
充分蓄热＋不制热	1.05	110	20	289	2.7	1.77	0.74
充分蓄热＋不间断制热＋室内机辅助电热	1.07	110	0	451	12.4	1.64	0.71
未充分蓄热＋不制热	0.90	165	25	350	2.3	1.43	0.54
逆循环除霜	1.25	400	75	364.5	—	1.23	0.49

　　从表 5-14 可以看出，采用相变蓄热器的热泵系统在除霜时，压缩机的吸、排气压力均得到提高，能极大地改善压缩机的运行环境，延长其使用寿命。由于相变蓄热器提供了充足的除霜热量，使得除霜时间极大地缩短，平均约 120s。与四通阀换向除霜相比，蓄热除霜时的电耗降低 30%，除霜时间缩短 70%，并能持续为房间供热，室温从四通阀换向除霜的降低 8℃减小到降低 2℃，实现了除霜过程的节能性和室内舒适性的显著改善。

5.3.3.2　顺向除霜

　　蒸发器顺向除霜是一种在一定温度范围内实施的热气旁通除霜方式，它与逆循环除霜的组合利用可以有效地延长机组稳定制热时间，降低了室内温度波动，大幅提升了制热运行期间的平均制热量和能效比。

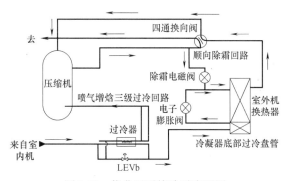

图 5-36　优化后系统除霜流程图

　　以如图 5-36 所示的 14hp 单模块多联机系统为例，在系统回路中设置了顺向除霜回路，顺向除霜时，四通阀不换向，除霜电磁阀打开，高温高压的制冷剂蒸气与经过室外机电子膨胀阀减压后的低温低压制冷剂混合，一同进入蒸发器参与除霜，除霜后的气液两相制冷剂经气液分离器分离，气态制冷剂再进入压缩机压缩。实验结果表明，当顺向除霜时间为 2min 和 3min 时，在室外 0℃以上、合适的除霜时间间隔内，大部分情况都可以除霜干净，参见表 5-15。

顺向除霜的实验结果　　　　　　　　　　　　　　　　　表 5-15

实验工况(℃)	蒸发器顺向除霜效果	逆循环除霜周期（min）	平均制热能力比(除霜周期内的平均制热量/额定制热量)(%)
室外 2/1,室内 20/-	无顺向除霜时	65	71.30
室外 3/2,室内 20/-	除霜干净	98	81.20
室外 2/1,室内 20/-	除霜干净	96	77.10
室外 1/0,室内 20/-	除霜干净	79	72.80
室外 0/−1,室内 20/-	少量残霜	72	69.20
室外 −1/−2,室内 20/-	明显残霜	67	66.30

确定顺向除霜的室外温度下限至关重要。研究表明，顺向除霜的适用范围通常在室外1℃以上、蒸发器结霜不多的情况，但是考虑到传感器偏差等因素的影响，在实际应用中，其控制参数需留一定余量，可以将其适用的最低室外温度确定为2℃，当室外温度更低时，应切换为逆向除霜模式。采用顺向除霜时，其除霜时间为2min、最短间隔时间为25min时，机组的除霜效果、平均制热量、逆循环除霜周期、室内机出风温度等综合效果最佳。

顺向除霜在多模块多联机系统中具有更好的应用效果。当室外机为多个组合模块时，除各室外机模块可独立顺向除霜外，不同室外机之间还可轮流进入逆循环除霜，可以有效地减少除霜对室内热环境的影响，提高除霜周期内的平均制热量和能效比。

5.3.3.3　蒸发器分区交替热气旁通除霜

在具有多个室外蒸发器的多联机系统中，采用蒸发器分区交替热气旁通除霜技术，可实现室内不间断制热除霜，其制冷剂流程如图5-37所示。将室外蒸发器改为多组并联的蒸发器结构，并设置必要的除霜电磁阀，除霜时，采用交替热气旁通除霜策略，以实现不间断制热除霜，同时提高室内舒适性和系统稳定性。该技术具有除霜周期延长、制热量增大、除霜过程制热量衰减小的显著优点，已应用于空气源热泵多联机系统中。

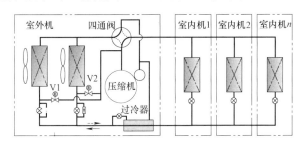

图5-37　双室外换热器非间断制热除霜多联机循环流程

除霜时，室外机的四通阀不换向（持续向室内供热），除霜电磁阀V1或V2开启（并关闭该蒸发器进口的电子膨胀阀），一部分压缩机高温排气通过V1或V2进入需要除霜的蒸发器中进行除霜，冷凝后的液态制冷剂与未除霜蒸发器返回的气态制冷剂混合，经气液分离器分离后，气态制冷剂进入压缩机，由此保证了在除霜过程中室内机继续制热运转，除霜时室内温度波动小，大幅度提高了舒适性。

以室外干/湿球温度为1/0.5℃时的制热除霜工况为例，对比原有四通阀逆循环除霜方式（四通阀掉电，V1和V2关闭）和室外换热器交替除霜方式（V1和V2交替开启除霜），其除霜和制热效果都得到良好的改善，如表5-16所示。可以看出，采用交替热气旁通除霜时，其除霜周期由原来的60min延长至82min，且一个除霜周期的制热量提高10.5%。

蒸发器分区交替热气旁通除霜的运行效果　　　　　　　　　表5-16

除霜方法	除霜周期（min）	除霜周期内的最大制热量（W）	除霜周期内的平均制热量（W）	改善效果
四通阀换向除霜	60	60000	52600	平均制热量提升10.5%
室外换热器交替除霜	82	64320	58126	

5.3.4 无霜空气源热泵技术

为实现空气源热泵的冬季无霜供热，并提高其全年运行能效，基于溶液调湿和溶液喷淋是无霜空气源热泵技术的两种思路。前者在室外换热器进风处设置喷淋装置，冬季喷淋溶液降低蒸发器进风含湿量避免结霜，夏季喷淋水降低冷凝温度；后者向室外换热器循环喷淋防冻液，冬季从空气中取热并再生防冻液，夏季为蒸发式冷水机组高效运行。

5.3.4.1 基于溶液调湿的无霜空气源热泵

在空气进入热泵蒸发器之前，通过空气预除湿处理降低进入蒸发器的空气含湿量，从而实现热泵的无霜运行。基于溶液调湿的空气预除湿处理就是其中有效的技术路径之一，基于溶液调湿的无霜空气源热泵系统原理图如图 5-38 所示，系统主要包括热泵循环系统、溶液循环系统（夏季蒸发冷却循环）两个部分。

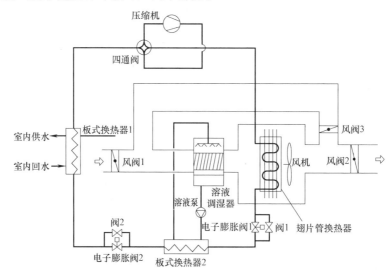

图 5-38　基于溶液调湿的空气源热泵系统原理图

该系统主要由压缩机、翅片管换热器、板式换热器、溶液调湿器、四通阀、电子膨胀阀、溶液泵、风机、风阀等构成，根据运行工况不同，其运行可分为夏季供冷、冬季供热、冬季再生三种模式：

（1）供冷模式

在制冷模式下，溶液循环系统中以水为工作介质。阀 1、电子膨胀阀 2、风阀 1、风阀 2、溶液泵和风机开启，其他阀门关闭。低温低压的制冷剂被压缩机吸入压缩，进入翅片管换热器，然后经过阀 1、板式换热器 2，制冷剂在翅片管换热器和板式换热器 2 中分别与空气以及溶液调湿器中流出的水进行换热，自身冷凝成液体，然后通过电子膨胀阀 2 节流，进入板式换热器 1 中蒸发，制取冷水后，经四通阀返回压缩机。室外空气首先经过溶液调湿器，在其中与冷却水传热传质后进入翅片管换热器换热，最后排出系统，降温后的冷却水进入板式换热器 2，与从翅片管换热器中出来的制冷剂换热。

（2）供热模式

在此模式下，溶液循环系统中以吸湿溶液作为工作介质。低压气态制冷剂被压缩机吸入，压缩后进入板式换热器1中换热被冷凝成液体，制取供热热水，随后制冷剂经过电子膨胀阀2节流后，依次通过板式换热器2、阀1和翅片管换热器，制冷剂在板式换热器2和翅片管换热中分别与溶液和空气进行换热，从溶液和空气中吸收热量，低压气态制冷剂经四通阀返回压缩机。室外空气首先进入溶液调湿器中与溶液进行传热传质，空气中的水分被溶液吸收变干燥后，再进入翅片管换热器与制冷剂进行换热，空气温度降低后排出。因空气进入翅片管换热器前经过溶液预除湿，因此在翅片管换热器上不会出现结霜，实现了无霜化运行。

（3）再生模式

溶液调湿器中的溶液对空气预除湿后，溶液浓度变稀，逐渐丧失除湿能力，因而需要进行适时再生。在再生工作模式中，电子膨胀阀1、阀2、风阀3开启，电子膨胀阀2、阀1、风阀1、2关闭。低温低压的制冷剂被压缩机压缩，分别经过板式换热器1、阀2和板式换热器2，制冷剂在板式换热器1和板式换热器2中分别与供热热水和溶液进行换热，自身被冷凝成液体，随后经电子膨胀阀1节流进入翅片管换热器，在翅片管换热器中与空气进行换热，从空气中吸收热量，蒸发后的气态制冷剂经四通阀返回压缩机。在板式换热器2中，溶液与制冷剂换热被加热后进入溶液调湿器中与空气进行传热传质，较高温度溶液的水分蒸发，浓度升高，吸收了水分的空气流出溶液调湿器后进入翅片管换热器，空气中的水分被凝结放出热量，降温除湿后的空气经风阀3返回溶液调湿器，如此循环，实现溶液的浓度再生，使稀溶液重新获得除湿能力，完成再生过程。

图5-39为基于溶液调湿无霜空气源热泵系统在夏季供冷、冬季供热、冬季再生模式下运行的空气处理焓湿图。由图可知，在制冷工况下，热泵系统的制冷剂冷凝包括水冷和风冷两部分，环境空气进入溶液调湿器中与冷却水进行传热传质，部分冷却水蒸发后获得温度更低冷却水的同时，空气温度也将降低，空气从溶液调湿器中流出后进入翅片管换热器与制冷剂换热，其温度比环境空气直接进入翅片管换热器具有更好的冷凝效果，同时从溶液调湿器出来的温度较低的冷却水进入板式换热器2与制冷剂换热，实现对制冷剂的进一步冷凝和再冷，从而进一步提高系统的制冷效率。

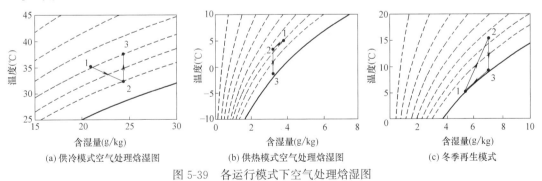

图5-39 各运行模式下空气处理焓湿图

在冬季供热模式下，制冷剂蒸发也分为两部分：制冷剂分别在板式换热器2和翅片管换热器中蒸发，与常规空气源热泵的翅片管蒸发器不同，因溶液调湿器的调湿作用，使得空气进入翅片管换热器换热时不再存在结霜现象，因此翅片管蒸发器表面霜层增长导致的性能衰减问题得以从根本杜绝。此外，环境空气被除湿后水蒸气放出的相变潜热通过溶液也在板式换热器2中被制冷剂吸收。

在再生模式中，通过电子膨胀阀1调整节流后的制冷剂压力，板式换热器2将作为冷凝器使用，制冷剂放出热量用于加热稀溶液进行再生。与此同时，从稀溶液蒸发出的水蒸气在翅片管换热器中凝结析出，相变潜热由制冷剂带走，实现了此部分热量的回收利用，高效再生的同时保证无霜空气源热泵系统的持续、稳定运行。

图 5-40 为系统供冷 COP（供冷模式下系统总供冷量/系统总耗功）与室外空气温湿度的关系。由图可知，系统供冷 COP 随着室外空气干球温度的不断上升而逐渐下降，从 34.0℃ 的 3.30 下降到 38.0℃ 的 2.80；因系统中存在溶液调湿器，空气相对湿度对冷却水进回水温度有着重要影响，因此室外空气相对湿度对供冷 COP 有着显著影响，室外相对湿度从 53% 增加到 63% 时，系统 COP 从 3.45 下降到 3.21，性能下降明显。

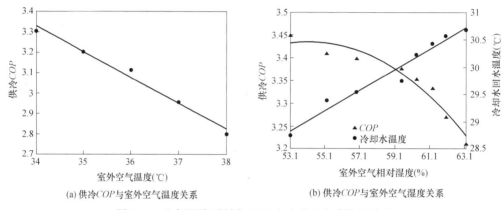

(a) 供冷COP与室外空气温度关系　　　　(b) 供冷COP与室外空气湿度关系

图 5-40　空气源热泵制冷 COP 与室外空气参数的关系

图 5-41 为系统供热 COP（供热模式下系统总供热量/系统总耗功）与室外空气温湿度的关系。在给定实验条件下，保持各个参数不变研究室外温度对系统供热 COP 的影响。从图中可以得出，在实验工况下，当室外温度从 −4.5℃ 升高到 −1.0℃ 时，系统供热 COP 从 2.32 上升到 2.44；在室外气温 1.5℃，冷凝水温度 45℃ 的工况下，当室外空气湿度从 3.04g/kg 升高到 3.30g/kg 时，系统的供热 COP 随着环境湿度上升稍有增加，湿度的提升会使得溶液与空气的除湿驱动力增大，换热的潜热量增加，但此时系统为双蒸发器结构，溶液调湿器中提升的潜热换热量对整个蒸发条件影响较小，因此系统的供热 COP 变化不大。

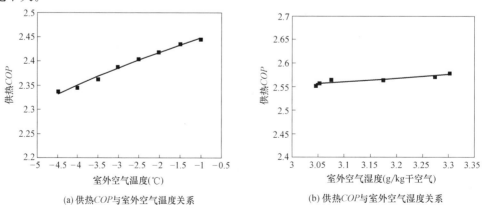

(a) 供热COP与室外空气温度关系　　　　(b) 供热COP与室外空气湿度关系

图 5-41　空气源热泵制热 COP 与室外空气参数的关系

供水流量对系统供冷供热性能影响都较为明显，实验工况下，水流量的增大使得系统供冷 *COP* 提升超过 11%，系统供热 *COP* 提升约 16%。溶液塔水流量的增大使得夏季供冷 *COP* 提升达 7.7%，冬季工况下溶液流量的增大使得系统供热 *COP* 上升 4.8%，从 2.52 上升到 2.64。

图 5-42 为系统采取无霜空气源热泵运行与采取逆循环除霜运行模式下系统综合 *COP*（一个供热和再生运行周期内，系统总供热量/系统总耗功）随室外环境温度的变化曲线，由图可知，两种模式下系统综合 *COP* 都随室外环境温度的降低而下降，相比采取逆循环除霜

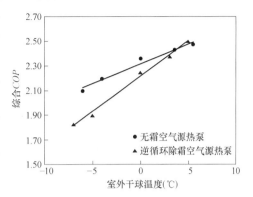

图 5-42　综合 *COP* 与室外环境温度的关系

方式，当环境温度低于 4℃时，无霜运行模式下的系统综合 *COP* 都高于逆循环除霜模式，且随着环境温度的降低，优势越明显。

5.3.4.2　溶液喷淋式无霜空气源热泵

为减少冷水机组与冷却塔的换热环节，综合风冷和水冷冷凝器的优势，研发出了冬季、夏季双高效运行的溶液喷淋式无霜空气源热泵设备（简称：溶液喷淋式热泵）。该设备夏季为蒸发式冷凝冷水机组，冬季将喷淋介质更换为防冻溶液（如采用换热性能较好、腐蚀性较小、无毒、不易燃的丙三醇溶液）以实现无霜供热。

在不影响主机制热量情况下，为实现防冻液的实时再生并提高再生效率，利用冷凝器出口过冷制冷剂的热量（即：过冷热）作为溶液再生的驱动热源，低温防冻液作为回收再生潜热的冷源，从而实现喷淋式热泵的稳定、高效、无霜供热。

图 5-43 给出了过冷热再生及不再生制热循环压焓图。1→2→3→4→1 为不再生制热循环，当采用制冷剂过冷热作为再生热源时，制热循环则变为 1→2→3→3′→4′→4→1，3 点的过冷制冷剂（即冷凝器出口过冷制冷剂）进入再生器提供再生热量，经换热以后，温度降为 3′点（即再生器出口制冷剂状态），因此 3→3′的焓差与制冷剂流量的乘积对应再生器的换热量，即再生热量。再生器出口的制冷剂 3′经膨胀阀节流到 4′点（即蒸发器入口制冷剂状态），4′→4 的焓差与制冷剂流量的乘积即再生冷量，存贮在浓溶液中并被蒸发器回收。当忽略漏热损失时，再生热量与再生冷量相等。利用过冷热再生可以在不影响制热量的前提下，采用热泵主机免费的冷热量，仅需付出较小的风机和溶液泵能耗，即可实现溶液的高效再生。

溶液喷淋式热泵的过冷热再生制热模式工作原理如图 5-44 所示，通过图中的制冷剂和溶液阀门的启闭状态组合，可以实现利用过冷热（阀门1关闭）或热气旁通（阀门1开启）热量的实时再生。

制冷剂循环回路、主机溶液循环回路、再生空气循环回路及再生溶液循环回路。

（1）制冷剂循环回路：按照 1→2→3→3′→4′→1 运行，高温高压制冷剂气体在壳管式换热器中放热制取供暖热水并冷凝为过冷度较小的液态制冷剂，再通过阀门2、高压贮液器，然后进入再生器（盘管）与再生溶液进行换热，被冷却为过冷度较大的液态制冷剂，然后进入膨胀阀，在管板式蒸发器内吸收空气和溶液的热量后蒸发，返回压缩机

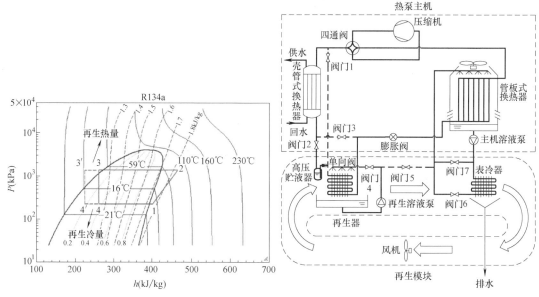

图 5-43　过冷热再生及不再生制热循环压焓图　　图 5-44　过冷热再生制热模式原理图

压缩。

（2）主机溶液循环回路：管板式蒸发器出口的低温溶液经主机溶液泵驱动，一部分溶液通过管路直接返回至管板式蒸发器喷淋装置，另一部分溶液进入表冷器作为冷源对表冷器入口的湿空气进行冷却除湿，溶液温度升高后返回管板式蒸发器喷淋装置，喷淋至管板式蒸发器表面，与管板内部的制冷剂及换热器入口的湿空气进行热质交换，之后落入储液池。

（3）再生溶液循环回路：来自管板式蒸发器的低浓度溶液通过再生溶液泵进入再生喷淋装置，并喷淋在再生器表面，在制冷剂过冷（或热气旁通）热量的加热下，溶液维持较高的温度，与再生器入口的湿空气进行热质交换，浓度变高的溶液落入再生器的储液池内，当溶液浓度升高后，通过再生溶液泵及阀门5返回管板式换热器。

（4）再生空气循环回路：再生器溶液喷淋盘管换热器入口的低温湿空气与再生器表面的溶液进行热质交换，被加热、加湿，温度升高，含湿量增大，随后进入表冷器被低温溶液冷却除湿，温度降低，含湿量减小，返回再生器入口。

溶液喷淋式热泵在过冷热再生模式下，其主机制热量衰减极小，且能实现无霜、高效供热。溶液喷淋式热泵的系统性能受到空气干球温度、湿度、主机溶液浓度、再生溶液浓度、再生风量及再生溶液流量等多参数的影响，其中空气干球温度的影响最为显著。

图 5-45、图 5-46 给出了不再生制热模式、热气旁通再生制热、过冷热再生制热三种制热运行模式下制热量及 COP_{sys} 随空气干球温度的变化。随着空气干球温度的升高，三种制热运行模式下的制热量、COP_{sys} 均逐渐增大。在相同空气干球温度下，采用热气旁通再生制热模式时，在热气旁通阀门开度50%的条件下，热气旁通比为26.4%～37.4%，此时热泵系统的 COP_{sys} 衰减36.3%～46.1%，制热量衰减33.6%～44.7%，而在过冷热再生制热模式下可以保证制热量不衰减，其机组的制热系数 COP_{sys} 仅衰减 2.5%～5.1%，其溶液再生能效比 COP_{re} 相比于传统的热泵再生系统提高了70%以上，实现了这

种无霜空气源热泵机组的不间断制热、防冻液高效再生运行。

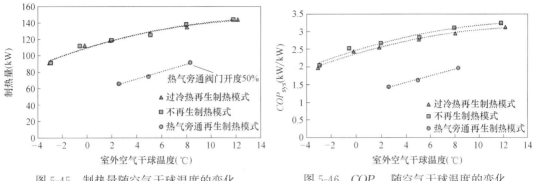

图 5-45　制热量随空气干球温度的变化　　图 5-46　COP_{sys} 随空气干球温度的变化

而在夏季工况下，热泵主机的四通阀切换为制冷模式，关闭图 5-44 中的阀门 1 和 2，开启阀门 3，再生模块不运行，此时管板式换热器转换为蒸发式冷凝器，通过喷淋循环水实现高效的蒸发冷却，将制冷剂的冷凝热排至环境中；壳管式换热器则转换为壳管式蒸发器，为用户高效提供空调用低温冷水。

5.4　高效空气源热泵设计

为实现高效空气源热泵设计，针对长江流域住宅建筑在满足热舒适标准前提下实现全年供暖空调能耗总量控制目标，需根据空调器的季节能效比和额定性能指标要求，提出适宜的制冷及制热循环，进而确定空气源热泵（包括：房间空调器、多联机）的技术方案。

本节首先分析长江流域空调器室外机实际运行状况，据此构建基于能耗总量控制的空调器逆向设计方法，确定适用于长江流域的压比适应、变容调节的空气源热泵循环；再根据长江流域部分时间、部分空间的空调运行特点和独特气候条件，针对设计目标，集成多项技术，研发空调器和多联机等空气源热泵产品。

5.4.1　空气源热泵室外机的实际运行工况

空调器等空气源热泵的室外机，不仅处于室外气象的大环境（即室外无穷远处气象环境）中，同时也处于安装平台的微环境中，其微环境受平台结构、安装位置、室外机排（吸）热量以及附近遮挡物等的影响（如图 5-47 所示），从而导致室外机的运行热环境恶化。导致室外机运行热环境恶化主要体现在两个方面：①安装平台结构导致室外机微环境的自身恶化；②高层建筑上下楼层室外机位置设置不合理导致其微环境进一步恶化。

实际运行工况直接影响空气源热泵的运行性能。通过对长江流域 10 万台空调器进风温度的大数据统计发现，室外机夏季最高进风温度远高于产品标准给出的最高气象温度，冬季最低进风温度远低于产品标准给出的最低气象温度，说明室外机安装平台对进风温度影响很大；同时发现冬、夏空调器的使用时间远小于产品标准给出的时间，说明住宅建筑空调器具有部分时间、部分空间的使用特征，如图 5-48 所示。

研究表明，安装平台的结构不可避免地导致室外机存在排风回流（短路）和风量衰减问题，但可以通过优化室外机安装平台结构，在保证美观性和安全性的前提下，可有效改

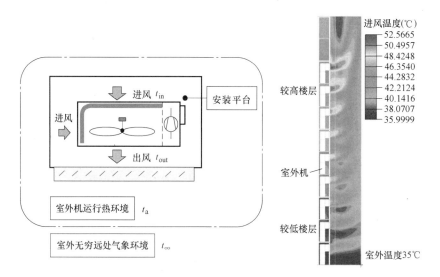

(a) 安装平台对室外机自身的影响　　　(b) 高层建筑楼层对室外机热环境的影响（夏季）

图 5-47　环境因素对室外机进风温度的影响

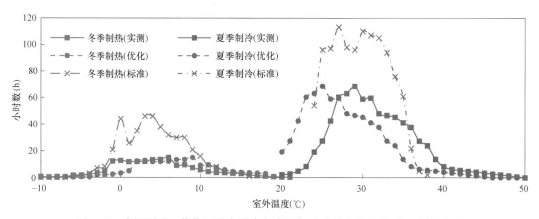

图 5-48　实际测试、优化百叶窗平台与产品标准中的室外温度-小时数分布图

善室外机的热环境，将平台对空调器能效的影响降低 5%～7%；进一步改进室内机安装位置可提高制热工况下的室内机进风温度，在提高舒适性的基础上还能提升能效 3%以上。

安装平台对室外机进风参数的影响包括两方面：①室外机排风回流，排热堆积导致进风温度偏离气象温度；②室外机风机的风量衰减。为评估这两个方面对于空调器性能的影响，构建了能够反映实际使用状态的空调器"附加温差法"性能模型，如图 5-49 所示。

1）当无平台遮挡时，空调器的制冷 EER 为图中 A 点，空调器性能曲线为图中的 $f_1(t)$；当有安装平台时，因安装平台导致流过室外换热器风量减小至 G，空调器的实际工作点为 B 点，其性能曲线变为 $f_2(t)$，若按设计风量 G_0 分析，相当于室外温度提高了 Δt_2，即为曲线 $f_1(t)$ 上的 D 点。

2）由于安装平台导致排风回流，使得室外机进风温度提高了 Δt_1，空调器的实际工作点则从 B 点沿曲线 $f_2(t)$ 变化到 C 点，如果仍按设计风量 G_0 分析，则空调器运行在

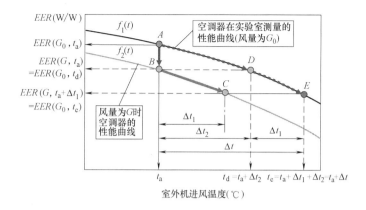

图 5-49　具有室外机安装平台的空调器性能模型

曲线 $f_1(t)$ 的 E 点，相当于在 D 点基础上又增加了一个温差 Δt_1。

综合考虑风量衰减和排风回流的影响后，空调器的 EER 相当于在设计风量 G_0 时其进风温度在室外温度 t_a 基础上增加了一个附加温差 Δt，该 Δt 即为因安装平台导致的风量衰减附加温差 Δt_2 与排风回流附加温差 Δt_1 之和。可见，在基于实际运行能效或能耗总量控制约束条件下设计空调器时，则必须考虑这个附加温差 Δt，才能真实反映室外环境温度与安装方式对空调器性能的影响程度。

5.4.2　面向季节性能的逆向设计方法

一般而言，热泵产品的设计是先按名义工况进行设计，进而测量其他工况时的性能，最终获得其季节能效比。但如果将季节能效比（或者全年运行能耗）作为空调器设计的约束条件时，如要求长江流域房间空调器的全年实测 APF 在 3.5 以上，其空调器的设计过程将变得非常复杂，其首要问题是要确定给定容量空调器在额定工况下的能效比。

5.4.2.1　额定能效比的逆向计算流程

图 5-50 示出了空调器的逆向设计流程。在进行逆向设计前，需对空调器给定如下条件：①年运行能耗总量限定值；②服务或应用面积；③在建筑中的选型指标；④运行模式；⑤室内工况；⑥空调器的基础性能模型。由以上条件对空调器额定制冷、制热量进行选型，根据不同的房间负荷特征及人员使用习惯，确定建筑冷热负荷线，得到空调器不同外温分布时间，结合空调器的基础性能模型，获得空调器的全年耗电量表达式；再根据空调器的能耗总量限定值求得空调器的额定 EER 和 COP。

初步计算时，可采用产品标准中给定的空调器性能模型作为基础模型，计算其额定 EER 和 COP。通过初步计算结果，初步确定系统形式（如双级压缩、中间补气系统等）并优化匹配换热器等部件；在此基础上，通过仿真计算或样机实验，重新建立性能模型，利用反向计算方法重新计算，直到获得空调器的需求额定 EER 和 COP。在确定额定 EER 和 COP 后，应当全面优化、完善空调器系统方案、循环选择、部件选型和系统优化匹配，对空调器进行全工况性能优化，最终再按全年耗电量计算方法确定耗电量，校核其是否满足设计要求。

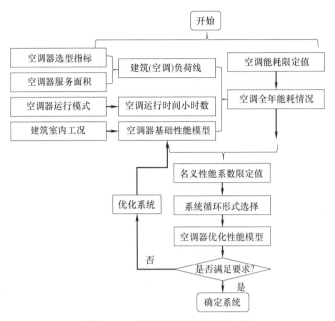

图 5-50　空调器的逆向设计流程

$$ASTE = \sum_i \frac{BL_c(t_i)n_c(t_i)}{EER \cdot \theta_c(t_i)} + \sum_j \frac{BL_h(t_j)n_h(t_j)}{COP \cdot \theta_h(t_j)} \tag{5-5}$$

式中　　　　　　$ASTE$——温频法确定的全年耗电量，kWh；

$\theta_c(t_i)$，$\theta_h(t_j)$——分别表示各外温下的无量纲制冷 EER 和制热 COP，是各外温时的性能系数与额定性能系数之比，即 $\theta_c(t_i)=EER(t_i)/EER$，$\theta_h(t_j)=COP(t_j)/COP$，通过空调器变工况性能模型计算得到。

$BL_c(t_i)$，$BL_h(t_j)$——分别表示制冷与制热建筑负荷，kW；

t_i，t_j——分别表示空调器制冷与制热时的室外温度，℃；

n_c，n_h——分别表示空调器制冷与制热运行时的外温发生时间，h；

空调器的基础性能模型可采用《房间空气调节器》GB/T 7725—2004 附录 E 的模型，也可以对同一类型空调器进行性能测试获得。根据上述公式，即可反向求解全年耗电量控制下的空调器额定 EER 和 COP。然而，由于未知变量大于方程个数，仍需补充一个条件才能得到确定解，可以补充额定性能系数比 γ 或季节能源消耗效率比 φ 等进行求解。

（1）给定额定性能系数比 γ

额定性能系数比 $\gamma=EER/COP$。γ 可以采用产品标准中的额定性能系数比，也可以调研常见空调器的额定性能系数比，或者给定额定性能系数比的范围、补充初投资等条件，以确定需研发空调器产品的额定性能系数比。

（2）给定季节能源消耗效率比 φ

季节能源消耗效率比 $\varphi=SEER/HSPF$，其中，$SEER$ 为制冷季节能效比，$HSPF$ 为制热季节能源消耗效率。同理，φ 也可以根据产品或能效标准中的能效限定值进行确定，也可以调研常见空调器的季节能源消耗效率，或给定季节能源消耗效率的范围、补充其他条件确定。

5.4.2.2 逆向设计结果

按照 GB/T 7725—2004 中给定的季节能效比计算条件，可以得到长江流域建筑房间空调器的冷热比为 0.93。即

$$HCR_{BL} = BL_h(-2)/BL_c(35) \tag{5-6}$$

式中 $BL_h(-2)$、$BL_c(35)$——分别为建筑在外温$-2℃$和$35℃$下的热负荷和冷负荷，即 5.1 节所述长江流域空调器的额定制热与额定制冷工况下的热负荷和冷负荷，W/m^2。

由于空调器实际运行的制冷/制热室外温度-小时数分布与产品标准中的数值之间存在较大差异，为了反映实际运行状态，因而需要根据实际使用状态（采用优化后的百叶窗平台）的温度-小时数分布图作为空调器设计的室外温度分布。

采用 GB/T 7725—2004 中的空调器模型作为计算的基础模型，并补充相关条件。调研我国多家空调厂家的铭牌参数，当采用单级压缩循环时，其额定性能系数比 γ 为 1.0~1.25。

最终，计算得到空调器额定 $EER(t_j = 35℃)$ 位于 4.3~4.6 之间，额定 $COP(t_j = 7℃)$ 为 3.7~4.3 或 $COP(t_j = -2℃)$ 为 3.0~3.4，如图 5-51 所示。当确定了空调器系统方案、循环选择、部件选型与设计、系统优化匹配和全工况性能优化后，再对全年运行能耗进行校核。

图 5-52 是根据实际气象条件逆向计算得到的长江流域用空气源热泵的额定 EER、COP、$SEER$ 及 $HSPF$，通过转换可得到 GB 21455 下的 $SEER$ 以及 $HSPF$。可以看出，按照实际运行状态的室外温度发生小时数所计算的 $SEER$ 和 $HSPF$ 数值均偏低。其主要原因在于，在制冷与制热工况下，室外机的实际工作环境比产品标准更为恶劣，室外机在高温段制冷运行的比例远高于标准中的比例；在低温段制热运行的时间占比则低于标准中的时间占比。当 EER 与 COP 之比在 1.0~1.25 之间时，按照 GB 21455，其 $SEER$ 为 5.3~5.6，$HSPF$ 为 4.1~4.9，在 GB 21455—2013 所规定的季节性能指标计算方法下，其 APF 应大于 4.7（高于 GB 21455—2013 的一级能效值）。在给定产品对应国标条件下的 APF 值以后，即可方便地研发相应能效水平的空调器产品。

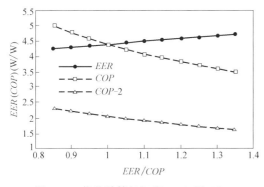

图 5-51 优化计算长江流 EER 及 COP

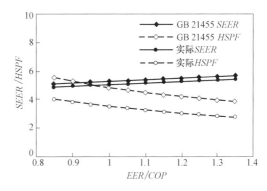

图 5-52 标准 $SEER$ 及 $HSPF$ 转换

5.4.3 压比适应变容调节空气源热泵的循环构建

前文研究表明，欲实现实测 APF 不小于 3.5 的控制目标，在 GB 21455—2013 所规

定的名义工况下，长江流域 1hp、1.5hp 和 2hp 容量空调器的 APF 需分别大于 5.42、5.35 和 4.85。因此，为适应长江流域的使用环境，空调器应以此 APF 为目标进行设计。

空调器的制冷热泵系统循环是决定产品能效的最重要因素之一，也是产品研发的基本前提。因此，本节在分析多级压缩循环特征基础上，确定大压缩比时运行双级循环、小压缩比时运行单级循环的高效循环形式。

5.4.3.1 多级压缩的循环分析

相对于单级循环，双级压缩和准双级压缩热泵系统是压缩比较大时能效更高的循环形式。双级压缩通常是采用两台串联的压缩机，在低压级压缩机排气与从经济器（或中间冷却器）分离出的中间补气混合后进入高压级压缩机，该循环形式无论压缩比高低总是以双级压缩方式工作，在高压缩比时效率高，而在低压缩比时能效反而不如单级压缩循环。而准双级压缩则是采用一台带补气口的压缩机，补气口随着压缩的进程发生开启和关闭，在补气口开启的过程中，制冷剂被连续喷射到压缩腔内部，压缩腔内的制冷剂压力随着压缩的进程不断增大，喷入压缩腔的制冷剂的混合过程可以视为一个连续的"等焓节流＋等压混合"过程；当关闭补气阀时，制冷系统又回归至单级压缩过程。该类系统在补气时其能效比略低于双级压缩循环，但在小压缩比时为单级压缩，其能效比比双级压缩循环更高。

（准）双级压缩热泵系统常用的经济器有中间冷却器和闪蒸器（闪蒸罐），在相同工况下，采用闪蒸器的系统其性能略优于中间冷却器，但采用中间冷却器系统的调节性能略优于闪蒸器。下面以采用闪蒸器的双级压缩热泵循环为例，分析阐明双级压缩与吸气/补气独立压缩循环之间的关系。

图 5-53 为采用闪蒸器的双级压缩循环压焓图。在双级压缩循环分析中，假设：①制冷剂喷射回路、蒸发器、冷凝器内没有压降损失；②过冷度和过热度均为 0；③压缩机的指示效率 η_i 为定值。双级压缩热泵系统的制冷量和功耗可以表示为式（5-7）～式（5-9）：

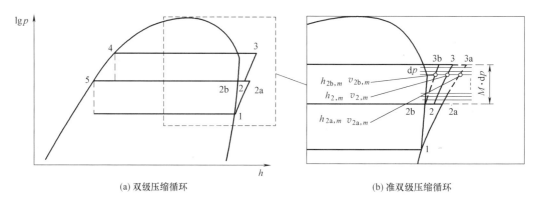

(a) 双级压缩循环   (b) 准双级压缩循环

图 5-53 采用闪蒸器的双级压缩制冷热泵系统的热力循环

$$x=\frac{h_4-h_5}{h_{2b}-h_4} \tag{5-7}$$

$$Q_e=h_1-h_5 \tag{5-8}$$

$$W=[(h_{2a}-h_1)\cdot 1+(h_3-h_2)\cdot(1+x)]/\eta_i \tag{5-9}$$

式中　x——补气制冷剂流量与蒸发器制冷剂流量之比，设蒸发器制冷剂流量为 1；

Q_e——制冷系统的制冷量，W；

W——双级压缩循环功耗，W；

η_i——压缩机的指示效率。

制冷量可以改写成式（5-10）：

$$Q_e=[h_1-h_4]+x \cdot [h_{2b}-h_4] \tag{5-10}$$

压缩机内制冷剂的混合过程遵循能量守恒定律，即

$$h_{2a} \cdot 1+h_{2b} \cdot x=h_2 \cdot (1+x) \tag{5-11}$$

为简化压缩过程，采用如下两个假设条件：①在制冷剂混合过程中，定压比热容和压缩因子为定值；②绝热指数是压力的函数。基于假设，其混合过程可以表示为：

$$v_{2a} \cdot 1+v_{2b} \cdot x=v_2 \cdot (1+x) \tag{5-12}$$

采用递推法分析制冷剂喷射之后的压缩过程：在图 5-53（b）中，过程 2a-3a，2b-3b，2-3 均为等熵压缩过程。其比焓 $h_{2a,m}$，$h_{2b,m}$，$h_{2,m}$ 与比容 $v_{2a,m}$，$v_{2b,m}$，$v_{2,m}$（$m=0$，1，…，M，$M \in Z$）之间的关系由数学归纳法给出：

当 $k=1$（k 为第 1 个微元压缩步长）时，存在如下关系：

$$h_{2a,0} \cdot 1+h_{2b,0} \cdot x=h_{2,0} \cdot (1+x) \tag{5-13}$$

$$v_{2a,0} \cdot 1+v_{2b,0} \cdot x=v_{2,0} \cdot (1+x) \tag{5-14}$$

当 $k=m$ 时，假设满足下述关系：

$$h_{2a,m} \cdot 1+h_{2b,m} \cdot x=h_{2,m} \cdot (1+x) \tag{5-15}$$

$$h_{2a,m} \cdot 1+h_{2b,m} \cdot x=h_{2,m} \cdot (1+x) \tag{5-16}$$

对 $k=m+1$ 时的情况进行考察，压缩过程可以表示成：

$$dh=v dp \tag{5-17}$$

$$h_{i,m+1}=h_{i,m}+v_{i,m} dp (i=2,2a,2b) \tag{5-18}$$

$$pv^{n_s}=const \tag{5-19}$$

$$dv=-\frac{v}{n_s(p) \cdot p}dp \tag{5-20}$$

$$v_{i,m+1}=v_{i,m} \cdot \left(1-\frac{dp}{n_s(p) \cdot p_m}\right)(i=2,2a,2b) \tag{5-21}$$

可以采用微元法和等熵系数法计算 $k=m$ 到 $k=m+1$ 之间的压缩过程。其中，对于 2a-3a，2b-3b，2-3 过程，其 $\left(1-\dfrac{dp}{n_s(p) \cdot p_m}\right)$ 的值均相同，所以当 $k=m+1$ 时，同样满足：

$$h_{2a,m+1} \cdot 1+h_{2b,m+1} \cdot x=h_{2,m+1} \cdot (1+x) \tag{5-22}$$

$$v_{2a,m+1} \cdot 1+v_{2b,m+1} \cdot x=v_{2,m+1} \cdot (1+x) \tag{5-23}$$

因此，当 $k=M$ 的时候，可以得到：

$$h_{3a} \cdot 1+h_{3b} \cdot x=h_3 \cdot (1+x) \tag{5-24}$$

将式（5-24）代入式（5-23），可以得到：

$$W = [(h_{3a} - h_1) \cdot 1 + (h_{3b} - h_{2b}) \cdot x] / \eta_i \tag{5-25}$$

从上述分析可以发现，一个带有闪蒸器的双级压缩循环可以拆分成两个简单循环的叠

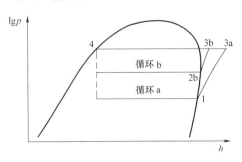

图 5-54 热力循环拆分示意图

加循环，如图 5-54 所示。其中，循环 a 的制冷剂流量是 1，蒸发、冷凝压力和原双级压缩循环相同；循环 b 的制冷剂流量为 x，其蒸发压力是原双级压缩循环的中间压力，冷凝压力为原冷凝压力。

由此可见，双级压缩循环和两个小循环叠加循环的制冷量和压缩功耗分别相等，说明在相同工况下，双级压缩循环与两个小循环构成的叠加循环等效，换言之，当制冷热泵循环的冷凝、蒸发和中间压力相同时，吸气/补气独立压缩循环与双级压缩循环的性能完全相同。而且吸气/补气独立压缩循环还可以通过控制阀件切换成单级压缩，其全工况性能比双级压缩系统性能更优。

5.4.3.2 基于转子补气的制冷（热泵）循环

常规单级转子压缩机的性能在冬季低温制热大压比工况下会出现制热量不足与能效比降低等问题，不能很好地满足长江流域全年的制冷和制热的变工况需求，压缩机补气技术是提升低温工况下压缩机制热量的重要技术之一，通过相分离过程将中压制冷剂直接喷射入压缩机压缩腔内，从而达到提高压缩机制冷（热）量以及能效比的目的。采用补气转子压缩机的制冷（热泵）循环的系统原理以及其热力循环示意如图 5-55 所示。

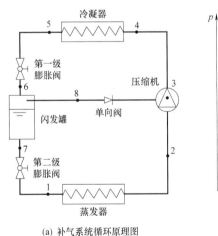
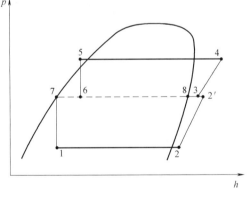

(a) 补气系统循环原理图　　　　(b) 补气循环热力图

图 5-55 补气制冷（热泵）循环

房间空调器的补气循环一般采用闪发罐循环。制冷剂从压缩机出口 4 点经过冷凝器冷凝换热达到过冷液体 5 点，经过第一级膨胀阀节流到 6 点，之后制冷剂在闪发罐中实现相分离，中压的气态制冷剂通过单向阀喷射入压缩腔内，剩余液体经过第二级膨胀阀节流到 1 点，进入蒸发器进行蒸发换热，之后到达压缩机吸气口点 2。通过补气阀的开闭，可以实现单级循环和补气循环的切换。

从 lg$p$-h 图中可以直观地看出，在获得相同制热量的条件下，补气循环中用于喷射的制冷剂可从补气压力（介于蒸发与冷凝压力之间）状态下返回压缩机，因此，补气循环能够有效提升系统能效比；在相同压缩机频率下，部分制冷剂以补气的形式进入压缩机后进入冷凝放热，因而补气循环能够有效提升系统制热量。

在补气循环系统中，可利用第一与第二级电子膨胀阀调节闪发罐内的压力。对于一个确定的补气压缩机热泵系统，当蒸发温度和冷凝温度一定时，其补气量和中间压力相关。一方面，当中间压力较高时，补气压差大，补气动力充足，系统补气量大。另一方面，中间压力的提升会降低闪发罐内制冷剂的干度，可资补气的气态制冷剂减少。因此，存在一个适宜的补气压力使闪发罐内的气态制冷剂刚好满足补气流量的需求，此时不致出现补液以降低系统能效，也不致出现气态制冷剂过多以影响系统稳定运行。

图 5-56 显示了冬季制热工况下采用单级和补气循环的空调器性能测量结果。可以看出，在冬季全工况下，补气循环制热量以及 COP 均大于常规单级循环，因此补气循环能够有效提升冬季工况下的制热量和制热 COP。

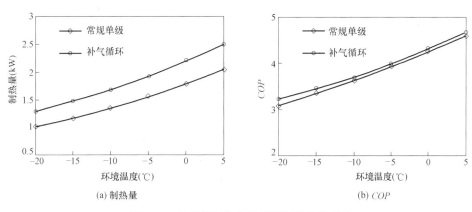

图 5-56　常规单级和补气循环制热性能对比

5.4.3.3　基于吸气/补气独立压缩的制冷（热泵）循环

目前，配置双缸压缩机的房间空调器主要分为双缸并联单级压缩形式和双缸串联双级压缩形式，无法实现单级与双级压缩循环的自由切换。在室内外温差小，串联双缸形式由于两缸分担了系统压比，每个气缸的压缩比过小，难以高效运行；而在室内外温差大时，并联双缸形式由于两缸都处于大压缩比工况下运行，也难以获得较高能效，为解决此问题，采用吸气/补气独立压缩变频调节压缩机，可使房间空调器在任意工况下均能实现压缩比适应、高效稳定运行，且能随着室内负荷的需求准确调节空调器输出的制冷量与制热量，其系统形式如图 5-57 所示。此系统通过四通阀、第二电子膨胀阀和多个单向阀实现空调器在单级压缩制冷循环、吸气/补气独立压缩（等效于双级压缩）制冷循环、单级压缩制热循环、吸气/补气独立压缩（等效于双级压缩）制热循环四种运行模式间切换。此系统通过运行模式切换，对不同环境温度及冷热量需求工况具有极高的适应性，且在各种工况下均能高效运行，在保证环控需求的同时提高了空调器的能效。

以冬季制热工况为例，模拟计算不同的工况下双级压缩模式和单级压缩模式的系统能效。图 5-58 显示，随着室外温度的升高，单级和双级压缩运行模式的能效均先上升后下

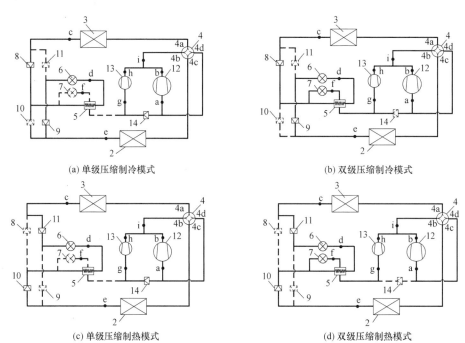

(a) 单级压缩制冷模式   (b) 双级压缩制冷模式

(c) 单级压缩制热模式   (d) 双级压缩制热模式

图 5-57 一种采用过冷循环的吸气/补气独立压缩变频空调器系统各运行模式示意图

1—双缸压缩机（即 12、13）；2—室内换热器；3—室外换热器；4—四通阀；5—再冷器；6—第一电子膨胀阀；

7—第二电子膨胀阀；8—第一单向阀；9—第二单向阀；10—第三单向阀；11—第四单向阀；

12—第一气缸；13—第二气缸；14—第五单向阀

降。能效上升是由于系统压比减小，而后下降是因为随着室外温度的升高，室内热负荷下降，压缩机频率降低，从而引起压缩机的效率衰减所致。而在单级压缩运行模式下因系统制热能力较小，压缩机频率下降速度较慢，因而其效率衰减速度低于双级压缩运行模式，因此当室外温度较高（高于 5℃）时，采用单级压缩运行模式的能效优于双级压缩运行模式。通过在部分负荷工况下切换运行模式，可以实现空调器全工况高效运行，特别是可以避免在部分负荷工况时双级压缩系统能效的快速衰减。

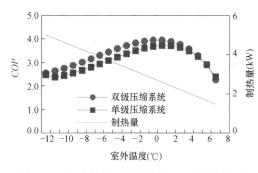

图 5-58 冬季制热工况下单级、双级运行方式对应的制热量和 COP

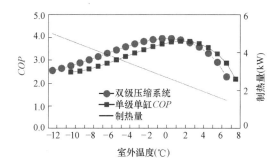

图 5-59 冬季制热工况下单缸、双级运行方式对应的制热量和 COP

此外，前文所述的单级压缩模式是两个压缩缸并联运行的，如果能采用关闭（卸载）压缩缸技术，如关闭压缩机内的小压缩缸，采用单级单缸运行模式，则可以在现有技术的基础上进一步提高系统的运行能效。图 5-59 显示单级单缸运行模式在室外温度高于 3℃工况下的运行能效更加优于双级压缩模式。

5.4.4 空调器的设计优化

5.4.4.1 压缩机控制优化

压缩机在高 KE 值（单位轴功率制冷量）下往往会出现运转稳定性差、整机运行功率因数低的问题。深度弱磁控制和谐波抑制技术可以保证压缩机在高 KE 值下平稳运行且整机功率因数保持在 97％以上，其控制原理图如图 5-60 所示，主要是通过积分控制器来实现谐波抑制，从而提升整机运行功率因数。

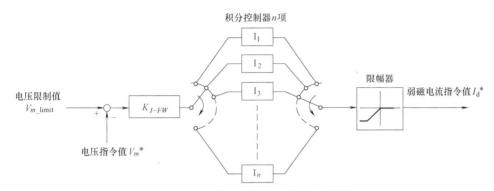

图 5-60 深度弱磁控制和谐波抑制技术

压缩机在低频运行时存在偏心振动大、效率低等情况。全频域力矩自适应控制技术可以针对高、中、低频段采用不同的力矩补偿逻辑，保障压缩机在运转过程的稳定性，避免振动等情况引起的损耗，其控制逻辑如图 5-61 所示。该技术能够大幅度提高变频机的运行效率、降低压缩机的功率，真正发挥变频压缩机的优势，实现高效节能的效果。

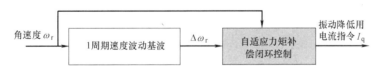

图 5-61 全频域力矩自适应控制技术

5.4.4.2 空调器换热器与送风优化

采用小管径换热器、优化铜管内螺纹以及超亲水铝箔技术提高换热器换热效率，进而提升空调器的运行能效。

在空调器设计时将室内室外侧换热器均进行管径优化设计，将室内换热器原有 7mm 管径优化为 5mm，铝箔换热面积相同情况下发卡管数量由 15U 提升至 18U，室外换热器由 9mm 调整为 7mm，利用小管径多分流的方案，可提高铜管的换热效率，同时可解决小管径引起的换热器压损过大的问题。研究表明，对于相同外形尺寸的 2 排 7mm 管径的蒸发器（每排片宽 13.37mm，15 根 U 管）和 3 排 5mm 管径的蒸发器（每排片宽 9mm，24 根 U 管），采用后者的空调器其 APF 提升了 2.3％。

室内、室外侧换热器均进行了铜管内螺纹优化设计。增大换热器铜管螺旋角以增强制冷剂的拢流，降低齿顶角并增加齿数以增大铜管内表面积，这能够使得在冷凝和蒸发换热过程中的"格里谷里希"效应增强，进而提高了空调的换热效率。

超亲水铝箔的亲水角度及亲水持久性提高，能够增加换热过程中冷凝水流动速度，提升换热效果，降低实际运行过程中因冷凝水聚集导致的换热性能衰减。

吹风感一直是房间空调器室内舒适性的重要环节。低吹风感指数送风系统能够有效解决这一问题，其系统示意图如图 5-62 所示。在该系统中，①导风整流板位于室内机进风口处，通过对风机风道进行研究，设计进风口的导风整流板实现换热器的中风场均匀分布，避免出现换热死角，从而提高换热效率，改善同能力下的送风温度。②高静压贯流风轮能够兼顾制冷与制热的不同需求，达到稳定气流，加宽风道稳定工作区域的目的，同时，能增强风道的抗压性，有效提高出风口静压和送风速度；此外，不等距叶册可有效降低运行时的噪声。③出风口的导风风板依据阿孛拉理论进行设计，降低出风口喷嘴的紊流系数，从而有效增加制冷与制热送风的射程。制冷时通过控制吹风角度，扩散冷气流，降低吹风感。上述三种结构的有效搭配能够保证出风温度的均匀性以及送风角度的可控性，从而实现挂机不同的吹风效果与房间舒适性。

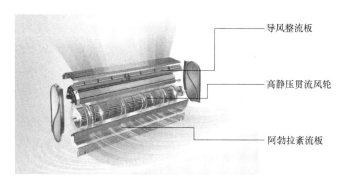

导风整流板

高静压贯流风轮

阿勃拉紊流板

图 5-62　低吹风感指数送风系统示意图

5.4.4.3　集成设计与性能参数

房间空调器的实际运行性能与运行状态密切相关，良好的运行状态是保证其能效的关键。然而，家用空调器在使用过程中尤其是在一次安装或二次安装过程中容易出现一系列问题，如制冷剂泄漏、管道堵塞等，这些问题如果未及时发现，有可能降低机组能效甚至影响机组安全运行。因此，针对这些问题开发了房间空调器自诊断技术。空调器制冷系统出现缺氟、堵塞等问题后，室内换热器的制冷剂质量流量会减小，蒸发温度降低，压缩机吸气过热度增加，排气温度异常偏高，空调器运行电流会偏小。因此，该技术通过对以上参数进行多条件测试分析，能够对出现的潜在问题进行诊断。

该技术的基本控制逻辑为：开机运行后检测预设时间段内空调器的室内盘管平均温度为初始值，然后根据运行模式调取对应模式下的阈值参数与判断逻辑，根据制冷与制热运行分别检测当前模式下预设时间内的室内环境温度与室内盘管温度的平均值，判断室内环境温度平均值与室内盘管温度平均值的差值，以及室内盘管平均温度与初始盘管平均温度的差值是否分别满足制冷或制热的设定阈值，不满足则正常运行，满足则制定风机降档，再循环判断，直到循环次数达到设定阈值，执行停机，并报故障提示。

在实际住宅中，房间空调器的运行状态和实验室会有较大差别，安装位置、人行为控制以及设备的折旧等因素都会影响空调器的实际性能，因此，对空调器实际运行状态的认识不仅有利于明确实际空调器运行是否存在问题，同时也能够为设备全生命周期的优化控制提供依据，更能够为空调器的研发和优化设计提供参考。另外，对空调器的全生命期实际运行状态、耗电量和运行能效的检测还有助于技术的验证，为相关国家标准的制定以及第三方机构的检测提供数据支撑。

为此，在空调器中加入了在线性能检测功能，采用压缩机全工况制冷剂流量法实现空调器的长期运行性能检测，它是一种以压缩机能量平衡法为基础，结合自学习压缩机容积效率法的无干扰、非介入、无需额外仪器、精度较高、可长期监测的内置于房间空调器的在线性能检测技术。

5.4.4.4 适用于长江流域的高能效房间空调器

长江流域夏热冬冷，全年高湿，兼顾制冷制热的热泵型房间空调器作为主流的家用空调器，其设计需要综合考虑长江流域的实际气候、制冷和制热时的送风舒适度以及冬季结霜等问题。欲达到高效节能的目的，一方面需要采用高效的热泵系统循环、高效的压缩机等系统部件，同时需要采用自诊断功能、在线性能监测与远程监控平台等技术手段关注其实际运行状态，进而完成故障排除与辅助运行控制。因此，综合考虑这些问题，实现优势技术集成，才能够设计出适合于长江流域的高效节能舒适的房间空调器。

根据适用于长江流域空气源热泵的技术途径，通过新技术研发和成熟技术集成，研发出了符合当地民情的 4 种容量、7 款市场需求量最大（2.6kW、3.5kW、5.1kW、7.2kW）的高效舒适房间空调器产品，其性能参数如表 5-17 和表 5-18 所示。第三方实验室检测表明，其全年性能系数 APF 远高于国家 1 级能效水平，相比国标节能评价值（GB 21455—2013）提升了 40%，相比于市场在售的主销机型大幅提升（提升 25% 以上），全年耗电量下降 20% 以上。

房间空调器产品的性能参数（一）   表 5-17

型号	房间空调器产品		
	KFR-26GW/BP3DN8Y-RA100(B1)	KFR-35GW/BP3DN8Y-RA100(B1)	KFR-51LW/BP3DN8Y-RA100(B1)
制冷量(kW)	2.60	3.50	5.10
制冷功率(kW)	0.50	0.69	1.20
制热量(kW)	4.40	5.00	7.00
制热功率(kW)	1.10	1.21	1.85
GB/T 7725：SEER/HSPF/APF	6.96/4.28/4.76	7.16/3.92/4.44	6.79/3.51/4.01
GB 21455：SEER/HSPF/APF	6.16/4.51/5.47	6.26/4.30/5.40	5.72/3.86/4.90

房间空调器产品的性能参数(二)　　　　　　　　　　表 5-18

房间空调器产品				
型号	KFR-26GW/ A1YCG21AU1	KFR-26GW/ 99YCD81U1	KFR-35GW/ A1YCG21AU1	KFR-72LW/ 06TAA81U1
制冷量(kW)	2.6	2.6	3.5	7.2
制冷功率(kW)	0.63	0.49	0.86	1.98
制热量(kW)	4.3	3.4	4.8	9.6
制热功率(kW)	1.08	0.68	1.26	2.97
GB 21455 *APF*	4.78	6.1	4.76	4.34

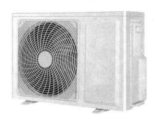  

5.4.5 多联机的优化控制

多联机是多室内末端、长配管直膨式空调系统，现有关于配管对多联机性能的影响主要围绕制冷工况下配管长度的影响研究上，缺乏全面认识配管结构对其制冷和制热性能的影响规律。因此，有必要研究配管长度和室内、室外机之间高差对多联机制冷和制热稳态性能的影响规律，制定多联机性能参数关于配管长度和高差的修正系数分布图。此外，针对配管长度增加导致多联机制冷量显著衰减的问题，分析增大室外机容量和增大室内机容量两种改善措施在不同负荷率下对长配管多联机性能的改善效果，明确其优化方案。

5.4.5.1 室内、室外机高差对多联机制冷性能的影响

根据室内、室外机的相对高差，分为室外机在上和室外机在下两种情况，其在制冷工况下的工作原理如图 5-63 所示。当室外机位于室内机上方时，由于液管中的制冷剂流向与重力方向一致，室内机电子膨胀阀（EEV）阀前压力升高，资用压差 ΔP 增大，有效调节开度范围减小。当高差过大时，室内机 EEV 的阀前压力可能超过安全压力。而气管制冷剂流向与重力方向相反，当管长不变时，重力附加导致气管压降随着高差的增加而增大，使得制冷量有所下降。当室外机位于室内机下方时，由于液管制冷剂流向与重力方向相反，室内机 EEV 阀前压力降低，资用压差 ΔP 减小，高差过大时可能出现 EEV 阀前制冷剂闪发，从而影响室内机 EEV 的调节性能，甚至出现调节失效（EEV 开度增至 100% 后，室内机出口过热度仍然偏大，制冷量偏小）的现象。当高差继续增大使得室内机 EEV 压差小于 0 时，系统将无法在压缩机低转速下运行。而气管制冷剂流向与重力方向一致，当管长不变时，重力补偿导致气管压降减小，制冷量有所增大。

类似地，制热工况下，当室外机位于室内机下方时，由于液管中的制冷剂流向与重力方向一致，室外机主回路 EEV 的阀前压力升高，室内机 EEV 的资用压差和室外机主回路 EEV 的资用压差均增大，有效调节开度范围减小，高差过大时甚至出现室外机主回路

EEV 的阀前超压。由于气管中的制冷剂流向与重力方向相反，当管长不变时，重力附加导致气管压降有所增大，使得压缩机的排气压力升高，COP 有所降低。

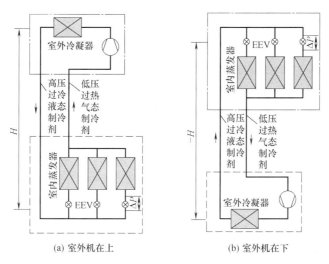

(a) 室外机在上　　　　(b) 室外机在下

图 5-63　制冷工况下室内、外机之间的高差大于 0 时多联机的运行原理

5.4.5.2　配管长度和高差对多联机制冷性能的联合影响

以某风冷多联机为对象，模拟其在额定转速下制冷运行性能随配管长度和室内、室外机之间高差的变化，并分别以配管长度为 10m 且室内、室外机之间高差为 0 时的制冷量和 EER 为基准值，绘制风冷多联机的制冷量和 EER 关于配管长度和高差的修正系数分布图，如图 5-64 所示。

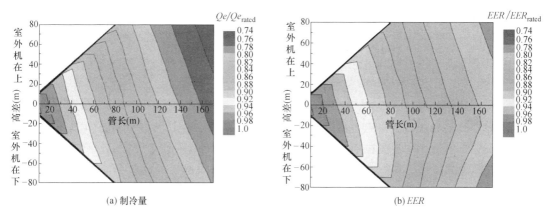

(a) 制冷量　　　　　　　(b) EER

图 5-64　10hp 多联机的制冷量和 EER 关于配管长度和高差的修正系数分布

对于高差为 0（即室内、室外机组水平安装）的情况，当配管长度由 10m 增至 170m 时，制冷量衰减至 77%，EER 衰减至 81%；当室外机在上，配管长度和高差为 80m 时，制冷量衰减至 83.8%，EER 衰减至 86.9%；当室外机在下，配管长度和高差为 80m 时，制冷量衰减至 90.7%，EER 衰减至 89.9%。当室内、室外机之间高差在 ±80m 以内时，室内机 EEV 均在有效调节范围内。当室外机在上、管长和高差为 80m 时，室内机 EEV 的阀前压力升至 3.3MPa，仍处于安全压力范围内。

在制热工况下，室内、室外机之间的高差对多联机的 EEV 调节性能有显著影响，尤其当室外机在上时，由于室内机 EEV 的资用压差随着配管长度和高差的增大持续减小，因此在图 5-65（a）、（b）的右上角白色区域（即点（$L=80$m，$H=80$m）和点（$L=170$m，$H=30$m）连接而成的连接线的右上区域），室内机 EEV 在开度达到 100% 后仍然无法将室内机的出口过冷度降至目标值，室内机制热量偏小。在此将该管长和高差范围称为室内机 EEV 调节失效区。

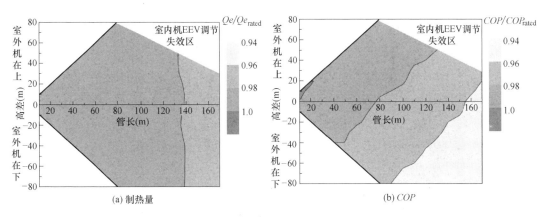

(a) 制热量   (b) COP

图 5-65　10hp 多联机的制热量和 COP 关于配管长度和高差的修正系数分布图

5.4.5.3　多联机的优化控制

（1）变吸/排气压力控制策略

为实现室内舒适性和节能控制目标，针对多联机具有变量多、状态多、滞后大、参数耦合强的特点，在难以建立其精确数学模型的条件下，近年国内外学者、企业进行了深入研究，发展了各种控制方法。从系统架构的角度看，这些控制方法可归纳为集中控制、分散控制两大类，后者又可分为定吸/排气压力控制和变吸/排气压力控制。

多联机变吸气压力控制方法的节能原理可通过与恒定吸气压力控制方法的控制思想（如图 5-66 所示）进行比较分析。对于恒定吸气压力控制方法，当室内机在低负荷运行时，室内机的蒸发温度不变，通过增大出口过热度、减小两相区面积来减小换热量；对于变吸气压力控制方法，当室内机负荷减小时，通过提高蒸发温度以减小换热温差进而减小蒸发换热量。可见，变吸气压力控制方法减小了蒸发器出口过热度，提升了吸气压力，减小了制冷循环的压比（如图 5-67 所示），提高了压缩机效率，因而提高了制冷 EER。在变吸气压力控制方法下，室内机满足其制冷量要求的最高蒸发温度对应于室内机出口刚好接近饱和气态。

根据上述变吸气压力控制的负荷调节思想，随着室内机负荷率降低，变吸气压力控制方法的蒸发温度相比于恒定吸气压力控制方法的蒸发温度的提升越大，对吸气参数的改善效果越明显，从而其节能效果越显著；另一方面，由于多联机的室内机数量多，在不考虑配管长度的情况下，所有并联的室内机共用一个蒸发温度，但往往各室内机的容量和负荷率不尽相等，室内机负荷率越大，满足其制冷量要求的最高蒸发温度越低。为了满足所有室内机的制冷量要求，变吸气压力控制方法的蒸发温度取值应不高于负荷率最大的室内机的最高蒸发温度。因此，室内机负荷的不均匀程度将影响蒸发温度和节能性。

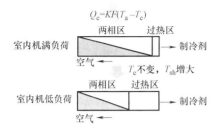

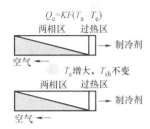

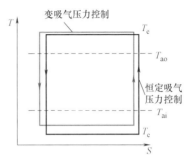

图 5-66 多联机恒定吸气压力和变吸气
压力的控制思想

图 5-67 多联机恒定吸气压力和变吸气压力
控制的制冷循环 T-S 示意图

为了认识不同负荷率、不同配管长度及不同负荷不均匀程度下变吸气压力控制方法的节能特性，在开三台室内机且各室内机负荷均匀的工况下，以系统总负荷率和等效气体配管长度为变量进行稳态实验，比较恒定吸气压力控制和变吸气压力控制两种控制方法下多联机的制冷运行性能。图 5-68 给出了不同负荷率下多联机采用两种控制方法时的稳态运行内部参数和性能参数的实验结果。

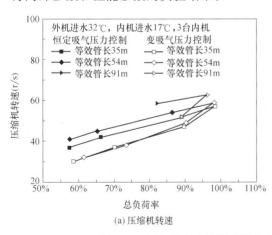

(a) 压缩机转速

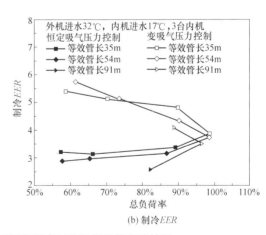

(b) 制冷EER

图 5-68 两种控制方法下多联机在不同负荷率时的运行性能实验结果

图 5-68（a）给出了两种控制方法在不同负荷率下的压缩机转速变化情况。由结果可知，部分负荷工况下变吸气压力控制方法的压缩机转速低于恒定吸气压力控制方法的压缩机转速，且负荷率越低，两种控制方法的压缩机转速相差越大。其原因在于，变吸气压力控制方法下压缩机的吸气比容、压比均低于恒定吸气压力控制方法下的吸气比容、压比、

因而前者的压缩机容积效率更高，实际排气量更大，相同制冷量下所需的压缩机转速更低。

图 5-68（b）为两种控制方法在不同负荷率下的 *EER* 变化情况。由结果可知，随着负荷率的降低，变吸气压力控制方法的 *EER* 有所提升。对于恒定吸气压力控制方法，由于本实验系统的压缩机吸、排气参数均随着负荷率的减小而显著恶化，因此其 *EER* 反而随负荷率的减小而有所降低。负荷率越低，变吸气压力控制方法的节能效果越明显。当总负荷率为 60% 时，变吸气压力控制方法相比于恒定吸气压力控制方法的节能率达 90% 以上。

（2）过冷却回路对多联机性能的影响及控制方法

多联机配管长度增加导致的液管压降增大使得液管中制冷剂过冷度减小，尤其对于制冷工况且室外机位于室内机下方的情况，沿程阻力及重力附加导致的压降可能造成室内机 EEV 入口出现制冷闪发，影响各室内机 EEV 调节分配流量的稳定性。为此，目前大部分商用多联机产品都在室外机模块中设置了过冷却回路，增大制冷工况液管中的制冷剂过冷度以防止闪发，以保证各室内机流量调节的稳定性。实际上，过冷却回路除了具有改善制冷工况 EEV 调节性能的作用，对多联机的配管流量、配管阻力特性和压缩机吸气参数也会有影响，进而影响制冷、制热运行性能。因此，需研究不同工况和不同配管长度下过冷却回路对多联机制冷、制热性能的影响规律，分析比较过冷却回路对多联机制冷、制热性能影响的差异，并提出过冷却回路的优化控制方法。

在压缩机转速为 68r/s、开 3 台室内机、室内/外机入口水温为 17/37℃、室内/外机水流量为额定流量、各室内机 EEV 控制室内机出口过热度为 2~4℃ 的条件下，对等效气体配管长度分别为 35m、54m、9m 时过冷却回路 EEV 开度对多联机制冷性能的影响开展实验分析。图 5-69 给出了不同等效气体配管长度下改变过冷却回路 EEV 开度时多联机的稳态制冷运行内部参数和性能参数的实验结果。

图 5-69（a）主气管的压降变化情况，由实验结果可见，随着过冷却回路 EEV 开度的增大，主气管的压降也随之减小。当过冷却回路 EEV 开度增至 50PLS 以后，主气管的压降均不再明显减小。这是因为压缩机的吸排气压力之差随着过冷却回路 EEV 开度的增大而持续减小，即过冷却回路 EEV 的资用压差减小，尽管其开度持续增大，但旁通侧制冷剂流量难以进一步增大。

图 5-69（b）~（d）分别为压缩机功率、制冷量和 *EER* 的变化情况。由实验结果可见，随着过冷回路 EEV 开度的增大，压缩机功率显著减小，这是因为压比和吸气过热度的降低，压缩机效率提高。制冷量则随着冷回路 EEV 开度的增大先增加后衰减，在过冷却回路 EEV 开度约为 45PLS 时，制冷量达到峰值，相比于过冷却回路 EEV 关闭时的制冷量可提升 4.8%。由于过冷却回路 EEV 开度小于 45PLS 时，尽管室内机制冷剂流量随 EEV 开度的增大而减小，但由于液管入口过冷度增大，室内机入口比焓降低，使得单位质量制冷量显著增加，因而制冷量提升。当过冷却回路 EEV 开度大于 45PLS 时，由于过冷却换热器的节流侧出口开始呈两相状态，过冷却换热器接近最大换热能力，由于液管入口过冷度降低的缘故，单位质量制冷量开始减小，因而制冷量反而开始降低。综合压缩机功率和制冷量的变化，*EER* 随着过冷却回路 EEV 开度的增大先增大后减小，在过冷却回路 EEV 开度在 50~55PLS 时，*EER* 达到峰值，相比于过冷却回路 EEV 关闭时的 *EER* 可提升 12.5%。

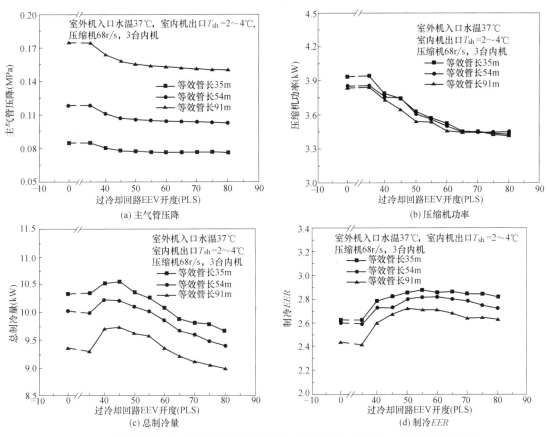

图 5-69 不同等效气体配管长度下改变过冷却回路 EEV 开度时多联机的制冷性能

（3）故障预警技术

传统的异常度检测方法通常忽略时间因素的影响，仅考虑某一刻对未来的影响或者仅考虑时序，但由于正常数据众多，存在过拟合的问题，并且多步预测容易造成误差。因此，针对故障样本数据不均衡，传统时间序列方法无法适用的问题，提出了基于卷积神经网络（Convolutional Neural Networks，CNN）的异常度预测方法，其示意图如图 5-70 所示。

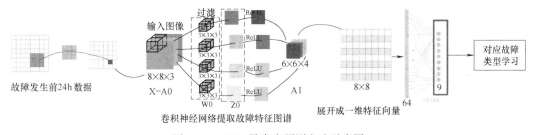

图 5-70 CNN 异常度预测方法示意图

故障预警技术的数据分析过程按照图 5-71 中的步骤进行。首先，针对数据缺失和异常进行数据预处理，剔除错误数据，并根据特征的相关性进行补全；然后，对数据从时序和特征层面进行数据增强，并进行架构化处理，为后续模型训练提供支撑。接着针对故障预测和异常度检测，分别设计不平衡小样本下的集成学习方法和 CNN 故障预测方法，实现设备故障的提前预警及异常度的监测；最后，采用增量学习方法实现模型的再训练，从而提高模型对不同产品的适应性。

故障预测系统采用多种创新算法解决了样本数据不平衡、样本数据时间维度不连续、样本数据故障特征不明显等各类问题。首先实现了对机组运行异常度的预测，可判断机组在接下来的运行过程中出现异常的概率，并且对可能造成较大损失的重点故障能够做出预判，能够提前30～120min预测出具体故障发生的概率。预测系统将预测结果反馈给云控制平台，平台可以通过降负荷、调频等干预手段减缓或者避免故障出现，减少损失。

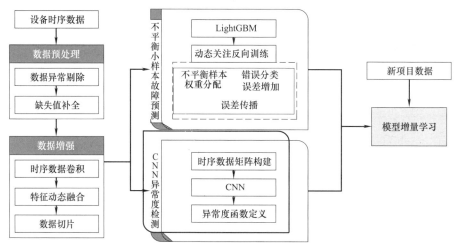

图 5-71　故障预测及异常度检测技术路线图

5.4.5.4　多联机的集成设计与性能参数

高效多联机集成了循环控制技术、故障预警技术、顺向除霜技术以及在线性能测量技术（参见图 5-72），并依托数据传输平台，研发出了适用于长江流域的高效多联机产品。

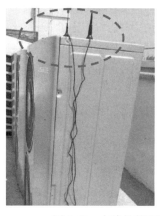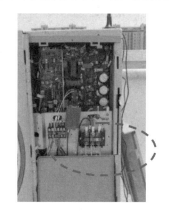

图 5-72　在线性能监测设备及数据传输设备

其中，多联机数据传输云服务平台的构架如图 5-73 所示，是多联机在线性能测量技术和故障预警技术的重要组成部分。每台室外机安装有一套 4G 上网模块，实现与数据传输对接。在线检测每 30s 读取一次数，与温湿度传感器、智能电表监测的数据每 5min 向云服务平台发送一次。

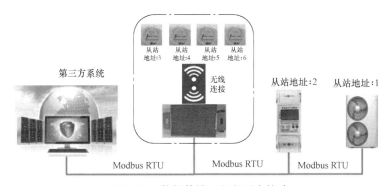

图 5-73 数据传输云服务平台构建

基于新技术研究和技术集成，研发出了 6 种容量的多联机产品，其外观及性能参数如图 5-74 及表 5-19 所示，基于 GB/T 18837—2015 进行性能测量，各容量多联机产品的全年性能系数 APF≥4.50，达到或超过国家能效标准《多联式空调（热泵）机组能效限定值及能源效率等级》GB 21454—2021 的一级能效水平。

图 5-74 高效多联机室外机组外观

多联机产品的性能参数　　　　　　　　　　　　　表 5-19

多联机产品						
型号	RFC252	RFC280	RFC335	RFC400	RFC450	RFC504
制冷量(kW)	25.2	28	33.5	40	45	50.4
制冷功率(kW)	5.6	6.8	8.4	10.9	11.8	14.3
制热量(kW)	27	31.5	37.5	45	50	56.5
制热功率(kW)	5.2	6.3	8	10.3	11.2	13.4
EER/COP	4.5/5.2	4.1/5.0	4.0/4.7	3.7/4.4	3.8/4.5	3.5/4.2
APF	4.95	4.80	4.70	4.55	4.50	4.59

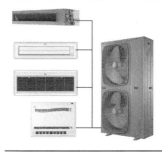

5.5　现场性能测量方法

部件性能提升、系统高效设计以及控制策略优化是保证空气源热泵设备在实际使用现场高效运行的必要条件，而这些高效设备在实际工程中的性能表现则需通过现场实测才能得到检验。因此，研究空气源热泵的现场性能测试方法，不仅可探明每台空气源热泵的实际输出能力和运行能效，同时还可通过测试数据获得设备的实际运行状态，并依据大数据分析对设备进行节能运行管理，为用户提供定制的节能、舒适控制策略和个性化服务。

5.5.1　现场性能测量方法概述

空气源热泵设备的现场安装条件、调控方式及运行环境与其性能实验室有较大差异，故不能用实验室测量结果来直接反映设备的现场性能，所以，通过对设备的现场或在线性能测量，实时、较高精度地获取大量现场运行数据，将为国家、行业制定相关标准提供技术支撑，为企业产品研发指明方向，同时为用户透明消费和合理使用提供有益参考。因此，研发经济、便捷的现场性能测量技术对于空气源热泵的可持续发展具有重要意义。

5.5.1.1　测量原理

由于耗电量的测量技术已经成熟，故空气源热泵的现场性能测量中最重要的是制冷（热）量的测量问题。图 5-75 给出了空气源热泵的基本原理和能量平衡图。当不考虑室内、外换热器风扇（循环水泵）的耗电量且忽略润滑油对系统性能影响时，其制冷（热）量可表示为

$$Q=m_{ref} \cdot |h_{ref,2}-h_{ref,1}|=m_{in,air} \cdot |h_{in,B}-h_{in,A}|=|m_{out,air} \cdot (h_{out,B}-h_{out,A})-P_{com}|$$

$$(5\text{-}26)$$

式中　　　　Q——室内换热器的换热量，即制冷（热）量，W；

P_{com}——压缩机的输入功率，W；

m——质量流量，kg/s；

h——比焓，kJ/kg；

ref，air——分别代表制冷剂和空气；

in，out——分别为室内和室外换热器；

1，2 或 A，B——分别为换热器的进口和出口。

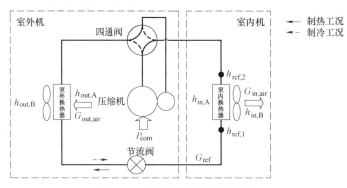

图 5-75　空气源热泵的能量平衡

由此可以获得不同类型空气源热泵冷（热）量的现场性能测量方法：

1）制冷剂焓差法，测量使用侧（室内机）换热器进出口制冷剂的比焓和流量，即：

$$Q = m_{\text{ref}} \cdot |h_{\text{ref},2} - h_{\text{ref},1}| \tag{5-27}$$

2）空气焓差法，测量制冷剂-空气换热器进出口空气的比焓（干、湿球温度）和流量，从而通过能量守恒方程计算获得制冷（热）量。根据测量位置不同，又分为两类：

① 使用侧空气焓差法，即室内侧空气焓差法：

$$Q = m_{\text{in,air}} \cdot |h_{\text{in,B}} - h_{\text{in,A}}| \tag{5-28}$$

② 热源侧空气焓差法，又称室外侧空气焓差法，即：

$$Q = m_{\text{out,air}} \cdot (h_{\text{out,B}} - h_{\text{out,A}}) - P_{\text{com}} \tag{5-29}$$

3）水量热计法：当室内、外换热器的任一侧为水（或液态载冷剂）与制冷剂换热时，则可将空气焓差法演变为水量热计法，即通过测量制冷剂-水换热器的进出口水温、比热和流量获得换热量，根据测量位置不同，也可分为两类：

① 使用侧水量热计法：应用于使用侧的水量热计法，直接测量使用侧获得的冷（热）量，根据式（5-30）可得

$$Q = m_{\text{in,water}} \cdot c_{\text{p}} |t_{\text{in,B}} - t_{\text{in,A}}| \tag{5-30}$$

② 热源侧水量热计法：应用于热源侧的水量热计法，由式（5-31）可知

$$Q = m_{\text{out,water}} \cdot c_{\text{p}} (t_{\text{out,B}} - t_{\text{out,A}}) - P_{\text{com}} \tag{5-31}$$

式中　　t——温度，℃；

　　　　c_{p}——水（或载冷剂）的定压比热，J/(kg·℃)；

下标 water——表示水（或载冷剂），其余符号及下标与式（5-26）相同。

5.5.1.2　测量方法

从前文分析可知，空气源热泵按照热源侧和使用侧的传热介质不同，可将空气源热泵分为空气-水热泵和空气-空气热泵两大类；随着热源塔热泵、基于溶液调湿和溶液喷淋等无霜空气源热泵的发展，又出现了夏季通过喷淋冷却水向空气排热、冬季通过喷淋溶液从空气中取热，再将排（吸）热后的水（或溶液）等液态载冷剂送入水源热泵机组的热源侧，以制取冷（热）水或冷（热）风的产品，即出现了空气（→载冷剂）-空气热泵（如：采用热源塔的集散式热泵冷热风机组）和空气（→载冷剂)-水热泵（如：溶液喷淋无霜空气源热泵冷热水机组）形式。

（1）空气-水热泵、热源塔热泵和无霜空气源热泵

对于在使用侧或热源侧采用水（或溶液）等液态载冷剂的空气源热泵系统，都能采用水量热计法对热泵机组进行现场性能测量。该方法成熟可靠，在目前的现场测量中得到了广泛使用。在实际测量时，一般采用水流量计和插入（管道）式温度传感器，从而测量出空气源热泵的制冷（热）量，并测量出热泵机组、热源塔、风机以及水泵等输配环节的耗电量，从而获得在测量期内不同环节以及整个系统的平均能效比。

（2）空气-空气热泵

空气-空气热泵机组本身就是一种空调供暖系统，主要包括房间空调器（包括：单元式空调机以及近期研发的空气源热泵热风机等单室内末端空气-空气热泵）、多联机（多室内末端空气-空气热泵）等直接膨胀式（简称：直膨式）空调系统。由于这些产品通过制冷剂直接从室外空气中取（吸）热，并制取冷（热）风向室内空调供暖，故它不能采用目

前技术成熟的水量热计法，仅在室内机具有较长风管的条件下才可能采用使用侧空气焓差法，而绝大部分产品不具备该条件，因此，自2003年开始，国际上已有大量学者对此开展研究，以期研发出方便可靠、价格合理的直膨式空调系统的现场性能测量装置。

表5-20归纳了目前常见的空气-空气热泵的测量方法、技术特点和适用性特征。表5-21总结给出了空气-空气热泵现场性能测量参数及计算方法，据此可以统计出空调器、多联机等空气源热泵在不同时间长度测量期内的实际运行性能。

空气-空气热泵现场性能测量技术的特点与适用性　　　　表5-20

测量方法		测量技术名称	精度	测点数量	简便经济性	干扰用户使用	长期检测	适用机组类型
空气焓差法	室内侧空气焓差法	室内机外接风罩法	好	较少	差	是	否	空气-空气
	室外侧空气焓差法	室外机静态多点测量法	差	适中	较好	否		空气-空气及空气-水
		室外机出风外接风管法	一般	较少	一般			
制冷剂焓差法		制冷剂质量流量计法	高	适中	差	否	是	空气-空气及空气-水
		压缩机容积效率法	一般	适中	好		否	
		压缩机能量平衡法	较好	较多	好		是	

空气-空气热泵现场性能测量参数及其计算方法　　　　表5-21

指标	测量期	性能参数	计算公式	参数的物理意义
能力指标	制冷	CCC	$CCC = \left[\sum_{i=1}^{n_c}(Q_{c,i} \times \tau_{c,i})\right]/(3.6 \times 10^6)$	$Q_{c,i}, Q_{h,i}$——在制冷与制热测量期内,空气源热泵在第i个与第j个数据存储周期的平均制冷量与制热量,kW; $P_{c,i}, P_{h,j}$——分别表示在制冷与制热测量期内,空气源热泵在第i与j存储周期的平均整机功率,kW; $\tau_{c,i}, \tau_{h,i}$——测量期内,测量装置第i个与第j个数据存储周期的时间长度,s; nc, nh——测量期内,测量装置数据存储的总次数,次
	制热	CHC	$CHC = \left[\sum_{j=1}^{n_h}(Q_{h,j} \times \tau_{h,j})\right]/(3.6 \times 10^6)$	
	制冷+制热	$ACCMP$	$ACCMP = CCC + CHC$	
能耗指标	制冷	$PCMPC$	$PCMP_C = \left[\sum_{i=1}^{n_c}(P_{c,i} \times \tau_{c,i})\right]/(3.6 \times 10^6)$	
	制热	$PCMPH$	$PCMP_H = \left[\sum_{j=1}^{n_h}(P_{h,j} \times \tau_{h,j})\right]/(3.6 \times 10^6)$	
	制冷+制热	$PCMP$	$PCMP = PCMPC + PCMPH$	
能效指标	制冷	$AEERC$	$AEER_C = \dfrac{CCC}{PCMP_C}$	
	制热	$AEERH$	$AEER_H = \dfrac{CHC}{PCMP_H}$	
	制冷+制热	$AEER$	$AEER = (CCC + CHC)/(PCMPC + PCMPH)$	

5.5.2　空调器与多联机的现场性能测量方法

对于空调器、多联机等空气-空气热泵，现有的研究多采用室内侧空气焓差法来获取制冷（热）量，但因其换热器出风口截面温度场及速度场极不均匀，因此其不具有长期在线性能测量的可行性、便利性和工程测量精度。为此，本研究重点分析压缩机能量平衡法及适用于吸气带液工况的全工况制冷剂流量法，以实现房间空调器实际运行性能的长期在线测量，并为机组性能参数的多元化应用提供实测数据。

5.5.2.1　测量原理

压缩机能量平衡法（Compressor energy conversation，简称 CEC 法）是以压缩机为控制体，通过能量守恒和质量守恒原理计算出流经室内换热器的制冷剂流量，并根据压力和温度传感器测得的数据计算室内换热器进出口的制冷剂比焓值差，进而获得室内换热器的冷（热）量，进而得到机组的制冷（热）量。

（1）空调器现场性能测量方法

图 5-76（a）示出了单级压缩空调器的工作原理以及压缩机能量平衡法的测点布置，图 5-76（b）为其循环的压焓图。压缩机控制体的能量平衡方程如式（5-32）所示，机组制冷量与制热量则为式（5-33）和（5-34）。

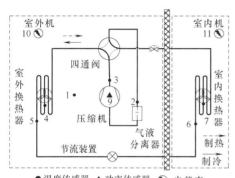

(a) 压缩机能量平衡法测点布置方案

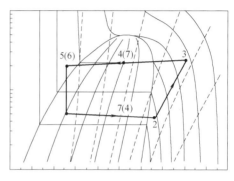

(b) 循环压焓图

图 5-76　压缩机能量平衡法应用于单级压缩房间空调器制冷（热）量的测量原理

$$m_{\mathrm{ref}}h_2 + P_{\mathrm{com}} - Q_{\mathrm{loss}} = m_{\mathrm{ref}}h_3 \tag{5-32}$$

$$CC = m_{\mathrm{ref}}(h_2 - h_5) - P_{\mathrm{id}} = \frac{P_{\mathrm{com}} - Q_{\mathrm{loss}}}{h_3 - h_2}(h_2 - h_5) - P_{\mathrm{id}} \tag{5-33}$$

$$HC = m_{\mathrm{ref}}(h_3 - h_6) - P_{\mathrm{id}} = \frac{P_{\mathrm{com}} - Q_{\mathrm{loss}}}{h_3 - h_2}(h_3 - h_6) + P_{\mathrm{id}} \tag{5-34}$$

式中　CC，HC——分别为空调器的制冷量和制热量，W；

P_{com}，P_{id}——分别为压缩机和室内机风机的输入功耗，W；

Q_{loss}——压缩机壳体的散热量，W；

h_2，h_3——分别为压缩机吸气、排气的制冷剂比焓值，J/kg；

h_5，h_6——分别为制冷与制热运行时，冷凝器出口的制冷剂比焓值，J/kg；

m_{ref}——制冷剂质量流量，kg/s。根据压缩机壳体表面的散热特性，需计算压缩机壳体上表面、下表面以及侧面的对流换热量 $Q_{\mathrm{loss,con}}$ 和辐射换热量 $Q_{\mathrm{loss,rad}}$，以此得到壳体的总散热量 Q_{loss}。

（2）多联机现场性能测量方法

多联机是一种比房间空调器更为复杂的空气-空气热泵，具有长管路、多末端、多旁通回路的结构特点。如果将压缩机、油分离器和旁通回路构成的压缩机组件抽象为"广义压缩机"（参见图 5-77），并将所有室内机视作一个"等效室内机"，即可将房间空调器的全工况制冷剂流量法应用于多联机，形成基于"广义压缩机"能量平衡法（Generalized

Compressor Energy Conversation method，简称 GCEC 法）的多联机现场性能测量方法。通过"广义压缩机"能量平衡法，获得流过"广义压缩机"的制冷剂质量流量，在忽略室内、外机连接配管的漏热损失时，其多联机系统的总制冷（热）量就等于室内机吸收（或放出）的热量总和。

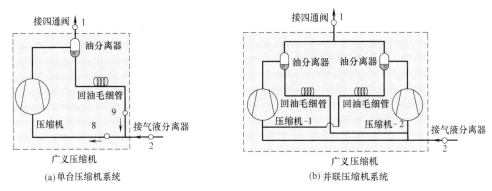

(a)单台压缩机系统   (b)并联压缩机系统

图 5-77　"广义压缩机"的构成示意图

在"广义压缩机"的制冷剂质量流量计算中，仍可采用式（5-32）～式（5-34）的计算方法。必须考虑气液分离器和油分离器等的漏热量，即在计算 $Q_{loss,rad}$ 和 $Q_{loss,con}$ 时，压缩机壳体面积 A 中应包括压缩机、油分离器及其连接管道的外表面积。

图 5-78 给出了目前应用最广的单模块多联机系统结构原理图，室外机中往往有多台压缩机，并有回油回路、热气旁通除霜回路等。为防止制冷运行时室外机制取的高压液态制冷剂出现沿程闪发，故在一些大容量系统中还设置了再冷却回路，制冷运行时再冷却回路开启。

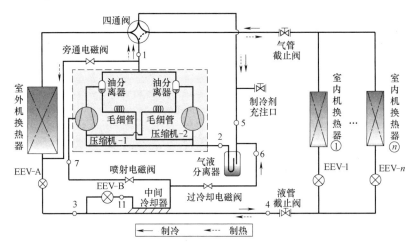

图 5-78　某风冷式热泵型多联机的结构示意图

多联机在制冷运行时，由压缩机频率控制吸气压力，改变系统中循环的制冷剂总质量流量，调节各个室内机电子膨胀阀（EEV）的开度，控制室内温度和室内机换热器出口制冷剂过热度；在制热模式下，由压缩机频率调节排气压力，控制制冷剂的总质量流量，室外机 EEV 调节室外机换热器出口制冷剂的过热度。

根据式（5-32）可计算出进入室内末端的制冷剂总质量流量 m_{ref}，然后将所有室内机视作一个"等效室内机"，当忽略室内、外机连接管路的漏热损失时，则从室外机测量的多联机系统总制冷（热）量就等于室内机吸收（放出）的热量总和，其制冷（热）量计算公式为式（5-35）与式（5-36）。值得注意的是，对于系统是否具有再冷却器回路、再冷却器是否开启，其制冷（热）量的计算公式完全相同，即当再冷却器的旁通支路 EEV－B的开度变化时，不影响多联机系统总制冷（热）量的计算。

$$Q_c = m_{ref}(h_2 - h_3) \tag{5-35}$$

$$Q_h = m_{ref}(h_1 - h_4) \tag{5-36}$$

式中　Q_c，Q_h——各室内机制取的总制冷量、制热量，W；

　　　　h_1，h_2——"广义压缩机"的排气和吸气比焓，kJ/kg；

　　　　h_3——制冷时室外机出口高压液态制冷剂的比焓，kJ/kg；

　　　　h_4——制热时从室内机返回至室外机的高压液态制冷剂的比焓，kJ/kg。

5.5.2.2　（准）双级压缩系统测量

（1）吸气/补气独立压缩房间空调器

图 5-79 给出了吸气/补气独立压缩房间空调器的工作原理及其循环的压焓图。该类机组的压缩机具有两个气缸，吸气与中间补气分别在两个气缸内独立压缩至排气压力并排出压缩机。进入压缩机控制体内的能量包括吸气和补气带入的能量以及输入电能，离开压缩机控制体的能量包括排气带走的能量和壳体散失的能量，其能量和闪发罐质量守恒方程如式（5-37）和式（5-38）所示。

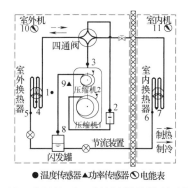

（a）工作原理及全工况制冷剂流量法测点布置

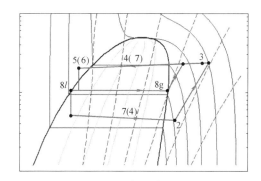

（b）循环压焓图

图 5-79　吸气与补气独立压缩房间空调器工作原理及制冷/热量测量方法

$$m_{ref,l}h_2 + P_{com} + m_{ref,m}h_8 - Q_{loss} = m_{ref,h}h_3 \tag{5-37}$$

$$m_{ref,l} + m_{ref,m} = m_{ref,h} \tag{5-38}$$

图 5-79（b）中，h_{8g} 与 h_{8l} 为闪发罐气相、液相出口工质比焓值，J/kg。

（2）准双级压缩多联机系统

为解决空气源热泵低温制热的性能衰减问题，将制冷剂喷射技术应用于多联机的准双级压缩多联机系统逐渐增多。在图 5-80 所示的准双级多联机系统中，中间冷却器电子膨胀阀 EEV-B 调节中间喷射支路制冷剂流量，为高压液态制冷剂提供较大的过冷度，同时保证多联机大范围变工况下稳定运行。下面以制热模式为例，介绍 GCEC 法应用于带中间喷射支路的准双级压缩多联机空调系统时的制热量测量原理。

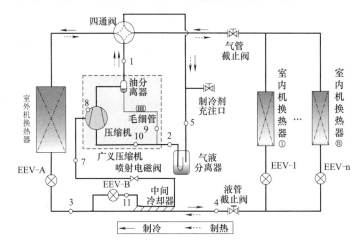

图 5-80　准双级压缩多联机系统原理及制冷（热）量测量传感器布置图

以"广义压缩机"为控制体建立能量守恒方程，当 EEV-B 开启时，压缩机消耗 P_{comp} 的输入功率使主回路的制冷剂从吸气状态（点 2）增压升温至排气状态（点 1），同时使中间喷射支路的制冷剂 $m_{r,7}$ 从补气状态（点 7）增压升温至排气状态（点 1），部分热量 Q_{loss} 散失到压缩机周围环境中，即

$$P_{comp}+m_{r,7}h_7+(m_{r,1}-m_{r,7})h_2=Q_{loss}+m_{r,1}h_1 \quad (5-39)$$

式中　h_7——"广义压缩机"的制冷剂补气比焓值，kJ/kg。

喷射支路制冷剂经过 EEV-B 节流后，处于两相区（点 7），根据两相区内制冷剂温度和压力的对应关系，计算补气压力。

在带中间喷射支路的多联机系统，再冷却器也称为中间冷却器，喷射支路的液态制冷剂在节流前后的比焓值相等，故在中间冷却器中，主回路的制冷剂与喷射支路的制冷剂进行热量交换，仍满足能量守恒。

$$m_{r,1}(h_4-h_3)=(m_{r,1}-m_{r,7})(h_7-h_3) \quad (5-40)$$

联立式（5-39）和式（5-40），即可确定"广义压缩机"排出的制冷剂质量流量，系统总制热量 Q_h 仍按照式（5-36）计算。当 EEV-B 关闭时，中间喷射支路的制冷剂质量流量 $m_{r,7}$ 等于 0，系统则退化为单级压缩常规热泵型多联机系统。

5.2.2.3　全工况制冷剂流量法

（1）现场性能测量原理与方法

目前，空调器绝大部分采用电子膨胀阀作为节流装置，但定速空调器则较多采用毛细管节流。对于采用毛细管节流的系统，在制冷时外温过高或制热时外温过低，即出现冷凝压力与蒸发压力差很大时，流过毛细管的流量必然大于蒸发器的需求流量，此时就会出现压缩机回液现象；另一方面，在电子膨胀阀节流的系统中，为了降低压缩机排气温度、增大蒸发器的有效传热面积以改善机组性能，研发人员会控制膨胀阀开度，以减小压缩机吸气过热度甚至使压缩机吸气处于饱和或微量带液状态。因而，房间空调器在实际运行过程中特别是制热运行时，压缩机在较多的时间内吸气处于带液状态，这也导致压缩机能量平衡法无法获得准确的计算值。

为了解决压缩机吸气带液运行状态下空调器制冷（热）量难以准确计算的问题，为此提出了基于压缩机能量平衡法（Compressor Energy Conversation，简称 CEC 法）的全工况制冷剂流量法，其实现途径如图 5-81 所示。即在压缩机吸气处于过热状态时，利用 CEC 法测量空调器的制冷（热）量，并自学习压缩机的容积效率和等熵效率，或构建毛细管绝热节流模型；当压缩机处于吸气带液状态时，则根据测量数据的样本覆盖范围，分别选取适宜的测量方法：①CEC-CE 法、②CEC-CVE 法、③CEC-CAT 法，对电子膨胀阀和毛细管系统的性能参数进行测量。其中，CEC-CE 法是 CEC 法与自学习压缩机等熵效率（Compressor Efficiency，简称 CE）相结合；CEC-CVE 法是 CEC 法与压缩机容积效率法（Compressor Volumetric Efficiency Method，简称 CVE）相结合；CEC-CAT 法是 CEC 与毛细管绝热节流模型（Capillary Adiabatic Throttling Model，简称 CAT）相结合的方法。

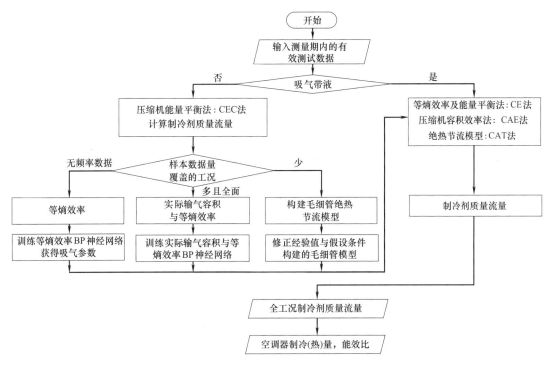

图 5-81　全工况制冷剂流量法的实现途径

① CEC-CE 法：当热泵机组在运行过程中既存在压缩机吸气过热状态，又存在压缩机吸气带液状态时，且吸气过热状态时间占比较大、覆盖运行工况较为全面，但因技术条件限制，不能获得有效的压缩机频率等运行参数时，采用 CEC 法计算吸气过热状态下的机组性能，并计算得到过热状态下的等熵效率，将其作为基础数据样本进行 BP（Back-Propagation，即反向传播）神经网络训练，进而得到可用于预测压缩机吸气带液工况下等熵效率的 BP 神经网络，利用该神经网络预测结果，继续采用 CEC 法计算确定压缩机吸气带液运行状态下的制冷剂流量，从而获得机组的全工况制冷剂流量。

② CEC-CVE 法：对于吸气过热状态时间占比较大、覆盖运行工况较为全面，且能获得准确的压缩机频率参数时，采用 CEC 法计算吸气过热状态下的空调器性能，并计算得到制冷剂流量、实际输气容积和等熵效率，将其作为基础数据样本，对实际输气容积和等熵效率 BP 神经网络进行训练，进而得到可用于预测压缩机吸气带液工况下的实际输气容积和等熵效率的 BP 神经网络，利用该神经网络预测结果，采用 CVE 法测量压缩机吸气带液状态下的制冷剂流量 m_{ref}，即式（5-41），从而实现机组的全工况制冷剂流量测量。通常来讲，全工况 CEC-CVE 法相比 CEC-CE 法具有更高的精度。

$$m_{ref} = \rho_{suc} \times (\eta_v V_d) \times f \tag{5-41}$$

式中　ρ_{suc}——制冷剂的吸气密度，kg/m^3；

　　$(\eta_v V_d)$——压缩机的实际输气量，即容积效率 η_v 与理论输气量 V_d 之积，m^3/rev，rev 为转速；

　　f——压缩机运行频率，Hz。

③ CEC-CAT 法：对于采用毛细管节流的空调器，压缩机吸气回液是常出现的情况，故需采用 CEC 法计算吸气过热状态下的性能，并计算得到制冷剂流量，据此对构建的 CAT 模型进行精度验证与修正，而后采用修正后的 CAT 模型计算压缩机吸气带液状态下的制冷剂流量，从而实现其全工况制冷剂流量测量。

（2）除霜模式下的制热量测量原理

① 热气旁通除霜

对于采用热气旁通除霜的空调器或多联机，除霜时四通阀不需换向，除霜电磁阀开启，高温高压气态制冷剂直接通过旁通支路进入室外机换热器。在除霜过程中（即旁通除霜电磁阀开启至关闭的时间段：$\tau_1 \rightarrow \tau_2$），系统化霜的能量主要来自压缩机的耗电量 P_{comp}，该时段内的累计制热量（kWh）为：

$$\int_{\tau=\tau_1}^{\tau=\tau_2} Q_h d\tau = \int_{\tau=\tau_1}^{\tau=\tau_2} (Q'_h - P_{comp}) \cdot d\tau \tag{5-42}$$

式中　Q'_h——在除霜模式开启前，系统瞬时制热量，W。

② 四通阀换向除霜

采用四通阀换向的逆向循环除霜时，四通阀改变了制冷剂的流动方向，由压缩机排出的高温高压制冷剂，经四通阀进入室外机换热器进行化霜后再进入室内机，并从房间内取热后返回室外机。在除霜过程中（$\tau_1 \rightarrow \tau_2$），用于化霜的热量来自压缩机的耗电量和从室内侧的取热量，系统的累计制热量（kWh）可按照下式计算：

$$\int_{\tau=\tau_1}^{\tau=\tau_2} Q_h d\tau = \int_{\tau=\tau_1}^{\tau=\tau_2} m'_{r,1}(h_5 - h_3) \cdot d\tau \tag{5-43}$$

式中　$m'_{r,1}$——除霜过程中进入所有室内机的制冷剂质量流量，kg/s；

　　h_3——作为冷凝器时的室外换热器出口的制冷剂比焓值（参见图 5-82），kJ/kg；

　　h_5——压缩机气液分离器入口的制冷剂比焓值（参见图 5-82），kJ/kg。

然而，在四通阀换向除霜过程中，一个除霜周期四通阀需切换两次，导致系统内部制冷剂出现大范围的迁移与重新分布。由于多联机的吸、排气焓值差较小，基于 GCEC 法计算的系统循环制冷剂总质量流量存在较大的计算误差，此时，宜将 CEC-CVE 法应用于多联机"广义压缩机"中，用自学习后的容积效率法测量逆循环除霜过程中的系统累计制热量可提高多联机在逆循环除霜时的测量精度。

在考虑热泵在除霜过程中的制热量后，结合正常制冷、制热过程时的换热器进出口焓差及耗电量参数，即可计算获得全工况范围内空调器、多联机的逐时制冷（热）量和能效比，进而获得整个测量期内直膨式机组的总制冷（热）量及其平均能效比。

5.2.2.4　测量精度验证

（1）房间空调器的测量精度

将上述全工况制冷剂流量法应用于单级压缩和补气/独立压缩房间空调器产品中，并通过空气焓差法进行测量精度检验。图 5-82 给出了不同工况、不同压缩机频率下，单级空调器分别采用 CEC-CE 法和 CEC-CVE 法的计算结果及其精度。其中，工况 A、B、C、D 分别为额定制冷、低温制冷、高温制冷和极高温制冷工况；工况 E、F 及 G 分别为额定制热、低温制热和超低温制热工况。两种方法误差均在 15% 以内，CEC-CVE 法精度稍高于 CEC-CE 法。类似的，图 5-83 给出吸气/补气独立压缩房间空调器采用 CEC-CVE 法的计算结果及其精度，其中，工况 A、B、C、D、F 为制冷工况，室外温度在 25～45℃范围内变化；工况 G、H 为制热工况，室外干/湿球温度分别为 7/6℃ 和 13/12℃。应用CEC-CVE 法，制冷与制热能力相对误差均在 ±15.0% 以内，大多数工况在 ±10.0%以内。

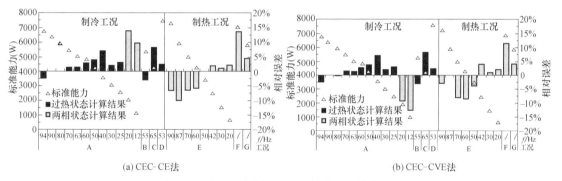

(a) CEC-CE法　　　　　　　　　　(b) CEC-CVE法

图 5-82　单级压缩房间空调器能力测量精度验证

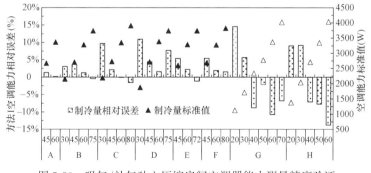

图 5-83　吸气/补气独立压缩房间空调器能力测量精度验证

此外，利用空气焓差法实验室对全工况制冷剂流量法动态过程的测量精度进行了检验，例如，对于一个完整的结霜/除霜周期（包括启动、除霜与结霜阶段的动态过程），采用压缩机全工况制冷剂流量法测得的制冷剂侧累计制热量为 9041.0kJ，室内空气的累计得热量为 8561.0kJ，二者之间的相对偏差仅为 5.6%，参见表 5-22。

压缩机全工况制冷剂流量法动态性能测量精度　　　　　表 5-22

项目	启动阶段与除霜阶段	结霜阶段	全过程
特点	部分工况吸气过热度小，运行状态变化剧烈	具有一定吸气过热度，机组运行状态稳定	一个结霜/除霜周期
测量时长(min)	17.3	23.1	40.4
全工况法累计制热量(kJ)	2810.0	6231.0	9041.0
焓差实验室累计制热量(kJ)	2378.5	6182.5	8561.0
相对误差	18.1%	0.80%	5.6%

（2）多联机的测量精度

对多联现场性能测试机用 GCEC 法进行校验，通过对比实验，得到该方法相比于空气焓差法实验室测得的制冷（热）量及其相对误差，如图 5-84 所示。从图中可知，35 组制冷工况（多联机制冷量范围为 4.5～17.6kW，对应制冷负荷率为 29%～113%）和 18 组制热工况（制热量范围为 7.6～19.8kW，对应制热负荷率为 42%～110%）的制冷（热）量测量值，相对于焓差实验室测量值的误差均在 ±15% 范围以内。

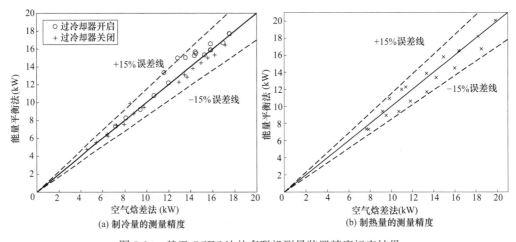

图 5-84　基于 GCEC 法的多联机测量装置精度标定结果

为检验现场性能测量方法的准确性，中国标准化协会 2018 年发布了《房间空气调节器实际运行性能参数测量规范》T/CAS305—2018 团体标准，确立了在多个稳态工况和动态工况下与空气焓差法进行比对测试及其精度要求，并基于二者测量结果计算的季节性能指标（$SEER$、$SHPF$ 和 APF）的相对误差确定其测量装置的精度等级。

5.5.3　性能测量装置及其精度

5.5.3.1　性能测量装置

性能测量仪是空调器、单元式空调器、热泵热风机等直膨式空调系统实际运行性能的测量装置，基于前文所述单一室内末端或多个末端的空调热泵设备的性能测量方法，研发出的外置于空调热泵设备的性能测量仪，可用于第三方使用，对任意类型直膨式空调系统进行任意时长的性能测量；而内置于空气源热泵产品中的性能测量装置由于它采用了产品自带的温度、压力、电能传感器，故可以对该设备的实际运行性能进行长期测量。

图 5-85 示出了房间空调器等仅有一个室内机的直膨式空气源热泵产品性能测量仪的总体框架，包括室外从机和室内主机两部分，二者通过同步信息传输和计算，可获得产品的制冷（热）量和性能系数。结合通信协议，研发出了图 5-86 所示的包括室内、室外机测量装置的房间空调器性能测量仪。

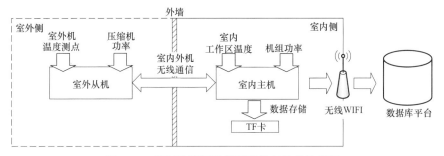

图 5-85 现场性能测量仪硬件设备的总体框架

(a) 第一代现场性能测量仪   (b) 第二代现场性能测量仪

图 5-86 室内机测量装置及室外机测量装置

在房间空调器和多联机产品中，自身带有较多的温度传感器（多联机还带有吸、排气压力传感器）、电流、电压传感器，为在线性能测量提供了部分传感器，为了更为准确地测量设备或系统的性能，故在空调器和多联机系统中，补充设置必要的温度传感器，即可使得每台设备均能进行其在线性能测量，从而实现空气源热泵产品的实时、无干扰、长期监测，同时也可作为产品的"性能传感器"对整套直膨式空调系统进行优化控制与运行管理。

5.5.3.2 性能测量装置的精度

按照 T/CAS305—2018 规定的测量工况、计算方法和测量装置精度标定和精度等级评价方法，以空气焓差法测量结果为基准，对基于空调器全工况制冷剂流量法（采用 CEC-CVE 法）和多联机 GCEC 法所研发的性能测量仪进行精度标定。图 5-87 给出了采用 CEC-CVE 法测得的一台空调器在各工况下的制冷（热）量及其相对误差，从图中可以看出：在额定最大制冷、额定制冷、额定中间制冷以及低温制冷 4 个必测工况下，测量装置测得的制冷量的相对误差小于 ±5.0%，在高温制冷与极高温制冷两个选测工况下，测量装置测得的制冷量相对误差分别为 8.3% 和 2.4%；在额定制热、中间制热、低温制热以及超低温制热工况下，测量装置测得的制热量相对误差小于 ±15.0%。

通过 T/CAS305—2018 给定的精度测量方法，计算该性能测量仪测得的空调器的 APF（Annual Performance Factor，即全年能源消耗效率）、SEER（Seasonal Energy

Efficiency Ratio，即制冷季节能源消耗效率）以及 *HSPF*（Heating Seasonal Performance Factor，即制热季节能源消耗效率），三个指标的相对误差分别为 3.06%、1.26% 和 7.70%，说明该性能测量仪达到了 1 级精度等级要求，可应用于房间空调器实际运行性能的测量工作中。

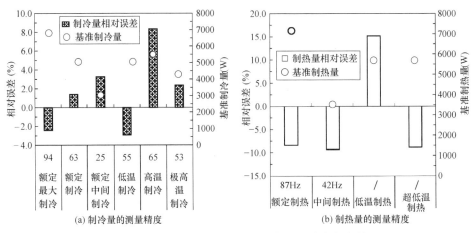

图 5-87　全工况制冷剂流量法测量装置的精度标定结果

　　至此，关于直膨式空调热泵设备现场性能测量方法与装置的内容已介绍完毕。全工况制冷剂流量法，在吸气过热状态采用压缩机能量平衡法测量热泵机组的制冷（热）量，同时利用自学习的压缩机等熵效率、容积效率以及毛细管模型，以此计算吸气带液状态下机组的性能，解决了传感器位置固定与制冷剂动态变化、机组长期运行性能衰减与较高精度测量的两对矛盾，实现了空气-空气热泵现场性能的长期、较高精度测量。

　　将全工况制冷剂流量法规模化应用于实际产品中，可获得大量空调器、多联机的现场运行数据，为探明空气-空气热泵实际运行特性提供了研究手段，实现了空气源热泵产品的实时、无干扰、长期监测，同时也可作为产品的"性能传感器"对整套直膨式空调系统进行优化控制与运行管理。该技术与物联网、远程监控技术、大数据云计算有机结合，为产品的故障诊断、节能控制、运行调适和适合每个用户的个性化控制提供了基础数据。

5.6　小结

　　针对空气源热泵应用于长江流域存在的夏季制冷能耗大、冬季结霜严重、制热能力不足、能效比低、舒适性差等问题，提出了热泵分区设计思想，探明了不同气候区空气源热泵的需求特征，确立了长江流域空气源热泵技术路线；针对压缩机压比适应问题，提出了三种压比适应及容量调节压缩机方案，并研究出新型端面补气、滑板补气及吸气/补气独立压缩转子压缩机；针对室外换热器冬季运行存在的结霜问题，研发了超疏水抑霜涂材及其附着工艺、室外风机电流辅助探霜方法、相变蓄热等不间断制热除霜技术，以及基于过冷热再生的无霜空气源热泵等技术。

　　在上述研究基础上，探明了空气源热泵现场性能与实验室测试性能的差异，构建了面向实际应用现场的季节运行性能的热泵产品逆向设计方法，研发出空调器、多联机、无霜空气源热泵系列产品，确立了长江流域空气源热泵的产品体系。为探明空气源热泵的现场运行性能与实际运行特性，研发了基于压缩机能量平衡法的无干扰、非介入式直膨式空气源热泵设备的现场性能测量方法与装置，为国家和行业的标准制定，为企业的产品开发、为用户的透明消费和合理使用提供了重要的基础数据。

　　上述研究瞄准了长江流域气候特征、生活习惯及室内热环境营造需求，突破了分散高效空气源热泵的压比适应及除霜等关键技术，研发出的空气源热泵系列产品，为长江流域实现供暖空调能耗总量控制目标提供了产业化设备支撑。

第6章
供暖空调系统构建与优化运行关键技术

我国现有公共建筑面积 123 亿 m^2，运行阶段能耗超过 2.9 亿 tce，其中供暖空调系统能耗约占 40%，降低供暖空调系统能耗对实现我国建筑节能减排具有重要意义，也是中国实现"碳达峰、碳中和"目标的关键途径。

6.1 能耗限值下的建筑供暖空调系统设计方法

目前，我国的建筑节能设计大多采用传统设计方法，即对标现行建筑节能相关设计标准中的建筑体形系数、窗墙比、围护结构热工参数限值、设备能效限值等节能控制指标，如满足规范要求，直接判定为"节能建筑"。由于上述节能控制指标的取值范围要求很宽，评价判定时未考虑系统运行方面的影响因素，导致"节能建筑"的单位面积实际能耗差别很大，有些甚至很高，因此，传统设计方法并不能直接有效地控制建筑的实际能耗。为了从设计源头降低建筑实际能耗，需研究提出一种以实际能耗目标为导向、面向最终使用效果的建筑节能设计方法。

6.1.1 基于能耗限额的建筑供暖空调系统设计与传统的系统设计的差异

基于能耗限额的建筑供暖空调系统设计定义为：以满足建筑室内热舒适要求和某一预定供暖空调能耗限额为性能目标，建筑、暖通等各相关专业协同设计，通过充分利用自然资源、采用高性能的围护结构、自然通风等被动式技术降低建筑的供暖空调能量需求，在此基础上，利用高效的供暖空调技术，使得建筑供暖空调系统年能耗值不超某一预定限额的设计过程。其中，建筑供暖空调系统年能耗值是指为满足室内环境参数要求，按照设定计算条件，计算出的供暖供冷系统折合到单位面积上的能耗，单位为 $kWh/(m^2 \cdot a)$。

基于能耗限额的建筑供暖空调系统设计，应以满足室内热舒适性和能耗限额目标为导向，以"被动优先，主动优化"为原则，结合不同地区气候、环境、人文特征，根据具体建筑使用功能要求，采用性能化的设计方法，因地制宜地制订具体的设计技术措施。

区别于传统的系统设计方法，见表 6-1，基于能耗限额的建筑供暖空调系统设计面向建筑性能总体指标要求，综合比选不同的建筑方案、供暖空调系统方案以及关键部品、设备的性能参数，通过优化比选，制订适合具体项目的针对性技术路线，并实现技术上可行和经济上最优。

基于能耗限额的建筑供暖空调系统设计，应采用协同设计的组织形式，包括建筑、暖通等各专业及业主、成本控制、使用等各方，利用能耗模拟计算软件等工具，对建筑、暖通设计方案进行逐步优化，最终满足供暖空调能耗限额的系统设计要求。

系统设计与传统设计的差异　　　　　　　　　　　　　　　表 6-1

项目	基于能耗限额的建筑供暖空调系统设计	传统的系统设计
参数选取	基于供暖空调能耗限额,给出满足要求的参数和指标要求	直接从规范中选定设计参数
工作范围	关心设计、建造及运行全过程	主要关心建筑设计
措施选择	所提供的措施主要是能证明合适的,就允许采用,为设计提供创造空间	原则上采用规范中所规定的方法或措施
指导原则	强调建筑整体有机集成	重视细节,轻视整体

6.1.2　基于能耗限额的建筑供暖空调系统设计流程

6.1.2.1　设计流程

建筑设计是分阶段进行的,从方案设计到初步设计、施工图设计,建筑方案逐步优化稳定。建筑节能设计是一个建筑、暖通等各专业协同设计的过程,建筑方案的优化基于供暖空调系统的能耗数据。采用传统设计流程进行基于能耗限额的建筑供暖空调系统设计存在两方面的问题:一方面,在方案设计阶段,建筑专业无法提供稳定完整的建筑信息(造型、朝向、立面设计、内部房间区域划分、使用功能等);另一方面,暖通专业利用能耗模拟计算软件等工具进行能耗评估时需要完整的建筑信息。

在基于能耗限额的建筑供暖空调系统设计过程中,为了解决方案阶段建筑信息不完善,无法对建筑能耗进行精确模拟的问题,本节提出"两步寻优"设计方法:第一步,在方案设计阶段,建筑信息不完善,此时采用简化方法计算建筑能耗,以建筑面积传热系数(Heat Transfer Coefficient of Floor Area,HTCFA)作为控制指标,指导建筑、暖通两专业独立开展方案优化工作,得到初步方案。第二步,在初步设计和施工图设计阶段,在初步方案的基础上,采用计算机软件对建筑能耗进行精确模拟,根据模拟结果对初步方案进行优化,最终得到满足供暖空调能耗限额的建筑方案。

上述"两步寻优"设计方法,第一步利用 HTCFA 得到初步设计方案,第二步采用能耗模拟对初步方案进行深化,得到最终的可实施方案。"两步寻优"解决了初始设计阶段能耗模拟与参数缺乏之间的矛盾,具有专业间协同流程简单、交叉提资少、设计效率高等优点。

基于上述分析,基于能耗限额的建筑供暖空调系统设计流程总结如下:

第一步,方案设计阶段:

(1) 设定室内环境参数和技术指标;

(2) 利用 HTCFA 得到初步设计方案;

第二步,详细设计阶段:

(3) 利用能耗模拟计算软件等工具进行初步设计方案的定量分析及优化;

(4) 根据优化结果,确定各达标方案;

(5) 对各达标方案进行技术经济比选,确定最终可实施的设计方案。

6.1.2.2　设计阶段任务分析

基于供暖空调能耗限额的建筑节能设计作为一种性能化设计方法,与传统系统设计不同,在方案设计和详细设计阶段的任务有新的要求,各个设计阶段的任务需要优化调整,详见表 6-2。

基于供暖空调能耗限额的建筑节能设计各阶段任务分析　　　表 6-2

阶段划分	工作基础	各专业主要任务		目标
		建筑专业	暖通专业	
第一步方案设计阶段	1. 预定的能耗限值； 2. 建筑所处地域、气候、可用能源等外部条件； 3. 建筑使用功能、规模等参数	1. 以建筑当地气候特征为引导，选择适宜的被动式技术措施； 2. 以建筑面积传热系数作为控制指标进行体形系数、围护结构体系设计； 3. 根据上述体形系数以及不同地区的特点，进行建筑平面总体布局、朝向、开窗形式、采光遮阳、室内空间布局等细节设计，最大限度地降低建筑供暖供冷需求	1. 确定建筑室内温湿度设计值； 2. 供暖空调负荷特性分析与估算； 3. 供暖空调系统初选与全年运行策略分析； 4. 根据预定的能耗限额值计算建筑可用的全年负荷值，计算建筑面积传热系数，将其提给建筑专业作为建筑围护结构的设计依据	初步确定满足能耗限值要求的建筑＋暖通方案组合
第二步详细设计阶段	1. 预定的能耗限值； 2. 方案设计成果	1. 深化建筑方案设计，提出各层建筑平面图、立面图及剖面图； 2. 确定不同功能区域的建筑面积和使用人数； 3. 根据暖通专业计算机能耗分析的结果，调整优化建筑平面总体布局、朝向、体形系数、窗墙比、采光遮阳、室内空间布局等设计参数，最大限度地降低建筑供暖空调需求，得到满足预定供暖空调能耗限值的建筑方案	1. 对暖通空调系统方案、自然能源应用方案以及系统全年运行与控制策略进行深化设计； 2. 将设计方案和关键性能参数代入计算机能耗模拟分析软件，定量分析是否满足预定的供暖空调能耗值； 3. 根据模拟结果，将优化建议提给建筑专业。收到建筑专业的修改反馈意见后，暖通专业重新进行能耗模拟工作，再次根据模拟结果将优化建议提给建筑专业。如此反复循环迭代，最终确定满足能耗限值的设计方案	基于计算机能耗模拟结果，通过优化调整，最终得到满足能耗限值要求的建筑＋暖通方案组合

6.1.3　方案设计阶段协同设计

近几年，许多发达国家及中国相继开展了低能耗建筑方面的相关研究，提出了一些基于能耗指标控制的性能化设计方法。但上述研究提出的设计方法在实际应用中还有一些不足：

（1）大部分仅针对某一气候地区，基于某一建筑案例分析其设计流程，结果的推广应用有一定局限性；

（2）设计方法以建筑能耗的计算机模拟为基础，需要有详细的建筑信息，因此不适用于建筑信息缺乏的方案设计阶段；

（3）设计方法将建筑、暖通等相关专业工作内容混在一起，导致各专业缺乏内部优化目标的引导，不能独立开展方案优化工作，不符合建筑协同设计工作分工的要求。

建筑节能设计中影响建筑本身能耗的重要因素（造型、朝向、立面设计等）主要在方案设计阶段确定，初步设计和施工图设计阶段则主要完成环境控制系统的设计。为了控制供暖空调能耗不超预定限额，本节提出一种基于供暖空调能耗限额的、适合于方案设计阶段的建筑节能设计方法，符合协同设计中各专业分工的要求，提高了设计效率。

6.1.3.1 建筑供暖空调负荷特性分析

对于建筑中的房间，如图 6-1 所示，影响室内温湿度的内扰主要包括照明、室内设备、人员及送入室内的新风等室内热、湿源；外扰主要包含太阳辐射、室外空气温湿度、相邻房间的空气温度，通过围护结构的热、湿传递影响室内环境。上述内外扰可以分为两类，一类是人员相关，存在与否取决于人的使用，包括照明、室内设备、进入室内的新风；另一类是围护结构相关，包括太阳辐射、外围护结构传热、内围护结构传热。

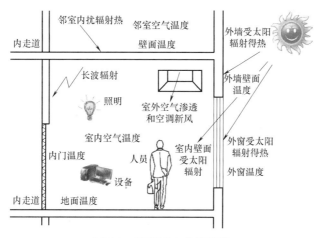

图 6-1 建筑室内外热环境

在建筑方案设计阶段，建筑朝向、体形系数、房间分隔等参数还不明确，为了评估建筑供暖空调全年能耗，需从建筑整体全年运行的角度对能耗计算方法进行合理简化。上述人员相关负荷取决于人的使用，使用时存在，不使用时没有，因此可以简单按照房间使用时刻表统计计算。其中照明和室内设备负荷可以简化为室内得热量，按下式计算：

$$Q_{b1} = \sum_{i=1}^{t_1} (q_i m_i) \tag{6-1}$$

$$Q_{b2} = \sum_{i=1}^{t_2} (q_i m_i) \tag{6-2}$$

式中，Q_{b1}、Q_{b2} 分别为冬季、夏季室内得热量，kJ；q_i 为第 i 小时单位面积的得热量，kJ/m^2；m_i 为第 i 小时的人员使用面积，m^2；t_1、t_2 分别为冬季、夏季房间使用小时数，h。

新风负荷按下式计算：

$$Q_{X1} = \sum_{i=1}^{t_1} (\Delta h_i G_i) \tag{6-3}$$

$$Q_{X2} = \sum_{i=1}^{t_2} (\Delta h_i G_i) \tag{6-4}$$

式中，Q_{X1}、Q_{X2} 分别为冬季、夏季室内新风需热量、需冷量，kJ；Δh_i 为第 i 小时新风的焓值变化量，kJ/kg 干空气；G_i 为第 i 小时的新风量，kg 干空气；t_1、t_2 分别为冬季、夏季房间使用小时数，h。

太阳辐射得热取决于建筑所处纬度、当地气候、朝向、遮阳、外围护结构材料特性等因素。在建筑方案设计阶段，建筑外形、遮阳措施、朝向以及房间分隔等外部条件还不确定，太阳辐射得热对供暖空调全年能耗的影响很难准确量化计算。冬季进入室内的太阳得热可以降低供暖能耗，而夏季增加空调制冷能耗。从全年来看，采用遮阳措施，总可以保证由于太阳得热引起的夏季空调制冷能耗增加值小于冬季供暖能耗降低值，使得太阳得热能够降低建筑全年能耗。因此，对于太阳辐射得热，在建筑方案设计阶段可以暂时忽略其对供暖空调全年能耗的影响，待初步设计和施工图设计阶段条件具备时再分别计算其对夏季空调制冷能耗的增加值和冬季供暖能耗的减小值，如果夏季的大，则通过调整遮阳方案等措施降低夏季围护结构得热，使建筑方案满足全年能耗限额要求。

在房间间歇使用过程中，内围护结构传热有时是有利的，有时是不利的，因此，在方案设计阶段对供暖空调系统全年能耗进行估算时忽略内围护结构传热。

综上，在建筑方案设计阶段进行全年建筑能耗估算时，忽略太阳得热及内围护结构传热的影响，围护结构相关负荷仅计算外围护结构的传热量，按度时数方法计算：

$$Q_w = 3.6 k_w A_w (HDH + CDH) \tag{6-5}$$

式中，Q_w 为外围护结构传热量，kJ；k_w 为建筑物与室外大气接触的外围护结构平均传热系数，W/(m²·K)；A_w 为建筑物与室外大气接触的外围护结构面积，m²；HDH 为供暖度时数，定义如下：建筑使用时，将所有低于室内温度的逐时室外温度与室内温度之间的差值乘以 1 小时累加起来，建筑不使用时不计算，单位为℃·h；CDH 为空调度时数，定义如下：建筑使用时，将所有高于室内温度的逐时室外温度与室内温度之间的差值乘以 1 小时累加起来，建筑不使用时不计算，单位为℃·h。

根据上述分析，为了控制供暖空调能耗不超预定限额 N，设计计算时需满足如下关系式：

$$Q_w + Q_{X1} + Q_{X2} - Q_{b1} + Q_{b2} \leqslant 3600 A_F N \cdot APF \tag{6-6}$$

式中，N 为单位建筑面积供暖空调能耗限额，kWh/(m²·a)；

APF 为全年性能系数（Annual Performance Factor，APF），以一年为计算周期，供暖空调系统在制冷季节从室内除去的热量及制热季节向室内送入的热量总和与同一期间内系统消耗的电量总和之比，kWh/kWh。在方案设计阶段，APF 可根据预选的暖通空调系统经计算确定，或根据既有的同类型同规模系统的测试结果确定。

将式（6-5）代入式（6-6），整理得如下关系式：

$$\frac{k_w A_w}{A_F} \leqslant \frac{3600N \cdot APF - (Q_{X1} + Q_{X2} - Q_{b1} + Q_{b2})/A_F}{3.6(HDH + CDH)} = Const \tag{6-7}$$

APF 可由建筑方案设计指标直接确定，供暖、空调度时数 HDH、CDH 以及新风负荷、设备负荷均可由建筑使用功能及当地的气象参数确定，N 为给定值，APF 根据预选的暖通空调系统确定，因此，在建筑设计指标、供暖空调方案及能耗限额下，式（6-7）

中小于等于号右边的算式为一确定数值 Const。

式（6-6）中小于等于号左边的算式，具有明确的工程意义，如图6-2所示，表示单位建筑面积对应的围护结构面积的平均传热系数，本文称之为"建筑面积传热系数"（Heat Transfer Coefficient of Floor Area，HTCFA），具体定义如下：

在稳态条件下，建筑物与室外大气接触的外围护结构两侧空气温度差为 1K 时，单位时间内传递的热量与该建筑物总建筑面积的比值定义为建筑面积传热系数 $HTCFA$，$W/(m^2 \cdot K)$。

图6-2　建筑面积传热系数

$$HTCFA = \frac{k_w A_w}{A_F} \tag{6-8}$$

综合上述分析并将式（6-7）代入式（6-8）得：

$$HTCFA \leqslant Const \tag{6-9}$$

式（6-9）说明，只要 $HTCFA$ 小于根据建筑、暖通方案计算出的确定数值 Const，全年供暖空调能耗便不超预定的能耗限值 N。

根据建筑物体形系数的定义，有如下关系式：

$$A_w = S A_F H_F \tag{6-10}$$

式中，S 为建筑体形系数，m^{-1}；A_F 为建筑地上部分建筑面积，m^2；H_F 为建筑地上部分平均层高，m。

将式（6-10）代入式（6-8）得：

$$HTCFA = k_w S H_F \tag{6-11}$$

由式（6-11）可得，$HTCFA$ 为建筑围护结构平均传热系数 k_w、建筑体形系数 S 及建筑地上部分平均层高 H_F 三者的乘积。提升围护结构保温性能、降低建筑体形系数及层高均可以降低 $HTCFA$ 值，降低建筑围护结构能耗。

6.1.3.2　协同设计方法

建筑设计在解决专业问题时采用协同工作方法，各专业间以定期、节点性提资的方式进行配合。为了控制供暖空调能耗不超预定限额，采用 $HTCFA$ 作为控制指标进行建筑节能方案设计，建筑/暖通专业协同设计流程如图6-3所示。

首先，建筑提出建筑面积、所在地区、设计使用功能及人数等基础参数，暖通专业根据建筑提资确定室内外设计温度并初选供暖空调方案。

然后，暖通专业根据预选的供暖空调方案及预定的能耗限额，根据式（6-7）计算 $HTCFA$ 的最大允许值 Const。

最后，建筑专业通过调整建筑体形系数、围护结构传热系数、窗墙比以及建筑层高等参数，使根据式（6-11）计算得出的 $HTCFA$ 值不大于限值 Const，此时便得到一组满足

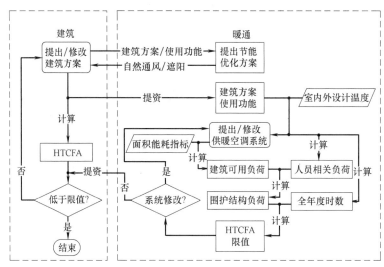

图 6-3　方案设计阶段建筑/暖通专业协同设计流程

供暖空调能耗限额要求的建筑、暖通方案组合。

如有多个组合满足要求，可以通过增量投资分析法确定最终优选方案。在协同设计过程中，*HTCFA* 可以指导建筑、暖通两专业独立开展节能方案优化工作，各专业分工明晰，内部优化目标明确，交叉提资少，提高了设计效率。

6.1.4　详细设计阶段协同设计

方案设计成果经评审确认后进入详细设计阶段（初步设计、施工图设计），此时建筑平、立面方案已基本稳定，建筑内部布局和功能分区也基本确定。在详细设计阶段进行基于能耗限额的建筑供暖空调系统设计时，应借助计算机能耗模拟软件等更精确的技术手段，对建筑方案进行全年冷热负荷模拟分析，评估计算供暖空调系统全年能耗值。根据分析、评估结果提出建筑空间布局、围护结构热工参数、建筑遮阳、自然能源利用等方面的优化建议，最终得到符合供暖空调能耗限额要求的建筑/暖通设计方案。基于能耗限额的建筑供暖空调系统设计，在详细设计阶段的建筑/暖通专业协同设计流程如图 6-4 所示。

首先，暖通专业对建筑专业提资的建筑方案进行全年冷热负荷的软件模拟，根据模拟结果对建筑方案提出优化建议。

其次，暖通专业对建筑方案进行设计冷热负荷计算，根据计算结果进行供暖空调设备选型；同时根据设备选型和全年冷热负荷模拟结果制定供暖空调全年运行策略。

最后，根据全年冷热负荷模拟结果、供暖空调运行策略以及供暖空调设备选型，计算供暖空调全年能耗值。如果能耗计算结果达标，则现有方案可以作为备选方案；如果不达标，则继续修改建筑方案，直至达标。

在详细设计阶段，基于能耗限额的建筑供暖空调系统设计，根据选定的室内环境参数和能耗指标要求，利用能耗模拟计算软件等工具，优化确定最终设计方案，其核心是以能耗限额为导向的定量化设计分析与优化，确定的性能参数是基于计算结果，而不是从规范中直接选取。

为实现供暖空调能耗限额目标，设计师在设计前充分了解当地的气象条件、自然资

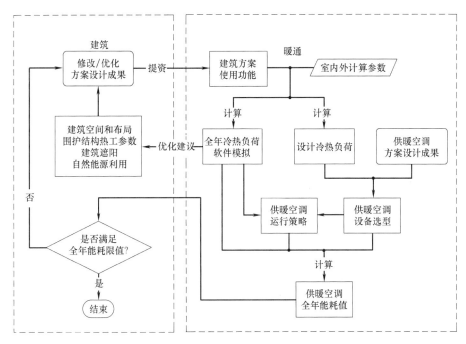

图 6-4　详细设计阶段建筑/暖通专业协同设计流程

源、生活居住习惯等，借鉴传统建筑的被动式措施，根据不同地区的特点进行建筑平面总体布局、朝向、体形系数、开窗形式、采光遮阳、室内空间布局等适应性设计；在此基础上，根据供暖空调负荷模拟分析结果，优化围护结构保温、隔热、遮阳等关键性能参数，最大限度地降低建筑供暖供冷需求；结合不同的机电系统方案、自然通风等自然能源应用方案和系统全年运行与控制策略等，将设计方案和关键性能参数代入能耗模拟分析软件，定量分析是否满足预先设定的供暖空调能耗限额，根据计算结果，不断修改、优化设计策略和设计参数等，循环迭代，最终确定满足性能目标的设计方案。

6.2　基于热源塔的新型供暖空调系统

冷热源是建筑供暖空调系统中能耗占比最大的部分，同时也具有最大的节能潜力。目前，普遍采用的冷热源技术有：①冷水机组加锅炉，②水/地源热泵，③空气源热泵。冷水机组夏季效率高，但冬季依靠锅炉供暖，其一次能源利用率较低。水/地源热泵冬夏均有较高效率，但受制于地理地质条件及较高的初投资。空气源热泵由于其低位热源易于获取、使用维护便捷的优势，成为广泛应用的供冷供热技术。但由于其采用间壁式取热的方法，且仅能利用空气的显热量，存在夏季效率低、冬季易结霜及供热不稳定的瓶颈。热源塔热泵（Heating Tower Heat Pump）以溶液、水分别作为冬夏季室外空气与热泵间热量交换的中间介质，采用直接接触式的全热交换过程代替常规空气源热泵间壁式的显热交换过程，实现冬季无霜与夏季水冷，显著提升系统能效，是一种冬夏双高效的建筑供暖空调系统新方案。由于该系统仍以室外空气作为热源/热汇，也被称为广义无霜空气源热泵（Frost-free Air-source Heat Pump）。

6.2.1 热源塔热泵原理与系统构成

热源塔热泵以一套系统满足建筑夏季供冷和冬季供热。在典型的夏季工况下,热源塔热泵系统的运行原理类似于冷却塔冷水机组,系统为建筑提供冷水,满足建筑冷负荷,热泵系统依靠输入功及制冷剂循环,将热量由低温冷水传递给高温冷却水,冷却水在塔内完成与空气的热质交换,将显热和潜热传递给空气,该过程中潜热换热量往往占90%以上,潜热交热造成冷却水蒸发,依靠塔侧补水来达到冷却水的质量平衡。在典型冬季工况下,为了利用热源塔中的循环溶液从室外空气吸热,需要将溶液维持在较低的温度。通常情况下,循环溶液的平均温度要低于0℃,为防止系统冻结,此时塔内的循环工质由冷却水替换为具有较低冰点的溶液,亦称为防冻液。在目前的研究及工程应用中,常用的防冻液有乙二醇溶液、氯化钙溶液、氯化镁溶液、尿素溶液等。低温溶液依靠温差从室外空气吸收显热,由于低温溶液的表面水蒸气分压力小于空气,在此过程中通常伴有潜热传递,但潜热换热量的占比一般小于30%。潜热交换造成空气中的水分凝结至溶液中,从而使溶液浓度降低,冰点升高,影响系统的安全稳定运行,因此需要对溶液进行再生来维持溶液浓度,实现溶液质量平衡。热泵系统再依靠输入功及制冷剂循环,将热量由低温溶液传递给高温热水,并将高温热水供给建筑以满足制热负荷。

典型的热源塔热泵系统如图6-5所示,依靠外部阀门切换实现制冷制热工况转换。在夏季工况下,阀门1~4关闭,阀门5~8开启,塔内循环工质为冷却水。在冬季工况下,阀门1~4开启,阀门5~8关闭,塔内循环工质为乙二醇、氯化钙等溶液。

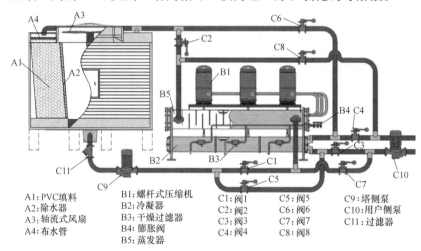

A1:PVC填料　B1:螺杆式压缩机　C1:阀1　C5:阀5　C9:塔侧泵
A2:除水器　　B2:冷凝器　　　C2:阀2　C6:阀6　C10:用户侧泵
A3:轴流式风扇　B3:干燥过滤器　C3:阀3　C7:阀7　C11:过滤器
A4:布水管　　B4:膨胀阀　　　C4:阀4　C8:阀8
　　　　　　　B5:蒸发器

图 6-5　热源塔热泵系统图

6.2.2 热源塔热质传递规律

由于缺乏热源塔的相关设计理论与规范,厂家多按照常规冷却塔进行设计,或直接购买冷却塔作为热源塔使用。而热源塔无论是循环介质还是运行工况均与常规冷却塔存在差异,因此探究热源塔内空气与溶液的耦合热质传递规律,构建热质传递系数关联式,并揭示各参数对热源塔热质传递性能的影响是十分必要的,可为热源塔的设计及运行提供依据。

6.2.2.1　热源塔耦合热质传递模型

冬季工况下，热源塔内进行热质交换的两股流体分别为空气和溶液。夏季工况下，则分别为空气和水。典型的横流热源塔原理图如图 6-6 所示，溶液/水通过重力均匀分布至 $x-z$ 截面，并润湿填料表面，空气由 $y-z$ 截面进入，与填料表面溶液进行换热。由于溶液/水，以及空气在 z 轴方向上可认为是均匀分布，其三维模型可简化为 $x-y$ 平面内的二维模型，其示意图及网格划分如图 6-6（b）所示。其中第 i 行第 j 列的微元如图 6-6（c）所示，每个微元的体积为 $dV = L \cdot dx \cdot dy$。为构建热源塔溶液/水与空气间的耦合热质传递模型，现做如下假设：①传热传质系数在整个填料内保持一致；②填料表面被完全润湿，热质传递的面积等于填料总换热面积；③沿流体方向的导热和热扩散相比于对流传热可以忽略；④热源塔与周围环境之间绝热。则冬季工况下单个微元内空气与溶液的对流传热传质过程可表示为：

$$h_c \cdot L \cdot dx \cdot dy \cdot \alpha(t_s - t_a) = m_a(Cp_a + \omega_a \cdot Cp_v)dt_a \tag{6-12}$$

$$h_d \cdot L \cdot dx \cdot dy \cdot \alpha(\omega_s - \omega_a) = m_a \cdot d\omega_a \tag{6-13}$$

式中　h_c——传热系数，$W \cdot m^2/℃$；

$\qquad h_d$——传质系数，$g/m^2/s$；

$\qquad L$——填料长度，m；

$\qquad \alpha$——填料比表面积，m^2/m^3；

$\qquad t$——温度，℃；

$\qquad \omega$——含湿量，kg/kg；

$\qquad m$——微元内质量流量，kg/s；

$\qquad Cp$——定压比热容，$kJ/(kg \cdot K)$。

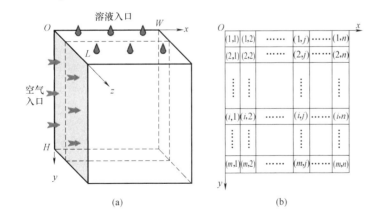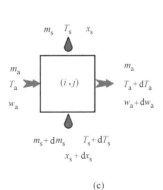

图 6-6　横流热源塔

(a) 三维结构原理图；(b) 二维网格划分图；(c) 单个微元图

下标 a，s，v 分别表示空气，溶液，蒸气。单个微元内的能量平衡，水分平衡，溶质平衡可以表示为：

$$-Cp_s \cdot m_s \cdot dt_s - Cp_s \cdot dm_s \cdot t_s = m_a \cdot dh_a \tag{6-14}$$

$$dm_s = -m_a \cdot d\omega_a \tag{6-15}$$

$$X_s \cdot m_s = (X_s + dX_s)(m_s + dm_s) \tag{6-16}$$

式中　h——焓值，kJ/kg；

　　　X——溶液浓度。

以上为热源塔在冬季工况下的耦合热质传递模型，当该模型用于夏季工况时，将循环工质由溶液替换为水，即所有下标 s 均替换为 w，将溶液浓度 X_s 置为 0。

耦合热质传递模型的两种典型用途为：①已知热源塔几何参数，空气及溶液/水进口参数、热质传递系数，求解热质传递过程，得出显热换热量、潜热换热量等关键指标；②已知热源塔几何参数，空气及溶液/水进出口参数，求解热质传递系数。其中用途②为显示求解过程，只需按图 6-6（b）所示二维网格划分图从左上角第（1，1）个微元开始按行依次计算式（6-12）~式（6-16），将前一个网格的输出值作为后一个网格的输入值。而用途②则需要先对传热传质系数进行假设，然后进行显示求解，再根据迭代结果对假设值进行重新赋值迭代，直至空气溶液出口参数与实验所得参数间的误差满足要求。

热源塔传热传质性能分别由显热换热量、潜热换热量进行表征：

$$Q_s = (Cp_a + \omega_a \cdot Cp_v)M_a(t_{a,o} - t_{a,i}) \tag{6-17}$$

$$Q_l = r \cdot M_a \cdot (\omega_{a,o} - \omega_{a,i}) \tag{6-18}$$

式中　Q_s——显热换热量，kW；

　　　Q_l——潜热换热量，kW；

　　　M——质量流量，kg/s。

总换热量 Q_t（kW）及潜热百分比 η 可由上式计算得：

$$Q_t = Q_s + Q_l \tag{6-19}$$

$$\eta = Q_l/Q_t \tag{6-20}$$

热源塔加热效率 ε 定义为溶液在热源塔内的时间温升与理论上可能达到的最大温升之间的比值：

$$\varepsilon = \frac{t_{s,o} - t_{s,i}}{t_{wb,i} - t_{s,i}} \tag{6-21}$$

式中　$t_{wb,i}$——湿球温度，℃。

6.2.2.2　热源塔热质传递实验研究

本章构建了如图 6-7 所示的热源塔热质传递实验系统，包含空气处理系统，以及溶液循环系统。空气处理系统包含冷盘管、电加热器、蒸汽加湿器，以及驱动风机，用以提供稳定参数（流量、温度、含湿量）的空气。溶液循环系统包含溶液塔 A、溶液塔 B、溶液泵 A、溶液泵 B、冷盘管、电加热器，用以提供稳定参数（流量、温度、浓度）的溶液。实验所用填料为规整 PVC 填料，如图 6-8 所示，换热比表面积 172m²/m³，长宽高分别为 280mm、430mm 和 700 mm。实验采用的溶液为乙二醇溶液。

为探究各入口参数对热质传递性能及热质传递系数的影响规律，共计进行了 30 组实验，各工况设置如表 6-3 所示。在此基础上，为构建热质传递系数的关联式，又开展了 25 组实验，保持空气进口温度及含湿量不变，溶液进口温度及浓度不变，仅改变空气及溶液的流量。

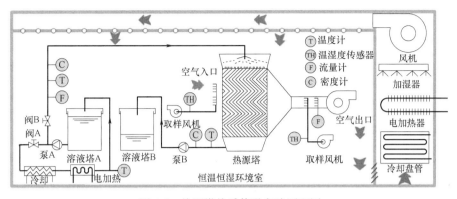

图 6-7　热源塔热质传递实验原理图

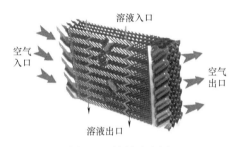

图 6-8　填料示意图

实验工况表　　　　　　　　　　　　　　　　　　　　　表 6-3

No.	G_a	$t_{a,i}$	$\omega_{a,i}$	G_s	$t_{s,i}$	X_s
	kg/(m²·s)	℃	g/kg	kg/(m²·s)	℃	%
1	1.44~3.21	1.50±0.20	3.55±0.05	4.30±0.05	−7.10±0.20	30.09
2	2.95±0.05	2.83~9.73	4.15±0.05	2.85±0.05	−3.40±0.10	20.64
3	2.95±0.05	6.05±0.10	2.84~4.78	2.85±0.05	−3.20±0.10	20.64
4	3.20±0.05	1.90±0.10	3.40±0.05	2.43~4.29	−7.10±0.20	30.09
5	2.95±0.05	8.10±0.10	5.10±0.10	2.90±0.05.	−4.77~1.51	17.65
6	2.95±0.05	7.10±0.10	4.65±0.05	3.05±0.05	1.20±0.10	18.15~31.09

注：表中 G_a 和 G_s 分别为空气与溶液的质量流率，即单位面积上的质量流量。

　　55 组实验的能量平衡均在±15%以内，平均差值 7.1%，说明填料在换热过程中保持了较好的绝热状态。实验中，显热换热量 Q_s，潜热换热量 Q_1，总换热量 Q，潜热百分比 η，加热效率 ε 的相对不确定度分别在±5.5%，±9.5%，±6.2%，±11.1%，±8.1%以内，符合实验精度要求。

　　空气以及溶液各入口参数对热质传递系数和性能的影响如表 6-4 所示。由式（6-12）、式（6-13）可知，在传热传质面积一定时，显热换热量是传热系数、传热温差的函数，潜热换热量是传质系数、等效含湿量差的函数。在 No.1 及 No.4 实验中，随着空气质量流率或溶液质量流率的增加，传热传质系数显著增加，在其他入口参数不变的情况下，传热传质量均增加。因此在该过程中，空气温度加速下降，溶液温度加速上升，两者之间的传热温差减小。同理,空气含湿量加速下降,溶液等效含湿量加速上升,两者之间的等效含湿量差减小。但由于温差与含湿量差的降低是由于传热传质系数增加造成的,其减小幅度远小于传热传质系数的增加量,因此温差与传热系数的乘积(正比于显热换热量)仍有显著增加,含湿量差与传质系数的乘积(正比于潜热换热量)仍有显著增加。在 No.2 实验中,进口空气温度的增加加大了空气和溶液间的传热温差,在传热系数基本不变的情况下,显热换热量显著增加。显热换热量的增加又加速了溶液温升,溶液等效含湿量也随之增加,空气与溶液间的含湿量差减小。在传质系数基本不变的情况下,潜热换热量降低。在 No.3 实验中,空气含湿量的增加加大了与溶液之间的含湿量差,在传质系数基本不变的情况下,潜热换热量增加,加速了溶液温升,因此空气与溶液间的换热温差有所降低,在传热系数基本不变的情况下,显热换热量略有下降。在 No.5 实验中,溶液温度的增加使得两者间的传热温差减小,在传热系数基本不变的情况下,显热换热量下降,潜热传热量降低。在 No.6 实验中,溶液浓度的增加使得溶液等效含湿量减小,空气与溶液间的含湿量差增加,在传质系数基本不变的情况下,潜热换热量增加。同时该过程使得溶液温升加速,空气与溶液间的传热温差略有下降,因此显热换热量下降。

热质传递规律汇总及分析 表 6-4

No.	变量	h_c W/(m²·℃)	h_d g/(m²·s)	Δt ℃	$\Delta \omega$ g/kg	Q_s kW	Q_l kW	ε /
1	G_a	11.0~25.0 ↑	11.2~25.4 ↑	6.42~6.07 ↓	1.27~1.09 ↓	1.05~2.24 ↑	0.52~1.03 ↑	10.8%~23.2% ↑
2	$t_{a,i}$	18.3 →	18.4 →	4.64~9.60 ↑	1.06~0.90 ↓	1.19~2.58 ↑	0.71~0.57 ↓	25.3% →
3	$\omega_{a,i}$	18.6 →	19.6 →	6.89~6.61 ↓	-0.06~1.45 ↑	1.83~1.79 ↓	-0.05~0.99 ↑	27.2% →
4	G_s	17.0~25.0 ↑	17.3~25.4 ↑	6.75~6.36 ↓	1.15~1.11 ↓	1.65~2.28 ↑	0.72~1.02 ↑	29.5%~22.5% ↓
5	$t_{s,i}$	19.4 →	19.0 →	9.22~4.63 ↓	1.79~0.80 ↓	2.55~1.33 ↓	1.21~0.55 ↓	27.2%~30.8% ↑
6	$X_{s,i}$	19.1 →	19.7 →	4.26~4.21 ↓	0.51~0.72 ↑	1.20~1.18 ↓	0.37~0.51 ↑	28.2%~31.9% ↑

注:↑表示性能指标随入口参数的增加而增加,↓表示性能指标随入口参数的增加而减小,→表示性能指标不随入口参数变化。

6.2.2.3 热源塔热质传递系数关联式

如上节所述,冬季工况下,热源塔传热传质系数主要受空气质量流率及溶液质量流率的影响,而空气入口温度、空气入口含湿量、溶液入口温度、溶液入口浓度的影响可以忽略。将不同空气质量流率和溶液质量流率下传热传质系数用 Levenberg-Marquardt 法进行拟合,拟合结果如下:

$$h_c = 4.7600 G_s^{0.4289} G_a^{0.8678} \qquad (6-22)$$

$$h_d = 4.8264 G_s^{0.4298} G_a^{0.8646} \qquad (6-23)$$

拟合公式的相关系数平方 R^2 分别为 0.91、0.91。拟合公式的应用范围为:$G_s \in$

$(2.3，4.3)kg/(m^2 \cdot s)$，$G_a \in (1.5,3.3)kg/(m^2 \cdot s)$。

为获得夏季散热工况下的耦合热质传递系数，本节又开展了 25 组夏季工况下的实验，实验系统仍如图 6-7 所示。实验中保持空气进口温度及含湿量不变，水进口温度不变，仅改变空气及水的流量，实验工况设置如表 6-5 所示。

实验工况表 表6-5

工况	$t_{a,i}$	$\omega_{a,i}$	$t_{s,i}(t_{w,i})$	$X_s(X_w)$	G_a	$G_s(G_w)$
	℃	g/kg	℃	%	$kg/(m^2 \cdot s)$	$kg/(m^2 \cdot s)$
冬季	1.5±0.7	3.3±0.3	−7.0±0.5	30.0	1.5~3.3	2.3~4.3
夏季	32.0±0.8	10.7±1.0	35.5±0.7	0	1.3~2.8	2.3~4.1

夏季工况中传热传质系数拟合结果如下：

$$h_c = 7.4572 \cdot G_w^{0.2383} \cdot G_a^{0.7155} \qquad (6-24)$$

$$h_d = 7.2143 \cdot G_w^{0.2703} \cdot G_a^{0.7249} \qquad (6-25)$$

拟合公式的相关系数平方 R^2 分别为 0.98、0.93。拟合公式的应用范围为：$G_s \in (2.3，4.1)kg/(m^2 \cdot s)$，$G_a \in (1.3，2.8)kg/(m^2 \cdot s)$。

所得冬夏季的热源塔热质传递系数可用于模拟热源塔的耦合热质传递过程，计算各参数的沿程分布，以及出口参数，用于指导热源塔的设计以及运行。

6.2.3 热源塔热泵系统节能原理与节能潜力

按低位热源的来源，热源塔热泵仍属于空气源热泵的范畴，常规空气源热泵是热源塔热泵的主要替代目标，但由于缺乏热源塔热泵与空气源热泵全面系统的比较及分析，用户通常只能依靠厂家提供的主机性能参数，按建筑全年负荷与额定的性能系数进行折算，忽略了热源塔与热泵之间的耦合关系、系统的变工况性能，且未考虑热源塔热泵溶液再生的能耗和空气源热泵结霜损失等，使得比较的结果无法为实际工程的方案评估提供依据。本节构建了热源塔热泵系统与空气源热泵的物理模型，综合考虑了热源塔热泵再生能耗以及空气源热泵的结霜损失，在全年性能模拟的基础上对比两个系统的能耗，并从机理上分析了热源塔热泵的节能原理，在此基础上，结合初投资，比较了十年生命周期费用。

6.2.3.1 系统参数设置

典型的热源塔热泵系统如图 6-9 所示，包含一台横流热源塔，一个壳管式蒸发器，一个壳管式冷凝器，三台压缩机，三个热力膨胀法，一台塔侧泵，一台用户侧泵，以及八个调节阀门。在夏季工况下，阀门 1~4 开启，阀门 5~8 关闭。冬季工况下，阀门 5~8 开启，阀门 1~4 关闭，冬季采用溶液低压沸腾方式调节循环溶液浓度，保障系统稳定运行。

典型的空气源热泵系统如图 6-10 所示，包含一个壳管式蒸发器，一个管翅式冷凝器（按夏季制冷工况命名），三个压缩机，三个热力膨胀阀，三个四通换向阀，一台用户侧泵。该空气源热泵系统依靠四通换向阀实现冷制热工况的切换。

为了保证比较结果的公平性，热源塔热泵系统与空气源热泵系统共有的部件均采用相同的型号及参数，包括壳管式换热器、压缩机、膨胀阀，如表 6-6 所示。对于两个系统不同的部件，选型依据如下文所述。空气源热泵的管翅式换热器，设计空气与制冷剂之间的

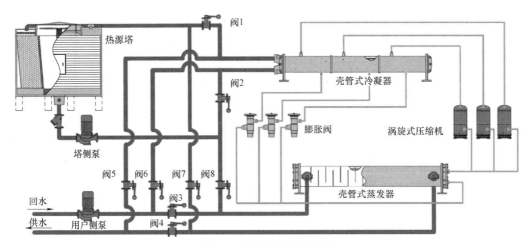

图 6-9　热源塔热泵系统图

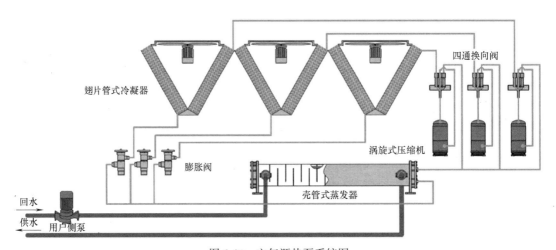

图 6-10　空气源热泵系统图

对数平均温差为 9.9℃。热源塔热泵夏季设计工况下，室外干湿球温度分别为 32.0℃ 和 28℃，热源塔进出水温度分别为 35℃ 和 30℃。冬季设计工况的室外干湿球温度分别为 7.0℃ 和 4.3℃，溶液进出口温度分别为 -1.5℃ 和 1.0℃。

热源塔热泵系统及空气源热泵系统部件参数　　　　表 6-6

部件	参数
热源塔	PVC 规整填料:长×宽×高=2m×0.76m×2m (每侧) 比表面积:172m²/m³ 塔风机:额定流量 43000m²/h,额定功率 4.0kW 塔侧水泵:额定流量 35m²/h,额定功率 3.8kW
压缩机	型号:VR190KS-TFP 额定排气量:258g/s
壳管式蒸发器	总换热面积:10.5m² 管侧:制冷剂 R22,管径 Φ12.7×1.0,内螺纹,管长 2000mm,管数 134,单流程,材质 15% 铜镍合金 壳侧:水/溶液,壳管径 Φ273×8,两流程,折流板厚度 50mm,折流板数量 17

续表

部件	参数
壳管式冷凝器	总换热面积：7.2m² 管侧：水/溶液，管径 $\Phi15.9\times1.0$，网状翅片，管长 2000mm，管数 72，两流程，材质紫铜 壳侧：制冷剂 R22，壳管径 $\Phi273\times8$，壳程长 2000mm，单流程，分隔板 28mm×2
管翅式冷凝器	总换热面积：468.4m² 壳侧：制冷剂 R22，壳管径 $\Phi10\times0.5$，管长 3000mm，管数 80×4，三角形排列，管间距 25mm，翅片高度 2mm，翅片间距 0.15mm，材质紫铜 空气侧：空气流量 54000m³/h，风机额定功耗 4.0kW
热力膨胀阀	型号：TGEX15TR

6.2.3.2　系统性能指标

对于热源塔热泵和空气源热泵，热泵性能系数 COP 是最常用的评价指标：

$$COP_c = \frac{Cp_w M_{chw}(t_{chw,i} - t_{chw,o})}{W_{HP}} \tag{6-26}$$

$$COP_h = \frac{Cp_w M_{hw}(t_{hw,o} - t_{hw,i})}{W_{HP}} \tag{6-27}$$

对于热源塔热泵，在考虑整个系统能耗时，还应包括塔风机、塔侧水泵，在冬季制热工况下，还应包括再生装置的能耗，其整个系统的性能系数 EER 为：

$$EER_c = \frac{Cp_w M_{chw}(t_{chw,i} - t_{chw,o})}{W_{HP} + W_{HT} + W_{TSP}} \tag{6-28}$$

$$EER_h = \frac{Cp_w M_{hw}(t_{hw,o} - t_{hw,i})}{W_{HP} + W_{HT} + W_{TSP} + W_{RD}} \tag{6-29}$$

对于空气源热泵，其冬夏季系统的性能系数除主机能耗外，仅需将室外换热器风机的能耗计算在内：

$$EER_c = \frac{Cp_w M_{chw}(t_{chw,i} - t_{chw,o})}{W_{HP} + W_{HEF}} \tag{6-30}$$

$$EER_h = \frac{Cp_w M_{hw}(t_{hw,o} - t_{hw,i})}{W_{HP} + W_{HEF}} \tag{6-31}$$

式中，下标 HP 代表热泵主机，HT 代表热源塔风机，TSP 代表塔侧水泵，RD 代表再生装置，HEF 代表空气源热泵室外换热器风机。

6.2.3.3　系统模型构建与验证

压缩机模型采用美国空调供暖和制冷协会 AHRI 推荐的十系数模型，制冷剂流量及压缩机功耗可由下式计算得到：

$$M_R = \pi_1 + \pi_2 t_e + \pi_3 t_c + \pi_4 t_e^2 + \pi_5 t_e t_c + \pi_6 t_c^2 + \pi_7 t_e^3 + \pi_8 t_e^2 t_c + \pi_9 t_e t_c^2 + \pi_{10} t_c^3 \tag{6-32}$$

$$W_{comp} = \beta_1 + \beta_2 t_e + \beta_3 t_c + \beta_4 t_e^2 + \beta_5 t_e t_c + \beta_6 t_c^2 + \beta_7 t_e^3 + \beta_8 t_e^2 t_c + \beta_9 t_e t_c^2 + \beta_{10} t_c^3 \tag{6-33}$$

式中　t_e——蒸发温度，℃；

t_c——冷凝温度，℃。

下标 R 代表制冷剂。π_i 和 β_i 为拟合系数，可由压缩机厂家提供的数据拟合得到，拟合参数如表 6-7 所示。当实际的压缩机吸入口过热度与厂家给的额定值不同时，可根据压缩机入口制冷剂气体比体积进行修正，修正系数为 v_{rated}/v_{real}，其中 v_{rated} 代表额定工况下的压缩机入口制冷剂气体比体积，v_{real} 则为实际运行中压缩机入口制冷剂气体比体积。

压缩机模型拟合系数　　　　　　　　　　　　　表 6-7

方程(6-32)拟合系数		方程(6-33)拟合系数	
π_1	2.696×10^2	β_1	4.505
π_2	8.461	β_2	3.547×10^{-2}
π_3	-1.881	β_3	1.107×10^{-1}
π_4	1.261×10^{-1}	β_4	5.832×10^{-6}
π_5	-3.693×10^{-2}	β_5	8.214×10^{-5}
π_6	5.741×10^{-2}	β_6	-2.706×10^{-4}
π_7	1.154×10^{-3}	β_7	-8.487×10^{-7}
π_8	-1.006×10^{-3}	β_8	1.705×10^{-6}
π_9	9.011×10^{-4}	β_9	-9.203×10^{-6}
π_{10}	-7.020×10^{-4}	β_{10}	2.340×10^{-5}

当系统的蒸发器或冷凝器达到稳态时，制冷剂与水/溶液/空气间达到能量平衡。蒸发器换热量可由制冷剂换热量或者水/溶液/空气的进出口参数求得：

$$Q_e = M_R(h_1 - h_4) \tag{6-34}$$

$$Q_e = Cp_w M_{chw}(t_{chw,i} - t_{chw,o}) \tag{6-35}$$

$$Q_e = Cp_a M_a(t_{a,i} - t_{a,o}) \tag{6-36}$$

$$Q_e = Cp_s M_s(t_{s,i} - t_{s,o}) \tag{6-37}$$

式中，下标 e 代表蒸发器，下标 1 代表蒸发器出口，下标 4 代表蒸发器入口。蒸发器的换热量亦根据制冷剂与水/溶液/空气的对流换热量求得：

$$Q_e = K_e A_e MLTD_e \tag{6-38}$$

式中　K——总换热系数，$W \cdot m^2/℃$；

　　　A——总换热面积，m^2；

　$MLTD$——对数平均温差，℃。

同理，冷凝器的换热量也可由制冷剂进出口参数，水/空气的进出口参数，或是制冷剂与水/空气间的对流换热量求得：

$$Q_c = M_R(h_2 - h_3) \tag{6-39}$$

$$Q_c = Cp_w M_{hw}(t_{hw,o} - t_{hw,i}) \tag{6-40}$$

$$Q_c = Cp_a M_a(t_{a,o} - t_{a,i}) \tag{6-41}$$

$$Q_c = K_c A_c MLTD_c \tag{6-42}$$

式中，下标 c 代表冷凝器，下标 2 代表冷凝器入口，3 代表冷凝器出口。

制冷剂 R22 在管内蒸发时，存在单相及两相传热，其中单相传热系数，$K_{R,1}$，可由 Dittus-Boeler 公式算得：

$$K_{R,1} = 0.023 Re_{R,1}^{0.8} Pr_{R,1}^{0.4} \frac{\lambda_{R,1}}{d_i} \tag{6-43}$$

式中　$Re_{R,1}$——液相制冷剂雷诺数；

$Pr_{R,1}$——液相制冷剂普朗特数；

$\lambda_{R,1}$——液相制冷剂导热系数，$W/(m \cdot ℃)$；

d_i——管子内径，m。

两相传热系数 $K_{R,TP}$ 可在单相传热系数 $K_{R,1}$ 基础上进行求解：

$$K_{R,TP}=K_{R,1}\left[c_1\left(c_0\right)^{c_2}\left(\frac{25G_R^2}{9.8\rho_{R,1}^2 d_i}\right)^{c_5}+2.2c_3\left(\frac{q_{R,i}}{G_R r_R}\right)^{c_4}\right] \tag{6-44}$$

$$c_0=\left(\frac{1-x}{x}\right)^{0.8}\left(\frac{\rho_{R,g}}{\rho_{R,1}}\right)^{0.5} \tag{6-45}$$

式中　G_R——制冷剂质量流率，$kg/(m^2 \cdot s)$；

$\rho_{R,1}$ 和 $\rho_{R,g}$——液相制冷剂和气相制冷剂的密度，kg/m^3；

r_R——制冷剂汽化潜热，kJ/kg；

$q_{R,i}$——管内热流密度，$J/(m^2 \cdot s)$；

x——制冷剂干度；

c_0——对流换热特征系数，c_1-c_5 是由 c_0 决定的常系数。

制冷剂 R22 在管内冷凝时，其对流换热系数为：

$$K_R=0.683\left(\frac{9.8\lambda_{R,1}^3\rho_{R,1}^2 r_R}{u_{R,1}}\right)^{0.25}d_i^{-0.25}\left(t_c-t_{wall}\right)^{-0.25} \tag{6-46}$$

式中　$u_{R,1}$——液相制冷剂动力黏度，$N \cdot s/m^2$；

t_{wall}——管壁温度，℃。

制冷剂 R22 在管外冷凝时，其对流换热系数为：

$$K_R=0.725\left(\frac{9.8\lambda_{R,1}^3\rho_{R,1}^2 r_R}{u_{R,1}}\right)^{0.25}d_o^{-0.25}\left(t_c-t_{wall}\right)^{-0.25}\Psi_1\varepsilon_1 \tag{6-47}$$

式中　d_o——管子外径，m；

Ψ_1 和 ε_1 为修正系数，由管子尺寸及排布决定。

当水或者溶液横掠管束时，其对流换热系数为：

$$K_w=0.22Re_w^{0.6}Pr_w^{1/3}\frac{\lambda_w}{d_0} \tag{6-48}$$

$$K_s=0.22Re_s^{0.6}Pr_s^{1/3}\frac{\lambda_s}{d_0} \tag{6-49}$$

式中，Re_w——水的雷诺数；

Pr_w——水的普朗特数；

λ_w——水的导热系数，$W/(m \cdot ℃)$；

Re_s——溶液的雷诺数；

Pr_s——溶液的普朗特数；

λ_s——溶液的导热系数，$W/(m \cdot ℃)$；

d_o——管子外径，m。

当水或溶液在管内流动时，其对流换热系数为：

$$K_w=0.023Re_w^{0.8}Pr_w^{0.4}\frac{\lambda_w}{d_i} \tag{6-50}$$

$$K_s = 0.023 Re_s^{0.8} Pr_s^{0.4} \frac{\lambda_s}{d_i} \qquad (6\text{-}51)$$

式中　d_i——管子内径，m。

当空气横掠翅片管时，其对流换热系数为：

$$K_a = \Psi_2 \varepsilon_2 \frac{\lambda_a}{d_e} Re_a^n \left(\frac{b}{d_e}\right)^m \qquad (6\text{-}52)$$

式中　Re_a——空气雷诺数；

　　　λ_a——空气导热系数，W/(m·℃)；

　　　d_e——最窄截面的当量直径，m；

　　　b——翅片宽度，m；

Ψ_2，ε_2，n 以及 m 均为常系数，均由 b/d_e 及 Re_a 的值决定。

在求得管壁两侧制冷剂，水/溶液/空气的基础上，换热器的总对流换热系数可由下式求得：

$$K = \cfrac{1}{\left(\cfrac{1}{K_i} + R_i\right)\cfrac{A_o}{A_i} + \cfrac{\delta A_o}{\lambda_{wall} A_m} + R_o + \cfrac{1}{K_o}} \qquad (6\text{-}53)$$

式中　R——传热热阻，$m^2 \cdot K/W$；

　　　δ——管壁厚度，m；

　　　λ_{wall}——管壁导热系数，W/(m·℃)；下标 i 和 o 分别表示管内和管外。

本章节所列的所有方程用以描述蒸发器及冷凝器内的所有换热过程，具体每个换热器对应的两种工质及相应方程如表 6-8 所示。

模型所用方程汇总　　　　　　　　　　　　　　表 6-8

系统	工况	换热器	管内/管外工质	方程
空气源热泵	制冷	壳管式蒸发器	R22/水	(6-34)(6-35)(6-38)(6-43)(6-44)(6-45)(6-48)(6-53)
		翅片管式冷凝器	R22/空气	(6-39)(6-41)(6-42)(6-46)(6-52)(6-53)
	制热	翅片管式蒸发器	R22/空气	(6-34)(6-36)(6-38)(6-43)(6-44)(6-45)(6-52)(6-53)
		壳管式冷凝器	R22/水	(6-39)(6-40)(6-42)(6-45)(6-50)(6-53)
热源塔热泵	制冷	壳管式蒸发器	R22/水	(6-34)(6-35)(6-38)(6-43)(6-44)(6-45)(6-48)(6-53)
		壳管式冷凝器	水/R22	(6-39)(6-40)(6-42)(6-47)(6-50)(6-53)
	制热	壳管式蒸发器	R22/溶液 cc	(6-34)(6-37)(6-38)(6-43)(6-44)(6-45)(6-49)(6-53)
		壳管式冷凝器	水/R22	(6-39)(6-40)(6-42)(6-47)(6-50)(6-53)

空气源热泵的管翅式换热器在制冷工况下作为系统冷凝器，仅在其表面发生传热过程。但是当管翅式换热器在制热工况下作为系统蒸发器，共有三种工况可能发生：(1) 干工况；(2) 湿工况；(3) 结霜工况。干工况下，换热器表面仅发生传热过程，与制冷工况一致。湿工况下，换热器表面同时发生传热与传质过程。结霜工况下，霜层不仅增加换热器表面热阻，还会使得空气阻力变大，风量减小，使得换热性能有所衰减，因此需要对其结霜工况下的换热性能进行修正：

$$Q_e^* = \eta_e Q_e \tag{6-54}$$

式中 Q_e^*——换热器实际修正后的换热量，kW；

η_e——修正系数。

制冷剂在热力膨胀阀中的过程可认为是等熵过程，即：

$$h_3 = h_4 \tag{6-55}$$

热力膨胀阀中的制冷剂流量可根据阀前后压差进行计算：

$$m_R = C_D A_{th} \sqrt{\rho_{R,l}(P_c - P_e)} \tag{6-56}$$

式中 C_D——常系数，m·s/kg；

A_{th}——阀门喉部几何截面积，受阀门开度控制，m^2；

P_c——冷凝压力，Pa；

P_e——蒸发压力，Pa。

为充分利用"溶液自主蒸发再生"的特性，本系统设置了一个储液罐，在溶液冰点满足安全裕度（循环溶液最低温度与溶液冰点的差值）或者循环溶液的体积小于储液罐与系统容量时，不采用溶液主动再生方法（消耗能量），以达到节能目的，因为在满足冰点裕度的情况下，较低的溶液浓度可以使得溶液水蒸气分压力保持在较高值，使得水分吸收量减少。但是不论是"溶液自主蒸发再生"或者"溶液加热蒸发再生"，均受室外参数限制。当室外温度较低，系统负荷较大时，溶液温度会稳定在较低值，以保证足够的温差从空气中吸收足够热量，此时溶液的水蒸气分压力较低，易于从空气中吸收潜热，而不利于再生，若采用较高的溶液再生温度，其热效率较低。当室外空气的含湿量较高时，同样也不利于再生。因此对于部分"溶液自主蒸发再生"方法无法满足的再生量，本章采用了溶液低压沸腾方式，以提高能效。由于低压沸腾方式不受室外参数及热源塔热泵系统运行参数影响，其再生效率可由下式计算：

$$W_{RD} = \frac{3600Q_l}{\eta_{RD} r_w} \tag{6-57}$$

式中 W_{RD}——再生装置的功率，kW；

Q_l——热源塔热泵无法用"溶液自主蒸发再生"方式满足的潜热量，kW；

η_{RD}——再生效率，即将单位质量水从溶液蒸发至空气中所需要消耗的能量，kg·kW/h；

r_w——水蒸气汽化潜热，kJ/kg。

风机和水泵的特性曲线由厂家提供，但是管路特性曲线在实际工程中难以获得。因此难以通过风机和水泵的特性曲线及管路特性曲线来确定实际工况点。因此本文采用实验中实测的数据对风机水泵的功耗极性拟合：

$$W_{TSP} = \pi_1 + \pi_2 \left(\frac{N_{TSP}}{N_{TSP,rated}}\right) + \pi_3 \left(\frac{N_{TSP}}{N_{TSP,rated}}\right)^2 + \pi_4 \left(\frac{N_{TSP}}{N_{TSP,rated}}\right)^3 \tag{6-58}$$

$$W_{HT} = \pi_1 + \pi_2 \left(\frac{N_{HT}}{N_{HT,rated}}\right) + \pi_3 \left(\frac{N_{HT}}{N_{HT,rated}}\right)^2 + \pi_4 \left(\frac{N_{HT}}{N_{fan,rated}}\right)^3 \tag{6-59}$$

式中 W_{TSP}——塔侧水泵功耗，kW；

N_{TSP}——塔侧水泵实际频率，Hz；

$N_{TSP,rated}$——塔侧水泵额定频率，Hz；

W_{HT}——风机额定功耗，kW；

N_{HT}——风机实际频率，Hz；

$N_{HT,rated}$——风机额定频率，Hz。

拟合系数如表 6-9 所示，两式的拟合相关系数平方 R^2 均为 0.99。

风机和水泵模型的拟合参数 表 6-9

拟合系数	π_1	π_2	π_3	π_4
式(6-43)	1.761×10^{-4}	8.264×10^{-1}	-7.857×10^{-1}	3.707
式(6-44)	3.088×10^{-4}	-1.558×10^{-1}	3.852	2.483×10^{-1}

在 MATLAB 环境下进行编程，并通过进出口参数将所有部件模型进行耦合。由于模型为非线性，此处采用先假设再迭代的方法进行求解。压缩机运行台数、蒸发温度、冷凝温度、塔侧溶液入口温度为迭代值，迭代初值根据实际系统的测试数据进行赋值。为加速模型求解过程的收敛速度，每次迭代值的重新赋值采用牛顿迭代法。

本文构建了如图 6-11 所示的源塔热泵实验平台，在南京典型天气参数下，开展了总计 45 组实验。其中 17 组为典型的冬季工况实验，室外空气干球温度在 -2 至 14℃之间变化，含湿量在 2.1 至 4.4g/kg 之间变化。剩余 28 组为典型的夏季工况实验，其室外干球温度在 34℃左右波动，室外湿球温度在 28℃左右波动。根据《蒸气压缩循环冷水（热泵）机组》GB/T 18430.1-2007，实验中热泵机组在冬季工况下产生的热水温度维持在 45℃左右，夏季工况下产生的冷水温度维持在 7℃左右。本节所述的热源塔热泵系统模型所选取的结构参数及运行参数均按实验系统进行设置，模型计算结果由实验结果进行验证。系统制冷/制热量及性能系数 COP 的误差均在 $\pm10\%$ 以内，制冷/制热量的平均误差为 3.48%，COP 的平均误差为 3.05%。

(a) (b) (c)

图 6-11 实验系统实物图
(a) 热源塔；(b) 热泵主机；(c) 末端

6.2.3.4 系统性能比较分析

本文以南京一栋 4 层的办公楼作为研究案例进行全年能耗模拟，并将其与热泵系统耦合，对热源塔热泵的全年性能进行模拟分析，在此基础上，将结果与空气源热泵进行比较，并选择典型日对系统的详细运行参数进行分析比较，阐明系统节能原理与节能潜力。

所选建筑的总面积为 $1500\mathrm{m}^2$，其中空调供暖面积占 80%。建筑的详细参数如下：

（1）供冷季从每年的 5 月 15 日至 9 月 30 日，该期间室内设置温度为 $24\sim26℃$，相对湿度 $40\%\sim60\%$；（2）供热季从每年的 11 月 15 日至 3 月 15 日，该期间室内设置温度为 $20\sim22℃$，相对湿度 $40\%\sim60\%$；（3）建筑使用时间为每天 08：00—18：00；（4）新风量为每人 $30\mathrm{m}^3/\mathrm{h}$；（5）人员密度为 $8\mathrm{m}^2$ 每人。南京的天气参数选择国家标准 GB 50736—2012。在供冷季，最大冷负荷为 140.5kW，年总供冷负荷为 98822kWh。在供热季，最大热负荷为 115.0kW，年总供热负荷为 80894kWh。在极端寒冷的时间段内，当系统供热量无法满足建筑负荷时，采用辅助电加热器来满足不足的负荷。

为了深入研究热源塔热泵与空气源热泵在运行机理上的差异，本文选取了夏季典型日（7 月 30 日）及冬季典型日（1 月 26 日），如图 6-12 所示，对两个系统进行了逐时模拟，并对系统运行的主要参数进行了分析对比。

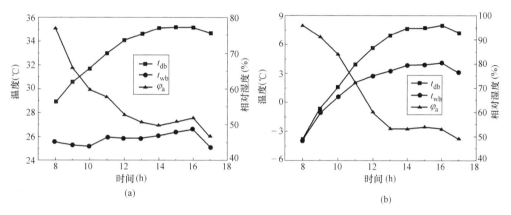

图 6-12　典型日天气参数

（a）夏季；（b）冬季

图 6-13 给出了空气源热泵及热源塔热泵系统夏季的系统运行参数。夏季制冷工况下，依靠管翅式换热器将热量直接排放给室外空气，换热器中空气与制冷剂的对数平均温差为

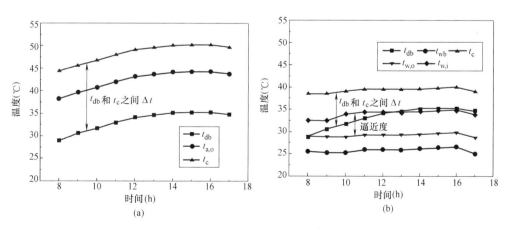

图 6-13　夏季典型日系统运行参数比较

（a）空气源热泵；（b）热源塔热泵

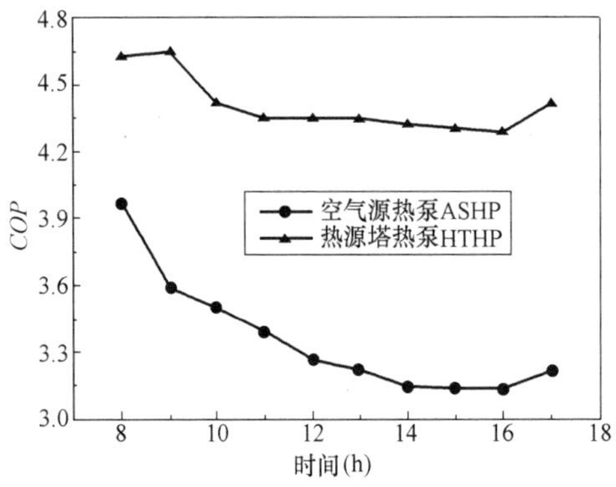

图 6-14　夏季典型日系统性能比较

9.8℃，冷凝温度 t_c 与空气干球温度 t_{db} 之间的差值约为 15.0℃，冷凝温度较高限制了系统的效率。与空气源热泵的空冷方式不同，热源塔热泵在夏季制冷工况下，其运行原理与冷却塔冷水机组一致，依靠塔内水分蒸发吸热带走制冷剂热量，两者之间的对数平均温差为 7.4℃。热源塔能将水冷却至与室外空气湿球温度 t_{wb} 差 3.4℃，即逼近度为 3.4℃。将干球温度 t_{db} 与湿球温度 t_{wb} 的差值计算在内，最终冷凝温度 t_c 与空气干球温度 t_{db} 之间的差值约为 6.0℃，要远小于空气源热泵的 15.0℃。冷凝温度的大幅度降低，使得热源塔热泵的性能系数 *COP* 比空气源热泵的 *COP* 高 32.7%，如图 6-14 所示。

图 6-15 展示了空气源热泵系统在冬季典型日的系统运行参数。在 8：00—13：00 间，由于室外温度较低，相对湿度较高，空气源热泵发生结霜现象。在结霜工况下，系统蒸发温度 t_e 与室外空气干球温度 t_{db} 之间的差值为 14.5℃，结霜严重时，换热器系能下降 20%，如图 6-15（b）所示。而对热源塔热泵，当室外温度较低，相对湿度较高时，热源塔通过同时吸收空气中的显热及潜热，仍能将溶液加热至与空气湿球温度 t_{wb} 仅相差 2.7℃。这使得其系统蒸发温度 t_e 与室外空气干球温度 t_{db} 之间的差值为 9.3℃，如图 6-16 所示。这使热源塔热泵在恶劣工况下仍能保持远高于空气源热泵的性能系数，如图 6-17 所示。

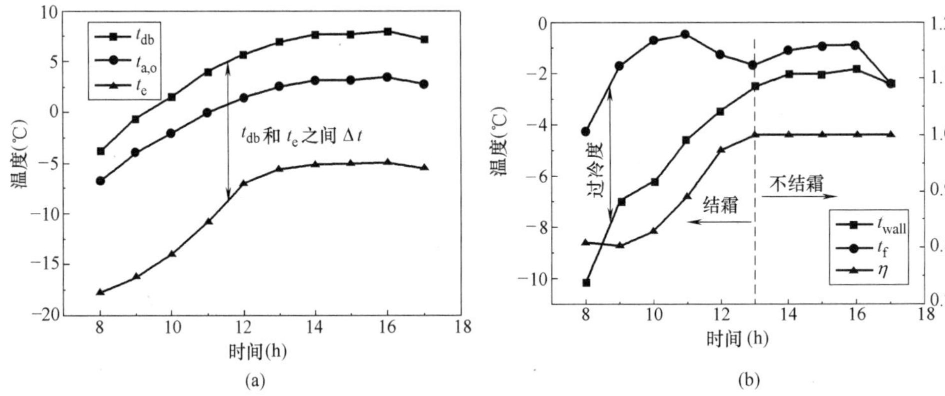

图 6-15　空气源热泵冬季运行参数

（a）温度分布；（b）结霜工况

在 13：00—17：00 间，随着室外空气温度的升高及相对湿度的下降，空气源热泵处于无霜工况。此时系统蒸发温度 t_e 与室外空气干球温度 t_{db} 之间的差值为 12.2℃。相对的，此时热源塔热泵的系统蒸发温度 t_e 与室外空气干球温度 t_{db} 之间的差值为 11.6℃，如图 6-15（a）所示。因此，处于无霜工况时，空气源热泵的 *COP* 与热源塔热泵较为接近，如图 6-16（a）所示。如图 6-16（b）所示，在 8：00—13：00，热源塔吸收空气中的

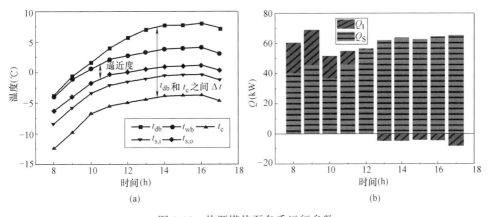

图 6-16　热源塔热泵冬季运行参数

（a）温度分布；（b）显热及潜热换热量

潜热使得水分凝结，溶液浓度降低。而在
13：00—17：00，由于室外温度的升高及系
统负荷的降低，使得循环溶液的温度处于较
高的值，溶液表面等效水蒸气分压力大于空
气中的水蒸气分压力，此时质量传递的方向
改为从溶液向空气，与此同时热量的传递方
向仍然为空气向溶液，即热源塔在完成从空
气中吸收热量的同时，完成了对溶液的再
生，这就是前文所示的"溶液自主蒸发再
生"过程。该过程中，溶液再生时水分的蒸
发会从溶液中吸热，使得溶液温度略有降
低，但也能使再生系统的能耗降低。上述过

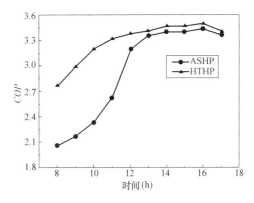

图 6-17　冬季典型日系统性能比较

程的实现得益于溶液的储能特性，即在低温高湿的条件下，吸收空气中的潜热，并在室外
温度升高时将潜热重新排放至空气，该特性保证了系统在恶劣条件下的性能。从全天来
看，仍有 59.9kg 的凝结水需要再生，相比空气源热泵，再生系统需要额外消耗 17.6kWh
的能量。将空气源热泵的结霜工况及热源塔热泵溶液再生的能耗考虑在内，综合计算
8：00—17：00 间的系统平均能效，热源塔热泵的性能系数比空气源热泵高 12.8%。

　　为对比空气源热泵与热源塔热泵的全年性能，本文对整个制冷季及制热季进行了逐时
模拟。如图 6-18 所示，在制冷季，热源塔热泵的 COP 在每个模拟时间段均高于空气源热
泵，热源塔热泵的平均 COP 为 4.66，而空气源热泵的平均 COP 为 3.79。得益于水冷方
式，热源塔热泵的平均 COP 较空气源热泵提高了 23.1%。

　　空气源热泵冬季工况下，干工况占比 33.1%，湿工况占比 21.1%，结霜工况占比
45.8%（包括先结露再结霜与直接凝华）。在结霜工况下，空气源热泵的性能有所衰减，
其供热能力亦有所衰减。而在结霜工况通常发生在室外温度较低时，而此时的室内负荷较
高，因此有 109h，空气源热泵无法满足建筑负荷，无法满足的总负荷为 999kWh，该部分
负荷由辅助电加热器提供。热源塔热泵的冬季显热及潜热换热量分布如图 6-19 所示，在

38.7%的运行时间内，热源塔热泵处于"溶液自主蒸发再生"过程，而在剩余时间内，潜热从空气传递至溶液。除去自主再生过程蒸发的凝结水量，仍有 6064kg 的凝结水需要再生，再生系统需要消耗 1784kWh 的电能。空气源热泵与热源塔热泵冬季性能如图 6-20 所示，在无霜工况下，空气源热泵与热源塔热泵的 COP 较为接近。在结霜工况下，热源塔热泵的 COP 要高于空气源热泵。整个供热季，热源塔热泵的平均 COP 为 3.05，空气源热泵的平均 COP 为 2.84，热源塔热泵有 7.4% 的提升，更重要的是热源塔热泵解决了结霜问题，并能保证在恶劣工况下的效率及供热量。

综上，热源塔热泵的全年平均 COP 为 3.78，而空气源热泵的全年平均 COP 为 3.29。

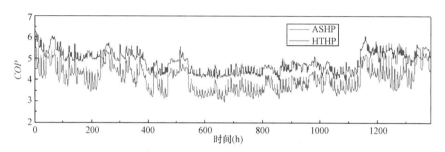

图 6-18　空气源热泵与热源塔热泵夏季性能比较

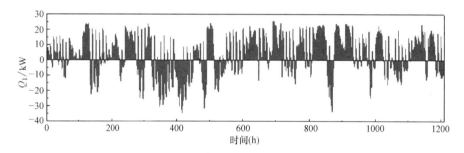

图 6-19　热源塔冬季显热及潜热换热量分布图

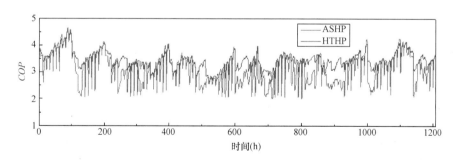

图 6-20　空气源热泵与热源塔热泵冬季性能比较

本节在前文性能分析的基础上，结合初投资及运行能耗，对空气源热泵及热源塔热泵的十年生命周期费用进行了对比。所有部件及溶液的价格来自实际工程。由于案例的研究对象为南京某办公楼，因此采用南京 2017 年商业用电价格，为 0.8366 元每 kWh。每年运行费用均按折现率折算成第一年的现值，并对十年的费用进行累加。折现率采用中国银行 2017 年的折现率为 4.9%。最终计算结果如表 6-10 所示，尽管热源塔热泵的初投资相对空气源热泵要高出 1.2%，其年运行能耗比空气源热泵低 13.1%，因此十年生命周期费用要低 9.7%。

空气源热泵及热源塔热泵十年生命周期费用 　　　　　　　　　表 6-10

系统	部件	初投资	年能耗	年运行费用	十年生命周期费用
		10^3 元	kWh	10^3 元	10^3 元
空气源热泵	热泵	108.0	28970（夏季） 30760（冬季）	50.0	495.7
热源塔热泵	热泵	72.0	22854（夏季） 29940（冬季）	44.2	452.0
	热源塔	14.8			
	塔侧泵	3.5			
	再生装置	15.0			
	溶液	4.0			

6.3　供暖空调系统检测与故障诊断

6.3.1　供暖空调系统长期检测方法

目前，建筑用空调供暖系统的能耗监测、能效检测还存在以下不足：（1）检测对象侧重为某个单一类产品的系统，如冷水机组系统或地源热泵系统；（2）检测方法简单分为短期和长期测试方法，缺少全面的短期测试推算全年能效的方法；（3）检测方法缺乏风侧长期监测方法和制冷剂侧长期监测方法。因此，开发供暖空调系统实际能耗和能效的普适性测试方法，对于建筑节能具有重要作用。

随着近年来清洁取暖减少雾霾工程的大力推进与实施，空气源热泵、燃气采暖炉、太阳能多能联供等各类清洁取暖设备与系统得到大量运用，实际运行的室内温度、全年能耗与能效是各种技术方案比较的关键，实施后期的长效运行与能效提升是政府部门关注的重点，长期监测是实现目前需求的一种方法。

另外，供暖空调系统实际运行时，人员经常对设备进行动态调控，如间歇运行、动态改变设置温度等，来减少运行耗能量，现有相关标准中规定的短期测试方法评价供暖空调系统的室内热湿环境、能耗和能效可能不全面，而规定的长期测试方法主要针对建筑能耗方面，一般采用电能表、燃气表、水冷热量表，对阶段数据进行记录和处理，并没关注数据的长期可靠性。另外还没有相关的标准谈到房间空调器、多联机等，涉及风侧、制冷剂侧冷热量的长期测试方法、仪器保障及数据处理及确认等，全年实际能效的检测与评价更无从谈起。

随着物联网及传感器技术的发展，监测技术日益成熟。为改善建筑室内热湿环境，倡导科学的人员行为模式，提高供暖空调系统的能源利用效率，指导动态调控模式下的系统实际性能测试，应考虑根据不同区域的气候特点和使用习惯，开展供暖空调系统的长期监测，为供暖空调系统新技术的推广提供合理的评价手段。

供暖空调系统长期性能检测应包括室内热湿环境、耗能量、供冷（热）量和能效检测，其中耗能量的测试方法比较简单可靠，本章节不做介绍，主要将从四个方面展开：（1）长期测试最小时间单位的选择；（2）室内热湿环境的长期测试；（3）供暖空调系统冷热量的长期测试；（4）供暖空调系统能效的长期测试。

6.3.1.1　长期测试最小时间单位的选择

目前能考虑到的有按分钟、按小时、按一天进行数据处理的方法。大多数工程标准一般选择稳态的测试工况，如采用测试时间段为 1h，每 5min 一组采集稳态的测试数据，该检测方法评价产品性能是可行的，但是评价来说，存在不全面性。系统运行是由各种运行工况组成的，如停机工况、各种部分负荷工况等，仅仅测试及评价一种工况，显然不全面。考虑到日具有的周期性，对供暖空调系统选择以日为最小时间单位来评价系统，具有一定的科学性和合理性。日的周期性首先体现在围护结构得热或漏热上，周期性的室外温度波动及太阳辐射，带来了建筑得热或漏热量的周期性变化；其次体现在用户对室内温度的需求上，白天和夜晚居家时间不同，穿衣指数不同，对室内温度的需求不同；最后体现在人的行为模式上，白天用户对供暖空调系统的操控频率要明显多于夜晚休息时。

因条件限制，无法采用长期监测方法来获取项目全年能耗和能效的情况下，采用能代表典型气象参数和用户使用习惯的几个典型日的实测数据，进而分析得出全年能耗及能效水平，对于实际测试工作的简化、便捷及易操作性具有较强的意义。典型日（typical day）定义为选择的能够反映供暖空调系统运行典型气象参数和典型使用习惯的多个完整日，其中典型气象参数包括典型的室外温湿度、风速及太阳辐照量；典型使用习惯包括典型穿衣习惯，典型开关机及温度设置习惯，典型的开关窗和开关门习惯，以及典型建筑人员在室率等。在选择好的典型日后，以实际测试数据为依据，通过室外温度插值获得每天系统运行的供冷（热）量及耗电量，进而可以分析计算全年的综合能效指标。

综上，供暖空调系统性能检测应在供暖空调系统实际运行状态及室外气象参数条件下，以日为测试时间单位开展测试。

6.3.1.2　室内热湿环境长期测试

供暖空调系统室内热湿环境测试内容应包括室内温湿度、热响应时间、热响应曲线、温度波动。

建筑中测试房间选取时，应根据供暖空调系统分区、形式、气流组织方式和建筑物层数的不同进行选取，可根据要求增加测试房间数量。单个房间的室内温湿度测点选取时，可根据房间大小及重要性选取 1 个或多个测点位置，测点位置应为室内的活动区域距离地面 800～1200mm 范围内有代表性的位置。室内温湿度测试时间间隔应不大于 10min，某测点的室内温湿度应为该测点在统计时刻室内温湿度平均值，室内温湿度的测试结果应为测试阶段内各受检房间室内温湿度的平均值。

热响应时间、热响应曲线、温度波动应选择在典型日进行测试。测试期间，室内人员应正常活动，室内用电设备应正常工作，供暖空调系统应正常使用。记录动态调控前的初始信息和实施动态调控的过程信息。热响应时间为自本次测试开始至被测房间室内热湿环境达到目标值或目标范围时所用时间，热响应曲线为该次测试热响应时间内被测房间温湿度变化曲线。温度波动测试时，正常运行供暖空调系统末端设备，当室内温度达到目标值或目标范围后，开展温度波动测试。测试过程中，运行人员原则不再对供暖空调系统末端设备进行动态调控。单个测点的温度波动用该测点温度在测试时间段内的标准偏差表示，某次测试的温度波动为室内各个测点温度波动的平均值。

6.3.1.3　供暖空调系统冷热量的长期测试

根据测试目的和实际测试安装条件，可选择风侧、水侧和制冷剂侧冷（热）量检测方法。当供暖空调系统为风系统，且具备风量和送回风温湿度测试安装条件的可采用风侧冷（热）量检测方法；当供暖空调系统为水系统，且具备水量和进出水温度测试安装条件的可采用水侧冷（热）量检测方法；当供暖空调系统为氟系统，即采用蒸气压缩循环进行制冷或制热，且具备安装相关仪表获得制冷剂侧状态参数及流量的，可采用制冷剂侧冷（热）量检测方法。

一个供暖空调系统中，可在冷热源、输配和末端等不同的位置，根据难易程度尽量集中开展冷（热）量的测试，测试位置越少越好。在同时具备水侧或风侧或制冷剂侧的测试条件时，优先选择测试精度高的水侧冷（热）量测试方法，其次是风侧，最后是制冷剂侧。测量装置的设置对系统或设备结构产生的影响应是可复原的，对性能参数产生的影响不应超过 2%，瞬时冷（热）量的测试时间间隔不应大于 1min，累计冷（热）量的测试时间间隔不应大于 60min。

风侧冷（热）量检测方法采用风侧焓差法。当采用风速检测仪器得到测试风量时，宜采用风量-风速标定方法，在气流流态稳定的送、回风直管段的截面上或机组的回风口处选择 1 点布置风速检测仪器，至少测试 3 组风速对应的风量，建立风量和风速的关系曲线，通过现场实测风速及风速-风量关系曲线得到测试风量，其最大允许偏差为 10%。现场风量的检测应符合《公共建筑节能检测标准》JGJ/T 177—2009 附录 E 或《采暖通风与空气调节工程检测规程》JGJ/T 260—2011 第 3.4.4 条的规定。当采用风量检测仪器直接测试风量时，风量检测仪器宜布置在气流流态稳定的送回风直管段的截面上或机组的回风口处。

送回风温湿度传感器的布置应选择能代表送回风截面平均温湿度的位置进行布置，布置前需对断面温湿度场进行多种位置、多种工况的测试，每种工况均计算平均温湿度，找到断面温湿度场中温湿度与平均温湿度最相近的一点，要求温度偏差的绝对值不应超过 0.5℃，相对湿度偏差的绝对值不应超过 5%。当单个测点不能满足要求时，可考虑增加用于监测的温湿度传感器数量，其平均值需满足偏差要求。

（1）风速风量的计算：

$$q_s = f(v_h) \tag{6-60}$$

式中　q_s——风量，m^3/s；

$\quad\quad v_h$——风速，m/s；

$f(v_h)$——风量与风速的函数关系，采用现场标定得到。

（2）风侧瞬时冷（热）量的计算采用《组合式空调机组》GB/T 14294—2008 附录 E 的方法。

（3）风侧累计冷（热）量按照以下公式计算：

$$CCC = \frac{\left[\sum_{i=1}^{n_c}(Q_{c,i} \times \tau_{c,i})\right]}{(3.6 \times 10^6)} \tag{6-61}$$

式中，CCC 为在制冷（热）测量期内累计制冷（热）量，单位为 kWh；$Q_{c,i}$ 为测量装置第 i 个数据存储周期的平均制冷（热）量，单位为 W；$\tau_{c,i}$ 为测量装置第 i 个数据存储周期的时间长度，单位为 s；n_c 为测量装置数据存储的总次数。

水侧冷（热）量的检测方法采用水侧焓差法（载冷剂法）。在水流通管路的合适位置上布置进出水温度及水流量的检测仪器。水温检测的测点应布置在靠近被检测系统管路的进出口处；当被检测系统预留安放温度传感器的位置时，可利用预留位置进行测试。水流量检测的测点布置应设置在被检测系统管路的直管段上；最佳位置可为距上游局部阻力构件 10 倍管径、距下游局部阻力构件 5 倍管径之间的管段上。

根据进出口温度、水流量检测值计算水侧冷（热）量。对于配备冷（热）量仪表的系统，可直接读取冷（热）量表的瞬时冷（热）量和累计冷（热）量参数作为结果。对于没有配备的应按式（6-62）计算：

$$Q = V\rho c \Delta t / 3600 \tag{6-62}$$

式中　Q——瞬时冷（热）量，kW；

　　　V——循环水流量，m^3/h；

　　　Δt——供回水温差，℃；

　　　ρ——平均供回水温度下水的密度，kg/m^3；

　　　c——平均供回水温度下水的比热容，$kJ/(kg \cdot ℃)$。

制冷剂侧质量流量的检测应采用制冷剂流量计法（依据《单元式空气调节机》GB/T 17758—2010 附录 A.4），也可采用压缩机能量平衡法进行制冷剂-油混合质量流量的测算（依据《房间空气调节器实际运行性能参数测量规范》T/CAS 305—2018 附录 B.2）或其他经过标定或比对满足制冷剂侧质量流量测试准确度的检测方法。

使用侧换热器制冷剂侧进出口状态参数的测量，应根据制冷工艺流程，在使用侧换热器制冷剂进出口管路上布置温度测量点及压力测量点，当不具备压力测点布置条件时，可用制冷剂两相区的温度测点替代。当使用侧换热器不方便监测制冷剂侧进出口状态参数时，可采用监测热源侧换热器制冷剂侧进出口状态参数。当测试得到热源侧换热器制冷剂侧瞬时冷（热）量，应利用制冷系统能量平衡原理得到使用侧制冷剂侧冷（热）量。

制冷剂侧瞬时冷（热）量按照下式计算：

$$Q = M \times \Delta h \tag{6-63}$$

式中　Q——制冷剂侧瞬时冷（热）量（制冷量或制热量），kW；

　　　M——制冷剂-油混合质量流量，kg/s；

　　　Δh——蒸发器或冷凝器制冷剂侧进出口比焓差，kJ/kg。

6.3.1.4　供暖空调系统能效的长期检测

供暖空调系统能效检测主要包括典型日能效比、制热季节能效比（Heating Seasonal Performance Factors，HSPFs）、制冷季节能效比（Seasonal Energy Efficiency Ratios，SEERs）、全年能效比（Annual Energy Efficiency Ratios，AEERs）。

当供暖空调系统边界较为清晰时，能效检测可分为冷热源系统能效检测、输配系统能效检测和末端系统能效检测。图 6-21 为典型空调冷热水供暖空调系统的边界图。

供暖空调系统制热季节能效比 HSPFs、制冷季节能效比 SEERs、全年能效比 AEERs 的检测应采用长期测试方法。当不具备长期测试条件时，可采用典型日测试方法。典型日

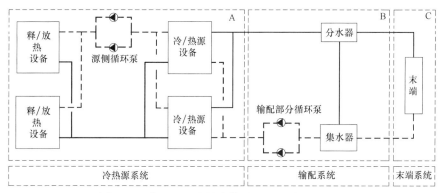

图 6-21　典型空调冷热水供暖空调系统的边界图

测试方法主要是通过测试典型日的室外温度、耗能量和供冷（热）量，采用室外温度插值法计算其他日期的耗能量和供冷（热）量，并最终得到制热季节、制冷季节及全年的耗能量、供冷（热）量及能效。供暖空调系统能效检测应采用连续监测的方法，同时安装耗能量及冷（热）量的检测仪器，对供暖空调系统的耗能量和冷（热）量开展连续测试，耗能量和冷（热）量的测试宜同步，测试期间，应根据监测仪表的特性进行期间核查。

典型日的选取主要依据室外平均温度确定，以夏热冬冷地区典型代表城市典型日的室外平均温度为基准，±1℃为浮动限值，见表 6-11、表 6-12 所示。其他未列出城市，可参考距离相邻或温度相近的城市进行确定。测试期间，供暖空调系统正常使用；制热季节能效比 HSPFs 和制冷季节能效比 SEERs 测试在系统稳定运行 15 天后进行；测试时间选择在测试条件接近典型日的时间开展，每种典型日的测试周期至少为 1 天。

典型日的室外平均温度（制热季节）　　　　表 6-11

典型代表城市	室外平均温度（℃）			
	典型日 1	典型日 2	典型日 3	典型日 4
成都	2.5	5.5	8.5	11.5
杭州	−0.5	3.4	7.2	11.1
重庆	3.6	6.3	9.0	11.7
武汉	−0.7	3.3	7.2	11.1
长沙	0.0	3.7	7.4	11.1
南昌	0.3	3.9	7.6	11.2
合肥	−2.1	2.3	6.6	10.9
南京	−2.0	2.3	6.6	10.9
上海	−0.3	3.5	7.3	11.1

典型日对应的室外温度（制冷季节）　　　　表 6-12

典型代表城市	室外平均温度（℃）			
	典型日 1	典型日 2	典型日 3	典型日 4
成都	30.7	28.5	26.3	24.1
杭州	34.0	30.9	27.7	24.6

续表

典型代表城市	室外平均温度(℃)			
	典型日1	典型日2	典型日3	典型日4
重庆	33.9	30.8	27.7	24.6
武汉	33.7	30.6	27.6	24.5
长沙	34.2	31.0	27.8	24.6
南昌	33.9	30.8	27.7	24.6
合肥	33.5	30.5	27.5	24.5
南京	33.3	30.4	27.4	24.5
上海	33.0	30.1	27.3	24.4

6.3.2 供暖空调系统故障诊断

故障一词通常被定义为与过程相关的观察变量或计算参数偏离可接受的范围。故障诊断是根据系统运行状态信息，经历故障检测、故障辨识及故障隔离并提供故障处理决策的一门综合性的新兴学科，其包含智能检测理论、可靠性理论、概率统计等多门学科理论，具有应用范围广、易运用于实践及与计算机技术紧密结合的特点。本章首先明确供暖空调系统故障分类方式，然后介绍故障检测与诊断技术，最后采用典型案例来说明故障检测与诊断是如何开展的。

6.3.2.1 供暖空调系统故障分类

供暖空调系统是利用人工方法，向室内提供热量和冷量，使室内保持一定的温度的技术。随着供暖空调系统设备的运转和使用，某些时候会出现因某种原因"丧失规定功能"或危害安全的现象，称之为系统故障，系统故障的出现会带来经济损失和人身安全隐患。故障作为一个不可避免的因素，贯穿于供暖空调系统运行的整个过程中。图6-22描述了典型通用的故障诊断框架。该图显示了一个受控的过程系统，给出了输入输出变量，以及故障源及动态对象的扰动因素，其中所有的过程参数、输入参数及输出参数均可作为故障诊断系统的输入，过程扰动为故障诊断的干扰因素，结构故障、传感器故障、执行器故障、控制器故障等是要进行诊断辨识的内容。

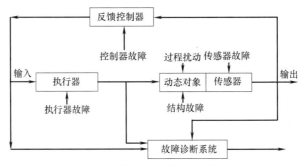

图6-22 典型通用故障诊断框架

从分析角度的不同，故障分类也有所不同。一般按故障来源、故障性质和故障的危害程度来进行分类。

按故障来源分类，可分为过程参数故障、设备故障和传感器故障。过程参数故障指运行的过程参数超过阈值，如超温故障、超浓度故障等，设备故障指各类设备结构或功能发生故障，如设备无法工作、管道泄漏、压缩机堵转、电动阀门执行器卡死、温控器故障等；传感器故障指系统中各类采集传感器异常，包括传感器冗余偏差或精度下降等。

　　按故障性质分类，可分为自然故障和人为故障。自然故障指系统正常运行过程中由于自身设备性能突变或性能衰减等原因发生的故障；人为故障指系统操作人员由于自身原因造成的故障。

　　按故障的危害程度分类，可分为硬故障和软故障（有时也称为显性故障和隐性故障）。硬故障指系统设备、元件完全失去效用造成的故障，这类故障发生突然且现象明显，因而检测难度较低，常见的硬故障有风机启动异常、阀门卡住、皮带断裂、风机停机等。软故障指系统设备、元件持续使用中由于疲劳、磨损和腐蚀等原因造成的性能衰退而形成的故障，如传感器漂移、制冷剂泄漏、换热器表面污垢增多、风量水量减小等，这类故障发生率较高，但发展缓慢，不容易检测发现，从某种程度上讲，危害性甚至超过硬故障。

　　目前暖通空调系统实际运行中，对于设备或系统出现的故障报警或不能正常运行等显性的故障，容易引起运维人员的注意并马上进行解决。但是，某些隐性故障因其发展缓慢，从产生到具有明显征兆或故障报警，通常需要相当长的时间，在此过程中常常已经浪费了大量的能源或已造成了设备损坏。因此，针对这类故障，只有通过细致测试和分析才能发现。然而，由于暖通空调系统运维人员专业理论水平普遍不高，管理水平有限，迫切需要智能化的实时故障检测与诊断（Fault Detection and Diagnosis，FDD）工具。对于某些早期隐性故障，能够及时提示运维人员进行有针对性的排查和移除，从而减少了故障停机概率和故障维修时间，并提高系统运行的稳定性及能源利用效率。因此，开展暖通空调系统智能化故障检测与诊断工具的研发和应用，对于推动我国节能减排事业发展具有重要现实意义。

6.3.2.2　供暖空调系统故障检测诊断

　　供暖空调系统设计时提供了必要的传感器，如温度、压力、流量、电阻、电压、频率、功率等，用于系统运行的监测和控制。这些传感器测量参数，是故障检测与诊断的基础数据来源。仅根据传感器数据，直接进行故障监测与诊断是很难的，一般要经过一定的转化。Kramer & Mah 将故障诊断问题视为由特征提取和故障分类组成，故障检测与诊断的一般过程是：先将测量量经过特征提取，再经过判别转换，最终通过分类确定出故障来源。故障诊断决策过程可视为一系列对过程测量量的转换或映射，如图 6-23 所示。这些转换或映射包含了 4 类空间：测量空间、特征空间、决策空间、故障空间。

$$\boxed{测量空间} \rightarrow \boxed{特征空间} \rightarrow \boxed{决策空间} \rightarrow \boxed{故障空间}$$

图 6-23　诊断系统中的转换

　　测量空间如 $x=[x_1,\cdots,x_i]$ 的空间，其中 i 为测量变量的数量，这些数据来自供暖空调系统中传感器的监测值，是故障诊断系统的输入。特征空间如 $y=[y_1,\cdots,y_j]$ 的空间，其中 j 是通过利用先验过程知识而获得的与测量相关的特征变量数量。从测量空间映射到特征空间一般有两种方法，即特征选择和特征提取，特征选择是从测量空间中选择重要的测量变量（例如：主成分），特征提取是从测量空间中提取重要的组合特征（例如：线性或非线性组合）。决策空间如 $d=[d_1,\cdots,d_m]$ 的空间，其中 m 是通过特征空间的适当变换获得的决策变量的数量。通常将从特征空间到决策空间的变换指定为满足某些目标函数的映射（例如，最小化错误的故障判别函数），一般通过使用判别函数或阈值函数来实现此转换。故障空间是一组整数 $c=[c_1,\cdots,c_n]$，其中 n 是需要进行分类的故障数目，并将故障类编入索引，明确指示对于给定的测量是否发生故障，发生了哪个故障。因此，故障空间是交付给用户的诊断系统的最终解释和输出。从决策空间到故障空间的转换一般使用阈值函数、模式匹配等来实现。

为了形象的展示故障检测与诊断系统中特征提取与故障分类，这里给出一个空气源热泵供热系统故障诊断的示例。假设需要区分的两类故障分别为 c_1（制冷剂泄漏）和 c_2（冷凝器脏堵），下面会一步步来确定故障分类的过程。

首先，进行测试和分析：假设系统有四个传感器 x_1（排气温度）、x_2（排气压力）、x_3（供水温度）、x_4（回水温度），x_{1s}、x_{2s}、x_{3s}、x_{4s} 分别是这些传感器的稳态值；

然后，根据先验知识进行特征提取：假如先验知识为"如果传感器 x_1（排气温度）超过正常值范围，传感器 x_2（排气压力）低于正常值范围，可以确定故障 c_1（制冷剂泄漏）；如果传感器 x_2（排气压力）计算的饱和冷凝温度和 x_3（供水温度）之差超过正常值范围，可以确定故障 c_2（冷凝器脏堵）"。在这种情况下，形成特征空间的转换首先是排除传感器 x_4（回水温度）。因此，特征空间为 $[y_1 y_2 y_3]=[x_1 x_2 x_3]$。

最后，采用阈值函数和模式匹配等进行故障分类，先将特征空间转换为决策空间 $[d_1 \quad d_2 \quad d_3]$，采用简单的阈值函数，表达为"如果 $y_1-x_{1s}>T_1$，则 $d_1=1$，否则 $d_1=0$；如果 $y_2-x_{2s}>T_2$，则 $d_2=1$，否则 $d_2=0$；如果 $T_{sat}(x_2)-x_3>T_3 T$，则 $d_3=1$，否则 $d_3=0$（注：T_{sat} 为根据压力计算饱和温度的函数，T_1、T_2 和 T_3 分别为偏差的阈值）"。最终的转换是从决策空间到故障空间 $[c_1 c_2]$，可以通过模式匹配来实现，例如"$c_1=IF(d_1 AND d_2)$ 和 $c_2=IF d_3$"。

在故障检测与诊断时，一般会希望故障决策与故障分类简单，尽量一个故障分类用到一个决策变量，实现一对一的对应。但唯一变量可能存在由于外界干扰或传感器故障导致诊断错误。因此，采用尽量多的决策变量和判别函数，可以减少故障诊断错误的发生。从测量空间到特征空间的转换一般使用先验过程知识来完成，而从特征空间到决策空间的转换则需要采用搜索策略，也会用到先验过程知识，从而获得某些判别函数或阈值函数；从决策空间到故障空间一般使用简单的阈值函数、模式匹配等。先验过程知识在通过映射进行的故障检测与诊断决策中起到了至关重要的作用。

故障诊断方法涉及两部分内容：①先验知识类型，②诊断搜索策略的类型。诊断搜索策略也是基于知识表示方案，如规则、模型、案例等，而知识表示方案又很大程度上受到可用先验知识类型的影响。因此，所使用的先验知识的类型是诊断系统中最重要的区别特征。故障诊断所需的基本先验知识是一组故障以及观察值（症状）与故障之间的关系。这种知识的获得，一方面可以从过去经验中收集整理，此类知识称为基于过程历史的知识，另一方面可以从对过程的基本理解中发展先验知识，此类知识称为基于模型的知识。基于模型的先验知识又可分为定性模型或定量模型。

基于先验知识的类型，Venkat 将故障诊断方法分为①基于定量模型的故障诊断方法，

②基于定性模型的故障诊断方法，③基于历史数据的故障诊断方法，详细的分类方法见图 6-24（a）。实际上，所有模型都需要基于过程数据用于估计模型中某些参数的数据，所有基于过程数据的方法都需要提取某种形式的模型以进行故障诊断，因此，上述分类方式存在某种形式上的重叠。为此，结合近年来智能故障诊断技术的研究和应用，可以调整分为三类：①基于知识的方法，②基于解析模型的方法，③基于信号处理的方法，详细的分类方法见图 6-24（b）。

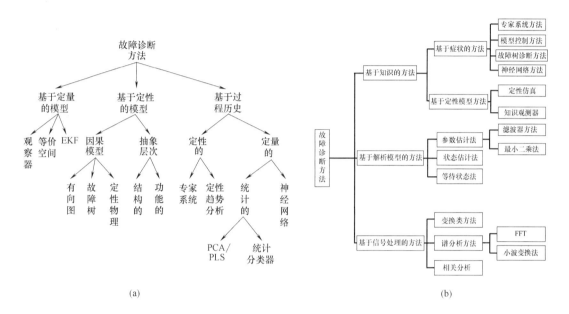

图 6-24　故障诊断方法的分类

以下重点介绍暖通空调系统故障诊断的几种常用方法。

（1）专家系统故障诊断法

专家系统故障诊断方法通过将领域专家所具有的实践经验和专业理论知识储存起来，对故障以人类的思维模式进行判断，运用逻辑规则形式来表示诊断故障和原因之间的联系，通过一定的推理机制去推论可能的故障模式，并最终完成故障原因的搜索。专家系统开发的主要组件包括：知识获取，知识表示选择，知识库中的知识编码，诊断推理，推理程序的开发以及输入/输出接口的开发。该方法不需要建立精确的模型，可以模仿专家思维进行判断工作，主要优点是：易于开发，透明的推理，不确定性下的推理能力以及对所提供解决方案的解释能力。其主要不足是过多依靠专家知识和经验。专家系统开发的瓶颈问题一是知识经验获取难，二是知识经验可能存在一定的不确定性。Tarifa 和 Scennatao 讨论了用于多级闪蒸脱盐过程故障诊断的专家系统。

（2）故障树模型诊断法

故障树（Fault Tree）是一种自上而下逐层分析展开的图形表示方法，其将引起系统故障的所有因素从点到面逐级细化，以故障模式影响与后果分析为基础，以系统的某个状态为着眼点，寻找导致系统故障或者子系统失效的所有可能原因。故障树具有逻辑清晰、浅显易懂、判断路线准确等特点。以系统影响因子最大的故障作为顶事件，根据系统特点及组成部件搜索引起故障发生的中间事件和底事件，并将各类事件根据其逻辑关系用与门、或门等连接，最终建立逻辑关系明晰的倒树状结构的故障树。故障树分析法通过专家介入，具有故障源检索完全的优点，但是当故障树建立不完整或不精确时，此方法将失效，因此故障树建立中需要保证故障搜索的全面和正确。

（3）解析模型故障诊断法

基于解析模型的故障诊断方法是一种确定定量模型的方法，首先是建立通用的输入/输出和状态/空间的模型，并基于已采集的过程历史数据，采用参数估计法来获取模型的某些参数，采用状态估计法（如卡尔曼滤波器）来获取系统未来运行的状态，并使用分析冗余来生成用于隔离过程故障的残差的技术。故障诊断中分析冗余的实质，是对照系统模型，检查实际系统参数或行为与对照系统模型的一致性，不一致即可产成残差，可以用于故障检测和隔离。当没有故障发生时，残差应接近于零，但当系统发生变化（故障）时，残差应显示"显著"值。提取定量信息的方法可以采用统计方法，如主成分分析（PCA）/偏最小二乘（PLS）。基于解析模型的方法在暖通空调系统的故障诊断中研究较为广泛。

（4）神经网络故障诊断法

在人工神经网络的应用中，故障诊断问题是一种重要的场合。基于过程历史数据，已经提出了用于分类和函数逼近问题的神经网络模型，具有处理复杂多模式问题、联想及预测等功能特点。通常，已用于故障诊断的神经网络可以沿两个维度进行分类：①网络的体系结构，例如S形、径向基础等；②学习策略，例如监督学习和无监督学习。人工神经网络应用到故障诊断领域，主要集中在两个方面：①利用人工神经网络法获取专家知识从而建立专家系统；②通过建立输出或状态预测模型从而实现系统故障模式判别预测功能。

暖通空调系统故障诊断也有用到定性趋势分析（QTA）、有向图 SDG（李勇伟）[73]、定性仿真 QSIM（徐海龙）[74] 等故障诊断方法。目前国内外相关研究能实现简单系统的故障诊断，还需要进一步深化研究，这里不具体展开。

（5）各种诊断方法的比较

为了方便各种诊断系统的对比，首先需要确定故障诊断方法具有的一组理想特性，这些特性主要包括：快速检测诊断（快速响应）、隔离性（区分不同故障）、稳健性（对噪声和不确定性具有鲁棒性）、新颖识别性（识别新颖故障）、适应性（同一故障诊断方法适用不同项目）、解释功能（能够解释故障原因和传播情况）、模型简单（方便轻松建模）、存储计算要求低（存储空间小，易计算）、多重故障识别（识别多个故障）等。表 6-13 给出了几种常用的故障诊断方法的比较。

常用故障诊断方法的比较   表 6-13

性能	专家系统	故障树	解析模型	神经网络
快速检测诊断	√	√	√	√
隔离性	√	√	√	√
稳健性	√	√	√	√
新颖识别性	×	×	√	√
适应性	×	√	×	×

续表

性能	专家系统	故障树	解析模型	神经网络
解释功能	√	√	×	×
模型简单	√	√	√	√
存储计算要求	√	√	√	√
多重故障识别	×	√	×	×

总体来说，没有任何一种方法具有诊断系统规定的所有理想特性。这些方法中的某些可以相互补充，从而形成更好的诊断系统。整合这些互补功能是开发混合方法的一种方法，该方法可以克服单个方法的局限性。故障检测与诊断系统设计时，需要考虑如下问题：①是否可检测到故障；②在存在过程和测量噪声的情况下，能否检测到故障；③能否将故障与未考虑的其他未知故障区分开来；④能否始终将一个故障与打算识别的其他故障区分开来。通过上述问题的回答与解决，基本得到一种可将未知干扰的影响降至最低的故障诊断设计方案。图 6-25 给出了一种常见的基于解析模型的故障检测与诊断方案。

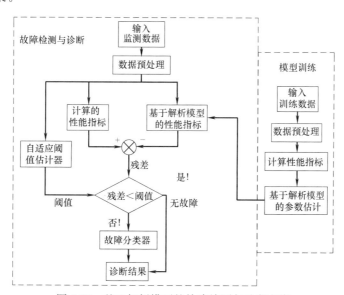

图 6-25　基于解析模型的故障检测与诊断方案

全面自动化的故障诊断需要在软件体系结构、实时硬件采集、现场测试验证、诊断系统验收维护、操作员培训方面做大量的工作，目前技术能力实现还面临较多问题，包括但不限于：①无需假设准确模型即可推理过程操作的能力；②具有关于过程的不完整和/或不确定信息的推理能力；③根据任务的性质，能够理解并代表不同细节级别的处理行为的能力；④在建模或描述过程时能够对过程进行假设并确保这些假设的有效性和一致性的能力；⑤能够对不同的解决问题的范式、知识表示方案和搜索技术集成的能力；⑥维护全局数据库和全局过程知识管理的能力；⑦能够应对数据爆炸以及有效压缩的能力。开发解决这些故障诊断问题的解决方案及设计开发智能监控系统，是过程控制工程师面临的主要挑战。

暖通空调系统是一个具有复杂性、多变量性和非线性的系统，主要是由很多个设备和组件一同组成，并且暖通空调系统涉及大量的状态参数，以至于系统本身变得更加复杂。暖通空调系统故障种类多样，故障检测的主要具体方法有定量模型的方法、统计学的方法以及人工神经网络的方法等等。有效的故障检测使得人们能够在适当的时候采取措施阻止故障的进一步发展，从而避免事故的发生。同时，以故障预测技术为基础的预测维修体制能够克服传统计划维修过剩的缺点，提高设备的利用率，减少维修费用，从而降低生产成本，提高企业的综合竞争力。在暖通空调系统运行过程中，通过有效提高对暖通空调系统故障的检测，并及时的进行调控，可以实现暖通空调系统安全可靠高效的运行。

尽管我国相关学者正致力于打造同时具备集成化、智能化和综合化的新检测诊断技术，但在研究对象、方法、深度及应用推广方面依然存在一些问题，仍需进行有效改进与解决。加大对暖通空调系统的检测和诊断是非常有必要的，尤其是对于经济方面来说大有助益。随着科学技术的不断发展，故障检测与诊断技术也在不断进步和发展，有可能成为暖通空调能源管理系统的重要部分。由此可见，暖通空调系统的故障检测与诊断拥有很大的发展空间。

6.3.2.3 供暖空调系统故障检测与诊断案例

空气源热泵供暖系统在长期运行过程中，因风机水泵压缩机磨损、换热器结垢、制冷剂泄漏等，不可避免地存在系统的能效衰减。空气源热泵系统能效由于受到室内外温湿度、供回水温度、负荷率及隐性故障等多因素的影响，通过监测数据判断系统能效衰减并不容易，需要基于历史数据，根据室内外温湿度、供回水温度、负荷率等建立相对准确的能效计算模型。基于模型计算和实测，可实施能效故障检测。

1. 空气源热泵供暖系统能效计算模型

空气源热泵系统的效率可以表达为三个参数的函数，满负荷效率 COP_{FL}、部分负荷因子 PLF 以及结除霜因子 DOF。

$$COP = COP_{FL} \cdot PLF \cdot DOF \tag{6-64}$$

其中，满负荷效率 COP_{FL} 可以建立在热力学分析方法的基础上，采用对卡诺循环（理想循环）效率 COP_{carnot} 进行修正获得。表达为

$$COP_{FL} = 1 + \alpha_h \cdot (COP_{carnot} - 1) \tag{6-65}$$

$$COP_{carnot} = \frac{T_{w,out}}{T_{w,out} - T_{out}} \tag{6-66}$$

式中，α_h 为基于卡诺循环热泵效率的修正因子；下标 FL 为机组满负荷运行，持续稳定不停机的状态；$T_{w,out}$ 为供水温度；T_{out} 为室外温度。

在部分负荷工况下，由于压缩机启停、风机水泵电路待机功率等原因，引起了系统能效的衰减，定义了部分负荷因子 PLF，表达为实际系统能效与满负荷系统能效的比值。部分负荷因子 PLF 与负荷率 PLR 有关，公式可表达为：

$$PLF = \frac{PLR}{\beta_h \cdot PLR + 1 - \beta_h} \tag{6-67}$$

$$PLR = \frac{Q_h}{Q_{h,max}} \tag{6-68}$$

式中，PLR 为负荷率，采用实际制热量 Q_h 与机组满负荷制热量 $Q_{h,max}$ 相除计算得到，

β_h 为基于负荷率的修正因子。

对空气源热泵系统，经常会因结除霜而产生系统能效的损失，定义了结除霜因子 DOF，表达为包含结除霜的系统能效与不包含结除霜的系统能效的比值。结除霜因子 DOF 可表达为除霜概率 CSF 的函数。除霜概率 CSF 主要与除霜控制策略及室外温湿度有关系，可表达为：

$$DOF = 1 - \gamma_h \cdot CSF \qquad (6\text{-}69)$$

$$CSF(T, rh) = CSF(T) \cdot CSF(rh) \qquad (6\text{-}70)$$

$$CSF(T) = \begin{cases} 1 & \text{if} \quad T_{out} \leqslant T_{def} \\ \dfrac{T_{th} - T_{out}}{T_{th} - T_{def}} & \text{if} \quad T_{def} < T_{out} \leqslant T_{th} \\ 0 & \text{if} \quad T_{out} > T_{th} \end{cases} \qquad (6\text{-}71)$$

$$CSF(rh) = \begin{cases} 0 & \text{if} \quad rh_{out} \leqslant rh_{th} \\ \dfrac{rh_{out} - rh_{th}}{100 - rh_{th}} & \text{if} \quad rh_{out} > rh_{th} \end{cases} \qquad (6\text{-}72)$$

式中，γ_h 为基于结除霜的修正因子；T_{out}、rh_{out} 分别为室外温度和相对湿度；T_{def} 和 T_{th} 分别为除霜的下限温度和上限温度。当室外温度 T_{out} 低于下限温度 T_{def} 时，一定需要除霜；当室外温度 T_{out} 高于 T_{th} 时，一定不需要除霜；当室外温度 T_{out} 介于两者温度之间时，采用线性插值确定需要除霜的程度。rh_{out} 为室外相对湿度，rh_{th} 表示为除霜的相对湿度限值，当室外相对湿度 rh_{out} 低于除霜相对湿度限值 rh_{th} 时，一定不需要除霜，当室外相对湿度 rh_{out} 高于相对湿度限值 rh_{th} 时，一定需要除霜。

综上，空气源热泵供暖系统能效的解析模型可表达为：

$$COP = [1 + \alpha_h \cdot (COP_{carnot} - 1)] \cdot \frac{PLR}{\beta_h \cdot PLR + 1 - \beta_h} \cdot (1 - \gamma_h \cdot CSF) \qquad (6\text{-}73)$$

这样，空气源热泵供暖系统的解析模型基本就建立起来了。对于特定的空气源热泵供暖系统，还需要辨识相关的参数（α_h、β_h、γ_h）。

2. 模型验证及故障检测

在空气源热泵供暖系统进行系统能效检测和分析时，一般按日来进行。选择北京煤改清洁能源项目中实施的一户空气源热泵供暖系统，进行解析模型的参数辨识工作。

辨识的目标函数为：

$$f(\alpha_h, \beta_h, \gamma_h) = 1 - \frac{\sum_i (COP_i - COP_{i,s})^2}{\sum_i (COP_i - COP_m)^2} \qquad (6\text{-}74)$$

式中，COP_i 是测试的日系统 COP；$COP_{i,s}$ 是解析模型计算的日逐时 COP 的平均值；COP_m 是所有测试的日 COP 的平均值。

辨识工作开始前，需要确定某些初始参数。机组满负荷制热量 $Q_{h,max}$ 根据铭牌给出的 $-12℃$ 和 $7℃$ 工况点线性插值得到；结除霜相关环境参数咨询厂家技术人员，获得结除霜控制策略，确定 $T_{def} = -6℃$，$T_{th} = 6℃$ 和 $rh_{out} = 55\%RH$。

基于 2019—2020 年供暖季监测数据，选取某户变频系统进行分析。经过规划计算得到参数值（α_h、β_h、γ_h），带入解析模型的计算结果与实际监测结果的对比分析，详见图

6-26 所示，体现了很好的一致性。

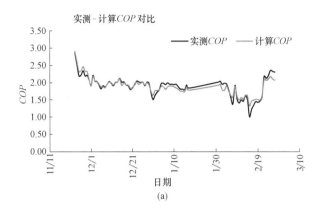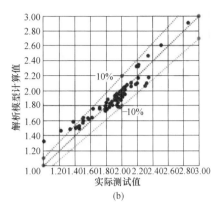

图 6-26　解析模型的计算结果与实际监测结果的对比

通过解析模型计算的误差可确定故障检测的阈值。按照图 6-25 给出的故障检测与诊断方案，每天可获得空气源热泵供暖系统的运行数据，计算机组逐日实际能效数据与解析模型的能效数据，根据两者偏差与进行阈值比较，确定是否存在能效偏差一直超出阈值的情况，如连续两天实测能效值持续低于解析模型计算值，即可初步确定检测出能效衰减的故障。

实际上，图 6-26 中 2 月 15 日和 2 月 16 日存在连续 2 日能效偏差大的数据（远超过 10％的阈值），经和该空气源热泵供暖用户的核查，由于 2 月 13 日和 2 月 14 日室外日均相对湿度分别为 84.1％和 81.6％，导致换热器翅片结霜严重，化霜不彻底，间接导致 2 月 15 日和 2 月 16 日霜层覆盖严重，使得实际能效较模型预测能效偏差较大。该案例也间接说明该故障诊断方法可以检测到除霜不正常而导致的能效衰减故障。

3. 基于耦合温度故障指标的换热器脏堵故障诊断方案

如前部分所示，可以通过能效衰减的故障检测判断出空气源热泵发生能效衰减的事实，但是什么原因造成的，需要进行进一步的故障原因诊断。空气源热泵系统在实际运行中，由于室外换热器周围的植被环境、机组长运行时间及空气中絮状大粒径颗粒物，其换热器不可避免形成脏堵，脏堵可导致机组运行参数劣化，制热量下降，COP 衰减。目前脏堵故障忽视和频发，严重影响了空气源热泵系统的安全高效运行。刘景东[75] 提出利用反映脏堵形成程度的耦合温度的故障指标来识别脏堵故障，下面是对其脏堵诊断方案的简单介绍。

定义 T_{cou} 为空气侧有效换热量与理想最大换热量的比值，见公式（6-75）。总传热系数 UA 和 T_{cou} 的关系见公式（6-76），故 T_{cou} 可用于诊断总传热系数是否存在衰减。由式（6-75）、式（6-76）可发现，T_{cou}（小于等于 1）增大，总传热系数升高，则室外换热器效果越好；T_{cou} 减小，总传热系数降低，则表明室外换热器表面逐渐形成脏堵，同时室外换热器换热效果越来越差。当 T_{cou} 值较高时，一般未形成脏堵或脏堵影响较小，可忽略，当 T_{cou} 逐渐降低，则脏堵形成，且脏堵程度逐渐增加。

$$T_{cou}=\frac{Q_{ac}}{Q_{id}}=\frac{m_{air}c_{air}(T_{out}-T_{in})}{m_{air}c_{air(T_c-T_{in})}}=\frac{T_{out}-T_{in}}{T_c-T_{in}} \tag{6-75}$$

$$UA = m_{\text{air}} \times c_{\text{air}} \ln \left(\frac{1}{1 - T_{\text{cou}}} \right) \tag{6-76}$$

采用脏堵因子 ξ 来衡量换热器脏堵程度，计算公式见（6-77）。

$$\xi = \frac{T_{\text{cou,nf}} - T_{\text{cou,f}}}{T_{\text{cou,nf}}} \tag{6-77}$$

式中　$T_{\text{cou,nf}}$——一定时间内，非脏堵机组运行时 T_{cou} 平均值；

　　　　$T_{\text{cou,f}}$——一定时间内，机组运行时 T_{cou} 平均值。

当计算出来的脏堵因子 ξ 大于 15% 时，则机组产生脏堵故障报警，应及时清理。否则，认为换热器未形成脏堵或脏堵影响较小，可忽略。

6.4　供暖空调系统优化运行

供暖空调系统在设计时通常按照设计日的参数进行设计，且在设计的各个环节会留有一定的裕量。建筑在实际运行中具有"部分时间、部分空间"的负荷特性，因此供暖空调系统处于部分负荷下，系统的输配环节通常会处于"大马拉小车"的状态，而主机、冷却塔等设备由于换热面积富裕，较大的流量对其性能的提升也十分有限，造成系统综合性能系数较低，因此需要对系统进行运行优化。下面结合本章的热源塔热泵系统，对其优化运行方法进行详细阐述，包括系统模型、约束条件、控制策略、优化算法，并对优化方法的节能潜力与节能原理进行了详细分析。

6.4.1　系统模型

典型的热源塔热泵冬夏季工况系统图分别如图 6-27（a）和（b）所示。该热源塔热泵系统包括三个独立的热源塔热泵子系统。每一个热源塔热泵子系统包括一台热泵，一台热源塔，一台塔侧泵，一台用户侧泵。上述设备均属子系统专用，三个子系统之间相互不共享。为研究不同控制策略的节能原理及效果，对系统中的压缩机、热源塔风机，及塔侧水泵设置了变频器。

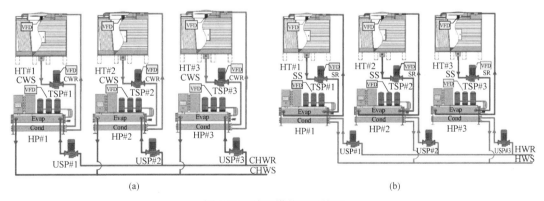

(a)　　　　　　　　　　　　　　　　(b)

图 6-27　热源塔热泵系统图

（a）夏季工况；（b）冬季工况

注：HT，热源塔；HP，热泵；TSP，塔侧泵；USP，用户侧泵；CWS/CWR，冷却水供/回水；CHWS/CHWR，冷水供/回水；SS/SR，供/回溶液；HWS/HWR，热水供/回水；VFD，变频器

　　热源塔热泵系统包含三个独立的热源塔热泵，单个热源塔热泵的物理模型如 6.2 节所述，该系统为实际系统，物理模型中的所有参数设置均按照实际系统选取，也如 6.2 节所列。物理模型根据能量守恒、质量守恒等关系将不同的部件模型耦合在一起，具有较高的精度，且对实验范围外的工况有较好的预测效果。但是由于物理模型需要大量的迭代及网格计算，需要耗费较多的时间，且对计算资源的要求较高。本节计算采用的 Lenovo T450 计算机，具有四核处理器（I5-5200U，2.2GHz）。单个夏季工况的模拟，即已知室外参数及建筑负荷，固定所有控制量，求解系统达到稳态时的系统性能参数，物理模型平均需要消耗 41.4s。而单个冬季工况的模拟，则平均需要消耗 101.7s。而单个工况最佳运行参数的求解需要计算上百组不同的控制参数组合，这将耗费几至十几个小时，这在实际应用中是无法接受的。因此，需要将热源塔及热泵的模型用计算更为快速的神经网络模型（ANN）取代，大幅提高计算速度，使实际应用成为可能。泵与风机的模型仍然采用前文所述的多项式模型，因为该模型无需迭代与网格计算，计算速度已符合要求。

　　在保证模型计算精度的前提下，为大幅度提高模型的求解速度，采用 ANN 模型分别取代热泵及热源塔的物理模型。为构建 ANN 模型，首先要区分热泵及热源塔物理模型中的独立及非独立参数。在热泵夏季工况的模型中，五个参数为独立参数，包括：压缩机转速 N_{comp}，冷却水流量 M_{cw}，冷水流量 M_{chw}，冷却水供水温度 T_{cws}，冷水供水温度 T_{chws}。热泵的性能系数 COP 及制冷量 Q_e 依赖于上述独立参数，为表征性能的非独立参数。其他的输出参数，例如冷却水回水温度 T_{cwr}，冷水回水温度 T_{chwr}，冷凝器换热量 Q_c，压缩机耗功 W_{comp} 等均可由上述独立及非独立参数求得。因此，夏季工况下热泵 ANN 模型的输入矩阵为 $[N_{comp}，M_{cw}，M_{chw}，T_{cws}，T_{chws}]$，输出矩阵为 $[COP，Q_e]$。在热泵冬季工况的模型中，有六个独立参数，包括压缩机转速 N_{comp}，溶液流量 M_s，热水流量 M_{hw}，热水供水温度 T_{hw}，溶液供液温度 T_{ss}，以及溶液浓度 X_s。表征性能的非独立参数为热泵的性能系数 COP 及制热量 Q_c。因此，冬季工况下热泵 ANN 模型的输入矩阵为 $[N_{comp}，M_{hw}，M_s，T_{hws}，T_{ss}，X_s]$，输出矩阵为 $[COP，Q_c]$。

　　在热源塔的夏季工况模型中有五个独立参数，包括：室外空气干球温度 T_{db}，室外空气湿球温度 T_{wb}，塔侧空气流量 M_a，冷却水流量 M_{cw}，冷却水回水温度 T_{cwr}。表征塔换热性能的非独立参数为塔的显热换热量 Q_s 以及潜热换热量 Q_l。因此，夏季工况下塔的 ANN 模型输入矩阵为 $[T_{db}，T_{wb}，M_a，M_{cw}，T_{cwr}]$，输出矩阵为 $[Q_s，Q_l]$。在热源塔的冬季工况模型中有六个独立参数，包括：室外空气干球温度 T_{db}，室外空气湿球温度 T_{wb}，塔侧空气流量 M_a，溶液流量 M_s，溶液回液温度 T_{sr}，以及溶液浓度 X_s。因此，冬季工况下塔的 ANN 模型的输入矩阵为 $[T_{db}，T_{wb}，M_a，M_s，T_{sr}，X_s]$，输出矩阵仍为 $[Q_s，Q_l]$。

　　根据 ANN 模型输入输出参数的个数，可计算出隐含层数量和节点个数的推荐值。本书采用六输入、两输出、两隐含层，每层十节点的反向传播（BP）神经网络模型，如图 6-28 所示。在 MATLAB 软件中构建上述结构的 BP 神经网络模型，以双曲正切函数 Tansig 作为输入层与第一隐含层，以及第一隐含层与第二隐含层之间的传递函数，以线性函数 Purelin 作为第二隐含层与输出层之间的传递函数。

　　按上节所述方法，共构建了四个神经网络模型，分别为热泵夏季工况 ANN 模型、热

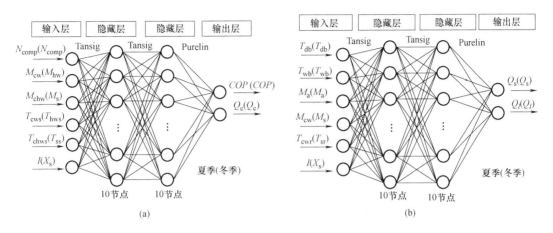

图 6-28　BP 神经网络结构图
(a) 热泵模型；(b) 热源塔模型

泵冬季工况 ANN 模型、热源塔夏季工况 ANN 模型、热源塔冬季工况 ANN 模型。对于每一个 ANN 模型采用 18000 组数据进行训练，采用另外的 2000 组数据进行测试。为提高预测精度，所有输入及输出参数均进行归一化处理，使得范围为 $[-1,1]$，最后所得的输出参数再进行反归一处理，得到实际输出参数。Levenberg-Marquardt 作为训练函数，均方差作为拟合指标。

每个模型的训练及测试均需要 20000 组数据，该数据由 6.2.1 节所述的物理模型得到。对于热泵夏季工况，物理模型的输入参数在以下范围内随机生成：$N_{comp} \in [580, 2900]$Rev/min，$M_{cw} \in [18.5, 37]$m³/h，$M_{chw} \in [11, 22]$m³/h，$T_{cws} \in [15, 35]$℃，$T_{chws} \in [7, 9]$℃。物理模型生成的 20000 组输出参数记录在输出矩阵 $[COP, Q_e]$ 中。同理热泵冬季工况下，物理模型的输入参数在以下范围内随机生成：$N_{comp} \in [580, 2900]$Rev/min，$M_{hw} \in [11, 22]$m³/h，$M_s \in [18.5, 37]$m³/h，$T_{hws} \in [44, 46]$℃，$T_{ss} \in [-12, 15]$℃，and $X_s \in [0, 0.4]$。与夏季工况不同，此处由于溶液需满足冰点低于溶液温度，因此在每一组随机输入参数生成后，需要根据溶液浓度 X_s 计算溶液冰点，若溶液冰点高于溶液温度，需要重新生成该组数据。则夏季工况随机生成范围为：$T_{db} \in [15, 38]$℃，$M_a \in [4300, 43000]$m³/h，$M_{cw} \in [18.5, 37]$m³/h，$T_{cwr} \in [20, 40]$℃；冬季随机生成范围为：$T_{db} \in [-10, 20]$℃，$M_a \in [4300, 43000]$m³/h，$M_s \in [18.5, 37]$m³/h，$T_{sr} \in [-13, 15]$℃，$X_s \in [0, 0.4]$。特别的，上述输入参数还缺少湿球温度 T_{wb}，为避免生成的湿球温度 T_{wb} 高于干球温度 T_{db} 而违反物理规律，由当前组的干球温度 T_{db} 结合随机的相对湿度 $\varphi_a \in [0, 100]\%$ 计算湿球温度 T_{wb}。

将夏季工况下的热泵 ANN 模型与热泵塔 ANN 模型按冷却水参数进行耦合，即两模型具有相同的冷却水流量即进出口温度，便可得到整个热源塔热泵系统的模型。同理将冬季工况下的热泵 ANN 模型与热泵塔 ANN 按溶液参数进行耦合，即量模型具有相同的溶液流量、溶液进出口温度，以及溶液浓度，便可求得热源塔热泵系统在冬季工况下的性能参数。

利用物理模型随机生成的另外 4000 组数据对冬夏季工况下的热源塔热泵系统的

ANN 模型进行验证。热源塔热泵系统制冷量 Q_e/制热量 Q_c 的平均误差为 0.82%，COP 的平均误差为 0.78%。由于输入参数随机产生，系统的制冷制热量可能出现极小的情况，例如当输入矩阵中压缩机转速、塔侧空气流量、冷却水或者溶液流量都取较小值时。在上述情况下，制冷制热量的相对误差可以达到 10%，但是绝对误差仍然非常小，此处采用均方根误差 RMSE 进行表征。当 $Q_e(Q_c)$ 在 15kW 至 175kW 之间变化时，其 RMSE 为 0.99。当 COP 在 2.0 至 9.5 之间变化时，其 RMSE 为 0.07。上述验证结果表明，热源塔热泵系统的 ANN 模型具有非常高的预测精度。此外，单个夏季工况的平均计算时间由物理模型所需的 41.4s 减少到 0.23s，当各冬季工况的平均时间由物理模型所需的 101.7s 减少到 0.25s。这使得基于模型的运行优化在实际工程中的应用成为可能。

6.4.2 优化方法

6.4.2.1 优化对象

热源塔热泵系统的优化目标为：当室外参数及建筑负荷变化时，找到一组控制参数的值，使得整个系统的能耗最小。如 6.2.1 节所述的典型热源塔热泵系统，夏季工况系统能耗包括：热泵主机、塔侧泵、塔侧风机。在冬季工况下，除上述三个设备的能耗外，还需包括再生装置的能耗。因此，该优化问题的目标函数可以表示为：

$$J_{summer} = \min\left(\sum_{i=1}^{3} W_{HP,i} + \sum_{i=1}^{3} W_{TSP,i} + \sum_{i=1}^{3} W_{HT,i}\right) \tag{6-78}$$

$$J_{winter} = \min\left(\sum_{i=1}^{3} W_{HT,i} + \sum_{i=1}^{3} W_{TSP,i} + \sum_{i=1}^{3} W_{HT,i} + W_{RD}\right) \tag{6-79}$$

当热泵、热源塔以及建筑耦合到一起时，需要满足以下连接约束条件：（1）建筑的负荷等于系统制冷/制热量；（2）热源塔内循环工质的进出口温度计流量与其在系统蒸发器或冷凝器内的参数值一致。除连接约束外，压缩机、水泵以及风机还需满足厂家提供的机械约束：

$$20\% N_{comp,rated} \leqslant N_{comp} \leqslant 100\% N_{comp,rated} \tag{6-80}$$

$$50\% M_{cw,rated} \leqslant M_{cw} \leqslant 100\% M_{cw,rated} \tag{6-81}$$

$$50\% M_{s,rated} \leqslant M_s \leqslant 100\% M_{s,rated} \tag{6-82}$$

$$10\% M_{a,rated} \leqslant M_a \leqslant 100\% M_{a,rated} \tag{6-83}$$

上述约束为输入参数的约束，在优化中，可以设置搜索的范围来满足约束。除此之外，运行过程中部分运行参数还需满足约束。在夏季工况下，冷却水回水温度 T_{cws} 需要高于 15℃，以防止压缩机两侧压差过低。在冬季工况下，溶液的回液温度 T_{sr} 需要高于当前溶液的冰点温度 T_f。在热泵模型与热源塔模型耦合之后，上述两个参数输入内部运行参数，无法通过输入量范围的限定来满足约束，因此对这两个约束采用罚函数的方法，引入惩罚因子 K_p，式 (6-79) 及 (6-80) 可以写成：

$$J_{summer} = \min\left(\sum_{i=1}^{3} W_{HP,i} + \sum_{i=1}^{3} W_{TSP,i} + \sum_{i=1}^{3} W_{HT,i} + K_{p1}\max(0, 15 - T_{cws})\right) \tag{6-84}$$

$$J_{winter} = \min\left(\sum_{i=1}^{3} W_{HP,i} + \sum_{i=1}^{3} W_{TSP,i} + \sum_{i=1}^{3} W_{HT,i} + W_{RD} + K_{p2}\max(0, T_f - T_{sr})\right)$$

$$\tag{6-85}$$

6.4.2.2 控制策略

对于 6.1.1 节所述的热源塔热泵系统，在实际运行时，可以控制的参数为子系统开启个数、压缩机转速、塔侧风机转速、塔侧泵转速，即夏季工况的变量矩阵为 $[N_{\mathrm{HP},1},$ $N_{\mathrm{HP},2},N_{\mathrm{HP},3},M_{\mathrm{a},1},M_{\mathrm{a},2},M_{\mathrm{a},3},M_{\mathrm{cw},1},M_{\mathrm{cw},2},M_{\mathrm{cw},3}]$，冬季工况的变量矩阵为 $[N_{\mathrm{HP},1},$ $N_{\mathrm{HP},2},N_{\mathrm{HP},3},M_{\mathrm{a},1},M_{\mathrm{a},2},M_{\mathrm{a},3},M_{\mathrm{s},1},M_{\mathrm{s},2},M_{\mathrm{s},3}]$。

将目前实际工程中热源塔热泵系统采用的控制策略作为基准，与本文提出的优化控制进行对比，计算节能率。目前，实际热源塔热泵系统均采用时序控制，即仅在当前运行的子系统在全负荷运行下仍无法满足建筑负荷，则开启下一个子系统，风机水泵采用定速控制，该控制策略的目标函数为：

$$J_{\mathrm{summer}}=\min(f_1(Q_{\mathrm{load}},T_{\mathrm{db}},T_{\mathrm{wb}})+K_{\mathrm{p1}}\max(0,15-T_{\mathrm{cws}})) \tag{6-86}$$

$$J_{\mathrm{winter}}=\min(f_2(Q_{\mathrm{load}},T_{\mathrm{db}},T_{\mathrm{wb}})+K_{\mathrm{p2}}\max(0,T_{\mathrm{f}}-T_{\mathrm{sr}})) \tag{6-87}$$

式中 Q_{load}——建筑负荷，kW。

表 6-14 总结了四种控制策略，包括常规控制策略（基准）、主机负荷分布优化（方法1）、固定逼近度及水温降/溶液温升（方法2）、全局寻优（方法3）。

四种控制策略总结 表 6-14

控制策略	热泵主机侧	塔侧风机及水泵
基准	时序控制	固定转速
方法1	负荷分布优化	固定转速
方法2	时序控制	夏季:变风机水泵转速使得逼近度为4℃,冷却水温降为5℃ 冬季:变风机水泵转速使得逼近度为4℃,溶液温升为3℃
方法3	负荷分布优化	变风机水泵转速,使得系统能耗最小

基准方法是保证将运行的子系统数最小，保证热泵尽量在全负荷下运行。但是先前的研究表明，热泵并非在全负荷下效率最高。因为，在部分负荷工况下，热泵的蒸发器及冷凝器的换热面积富余，这使得制冷剂与载冷剂之间的对数温差减小，即 $LMTD_{\mathrm{e}}$ 和 $LMTD_{\mathrm{c}}$ 减小，压缩机的压比减小，性能提高。而方法1正是利用部分负荷效率下主机效率较高的特点，优化各热泵主机之间的负荷分布，该控制策略的目标函数为：

$$J_{\mathrm{summer}}=\min(f_1(Q_{\mathrm{load}},T_{\mathrm{db}},T_{\mathrm{wb}},N_{\mathrm{HP},1},N_{\mathrm{HP},2},N_{\mathrm{HP},3})+K_{\mathrm{p1}}\max(0,15-T_{\mathrm{cws}}))$$

$$\tag{6-88}$$

$$J_{\mathrm{winter}}=\min(f_2(Q_{\mathrm{load}},T_{\mathrm{db}},T_{\mathrm{wb}},N_{\mathrm{HP},1},N_{\mathrm{HP},2},N_{\mathrm{HP},3})+K_{\mathrm{p2}}\max(0,T_{\mathrm{f}}-T_{\mathrm{sr}}))$$

$$\tag{6-89}$$

方法2在冷却塔冷水机组中较为常见。夏季工况下，当室外温度较低时，建筑的负荷也较低，而冷却塔的散热能力在较低湿球温度下又高于设计值，因此其散热能力有富余，但是冷却水回水温度 T_{cws} 受限于室外湿球温度 T_{wb}。在此情况下，热泵主机的 COP 提升有限，而全速的塔侧风机消耗的能量较多，系统整体性能下降。此外，由于负荷下降，而冷却水流量却因全速的塔侧泵而处于较高值，导致冷却水进出口温差 ΔT_{cw} 减小，这意味着输送单位能量所需消耗的输配系统的功耗增加。方法2针对这一特点，通过调节塔侧风机和泵转速来调节空气流量 M_{a} 和冷却水流量 M_{cw}，使塔出水温度与湿球温度之间的逼近度维持在 4℃，使冷却水温降维持在 5℃。同理，在冬季工况下，通过调节塔侧风机和泵转速来调节空气流量 M_{a} 和溶液流量 M_{s}，逼近度维持在 4℃，使溶液温升维持在

3℃。该控制策略的目标函数为：

$$J_{summer}=\min(f_1(Q_{load},T_{db},T_{wb},\tau,\Delta T_{cw})+K_{p1}\max(0,15-T_{cws})) \quad (6\text{-}90)$$

$$J_{winter}=\min(f_2(Q_{load},T_{db},T_{wb},\tau,\Delta T_s)+K_{p2}\max(0,T_f-T_{sr})) \quad (6\text{-}91)$$

方法 3 调节所有控制变量，包括各子系统主机间的负荷分布 N_{HP}、塔侧风机的转速 M_a、塔侧泵的转速 M_{cw}（M_s），采用优化算法进行全局寻优，寻找一组控制参数，使得整个系统的能耗最低。该控制策略的目标函数为：

$$J_{summer}=\min(f_1(Q_{load},T_{db},T_{wb},N_{HP,1},N_{HP,2},N_{HP,3},M_{a,1},M_{a,2},$$
$$M_{a,3},M_{cw,1},M_{cw,2},M_{cw,3})+K_{p1}\max(0,15-T_{cws})) \quad (6\text{-}92)$$

$$J_{winter}=\min(f_2(Q_{load},T_{db},T_{wb},N_{HP,1},N_{HP,2},N_{HP,3},M_{a,1},M_{a,2},$$
$$M_{a,3},M_{s,1},M_{s,2},M_{s,3})+K_{p2}\max(0,T_f-T_{sr})) \quad (6\text{-}93)$$

6.4.2.3　优化算法

方法 1～3 均为多变量、不可导的优化问题，无法用常规的基于梯度的优化算法进行求解，例如最速梯度法等。因此，本文采用遗传算法（Genetic Algorithm，GA）对上述优化问题进行求解。基于本节中构建的系统 ANN 模型，目标函数可以得到快速求解，在此基础上采用 GA 算法对约束范围内的所有可能控制变量的组合进行寻优。本文中 GA 算法在 MAT-LAB 软件中实现，具体设置参数如下：（1）初始种群数为 30；（2）后代代数为 20；（3）交叉概率为 0.6；（4）变异率为 0.01。利用穷尽搜索法的计算结果作为参考值，该算法按一定步长计算了所有约束范围内的变量组合（N_{comp}，M_{cw}/M_s，M_a），并记录系统整体性能系数的倒数（$1/EER$）的最小值。如图 6-29 所示，一个典型夏季工况穷尽搜索的 $1/EER$ 为 0.273，GA 算法在第 8 代找到最优解。同理，冬季工况的优化结果的 $1/EER$ 为 0.482，GA 算法在第 13 代找到最优解。在此基础上，对全年的逐时工况进行了计算，均可在 20 代内找到最优解。

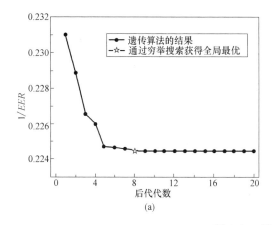
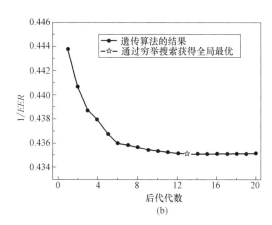

图 6-29　遗传算法验证
（a）典型夏季工况；（b）典型冬季工况

6.4.3　优化结果与节能原理

6.4.3.1　案例描述

为探究上述三个优化方法的节能潜力，以南京一栋 4 层的建筑为例，其安装的热源塔热泵系统如 6.4.1 节所述，包含三台独立的热泵，三台独立的热源塔，三台独立的塔侧泵，以及一台溶液低压沸腾再生装置。建筑及热源塔热泵的详细设置参数如表 6-15 所示。

夏季名义工况下冷却水供水温度 T_{cws} 为 29.3℃，冷水供水温度 T_{chws} 为 7.0℃，冬季名义工况下溶液供液温度 T_{ss} 为 0.2℃，热水供水温度为 45℃。机组在上述工况下的部分负荷性能（PLR-COP）特性曲线如图 6-30 所示。如 6.3.2 节所述，在厂家允许的压缩机转速范围内（过低频率有压缩机机械效率下降及安全风险），由于换热器面积在部分负荷下富余，热泵性能系数 COP 反而较高，该特性也使得方法 1（主机负荷分布优化）的策略具有节能潜力。

本文采用国家标准 GB 50736—2012 中的南京逐时气象参数，对应的建筑在制冷季以及制热季的负荷如图 6-30 所示。

建筑及热源塔热泵的详细设置参数　　　　　　　　　　　　　　　表 6-15

建筑			
建筑类型	办公楼	地点	中国南京
建筑面积	4500m²	时刻表	8:00~18:00
层数	4 层	室外天气参数	GB 50736—2012
制冷季	5 月 15 日至 9 月 30 日	制热季	11 月 15 日-3 月 15 日
最大冷负荷	422.0kW	最大热负荷	345.0kW
年制冷负荷	296466kWh	年制热负荷	242682kWh
热泵(单台)			
压缩机类型	涡旋		
名义制冷量 Q_e	132.6kW	名义制热量 Q_c	116.6kW
名义制冷功耗 W_{comp}	29.0kW	名义制热功耗 W_{comp}	35.5kW
名义制冷 COP	4.57	名义制热 COP	3.28
冷水供回水温度 T_{chws}/T_{chwr}	7/12.2℃	热水供回水温度 T_{hws}/T_{hwr}	45.0/40.4℃
冷水流量 M_{chw}	22.0m³/h	热水流量 M_{hw}	22.0m³/h
冷却水供回水温度 T_{cws}/T_{cwr}	29.3/33.1℃	溶液供回液温度 T_{ss}/T_{sr}	0.2/−1.8℃
冷却水流量 M_{cw}	37.0m³/h	溶液流量 M_s	37.0m³/h
热源塔(单台)			
空气流量	43000m³/h	风机功耗	3.9kW
夏季设计室外干湿球温度 T_{db}/T_{wb}	32.0/28.0℃	冬季设计室外干湿球温度 T_{db}/T_{wb}	7.0/5.0℃
夏季设计逼近度及冷却水温降 $\tau/\Delta T_{cw}$	1.3/3.8℃	冬季设计逼近度及溶液温升 $\tau/\Delta T_s$	5.1/2.0℃
塔侧泵(单台)			
额定功耗	3.7kW	额定流量	37.0m³/h
再生装置			
再生效率	3.4kg/kWh		

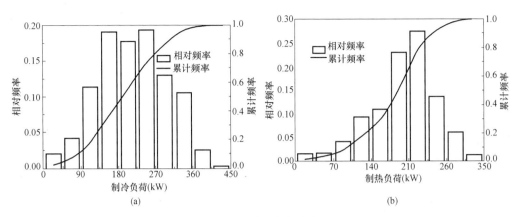

图 6-30 建筑负荷分布
（a）制冷负荷；（b）制热负荷

6.4.3.2 全年节能量

整个制冷季内，不同控制策略的节能量如表 6-16 所示。基准方法共消耗 77889kWh，其中热泵主机、塔侧泵、塔侧风机分别占 73.0%、13.1%、13.9%。方法 1 的节能率为 2.7%，这是由于热泵主机在部分负荷下效率的提高，该方法中的塔侧泵和风机的功耗与基准方法一致。方法 2 的节能率为 11.1%，在该方法中，泵和风机根据设定的逼近度及冷却水温降变速运行，其节能率分别为 62.8% 和 81.6%。但是该方法也会导致冷却水供水温度升高，热泵主机的冷凝温度升高，从而使热泵主机能耗升高了 11.1%。方法 3 的节能率最高，为 14.8%，塔侧泵及风机节能率为 68.4% 和 74.3%，热泵主机多消耗 6.1% 能耗。

制冷季节能量   表 6-16

控制策略	基准	方法 1		方法 2		方法 3	
节能率	kWh	kWh	/	kWh	/	kWh	/
热泵主机	56882	54793	3.7%	63224	−11.1%	60346	−6.1%
塔侧泵	10166	10166	0.0%	3779	62.8%	3209	68.4%
塔侧风机	10841	10841	0.0%	1991	81.6%	2781	74.3%
总计	77889	75800	2.7%	68994	11.4%	66337	14.8%

制热季节能量   表 6-17

控制策略	基准	方法 1		方法 2		方法 3	
节能率	kWh	kWh	/	kWh	/	kWh	/
热泵主机	72780	70449	3.2%	78162	−7.4%	74743	−2.7%
塔侧泵	9470	9470	0.0%	2132	77.5%	4232	55.3%
塔侧风机	10098	10098	0.0%	4796	52.5%	7076	29.9%
再生装置	1917	2755	−43.7%	10489	−447.1%	3770	−96.6%
总计	94265	92772	1.6%	95580	−1.4%	89822	4.7%

整个制热季内，不同控制策略的节能量如表 6-17 所示。基准方法共消耗 94265kWh，

而三个设备分别占 77.2%、10.0% 和 10.7%。由于"溶液自主蒸发再生"过程的存在使得再生总量减少，再生装置仅消耗 2.1% 的能量。而全速运行的塔侧泵和风机保证了空气流量密度和溶液流量密度，使得传热传质过程加强，循环溶液可以维持在较高的温度，这使得"溶液自主蒸发再生"过程发生的比例增加。此外，在该过程发生时，较高的空气流量密度和溶液流量密度也可增加再生量。方法 1 共节能 1.6%，这得益于热泵主机节能 3.2%。与制冷季的结果不同，方法 2 再制热季反而多消耗了 1.4% 的能量。但是由于较低的泵和风机转速使得空气流量密度和溶液流量密度下降，传热传质过程减弱，溶液需要维持在较低的温度来保障吸热量，因此"溶液自主蒸发再生"过程发生的比例减少。此外，在该过程发生时，较低的空气流量密度和溶液流量密度也使得再生量降低。因此，方法 2 的再生能耗比基准方法多了约 4.5 倍，这也使得系统总能耗增加。方法 3 仍然具有最高的节能率，为 4.7%。其中，泵和风机分别节能 55.3% 和 29.9%。由于循环溶液温度的降低，热泵主机多消耗 2.7% 的能量，再生装置多消耗约 1 倍的能量。

由上述结果可知，制冷季的节能潜力（14.8%）要远高于制热季（4.7%），主要原因如下：

（1）热源塔夏季的散热能力要大于冬季的吸热能力（标注工况下约为 2~4 倍），因此热源塔通常根据冬季工况进行设计，以保证同时满足冬季吸热及夏季散热量的需求。因此，在实际运行时，塔的夏季散热能力有富余。

（2）如图 6-30 所示，系统在夏季的部分负荷率更高，这使得夏季工况下的系统在运行时更容易偏离设计工况。

（3）在制热季中，需要将再生装置的能耗计算在内，而再生装置的能耗与泵和风机的能耗呈相反趋势，泵和风机节能越多，再生装置消耗的能量越多，这也使得总的节能率降低。

6.4.3.3　节能机理分析

为进一步研究方法 3 的节能机理，选择一个典型夏季日（7 月 30 日）以及一个典型冬季日（1 月 26 日），根据优化的控制变量组合运行模型，得到系统详细运行参数，并对其性能进行分析。

夏季典型日的室外参数如图 6-31（a）所示，室外干球温度在 28.9~35.2℃ 之间变化，室外湿球温度在 25.2~26.6℃ 之间变化，建筑冷负荷在 229.3kW 至 362.4kW 之间变化。基准方法热泵主机的负荷分布如图 6-31（b）所示，热泵主机时序控制下，仅在运行的热泵主机无法满足当前负荷时才开启下一台主机。方法 3 热泵主机的负荷分布如图 6-31（c）所示，给所有运行中的热泵主机分配相同的负荷，有利于提高系统效率。

典型夏季日下，基准方法及方法 3 的热源塔性能如图 6-32 所示。在基准方法中，平均逼近度为 4℃（热源塔内冷却水出水温度与室外湿球温度的差值仅为 1.4℃，塔内冷却水的平均温降仅为 3.2℃）。在常规冷却塔中，逼近度通常为 4℃，冷却水温降通常为 5℃，上述两个参数均远小于常规冷却塔中的设定值。如图 6-32（c）所示，与方法 3 相比，基准方法采用更大的空气流量及冷却水流量，传热传质加强，因此基准方法中的塔向室外空气排放的潜热量更大。在早上 8：00，室外干球温度较低时，显热及潜热的传递方向均为从冷却水向空气传递。然而，当室外干球温度升高时，室内负荷也随之升高，但由于基准方法仍维持原来的空气流量及冷却水流量，水温随室内负荷的增加量有限，此时出现了显热换热量由空气向冷却水传递的现象（空气干球温度大于冷却水温度），增加的潜热换热

长江流域建筑供暖空调方案及相应系统

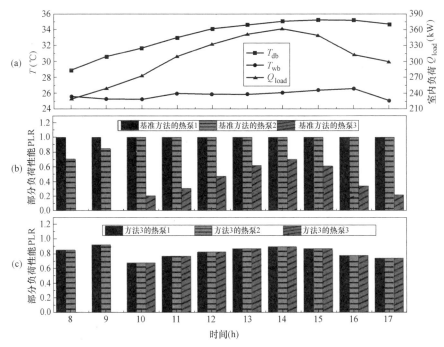

图 6-31 夏季典型日热泵主机性能

（a）室外参数；（b）基准方法热泵主机负荷分布；（c）方法 3 热泵主机负荷分布

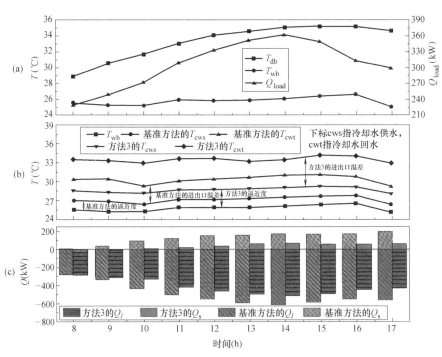

图 6-32 夏季典型日热源塔性能

（a）室外参数；（b）逼近度及冷却水温降；（c）显热及潜热换热量

量被反向传递的显热换热量抵消，大量消耗的风机及泵的功耗并未带来系统性能的提升。而在方法 3 中，通过减小空气流量及冷却水流量，使得平均逼近度从 1.4℃增加到 2.9℃，冷却水温生从 3.2℃增加到 4.8℃，这使得泵和风机的能耗分别降低了 64.0%和 80.2%，如图 6-33 所示。而空气流量及冷却水流量的减小也使得塔的冷却水平均出水温度从 27.1℃增加到 28.7，从而使得热泵值机的性能下降，能耗增加了 7.3%。但对于整个系统而言，方法 3 相比于基准方法仍有 12.8%的节能率。值得注意的是，方法 2 中按经验设置的固定的逼近度为 4℃，固定的冷却水温降为 5℃，与方法 3 的全局优化结果相近，因此方法 2 在夏季工况下也具有较高的节能率。

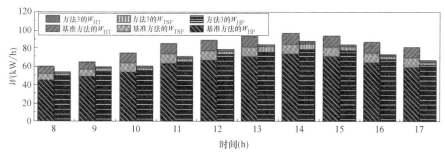

图 6-33　夏季典型日系统不同部件能耗分析

在冬季，图 6-34 显示室外干球温度范围为－3.8～8.0℃，湿球温度范围为－4.0～4.1℃，建筑冷负荷约为 198.0kW～280.7kW。基准方法热泵主机的负荷分布如图 6-34（b）所示，方法 3 热泵主机的负荷分布如图 6-34（c）所示。

如图 6-35 所示，典型冬季日下 8：00—13：00 由于室外温度较低，建筑热负荷较高，溶液维持在较低的温度以满足吸热量。较低的溶液温度意味着其水蒸气分压力也较低，而此时室外湿度较高，因此这段时间的显热潜热传递方向均为从空气向溶液传递，如图 6-35（c）所示。此间，基准方法下的逼近度为 2.97℃，溶液在塔内的温升为 1.65℃。相对的，方法 3 的逼近度为 4.29℃，溶液在塔内的温升为 2.51℃。方法 3 采用减小空气及溶液质量流量的方法来减小风机和泵的功耗，而空气及溶液质量流量会减小塔内的热质传递系数，从而使得总换热量降低。而热泵蒸发器的热量需求没变，当蒸发器内换热量大于溶液在塔内的换热量时，循环溶液的温度将会下降，并稳定在一个新的较低的温度。这使得热泵主机的能耗有 7.0%的增加，如图 6-36 所示。然而与基准方法相比，方法 3 中泵和风机的节能率高达 74.3%和 50.8%。由于两种方法的潜热换热量差距较小，再生装置消耗的能量较为接近。综合上述所有部件的能耗，方法 3 比基准方法节能 5.8%。在 13：00—18：00 这段时间内，由于室外干球温度与室内负荷的升高，循环溶液的温度升高，使得溶液表面水蒸气分压力大于室外空气的水蒸气分压力，潜热传递方向发生改变，变为从溶液向空气传递，即发生了"溶液自主蒸发再生过程"，如图 6-35（c）所示。在此工况下，基准方法采用较大的空气及溶液质量流量，不仅增强了塔的吸热过程，同时也增强了"溶液自主蒸发再生过程"，这将有效减少再生装置需要的能耗。因此，在该段时间内，方法 3 的优化结果是将水泵运行在 80%左右的速度，风机几乎全速运行以加强溶液自主再生过程，这与 8：00—13：00 的优化结果截然不同。与基准方法相比，方法 3 的泵与风机分别节能 43.1%和 0.7%，热泵与再生装置分别多消耗 1.9%和 28.0%的能量，而整个系统仅节能0.4%。值得注意的是，方法2在该段时间内，仍然采用较低的空气和溶液质量流量，使得自主再生过程减弱，系统总能耗反而增加。

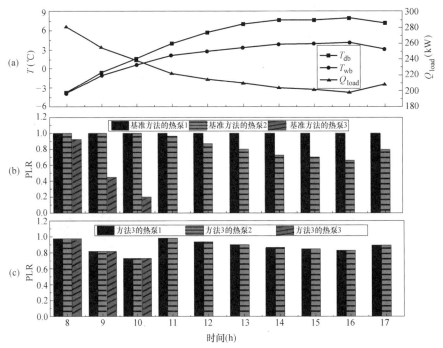

图6-34　冬季典型日热泵主机性能

（a）室外参数；（b）基准方法热泵主机负荷分布；（c）方法3热泵主机负荷分布

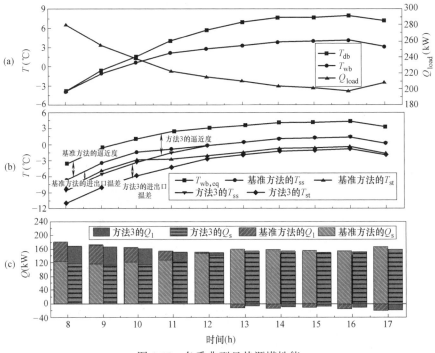

图6-35　冬季典型日热源塔性能

（a）室外参数；（b）逼近度及溶液温升；（c）显热及潜热换热量

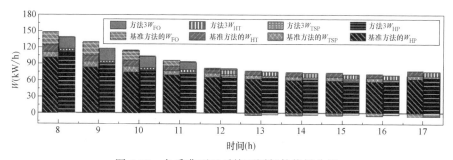

图 6-36　冬季典型日系统不同部件能耗分析

第7章
长江流域室内热环境营造整体解决方案

决定室内热环境与建筑能耗的因素众多，气象条件、建筑本体、供暖供冷设备与系统、使用者行为都将对其产生影响。在进行热环境营造时，需要充分了解当地的气象条件，建筑设计不仅要抵御不良天气条件对室内热环境的影响，同时要考虑对自然资源的充分利用，因地制宜、因时制宜。因此，在进行建筑本体设计时，需要根据气候特点对建筑朝向、外墙、外窗、屋顶进行优化设计，合理利用保温隔热、自然通风、遮阳、气密等被动式技术，降低建筑热环境营造的供暖供冷需求。同时，对于供暖供冷设备的性能与系统的综合能效进行提升，研发适宜该地区的供暖供冷产品，降低建筑的实际能耗。最终目标是根据项目的要求，满足该地区室内人员热舒适需求的前提下，将住宅建筑年单位面积供暖供冷能耗控制在 $20kWh/(m^2 \cdot a)$ 以内。此外，进一步倡导人们力行绿色节能调控行为，在建筑运营过程中避免造成不必要的能源浪费。

前面章节详细介绍了适宜于长江流域地区降低建筑能耗、提升室内热环境舒适性的各项被动技术与主动技术。本章将根据典型气候特点对相应被动技术与主动技术的组合进行优化，得到长江流域室内热环境营造技术路径；同时，提出该地区住宅建筑在运营过程中需要使用者注意的问题。

7.1 长江流域微气候特征

在第 3 章中，介绍了夏热冬冷地区热工气候分区情况，用于提出气候适宜性围护结构性能参数。在第 5 章中，介绍了长江流域空气源热泵制热分区方案。对于不同的目标，需考虑不同的因素与划分要求。因此，在进行被动技术与主动技术方案优化时，需要识别出更加细致的典型微气候特征，使得相应的整体解决方案更具针对性和科学性。

7.1.1 典型微气候特征分类方法

由于典型微气候特征分类所涉及的因素较多，将各因素同时进行考虑，会使多变量共同作用导致的异质性更加明显，难以得到使各种微气候特征区分度较高的分类方案。如果采用综合指标，需要建立分类目标与各个因素之间明确的量化关系，否则，气候因素之间的相互抵偿不利于体现某一气候因素对特定被动与主动技术选择的贡献度。分层级的微气候特征分类方案将有助于解决上述两大问题。

从中国气象局发布的"国家气象科学数据共享服务平台"获取了近 10 年（2006—2015 年）的日值气象数据。获取的参数包括日平均气温、日平均相对湿度、日总辐射曝辐量及日平均风速等，选取的气象台站包括该平台提供的夏热冬冷地区范围内所有气象台站，中国气象局在建设气象台站进行全国气象数据监测时考虑了站点分布均匀性的问题，本研究所选气象台站在地理位置分布上也较为均匀。对于没有完整 10 年气象数据的气象台站进行了剔除，最后有 160 个台站包含温度信息，120 个台站包含相对湿度信息，24 个台站包含太阳辐射信息，166 个台站包含风速信息。

首先利用聚类分析对各地点进行初步分组，然后识别出各个分组的典型特征，从而训练出分类语料库，划定分类界限。对微气候特征分类采用了聚类分析的方法。该方法可以同时考虑多种气象参数（包括不同气象参数和不同季节的同一气象参数）。聚类分析可进一步分为非层次聚类（Non-hierarchical 或 Flat）和层次聚类（Hierarchical）两种方法。K-means 是非层次聚类中一种最常用且效率很高的方法，但它往往仅能获得局部最优解。层次聚类包括自底向上（Agglomerative）和自顶向下（Divisive）两种方案。凝聚层次聚类（HAC，Hierarchical agglomerative clustering）是一种自底向上的方法，它不需要事先约定分类组数，可输出结构化的分组方案，较非层次聚类更具有可重复性。发生聚合的连接方法（Linkage criterion）决定各个样本以何种方式进行组合，具体包括 Single、Complete、Average、Centroid、Ward's、V 和 Graph degree 等方法，其中常见 Ward's 和 Average 方法被用于气象资料的分析。对比各个方法的优势后发现，Ward's 方法的每一步聚合过程均是将组合后引起组内离差和增量最小的两个分组进行合并，有利于寻找出变异相似的集群。对于时间序列数据，Ward's 方法可在考虑参数绝对值的基础上，同时考虑参数的变化趋势。故选择凝聚层次聚类中的 Ward's 方法来进行聚类分析。

气候特征分类的原则主要包括主导因素原则和综合性原则。主导因素原则在进行分类时须采用统一的指标，适用于对某一重要气候因素进行分类，如全国降水量区划、季风气候区划等。综合性原则强调区内气候的相似性，不必用统一的指标去进行分类，适用于多因素影响的气候特征分类。据统计，有 31% 的气候特征分类方案仅采用了单一指标；有 31% 的方案采用了两种指标，通常是温度或度日数搭配一个其他的指标；不到 10% 的气候特征分类方案采用了五个以上的指标。同时采用的指标越多，分类的难度越大。本研究的分类原则将主导因素原则和综合性原则结合起来，既强调某一个重要因素的影响，又需要协调考虑其他因素。采用度日数进行第一层级的主要气候特征分类，然后将湿度、太阳辐射和风速体现在第二层级的分类中，作为第一层级分类的补充。

7.1.2　长江流域典型微气候特性

依据凝聚层次聚类、分组特征分析及参数分类界限确定等研究工作，得到了夏热冬冷地区分层级的典型微气候特性分类方案。

1. 第一层级

夏热冬冷地区的典型特征是夏季炎热、冬季寒冷。冬、夏两季室外温度将直接影响供暖和供冷负荷，本研究将空调度日数（CDD26）和供暖度日数（HDD18）作为一级分区的聚类变量。输入参数为 2006—2015 年每年的 CDD26 和 HDD18，这样的输入参数在聚类过程中通过平方欧氏距离的计算同时保证了对均值水平和波动趋势的考虑；对所有数据进行 0-1 标准化，以消除 CDD26 和 HDD18 在数值上的差异，避免数值较大的供暖度日数成为主要划分因素。根据聚类分析结果，整个地区可被分为 7 个分组，对各分组中所有气象台站的空调度日数（CDD26）及供暖度日数（HDD18）等参数分布特征进行分析，最终分出了 7 种特征，其参数分布如图 7-1 所示。

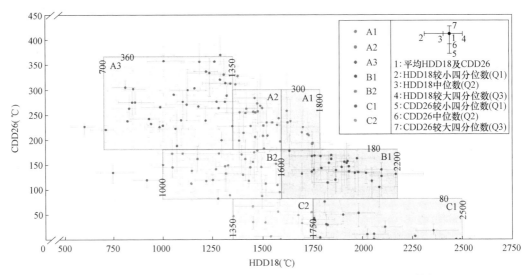

图 7-1 不同气象台站采暖度日数和空调度日数分布和分区划分依据

采用空调度日数（CDD26）将夏热冬冷地区的供冷需求划分为 3 个层次（A～C）：A 组为夏季供冷需求最高的类型（CDD26 为 180～360℃·d），进一步根据供暖度日数（HDD18）划分出供热需求较高的类型（A1，HDD18 为 1600～1800℃·d）、供热需求次高的类型（A2，HDD18 为 1350～1600℃·d）和供热需求较低的类型（A3，HDD18 为 700～1350℃·d）；B 组为夏季供冷需求次高的类型（CDD26 为 80～180℃·d），进一步划分出供热需求较高的类型（B1，HDD18 为 1600～2200℃·d）和供热需求次高的类型（B2，HDD18 为 1000～1600℃·d）；C 组为夏季供冷需求低甚至接近零的类型（CDD26 为 0～80℃·d），同样可划分出供热需求较高的类型（C1，HDD18 为 1750～2500℃·d）和供热需求次低的类型（C2，HDD18 为 1350～1750℃·d）。

在整个夏热冬冷地区，南部的供冷需求明显高于北部。典型微气候特征 A1 与 A2 夏季较热，分布于长江下游沿江区域，包括上海、杭州、南京、武汉和长沙等大城市。A1 主要集中在长江以北部分地区，其供热需求稍高于典型微气候特征 A2。典型微气候特征 A3 的夏季气候条件最热，供冷需求最高，供热需求最低，主要集中在夏热冬冷地区的南部，紧邻夏热冬暖地区：包括江西、湖南南部、福建北部、广东和广西北端；另一部分则分布于四川盆地部分地区，该地区城市被山脉包围，下沉气流不易扩散，增温快，例如重庆夏季最高温度可达到 42℃。典型微气候特征 B1 与 B2 的供冷需求有所降低，B1 主要集中于该地区的北部边界偏东区域，紧邻寒冷地区。B2 在该区域主要有两个聚集点，其中一个聚集点位于偏西部区域，但该聚集点被与其供热需求接近但供冷需求更高的典型微气候特征 A3 分割成两个小块；另外就是在东部沿海地区多受海风影响，有一定分布。典型微气候特征 C1 位于该地区的西北角，紧邻严寒、寒冷地区，也是夏热冬冷地区中最冷的位置。典型微气候特征 C2 的供热需求稍低于 C1，供冷需求同样很低，大部分靠近温和地区的位置（贵州省大部及四川成都附近区域）。

总体而言，夏热冬冷地区南部区域相对于北部区域偏暖，东部沿海区域相对于内陆区域偏暖，江河流域沿岸及盆地等特殊地形结构对气候特征分布有一定的影响。

2. 第二层级

第一层级的典型微气候特征将主要用于整体围护结构热工设计方案的选择，而各项技术除了必要的围护结构方面的考虑，通风、遮阳等其他被动技术措施的合理利用将有助于进一步降低供暖供冷能耗需求。在第二层级采用相对湿度、太阳辐射和风速等作为综合分类因素，作为第一层级的补充和延伸。

（1）相对湿度

空气湿度对人员的热舒适性有较大影响，加湿与除湿过程都将增加室内环境调控的能耗。整个夏热冬冷地区的相对湿度均较高，绝大部分地区平均相对湿度高于65％。本研究对10年的逐月均值分布进行分析，如图7-2所示，根据四分位距 R（第三四分位数与第一四分位数之差）的大小划分出相对湿度波动较大的分组 RH3（平均 R 为13.45％），且该组平均相对湿度相对较低（55％～75％），有可能出现较为干燥的季节。对于波动较小的地点，根据其相对湿度的大小分为2组：极高湿组 RH1（平均相对湿度为75％～90％，平均 R 为8.17％）和较高湿组 RH2（平均相对湿度为65％～75％，平均 R 为8.82％）。在室外相对湿度适宜的条件下，进行自然通风能够起到排除室内余湿的效果；对于相对湿度极高的区域，需要辅助一定的除湿措施来保障室内的热舒适性。

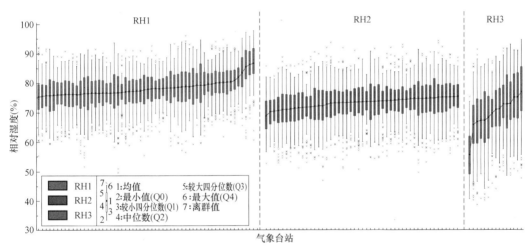

图7-2 相对湿度的均值与四分位数分布及分类划分

（2）太阳辐射

将各月平均日总辐射曝辐量作为聚类变量，根据聚类分析和参数特征分析结果将整个夏热冬冷地区的辐射特征分为3组，如图7-3所示。太阳辐射主要在冬、夏季对建筑供暖供冷能耗产生较大影响：夏季太阳辐射通过加热围护结构向室内传热以及通过透明围护结构直接投射入室内，增加房间空调负荷；冬季这些太阳辐射转化为热量，成为有利因素。通过对比冬、夏两季的平均日总辐射曝辐量，本研究确定了如下划分规则：Ra1 组，全年太阳辐射相对较高（夏季15.3M～17.8MJ/（m² · d），冬季7.3M～8.7MJ/（m² · d））；Ra2 组，仅在夏季太阳辐射相对较高（夏季16.1M～17.7 MJ/（m² · d），冬季6.5M～7.1MJ/（m² · d））；Ra3 组，全年太阳辐射相对较低（夏季13.0M～15.2MJ/（m² · d），冬季3.4M～6.1MJ/（m² · d））。对于 Ra1 组和 Ra2 组，应注意夏季的遮阳、隔热措施，Ra1 组可更加注重冬季太阳能的被动利用；Ra3 组由于太阳能资源较匮乏，可减少对太阳能相关技术的考虑。

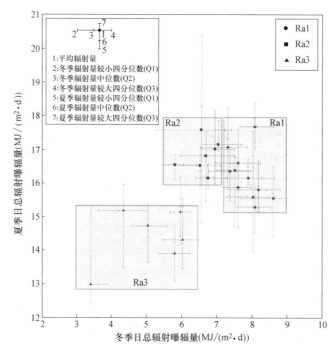

图 7-3　各气象台站冬、夏季日总辐射曝辐量的均值与四分位数分布及分类划分界限

（3）风速

将各月平均风速作为聚类变量，根据聚类分析和参数特征分析结果将整个夏热冬冷地区分为 4 组，见图 7-4。通过对比分析各气象台站平均风速值，聚类得到 4 个分组的 3 个划分点分别为 3.5、2.0、1.5m/s。其中，WS1 组为风速最大的区域，该区域有时会受到台风影响（日最大风速大于 10.8m/s 的天数至少达到 75d/年）；WS2 组为风速较大的区域；WS3 组的风速在夏热冬冷地区处于中间水平；WS4 组为风速最小的区域。大气环流形成的风在城市布局的影响下将结合温差产生的热压效应共同影响城市微气候中的风环境。一般而言对于风速较大的区域，通风条件较好，能够增加过渡季节自然通风的利用潜

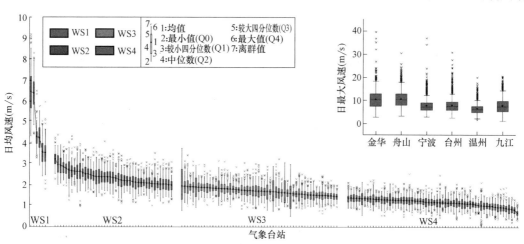

图 7-4　日均风速的均值与四分位数分布及分类划分

能；风速较小的区域可采用自然通风和机械通风结合的方式，提高对室外气候资源的利用率；对于风速极大的区域，计算通风潜能时应考虑极端天气条件对采用自然通风可能性的影响。另一方面，在风速较大的环境下，由于围护结构间的空隙会产生渗透风，特别是在冬季，冷风渗入室内将增加供暖能耗，这种情况可通过增强建筑气密性来进行改善。

表 7-1 给出了各微气候区划分情况。

夏热冬冷地区微气候区划分情况　　　　　　　　　　表 7-1

省份	城市/州	国际气象组织编码	纬度（°E）	经度（°N）	海拔高度（m）	微气候特征	湿度组	辐射组	风速组
上海	上海	58362	121.27	31.24	5.5	A2	RH2	Ra1	WS2
重庆	重庆	57516	106.28	29.35	259.1	A3	RH1	Ra3	WS4
湖北	武汉	57494	114.03	30.36	23.6	A1	RH1	Ra2	WS3
湖北	宜昌	57461	111.22	30.44	133.1	B2	RH2	Ra3	WS3
湖南	长沙	57687	112.55	28.13	68	A2	RH2	Ra2	WS2
湖南	衡阳	57874	112.24	26.25	116.6	A3	RH1	Ra2	WS3
湖南	湘西	57649	109.41	28.14	208.4	B2	RH1	Ra3	WS4
江西	南昌	58606	115.55	28.36	46.9	A3	RH2	Ra2	WS3
江西	吉安	57799	114.55	27.03	71.2	A3	RH1	Ra2*	WS3
江西	赣州	57993	115	25.52	137.5	A3	RH2	Ra2	WS4
安徽	合肥	58321	117.18	31.47	27	A1	RH2	Ra2	WS2
安徽	阜阳	58203	115.44	32.52	32.7	B1	RH3	Ra1*	WS2
安徽	黄山	58531	118.17	29.43	142.7	A2	RH1	Ra2	WS3
浙江	杭州	58457	120.1	30.14	41.7	A2	RH2	Ra2	WS2
浙江	台州	58665	121.25	28.37	4.6	B2	RH2	Ra2	WS1
浙江	舟山	58477	122.06	30.02	35.7	B2	RH1	Ra1*	WS1
四川	成都	56187	103.52	30.45	547.7	C2	RH1	Ra3	WS4
四川	宜宾	56492	104.36	28.48	340.8	B2	RH1	Ra3*	WS4
四川	绵阳	56196	104.44	31.27	522.7	B2	RH1	Ra3	WS4
四川	泸州	57608	105.26	28.1	377.5	A3	RH1	Ra3	WS4
贵州	遵义	57606	106.5	28.08	972	C2	RH1	Ra3*	WS3
贵州	黔东南	57832	108.4	26.58	626.9	C2	RH1	Ra3*	WS3
江苏	南京	58238	118.54	31.56	35.2	A1	RH2	Ra1	WS2
江苏	南通	58265	121.36	32.04	3.6	B1	RH1	Ra2	WS2
河南	信阳	58208	115.37	32.1	42.9	B1	RH2	Ra2	WS2
河南	南阳	57178	112.29	33.06	129.2	B1	RH3	Ra2	WS3
福建	南平	58737	118.19	27.03	154.9	A3	RH1	Ra1	WS4
福建	宁德	58846	119.31	26.4	32.4	A3	RH2	Ra2	WS3
陕西	汉中	57127	107.02	33.04	509.5	C1	RH1	Ra2*	WS3
陕西	安康	57245	109.02	32.43	290.8	C1	RH1	Ra3	WS4
广西	桂林	57957	110.18	25.19	164.4	A3	RH2	Ra2	WS2

注：* 该气象台站无相关有效数据，划分结果由临近气象台站获得。

整体而言，设计人员可根据各项二级分组结果对被动技术方案进行初步选择，例如上海市的气候属于全年太阳辐射较高、风力资源丰富的类型，在设计时应该考虑遮阳、隔热等问题，同时需考虑如何在过渡季节更多地利用自然通风；又例如重庆市的气候属于全年湿度大、风力资源匮乏的类型，可考虑机械通风辅助自然通风的混合通风模式，同时增设除湿装置以保证人员健康与舒适。

7.2 建筑供暖供冷负荷特性及能耗需求

基于长江流域供暖供冷能耗现状调研，针对基准建筑通过模拟手段进行负荷特性与能耗需求的分析，为该地区能耗限额的提出提供科学依据。

7.2.1 长江流域供暖供冷能耗现状

该地区进行能耗实测的相关文献介绍过长江流域住宅建筑供暖供冷现状。余晓平等人[76]，通过详细的调查统计分析得到重庆市住宅耗电设备主要包括供暖通风空调、照明和家用电器等，电耗平均占60%，户均年耗电量为1800kWh，单位建筑面积年耗电量为24.1kWh/(m^2·a)。杨霞[77]通过详细的调查统计分析得出2005—2014年这十年间，上海地区居住建筑单位面积用电量平均值为31.1kWh/(m^2·a)。符向桃等人[78]通过对湖南省衡阳市138户住宅进行详细的调研，每户每月平均空调用电量为87.1～149.3kWh。郑顺等人通过抄表获得能耗数据，住宅月平均用电量为189.4kWh。臧建彬等人[79]根据上海地区气象参数以及居民用电习惯进行数据分析发现，上海地区每年的4月和10月月用电量最少，2010年空调季空调用电占居民总电量的45.73%；不考虑空置率的因素，2010年全年单位居住建筑面积的住宅耗电和空调耗电分别为30.76kWh/(m^2·a)、5.92kWh/(m^2·a)，空调耗电占全年住宅耗电的比例为19.24%。武茜[80]通过调查杭州市区城市居民近几年的用电量情况可知，杭州市非节能住宅耗电量为34.69kWh/(m^2·a)，供暖空调用电量占全年总用电量的32%，单位建筑面积为11.1kWh/(m^2·a)。通过上述文献调研，夏热冬冷地区住宅全年能耗有两个高峰期，第一个是集中在6月至8月的夏季，第二个是集中在12月至次年2月的冬季，夏热冬冷地区居住建筑年总耗电量约为1535.5～2496kWh/户。在现有围护结构及热舒适水平前提下，该地区年供暖供冷能耗处于12～45kWh/m^2之间，其中低于20kWh/m^2的主要原因是有大部分家庭冬季几乎不供暖。对于夏季空调供冷且冬季大部分时间都在供暖的家庭，其年供暖供冷能耗大多都高于30kWh/m^2。

为了进一步掌握现阶段长江流域地区典型住宅全年能耗水平和供暖供冷电耗现状，2018—2020年在夏热冬冷地区三座主要城市（上海、成都、重庆）总共测试了46户家庭（成都市24户住宅，重庆市14户住宅，上海市8户住宅），测试内容包括空调电耗、室内温湿度等，室外逐时的气象参数通过国家气象科学数据中心的地面气象台站进行获取。在进行实地测试的同时，通过定期对电力营业厅走访，经住户授权采用抄表的方法获得了重庆、成都共36户住户（2019年1月1日—2021年2月28日）每日电表数据。为了使测试住户具有代表性，选取的住户涵盖了表2-6中提到的主要家庭结构；建筑类型包含了多层、中高层和高层；住户分布于不同的楼层，建筑面积在50～150m^2。统计此次实测所有住宅每月总耗电量及空调耗电量读数，剔除异常数据，并除去整个供暖供冷季节不使用空调的情况后，得到 42 个家庭共 70 台分体空调器的有效数据。如表 7-2 所示，空调器全年单位空调面积能耗在成都、重庆、上海分别为 13.97kWh/m²、20.68kWh/m²、12.23kWh/m²。由于以上所测住户使用的空调形式均为分体空调，住户均采取了空调行为节能措施，空调器为短期间歇运行，因此住宅分体空调方式的平均能耗水平很低，但不同住户的空调能耗差异很大。

空调器耗电量监测结果（分体空调）　　　　表 7-2

城市	夏季耗电量		冬季耗电量	
	均值 （kWh/台）	平均单位空调面积能耗 （kWh/m²）	均值 （kWh/台）	平均单位空调面积能耗 （kWh/m²）
成都	109.44	7.76	68.88	6.21
重庆	164.20	14.97	63.28	5.71
上海	132.82	10.18	30.99	2.05

根据对住户的季度问卷，可以得出三个城市居民供暖供冷设备使用情况，根据抄表数据可以大致估算出城镇居民的供暖供冷能耗（空调季定义为同年 6 月至 9 月，供暖季定义为 11 月至来年 3 月）。

如图 7-5 所示，对于夏季空调耗电量占空调季总能耗的比例，成都该比例在 25%～75% 之间的住宅最多，整个范围覆盖 12.75%～72.63%，最高相差 5.7 倍；在重庆该比例在 25%～75% 之间的住宅最多，整个范围覆盖 18.88%～74.18%，最高相差 3.9 倍。在成都和重庆夏季供冷电耗占夏季总电耗的平均比例分别为 43.76% 和 46.81%。对于冬季供暖耗电量占供暖季总耗电量的比例，在成都该比例在 25%～50% 之间的住宅最多，最低值为 6.71%，最高值为 72.63%，相差 5.7 倍；在重庆该比例在 25%～75% 之间的住宅最多，最低值为 0.88%，最高值为 71.62%。在成都和重庆冬季供暖能耗占供暖季总电耗的平均比例分别为 36.33% 和 40.12%。不同住户之间供冷供暖能耗差异巨大。

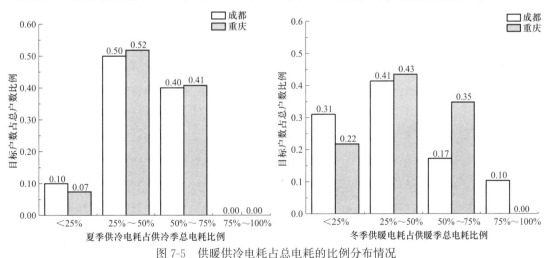

图 7-5　供暖供冷电耗占总电耗的比例分布情况

7.2.2　典型城市负荷特性及基准能耗分析

参考第 2 章关于家庭结构、建筑户型、供暖供冷设定温度、通风模式等基础信息，采用模拟方法对长江流域居住建筑的负荷特性及能耗需求进行分析。根据典型微气候特征，所选择的典型城市包括武汉、长沙、上海、重庆、韶关、信阳、宜昌、汉中和成都。

我国建筑节能设计标准经历了几次更新，第一版《夏热冬冷地区居住建筑节能设计标准》JGJ 134—2001 施行于 2001 年 10 月；第二版《夏热冬冷地区居住建筑节能设计标准》JGJ 134—2010 施行于 2010 年 8 月 1 日。以两版节能设计标准的实施日期为节点，将现存居住建筑的建成年代分为"2001 年前""2001—2010 年"和"2010 年后"这三类。不同建成年代居住建筑的围护结构热工性能参数及供暖供冷设备能效要求依据规范要求进行确定，详细信息见表 7-3。

不同年代建筑的围护结构热工性能及供暖供冷设备能效要求　　　　表 7-3

| 年份 | 围护结构传热系数[W/(m²·K)] | | | | | | | 换气次数 (1/h) | 供暖 EEP 空调 COP |
	外墙	屋顶	外窗	SHGC	内墙	楼板	楼地		
2001 年前	2.045	1.562	5.736	0.851	2.41	2.146	0.269	2	1/2.2
2001—2010 年	1.556	0.957	3.11	0.749	1.988	1.818	0.269	1	1.9/2.3
2010 年后	1.276	0.756	2.97	0.369	1.649	1.524	0.269	1	1.9/2.3

典型建筑的平面由典型户型组合而成。以三人户型构造的典型建筑为例（见图 7-6），该典型建筑是一栋南北朝向、一梯两户、两个单元的 10 层板式建筑，层高为 2.8m，北向窗墙比为 0.35、南向为 0.4、东西向为 0.2，每层包含两个边户（三面外墙）和两个中间户（两面外墙），以第 7 层所有户型的平均值进行负荷与能耗的分析。

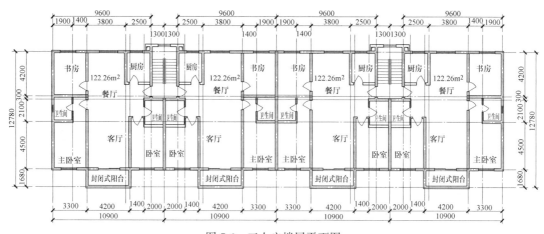

图 7-6　三人户楼层平面图

依据第 2 章中热环境定量需求的相关介绍，设定了 I 级和 II 级两个舒适性等级（见表7-4）。

人员长期逗留区域空调室内设计参数　　　　表 7-4

类别	热舒适等级	温度(℃)	类别	热舒适等级	温度(℃)
供热工况	I 级	18	供冷工况	I 级	26
	II 级	16		II 级	28

选取不同年代围护结构热工参数、典型户型、人员在室模式、供暖空调计算期、不

同舒适等级的温度设定值等，对于所选择的典型城市进行输入变量的排列组合（见图7-7），对所有输入参数组合利用 EnergyPlus 进行能耗模拟生成供暖供冷负荷与能耗结果。

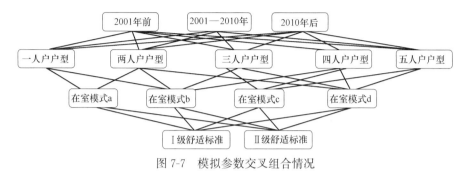

图 7-7 模拟参数交叉组合情况

模拟使用中国标准气象数据集中的气象站数据作为模拟的典型气象条件。建筑内部得热情况设置如下：居住建筑人工照明密度设置为 6W/m²，每天 18：00 后人工照明开启，设备密度设置为 4.3W/m²。当室内人员在室且室内温度不满足供暖供冷设定温度时考虑供暖供冷设备的运行，供暖区域仅考虑卧室和活动空间（客厅和书房）。

（1）负荷特性

以重庆的三人户建筑模拟结果为例，全年 8760h 不同围护结构、不同温度设定等级下的负荷分布情况如图 7-8 所示。从图中可以看出，该地区冬夏负荷差异明显，夏季的热负荷普遍大于冬季的冷负荷，围护结构性能较差的 2001 年前建造的建筑，供冷供暖差异更为显著。

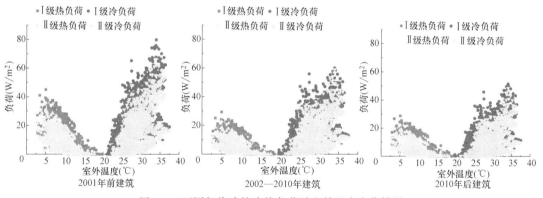

图 7-8 不同年代建筑冷热负荷随室外温度变化情况

（2）供暖供冷需求

以重庆市模拟结果为例，根据第 2 章中居住建筑典型户型各种家庭结构（Ⅰ-单身上班族、Ⅱ-单身退休人员、Ⅲ-上班族夫妇、Ⅳ-退休夫妇、Ⅴ-上班族＋学生/幼儿、Ⅵ-退休人员＋上班族＋学生/幼儿），在不同设定温度下对应的供暖、供冷单位建筑面积负荷如图 7-9 所示。

根据模拟计算结果可以看出，在"部分时间、部分空间"供暖模式下，无论Ⅰ级还是Ⅱ级舒适度，对于现有建筑（"2001 年前""2001—2010 年"和"2010 年后"）：设定温度

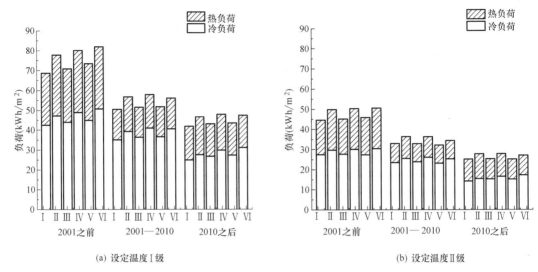

(a) 设定温度Ⅰ级

(b) 设定温度Ⅱ级

图 7-9　重庆市居住建筑冷热负荷特性（"部分时间、部分空间"供暖模式）

为 18℃/26℃ 时，累积全年单位面积供暖量变化范围在 $13.83 \sim 32.53 \mathrm{kWh/m^2}$ 之间，累积全年单位面积供冷量变化范围在 $24.53 \sim 55.45 \mathrm{kWh/m^2}$ 之间，供暖需求和供冷需求的平均值分别为 $20.64 \mathrm{kWh/m^2}$ 和 $38.36 \mathrm{kWh/m^2}$；设定温度为 16℃/28℃ 时，累积全年单位面积供暖量变化范围在 $8.09 \sim 20.86 \mathrm{kWh/m^2}$ 之间，累积全年单位面积供冷量变化范围在 $13.47 \sim 34.07 \mathrm{kWh/m^2}$ 之间，供暖需求和供冷需求的平均值分别为 $12.90 \mathrm{kW/m^2}$ 和 $23.25 \mathrm{kW/m^2}$。冬夏季的负荷需求差异明显。

（3）能耗现状分析

在"部分时间、部分空间"的用能模式下，模拟基准建筑在基准情境下的全年供暖空调能耗 EUI 现状。EUI 现状代表在现行住宅节能标准规定的技术体系下，为了维持室内人员在室时间、在室空间处于舒适范围内的供暖空调能耗。如图 7-10 所示，各地区供暖空调基准能耗变化趋势和气候分区所属各区域冷热需求趋势一致。典型微气候特征 A1 中

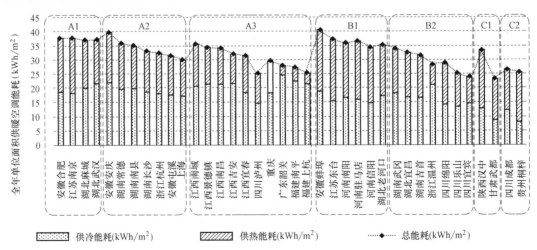

图 7-10　典型地区单位面积全年供暖供冷能耗

各地区平均总能耗最高，典型微气候特征 C2 中各城市平均总能耗最低。全年供暖空调总能耗最高的是安徽蚌埠，最低的是甘肃武都，由于基准建筑各项设置均相同，能耗差异主要来自气候的差异。计算得出为维持人员在室期间、在室空间处于舒适范围之内，各地区的全年供暖空调基准能耗处于 $23.37\sim40.63\text{kWh/m}^2$ 之间，均值为 32.51kWh/m^2，距离全年供暖空调能耗不超过 20kWh/m^2 的目标比较远，应通过综合优化的方法降低供冷供热能耗。

7.3　居住建筑满足能耗限额的技术路径分析

随着人民生活水平的提升，夏热冬冷地区人们改善室内舒适条件的诉求更为强烈，居民根据需求自主采购供暖空调设备。近年来户均空调的拥有量逐年提高，不断增加的空调使用量必然会导致这一地区供暖空调能耗的大幅增长，危及我国的能源战略安全，影响我国社会经济发展。该地区居住建筑用能方式完全不同于北方，采用分体空调供暖的比例较高，用能方式具有分室性、间歇性的特点。该地区独特的气候和人们的生产生活习惯，使得其室内热环境营造技术路径有别于其他国家或地区。在能耗限额和室内热环境营造的双重约束下，夏热冬冷地区各个城市如何利用各种节能技术营造室内热环境成为研究的重点。

行业针对夏热冬冷地区单项技术的优化已经做了很多研究，其中外围护结构保温方面的研究主要集中在探讨外墙保温材料最佳厚度，通风和遮阳技术也被众多学者证明是有效降低能耗的策略。同时，也有部分学者针对夏热冬冷地区住宅建筑不同设计技术的综合优化展开了研究，喻伟等以"舒适""能耗"为目标探寻了重庆住宅不同被动设计参数的节能调控策略；Gou 等[20] 以"舒适""能耗"为目标分析了上海住宅不同被动设计参数的优化设计方案；Yao 等[46] 从"能耗"的角度分析了长江流域三个城市上海、长沙、重庆围护结构相关被动技术的节能潜力，并提出了通过被动技术的应用延长非供暖空调时间、降低建筑能耗需求，同时结合主动设备能效的提升、降低供暖空调电耗的室内热环境营造技术理念。然而，众多研究中结合夏热冬冷地区住宅分室性、间歇性的用能特点，同时基于能耗限额，综合权衡不同技术集成方案的能耗水平、舒适水平、经济可行性的研究比较欠缺。"十一五""十二五"期间国家组织了科技支撑计划项目，对该地区的适宜技术进行了大量研究，但目前仍缺少基于能耗定额的针对夏热冬冷地区的建筑热环境营造技术路径和整体解决方案。

本节结合前述章节中介绍的典型微气候特征、用能行为模型和热环境需求，通过建筑被动技术的综合应用，包括建筑形体、朝向、窗墙比、保温/隔热、热惰性、自然通风、气密性、遮阳等被动技术，延长非供暖空调期、降低峰值负荷；同时提升主动空调设备的能效，开发高性能末端产品，设计系统优化运行方案，降低供暖空调能耗。以节能、舒适和经济性为目标，进行被动与主动技术方案的优化，形成长江流域室内热环境营造技术路径（见图 7-11）；再通过引导居民实行绿色生活方式使得被动与主动技术发挥最大的节能效果。本节研究旨在满足人员室内舒适需求的前提下，寻求满足能耗限额的、经济适宜的、被动技术和主动技术结合的长流域建筑热环境营造整体解决方案，为相关住宅节能设计标准的修订提供技术支撑。

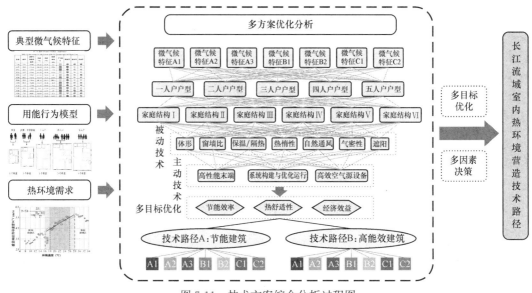

图 7-11　技术方案综合分析过程图

7.3.1　"多目标优化-多因素决策"模型

影响建筑能耗的因素众多，如建筑气密性、外墙、外窗、屋顶、遮阳等因素，这些因素可以取不同的范围和类型，不同因素的排列组合对应的建筑方案众多，而且各个因素与建筑能耗之间存在着复杂的耦合关系。适宜的保温隔热、气密性水平、通风策略、遮阳形式是营造室内热环境的关键被动式技术，对于建筑能耗的影响至关重要。围护结构热工性能的提升有利于减少空调能耗、提升室内舒适水平，但是会相应增加投资，本文综合考虑能耗、舒适、经济等因素，对各个城市不同围护结构组合、实施不同技术措施的数千个方案进行多目标优化、多因素决策，如图 7-12 所示，优化决策步骤如下：

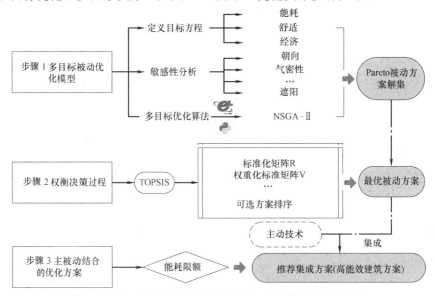

图 7-12　基于能耗限额的多目标优化-多因素决策模型框架

（1）第一阶段：多目标被动优化模型的建立

本文以"能耗""舒适""经济"为三个目标，建立了基于 NSGA-Ⅱ（Non-dominated Sorting Genetic Algorithm Ⅱ）的多目标优化模型，在 Python 编程平台中将 EnergyPlus 模拟程序和 NSGA-Ⅱ优化算法耦合，直至找到满足三个目标的 Pareto 被动技术方案解集。三个目标通过以下方式计算：

① 全年供暖空调能耗（EUI，Energy Use Intensity）

应用 EnergyPlus 能耗模拟软件计算全年单位面积供暖空调电耗 EUI，EUI 越小，能耗越小。

② 过渡季节室内热湿环境不满意率（TDR，Thermal Dissatisfaction Rate）

在供暖空调时段，室内的热环境由空调设备进行控制，室内能够保持在舒适的范围内，本研究选择在不进行供暖通风的自然通风时段室内热舒适状况作为热舒适的衡量指标。$aPMV$ 是衡量非人工冷热源环境的同时综合了心理与生理适应性等因素后的人们热感觉投票的预计值，《民用建筑室内热湿环境评价标准》GB/T 50785—2012 中定义 $aPMV$ 可作为非人工冷热源环境下的室内热舒适的评价依据，$aPMV$ 指标在 $-0.5\sim0.5$ 之间是 Ⅰ级舒适区间。计算典型房间在每种方案情境下的过渡季节室内逐时 $aPMV$ 值，统计 $aPMV$ 在 $-0.5\sim0.5$ 之外的小时数，将其作为此种方案的 TDR 值，TDR 越小则室内舒适性越高。在夏热冬冷地区的居住建筑中，当 $PMV\geqslant0$ 时，λ 取 0.21；当 $PMV<0$ 时，λ 取 -0.49。因此计算 $aPMV$ 便转化为计算 PMV 的值。EnergyPlus 的热舒适模块提供了经典的 Fanger 模型，通过输入人员的服装热阻和室内风速便可实现对全年逐时 PMV 的求解。

③ 建筑全生命周期成本费用（LCC，Life Cycle Cost）

在建筑工程应用中，通常采用建筑生命周期成本 LCC 的经济性评价方法。结合文献，单位面积建筑围护结构生命周期总费用 LCC 的计算式为：

$$LCC = C_{in} + C_{o}$$

式中，LCC 为某一总生命周期成本的净现值，元$/m^2$，C_{in} 为初投资净现值，元$/m^2$；C_{o} 为运行阶段空调设备消耗的能源费的净现值，元$/m^2$。

（2）第二阶段：优化后处理-多因素决策过程

上一步骤中通过优化模型确定的帕累托 Pareto 解集包括几百个方案，不同方案与三个目标之间关系耦合复杂，难以直接确定最佳方案，需要通过多因素决策的方法在三个目标之间进行权衡判断。本节通过应用 TOPSIS 决策（Technique for Order of Preference by Similarity to the Ideal Solution）方法计算每个方案与最理想解之间的 Euclidean 距离，将欧氏距离（Euclidean distance）最短的解对应的方案确定为最优方案，从而得出各个典型城市三个目标权衡之后的被动技术方案。

（3）第三阶段：基于能耗限额的主被动技术结合方案

只提升被动技术还不能达到能耗限额的目标，需要通过主动设备能效的提升进一步降低供暖空调能耗。本部分通过主被动技术的综合应用，分析计算出每个城市满足能耗限额的推荐集成方案，包括外墙传热系数、屋顶传热系数、窗户传热系数及 $SHGC$、遮阳类型、气密性指标以及空调设备推荐 APF 值，形成被动技术优化、主动设备能效提升的主动被动技术相结合的技术方案。

7.3.2 "多目标优化-多因素决策"结果分析

7.3.2.1 最佳设计方案解集

应用"多目标优化-多因素决策"模型，可得到各个微气候区代表城市满足三个目标的 Pareto 被动方案解集。以位于夏热冬冷地区中部的湖南省长沙市为例，分析长沙市的 Pareto 被动技术方案解集（见图 7-13）。将最终解集投影到三个面上，可以看到最终解集方案中三个目标之间的关系。成本 LCC 与能耗 EUI 之间互相制约，LCC 较高的方案能耗 EUI 低，LCC 低经济性好的方案能耗 EUI 高；成本 LCC 与热舒适不满意率 TDR 之间互相制约，LCC 较高的方案，TDR 低，舒适度不满意率低，LCC 较低的方案，TDR 高。由于三个目标之间关系较为复杂，无法直观判断最佳方案，需要应用决策方法综合权衡确定最终解集中的最佳方案。

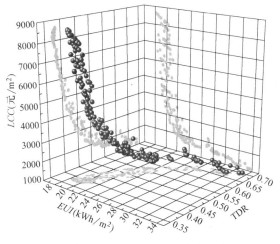

图 7-13　代表城市的 3D Pareto 解集（长沙）

7.3.2.2 典型城市最佳方案决策

本文采用 TOPSIS 决策方法计算出各个城市 Pareto 方案中各个方案的三维欧氏距离，各个方案中离正理想方案欧氏距离最短的方案即为该城市的方案。对 Pareto 解集经过标准化、加权之后得到矩阵 V，计算矩阵 V 中的各方案点与正理想方案之间的欧氏距离 D^+，以及各方案点与负理想方案之间的欧氏距离 D^-，各方案到理想解的贴进度 C^*，C^* 值越大，代表离正理想距离越近，即为最佳方案，图 7-14 展示了长沙市方案的多因素决策过程。

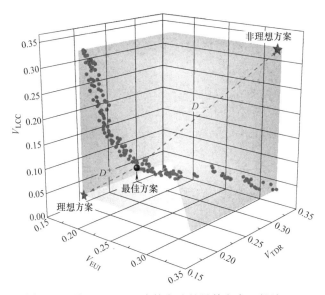

图 7-14　基于 TOPSIS 决策方法的最佳方案（长沙）

以长沙市为例，详细分析优化过程，以及三目标权衡后的方案对于降低全年供暖空调能耗、延长非供暖空调时间的效果。

（1）降低供暖空调能耗

长沙市基准建筑能耗为 33.43kWh/m²，离 20kWh/m² 的目标较远。通过多目标优化模型和多因素决策过程，计算出长沙市三目标权衡后的被动技术方案：外墙传热系数为 0.53W/(m²·K)，屋顶的传热系数为 0.48W/(m²·K)，外窗的传热系数为 1.71 W/(m²·K)，外窗的太阳得热系数为 0.67，气密性指标为 0.5 次/h。优化过程各项参数变化见图 7-15，经过被动优化后全年供暖空调能耗可从 33.43kWh/m² 降至 21.56kWh/m²。在围护结构热工性能优化的同时，应用自然通风和百叶外遮阳（南向）的技术措施，和基准建筑相比被动优化最多可降低 34.3% 的能耗。为了达到全年供暖空调能耗不超过 20kWh/m² 的目标，需结合主动优化的技术，提高空调的能效，需要配置空调全年实际运行能效 $APF \geqslant 2.7$ 的设备。需要强调的是，本文所指的 APF 值是空调全年实际运行能效，一般为额定能效的 80%，同一额定能效的空调，若安装运行环境不同，实际运行能效会有很大区别。

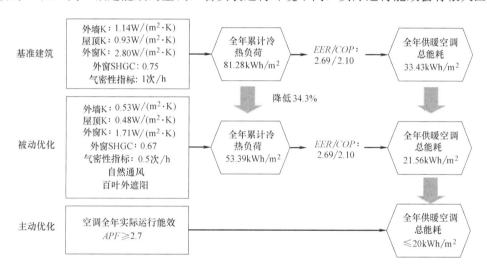

图 7-15　基于能耗限额目标的被动优化及主动优化策略（以长沙市为例）

（2）延长非供暖空调时间

以 $P_{comfort} = h_{comfort}/8760$ 作为表征非供暖空调时间的参数，$P_{comfort}$ 越大，非供暖空调时间越长。取基准建筑中间层三人户（上班父母＋学龄儿童）的卧室和客厅的室内温度进行详细分析。在基准方案情境下，无任何人工调控措施时，客厅和卧室的舒适小时比例 $P_{comfort}$ 分别为 20.5%、21.7%；通过围护结构热工性能提升、自然通风以及百叶外遮阳等被动技术的应用，客厅和卧室的舒适小时比例 $P_{comfort}$ 分别增长至 31.7%、37.2%。通过被动技术优化，非供暖空调时间分别延长了 11.2%、15.5%。

在此被动技术方案基础上，人员在室时间内通过空调进行调控，可将主要活动空间的室内温度控制在舒适范围内。人员在室时间内，客厅和卧室室内温度处于 18～26℃ 区间的时间比例分别为 85.0% 和 81.0%；由于空调启动后室内温度不能立即达到舒适区间，故仍有 15.0%～19.0% 的时间室内温度位于舒适区界限以外的 2℃ 范围内，客厅和卧室室内温度处于 16～28℃ 区间的时间比例均为 100%。

7.3.2.3 不同微气候特征三目标优化技术方案分析

其余微气候特征下各代表城市多目标优化权衡后的方案见表 7-5，每个城市三目标权衡方案各有不同。

由于各个城市的制冷供热需求不同，各个城市的"经济、舒适、能耗"权衡的方案各不相同。武汉制冷供热需求均最高，推荐的外墙和屋顶的传热系数分别为 $0.53W/(m^2 \cdot K)$ 和 $0.48W/(m^2 \cdot K)$，为了满足能耗限额要求的空调平均能效 APF 应大于 3.1。长沙、信阳、宜昌的制冷供暖需求相对较高，三目标权衡方案中围护结构的热工值和武汉一致，但是空调平均能效 APF 各有不同。汉中和成都是相对供热主导的城市，三目标权衡方案中的围护结构的热工推荐值最低。重庆和韶关是相对制冷主导的城市，三目标权衡方案中的围护结构的热工推荐值最高。

夏热冬冷地区设置活动外遮阳的节能效果明显，灵活可控的外遮阳是夏季防热、减少建筑室内得热从而减少制冷能耗的重要措施。通过遮阳技术的应用以及外窗得热系数的降低，可减少透过外窗进入室内太阳辐射所形成的冷负荷；然而冬季由于存在供暖需求，增大通过外窗进入室内的太阳辐射有助于降低室内热负荷。因此，从全年供热制冷需求角度来讲，通过对外遮阳的调控实现对室内太阳辐射得热的动态调控应是夏热冬冷地区最佳的外窗设计。三目标权衡方案中所有代表城市都推荐应用活动外遮阳技术（南向）。对于供热需求高（A1、B1 和 C1）、供热需求中（A2、B2 和 C2）的城市来说，冬季足量的阳光进入室内尤为重要。在这些微气候区，外窗传热系数为 $1.71W/(m^2 \cdot K)$、得热系数为 0.67 的是最优方案，夏季应用活动外遮阳时，外窗整体得热系数可以达到 0.27。微气候区 A3 是供冷需求高、供热需求低的区域，包括重庆、韶关以及其他位于夏热冬冷地区南部的城市。该区域供冷需求占主导，外窗的得热系数是影响能耗最重要的因素。双层 Low-E 窗户在该区域是最优选择，其传热系数为 $1.80W/(m^2 \cdot K)$，得热系数为 0.33，夏季实施外遮阳措施之后，外窗综合得热系数可降至 0.13，节能效果明显。另外，其他减少太阳能得热的技术措施，如反射涂层、冷屋顶等技术是经济高效的有效措施，可在该区域推广应用。

对于人员行为复杂多变的住宅建筑来说，自然通风是最节能最适宜的通风方式，居民可根据自身习惯以及室外天气情况决定是否通风换气。当住宅建筑不设置机械通风系统从室外引入新鲜空气进入室内时，住宅的气密性水平应能保证在门窗全部关闭状态下通过渗透进入室内的新鲜空气量能满足人员健康需要的最小新风量。美国供热、制冷及空调工程师学会（ASHRAE）制定的住宅标准（ASHRAE 62.1-2019）中规定了人员健康需要的最小新风需求量。本研究中的基准建筑有两个户型，分别计算其最小新风需求量。户型一的套内面积为 $70m^2$，共 3 人，计算得到所需新风量最小为 $102.6m^3/h$，转换为换气次数是 0.49 次/h；户型二的套内面积 $108m^2$，5 人，所需新风量最小为 $170.64m^3/h$，转换为换气次数是 0.50 次/h。综合以上两个户型的计算结果可知，门窗关闭时的最小换气次数应为 0.50 次/h。这与《民用建筑供暖通风与空气调节设计规范》GB 50736—2012 第 3.0.6 章节对居住建筑人均最小新风量的规定一致。因此，从健康的角度来讲，住宅的最小换气次数应≥0.50 次/h。但是从节能的角度来讲，对于制冷供热负荷影响最大的因素是建筑的气密性水平，门窗关闭时的换气次数也不能过大，目前各地节能标准对气密性水平的规定为≤1.0 次/h。综上所述，从健康和节能两个方面综合来考虑，住宅建筑的气密性指标应该控制在门窗关闭时换气次数为 0.5~1.0 次/h 之间，0.5 次/h 最佳。三目标权衡方案中所有城市的气密性指标均为 0.5 次/h。

各城市室内热环境营造不同技术路径对比

表 7-5

基准建筑

微气候区	代表城市	外墙 K [W/(m²·K)]	屋顶 K [W/(m²·K)]	外窗 K [W/(m²·K)]	外窗 SHGC	气密性指标 (次/h)	全年总制冷供热负荷密度 (kWh/m²)	通风	遮阳	被动技术贡献	空调全年实际运行能效 EER/COP	供暖空调总电耗 (kWh/m²)
A1	湖北武汉	1.14	0.93	2.80	0.75	1.0	90.93	无	无	—	2.69/2.10	37.18
A2	湖南长沙	1.14	0.93	2.80	0.75	1.0	81.28	无	无	—	2.69/2.10	33.43
A3	重庆	1.14	0.93	2.80	0.75	1.0	73.45	无	无	—	2.69/2.10	29.81
A3	广东韶关	1.14	0.93	2.80	0.75	1.0	73.55	无	无	—	2.69/2.10	28.06
B1	河南信阳	1.14	0.93	2.80	0.75	1.0	80.97	无	无	—	2.69/2.10	34.34
B2	湖北宜昌	1.14	0.93	2.80	0.75	1.0	78.51	无	无	—	2.69/2.10	32.61
C1	陕西汉中	1.14	0.93	2.80	0.75	1.0	77.88	无	无	—	2.69/2.10	33.47
C2	四川成都	1.14	0.93	2.80	0.75	1.0	63.79	无	无	—	2.69/2.10	26.90

技术路径 A（三目标优化权衡技术方案）

微气候区	代表城市	外墙 K [W/(m²·K)]	屋顶 K [W/(m²·K)]	外窗 K [W/(m²·K)]	外窗 SHGC	气密性指标 (次/h)	全年总制冷供热负荷密度 (kWh/m²)	通风	遮阳	被动技术贡献		空调全年实际运行能效		最低 APF 时供暖空调总电耗 (kWh/m²)
										被动技术降低非供暖空调负荷比例	延长非供暖空调时间比例	最低 APF (≥)	推荐 APF	
A1	湖北武汉	1.14	0.93	2.80	0.75	1.0	84.09	自然通风	百叶外遮阳	7.5%	6.0%	4.2	4.2	20.00
A2	湖南长沙	1.14	0.93	2.80	0.75	1.0	72.98	自然通风	百叶外遮阳	10.2%	9.2%	3.6	3.6	20.00
A3	重庆	1.14	0.93	2.80	0.75	1.0	65.34	自然通风	百叶外遮阳	11.0%	9.7%	3.3	3.5	20.00
A3	广东韶关	1.14	0.93	2.80	0.75	1.0	67.11	自然通风	百叶外遮阳	8.8%	7.9%	3.4	3.5	20.00
B1	河南信阳	1.14	0.93	2.80	0.75	1.0	71.27	自然通风	百叶外遮阳	12.0%	9.0%	3.6	3.6	20.00
B2	湖北宜昌	1.14	0.93	2.80	0.75	1.0	70.36	自然通风	百叶外遮阳	10.4%	8.0%	3.5	3.5	20.00

续表

微气候区	代表城市	外墙 K [W/(m²·K)]	屋顶 K [W/(m²·K)]	外窗 K [W/(m²·K)]	外窗 SHGC	气密性指标 (次/h)	全年总制冷供热负荷密度 (kWh/m²)	通风	遮阳	被动技术贡献 被动技术降低非供暖空调负荷比例	被动技术贡献 延长低供暖空调时间比例	空调全年实际运行能效 最低 APF(≥)	空调全年实际运行能效 推荐 APF	最低 APF 时供暖空调总电耗 (kWh/m²)
技术路径 A (三目标优化权衡技术方案)														
C1	陕西汉中	1.14	0.93	2.80	0.75	1.0	68.00	自然通风	百叶外遮阳	12.7%	9.1%	3.4	3.5	20.00
C2	四川成都	1.14	0.93	2.80	0.75	1.0	55.26	自然通风	百叶外遮阳	13.4%	9.8%	2.8	3.5	20.00
技术路径 B														
A1	湖北武汉	0.53	0.48	1.71	0.67	0.5	61.96	自然通风	百叶外遮阳	31.9%	10.9%	3.1	3.5	20.00
A2	湖南长沙	0.53	0.48	1.71	0.67	0.5	53.39	自然通风	百叶外遮阳	34.3%	13.4%	2.7	3.5	20.00
A3	重庆	0.65	0.58	1.80	0.33	0.5	48.78	自然通风	百叶外遮阳	33.6%	13.0%	2.4	3.5	20.00
	广东韶关	0.65	0.58	1.80	0.33	0.5	52.39	自然通风	百叶外遮阳	28.8%	11.2%	2.6	3.5	20.00
B1	河南信阳	0.53	0.48	1.71	0.67	0.5	50.04	自然通风	百叶外遮阳	38.2%	15.7%	2.5	3.5	20.00
B2	湖北宜昌	0.53	0.48	1.71	0.67	0.5	51.13	自然通风	百叶外遮阳	34.9%	12.6%	2.6	3.5	20.00
C1	陕西汉中	0.53	0.42	1.71	0.67	0.5	48.79	自然通风	百叶外遮阳	37.3%	11.7%	2.4	3.5	20.00
C2	四川成都	0.53	0.42	1.71	0.67	0.5	39.30	自然通风	百叶外遮阳	33.4%	11.7%	2.0	3.5	20.00

注:1. 自然通风控制策略:当室外天气适宜通风时(室外温度为18~26℃时),优先开窗自然通风,空调系统联动关闭。窗户开启面积设置为0.3m²,自然通风换气次数据室内外热压及风压逐时变化。

2. 百叶外遮阳调整方式:在5~9月太阳辐射强度大于100W/m²时开启遮阳设备。

3. 最低 APF(≥)是指满足能耗限额(全年供暖空调电耗不超过20kWh/m²)时所需的最低 APF。

7.3.3　基于能耗限额的可行技术路径分析

除了以上三目标综合权衡的技术路径之外，探寻其余可行路径，对所有可行的技术路径进行归类分析。在室内温度处于舒适范围的前提下，满足能耗限额目标的技术方案可以分为两类，分别是"以主动优化为主的技术方案（节能建筑）""被动优化与主动优化技术综合权衡的方案（高能效建筑）"。在这种技术路径下，不同微气候区各个代表城市全年供暖空调负荷降低比例为 28.8%～38.4% 之间、非供暖空调时间延长比例为 10.9%～16.3%，各个城市空调设备实际运行最小能效 APF 在 2.0～3.1 之间。

表 7-6 对两种不同技术路径的优劣及适用范围进行了综合对比。以"主动优化技术为主"的技术路径 A，其围护结构热工性能仅满足当地节能标准限值，室内热湿环境相较其他两个路径随着室外天气的变化波动较大，热环境稳定性稍差。该技术路径适用于执行各省市最新住宅节能设计标准相关热工要求建造的新建建筑，住户需选能效等级超高的空调产品才能满足能耗限额的要求。相比较而言，"被动优化与主动优化技术综合权衡"的技术路径 B 是对多种可行方案的"能耗""舒适""经济"三个目标进行详细分析、综合权衡下确定的，这种技术方案热稳定性适中、初投资适中，是最为推荐的高能效建筑设计方案，可在一定范围内示范推广。

不同技术路径分析对比　　　　　　　　　　　　　　　　表 7-6

		技术路径 A： 以主动优化为主的技术方案	技术路径 B： 被动优化与主动优化技术综合权衡的方案
描述		建筑的围护结构热工指标满足现有 各地级住宅节能设计标准限值， 空调实际运行能效大幅提升	建筑的围护结构热工指标适当提升， 空调实际运行能效适当提升
用能模式		部分时间、部分空间	部分时间、部分空间
被动优化	围护结构 热工指标	外墙 K:1.12W/(m²·K) 屋顶 K:0.93W/(m²·K) 窗户 K:2.80W/(m²·K) $SHGC$:0.75	外墙:0.53～0.65 W/(m²·K) 屋顶:0.42～0.58W/(m²·K) 窗户:1.71～1.80 W/(m²·K) $SHGC$:0.33～0.67
	通风措施	自然通风	自然通风
	遮阳措施	百叶外遮阳	百叶外遮阳
	气密性	1.0 次/h	0.5 次/h
	降低负荷 比例	7.5%～13.4%,各城市均值 10.8%	28.8%～38.4%,各城市均值 34.7%
	非供暖空调 时间延长 比例	6.0%～9.8%,均值 8.6%	10.9%～13.4%,均值 12.5%
主动优化	最小 APF	各城市均值 3.5	各城市均值 2.5
	推荐 APF	3.5～4.2	3.5
优势		初投资少、施工难度小	能耗、舒适、经济权衡的方案
劣势		室内温湿度波动大	初投资适中、热稳定性适中
适用范围		符合节能标准各项限值规定的新建建筑	高能效新建建筑设计方案

7.4 技术路径社会环境效益评估

清华大学建筑节能研究中心研究表明，随着电力系统的零碳化，间接排放量随之减为零，建筑行业能否实现碳中和目标取决于直接碳排放的情况。建筑行业用能全面电气化是降低直接碳排放的关键。建筑供暖导致的直接碳排放部分关键在于长江流域（夏热冬冷地区）住宅和小型办公室、学校建筑的供暖，若以家用热泵空调为主，那么直接碳排放量不会持续增长；如果改用燃气锅炉或者照搬北方地区的供暖方式，则会带来化石燃料需求的大幅度上升。

基于长江流域居民用能习惯和热环境需求，综合考虑各项建筑设计要素及经济性指标，提出气候适宜的建筑室内热环境综合营造技术方案，其技术路径从以下几方面出发，为全面实现碳达峰目标做出贡献：

① 合理引导"部分时间、部分空间"的用能行为。人民舒适水平的提升，代表着在人员在室时间内、在室空间内营造满足舒适需求的热湿环境，并不需要全时间、全空间的热湿环境调控，造成能源的不必要浪费。"北方模式"的供暖能耗约为"夏热冬冷地区模式"供暖能耗的 1～2 倍，我国当前建筑节能工作不能是盲目地照搬北方模式，而是通过最好的技术条件去实现人民的需求。通过创新的技术产品寻找恰当的、节能的供暖供冷方案。提倡的冬夏一体化空气源热泵是符合夏热冬冷地区民众"部分时间、部分空间"用能习惯、提升居民舒适水平、降低供暖供冷能耗的供暖供冷末端，既以人为本，又能响应国家节能减排号召。

② 适宜的"被动技术优化"，降低建筑用能需求。以"经济、舒适、能耗"为目标的"多目标优化-多因素决策"的优化模型，对 40000 个以上不同围护结构方案组合进行评估，从围护结构热工性能提升、气密性提升、通风技术、遮阳技术应用等方面优化设计方案，探寻了适应不同微气候区气候特点的经济、舒适、高效的被动技术路径，表明被动技术的应用可延长非供暖供冷时间 10% 以上，有效提升室内舒适水平，利用建筑本体降低用能需求。

③ 研发高效空气源热泵，减少建筑运行能耗。"十三五"项目研发适用于长江流域的、冬夏两季统一末端的高效能空气源热泵，可满足全年实际运行平均能效 $APF > 3.5$ 的要求。有效地提高空气源热泵的全年能效是在降低建筑用能需求的基础上进一步减少供暖供冷实际用能的关键。

在设定的"部分时间、部分空间"的典型用能模式下，随着人民舒适要求的提升，在现有技术体系下，若维持人员在室时间、在室空间处于舒适状态，长江流域住宅全年单位面积供暖供冷电耗平均约为 $32.51kWh/m^2$。通过本项目提出的技术路径 A（《夏热冬冷地区居住建筑节能设计标准》JGJ 134 修订版中采纳）和技术路径 B（《夏热冬冷地区低能耗住宅建筑技术标准》T/CABEE 004-2020 中采纳），全年单位面积供暖供冷电耗可降至 $20kWh/m^2$，相对 2010 年基准建筑能耗降低 38.5%，每平方米节约 $12.51kWh/m^2$，减少碳排放 $8.80kg\ CO_2$。如图 7-16 所示，技术路径 A 通过被动优化技术降低能耗 10.8%，通过主动优化技术降低能耗 27.7%；技术路径 B 通过被动优化技术降低能耗 34.7%，通过主动优化技术降低能耗 3.8%，若采用全年实际运行能效大于 3.5 的高效空调，能耗在

$20kWh/m^2$ 的能耗水平上有进一步降低的潜力。

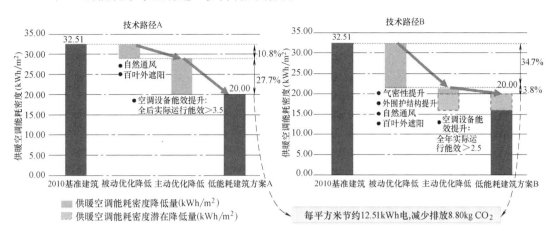

图 7-16　不同技术路径碳减排潜力分析

我国长江流域城镇既有住宅面积为 90 亿 m^2，每年新增城镇住宅面积约为 6.0 亿 m^2，建筑体量庞大。如图 7-17 所示，若长江流域新建城镇住宅按照项目提出的技术目标方案实施设计，可节约 229 万 tce [转换系数：1kWh(电)＝0.318kgce]，碳排放减少约 507 万 t [转换系数：1kWh(电)＝0.7035kg CO_2]，具有显著的环境效益。将为我国应对能源供应短缺、气候变化危机，控制能源消费总量、实现碳中和目标做出巨大贡献。

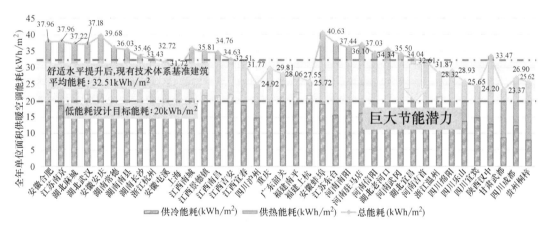

图 7-17　长江流域住宅建筑节能潜力分析

第8章
长江流域示范工程应用

8.1 长江流域示范工程概况

本研究中提出基于能耗限额 $20kWh/(m^2 \cdot a)$ 的要求，系统性地研究长江流域建筑供暖空调解决方案和相应系统。为改善长江流域地区室内热湿环境，降低供暖空调能耗，应充分通过被动式方法改善室内热环境质量，缩短空调供暖时间，提高建筑能源利用效率，并综合主动式技术优化环境调控方法，提高室内热舒适性。因此，长江流域室内热环境营造适宜技术集成方法是示范的关键技术问题。本研究在集成第3～6章介绍的被动和主动热环境营造技术基础上，提出各类示范工程的技术集成方案与实施方案，并通过全年实时测试，评价其示范效果，从而建立适宜长江流域的建筑供暖空调技术集成方案，引导该地区建筑节能发展。

通过对长江流域上中下游成都、重庆、武汉、长沙、杭州、南京、上海等18个城市、30项示范工程（住宅建筑18项，办公建筑10项，学校建筑2项）进行技术分析论证，各个示范工程根据当地气候特点、建筑设计标准，结合适宜的空调技术和产品，优选了适宜的供暖空调技术方案。总体来讲，考虑建筑初投资、施工难度和既有建筑改造，对于示范工程的围护结构热工指标远优于现有各地级建筑节能设计标准的，则主要推荐以被动优化为主，同时辅以自然通风、遮阳、优化窗户传热等方式降低建筑冷热负荷；对于围护结构热工指标，只满足现有各地级建筑节能设计标准限值的，则以主动优化为主；对于新建建筑，则主要推荐以被动优先＋主动优化的技术模式，要求建筑围护结构热工指标适当提升，而空调的运行能效同时也适当提高，从而达到经济、舒适、节能的目标。具体来讲，示范的18项住宅建筑中多数执行了当地建筑节能设计标准限值和自然通风等被动式技术，通过必要的围护结构性能提升，有效延长非供暖空调时间；在主动设备优化方面，结合项目研发，采用了包括高能效房间空调器、户式空气源热泵、多联机系统、集散式热源塔系统等形式多样的供暖空调设备，而其中高达33户采用高效热泵型房间空调器，8户采用户式集中空调，5户采用多联式高能效空气源热泵。对于办公建筑，其技术集成效果更显著，所有示范工程都采用了围护结构（包括外窗、外墙、屋顶、遮阳、气密性等）节能技术，同时在建筑布局、自然通风和可再生能源利用等方面都实现了较好示范。在主动设备选择上，应用高效房间空调器、多联机系统、可再生能源系统（太阳能空调＋地源热泵）、集散式热源塔热泵、蒸发冷却式无霜空气源热泵等，采用智能调控技术进行运行调节，极大地优化了运行管理。

8.2 示范工程项目管理实施

示范工程实施管理根据任务和示范工程的指标要求，参考中国21世纪议程管理中心颁布的《"绿色建筑及建筑工业化"重点专项示范工程管理规范（讨论稿）》，通过计划备案、方案论证、组织实施、验收评审四个阶段，形成了"长江流域建筑供暖空调解决方案和相应系统项目示范工程科技支撑文件"，建立了完善的示范工程管理文件、相关规程、技术指南等，整体组织有序、管理规范。同时在技术集成、方案评价、成果推广方面形成了一系列的科技成果。

① 根据示范实施技术要求，开展了一系列研究工作，形成了"长江流域建筑供暖空调解决方案和相应系统项目示范工程科技支撑文件"，含《长江流域地区不同气候子区建筑被动式技术应用研究》《长江流域地区住宅建筑能耗模拟参数设定方法研究》《长江流域建筑节能适宜技术的综合集成研究》《长江流域地区建筑热环境营造用气候分区研究》《长江流域供暖空调技术推广软件系统研发》《长江流域地区住宅建筑空调使用行为与能耗预测模型》《长江流域地区住宅建筑热环境与能耗测评研究》《办公建筑多种适宜节能技术集成方法》《示范工程现场测试技术与在线推广应用研究》等专题报告，从技术层面引导技术集成与推广。

② 根据项目总体任务和示范工程的指标要求，起草、讨论并论证了"长江流域建筑供暖空调解决方案和相应系统示范工程成套管理文件"，含《示范工程文件与记录管理办法》《示范工程初步筛选及评价规程》《示范工程管理办法》《示范工程监测方案》《示范工程验收规程》和《示范工程热舒适性及供暖空调能耗数据处理指南》，全过程、全方位规范引导项目示范工程的开展。

③ 搭建了项目示范工程云平台（图8-1），对其项目建设期30项示范工程室内温湿度

(a) 项目示范工程云平台（移动终端）

图 8-1　示范工程供暖空调监测云平台（一）

长江流域建筑供暖空调方案及相应系统

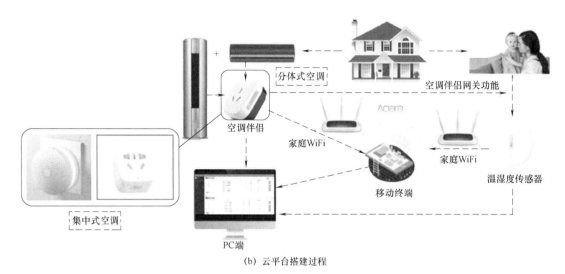

(b) 云平台搭建过程

图 8-1 示范工程供暖空调监测云平台（二）

和空调电耗进行连续监测记录，获取了 3000 万条室内热环境及供暖空调能耗监测数据；通过研发长江流域供暖空调技术推广 APP 软件（图 8-1），用户通过点击不同的示范工程进入详细的工程介绍及应用成果展示界面，实现了用户对长江流域建筑供暖空调解决方案和相应系统的项目技术推广实施效果等信息的实施获取。

8.3 示范工程现场监测方法

8.3.1 监测原则

示范工程的现场检测与监测由项目负责统一协调与管理。对于纳入项目的示范工程应属于住宅建筑、办公建筑或学校建筑的其中一种，对于其他类型的建筑，可作为额外项目加入，但不计入示范工程完成指标。

示范工程现场检测和监测的主要内容为研究现场检测与实时监测系统的关键技术，根据住宅、办公及学校示范工程的异同性，分别针对三类建筑构建标准化现场检测和实时监测系统，对不同类型数据进行集成管理，形成示范工程标准评价体系。建筑室内热湿环境的评价宜以不同建筑类型为基准（住宅、办公及学校建筑），同时以建筑物内主要功能房间或区域为对象，也可以单栋建筑为对象。

住宅、办公及学校三类示范工程建筑应当满足以下条件，再进行现场检测及监测：

1) 室内温度、湿度、空气流速等参数满足设计要求，并符合现行国家标准《民用建筑供暖通风与空气调节设计规范》GB 50736—2012 的规定；

2) 建筑围护结构内表面无结露、发霉等现象；

3) 采用集中空调时，新风量符合国家现行有关标准的规定。

示范工程现场检测及监测实施前应做到手续齐全，资料完整，检查的资料应包括但不限于下列内容：

1）项目立项、审批文件；

2）项目施工设计文件审查报告及其意见；

3）项目施工图纸；

4）与示范工程集成技术应用以及供暖通风空调设计相关的主要材料、设备和构件的质量证明文件、进场检验记录、进场核查记录、进场复验报告和见证试验报告；

5）示范工程集成技术应用相关的验收记录和资料；

6）示范工程集成技术应用工程中各分项工程质量验收记录，并核查部分检验批次验收记录；

示范工程建筑中供暖通风空调系统的热泵机组、末端设备（风机盘管、空气调节机组和散热设备）、辅助设备材料（水泵、冷却塔、阀门、仪表、温度调控装置、计量装置和绝热保温材料）、监测与控制设备以及风系统和水系统管路等关键部件宜有质检合格证书。

8.3.2 监测仪器与方法

室内热湿环境的基本参数和采用的测量仪器应符合《建筑热环境测试方法标准》JGJ/T 347—2014 和《民用建筑室内热湿环境评价标准》GB/T 50785—2012 等国家相关标准。

8.3.2.1 室内热湿环境检测

冬季检测室内环境，不宜在晴天天气条件下进行，且室内外温差不应小于设计温差的50%。夏季测量时，应在室内外温差和湿度差不小于设计温差和湿度差的50%，且晴天或者少云天气条件下进行。

测量仪器宜具备数据远传或自动存储和数据输出功能，数据采集频率宜不低于 12 次/h，应按国家现行相关标准进行检定校准，并应在检定校准有效期内使用。性能应符合表 8-1 的规定，当不满足精度要求时，应根据校准结果进行修正。

建筑室内热环境测试仪器性能基本要求 表 8-1

测量参数	单位	测量仪器		测量范围	测试精度
空气干球温度	℃	膨胀式温度计 电阻式温度计 热电偶式温度计	温湿度传感器或温湿度自记仪	−10~50℃	±0.5℃
空气相对湿度	%	相对湿度仪		20%~95%	±5.0%

注：如果采用空调设备自带温湿度传感器监测时，温度传感器精度可为±1℃。

1. 测点位置和数量

测量位置应选择室内人员的工作区域或座位处，宜优先选择窗户附近、门进出口处、冷热源附近、风口下和内墙角处等不利的地点，且应按照均匀布点的原则以真实反映室内的环境状况。

测量位置距墙的水平距离应大于 0.5m。室内热环境测试仪器不应安装在住宅的外墙面上，不应安装在空调出风口、发热家用电器附近，不应安装在阳光直射的地方，不宜安装在墙角或家具遮挡的地方。

房间或区域环境的基本参数分布均匀时，空气温度、空气流速、相对湿度的测量高度，坐姿时，应距离地面 0.6m；站姿时，应距离地面 1.1m。

房间或区域环境的基本参数分布不均匀时，空气温度、空气流速、相对湿度的测量值应取不同高度测量值的加权平均值。

测点的数量和位置应根据房间或区域面积确定，具体布置如下：

1）当房间面积 $S<16\mathrm{m}^2$ 时，房间中央设 1 个测点；

2）当房间面积 S 满足 $16\mathrm{m}^2\leqslant S<30\mathrm{m}^2$ 时，设 2 个测点（房间平面最长对角线上的三等分，其两个点作为测点）；

3）当房间面积 S 满足 $30\mathrm{m}^2\leqslant S<60\mathrm{m}^2$ 时，设 3 个测点（房间平面最长对角线上的四等分，其三个等分点作为测点）；

4）当房间面积 $60\mathrm{m}^2\leqslant S<100\mathrm{m}^2$ 时，设 5 个测点（房间平面两条对角线上梅花设点）；

5）当房间面积 $S>100\mathrm{m}^2$ 时每增加 $20\sim50\mathrm{m}^2$ 酌情增加 $1\sim2$ 个测点（均匀布置）；

6）测点应设在距地面以上 $0.7\sim1.8\mathrm{m}$，且应离开外墙表面和冷热源不小于 $0.5\mathrm{m}$，避免辐射影响。

2. 测量时间

测量前，测量仪器的读数应在待测环境中趋于稳定。

测量空气温度、相对湿度的时间应至少为 $3\mathrm{min}$，并不得大于 $15\mathrm{min}$。

8.3.2.2　供暖通风空调能耗检测

根据示范工程供暖通风空调设备的差异，房间空调器系统、多联机空调系统的耗电量可采用电能表、智能插座表或设备自带耗电量测量装置进行测试；户式空气源热泵系统可采用电能表或及智能插座表测试。

测量仪器应按国家现行相关标准进行检定校准，并应在检定校准有效期内使用。性能应符合表 8-2 的规定。

建筑供暖通风空调测试仪器性能基本要求　　　　　　　　　　　　表 8-2

测量参数	测量仪器	测试精度	数据传输功能
耗电量	电能表	2.0 级	RS-485 标准串行接口，支持 Modbus 协议或 DL/T-645 多功能电能表通信规约
	智能插座表		具备数据远传或自动存储和数据输出功能
	设备自带耗电量测量装置		具备数据远传或自动存储和数据输出功能

1. 房间空调器系统

1）采用电能表测耗电量时应将电能表安装在住宅供暖空调的用电回路上，一户安装一个电能表；安装时不应改动测试用户供电部门计量表的二次接线，不应与计费电能表串接；电能表可根据工程现场实际情况单独配置计量表箱，挂墙安装或在住户原配电柜（箱）中加装。

2）采用智能插座表测耗电量时应将智能插座表插在室内空调电源插座上，再将房间空调器的电源插头插入智能插座表的插座上；一户内每个空调电源插座上安装一块智能插座表，保证户内所有的房间空调器均能实现电能监测；测试期间应保证室内空调电源插座上无其他非供暖空调设备电源插头插入。

3）当设备自带耗电量测量装置时测量装置宜布置在空调器内部；设备自带的耗电量

测试装置，应进行校准或经过第三方检测机构标定，符合表 8-2 的要求。

2．多联机空调系统

当多联机空调系统的室外机连接电源，并通过信号线控制给室内机供电时，可在室外机供电回路上加装电能表或通过设备自带耗电量测量装置测耗电量。当多联机空调系统的室外机和室内机分别供电时，室外机的耗电量可采用在室外机供电回路上加装电能表或通过设备自带耗电量测量装置测试；室内机耗电量可在室内机供电回路上加装电能表、智能插座表或通过设备自带耗电量测量装置测试。新风系统的耗电量可在通风器的供电回路上加装电能表或智能插座表测试。

1）采用电能表测耗电量时，安装时不应改动测试用户供电部门计量表的二次接线，不应与计费电能表串接。电能表可根据工程现场实际情况单独配置计量表箱，挂墙安装或在住户原配电柜（箱）中加装。

2）采用智能插座表测耗电量时，应将智能插座表插在室内空调电源插座上，再将室内机的电源插头插入智能插座表的插座上。测试期间应保证室内空调电源插座上无其他非供暖空调设备电源插头插入。

3）采用设备自带耗电量测量装置测耗电量时，测量装置宜布置在多联机内部。设备自带耗电量测试装置，宜进行校准或经过第三方检测机构标定，符合表 8-2 的要求。如没有校准且没有经过第三方检测机构标定时，应采用校准过的电量测试仪表，完成设备自带耗电量测量装置的核查。

3．户式空气源热泵系统

户式空气源热泵系统宜在空气源热泵机组和用户侧水泵的供电回路上安装电能表测试总耗电量。当两者单独供电时，可采用电能表或智能插座表分别测试耗电量。当系统末端采用风机盘管等强制对流换热设备时，宜在设备供电回路上加装电能表或智能插座表测试耗电量。

4．采用电能表和智能插座表测耗电量时，测试要求同多联机空调系统。

8.3.3 示范工程现场监测要求

项目示范工程应组织实施单位对监测网络传输终端进行有效管理，实时掌握建筑应用技术集成系统的第一手运行资料。通过监测，为国家将来建筑节能政策制定奠定数据基础，实现节能量化目标。

对于室内热环境监测宜采用无线温湿度传感器，记录时间间隔宜设定为 $5 \sim 10min$，并将记录数据自动同步到网络云端；分散式供暖通风空调系统耗电量监测可采用智能插座，应能实时监测供暖空调系统的实时功率和电量统计，并控制供暖空调系统的开启。集中式供暖空调系统耗电量监测系统应能实现数据实时采集、无线传输和统计分析的功能。

本章在热舒适度测试方法研究、用电量测试方法研究工作的基础上，结合国内相关技术标准规范的要求，初步形成了针对示范项目的室内舒适度和供暖空调系统用电量的测试技术指南框架，如图 8-2 所示。指南包括对建筑测试对象的选择原则、基本信息的采集内容、室内物理环境测试方法和供暖空调通风系统用电量测试方法等。测试技术指南按照居住建筑和公共建筑两种类型进行编写（其中公共建筑示范工程主要针对办公建筑和学校建筑），便于指导现场开展测试工作，如图 8-3 所示。

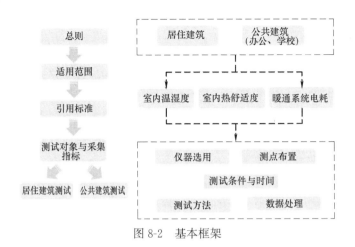

图 8-2　基本框架

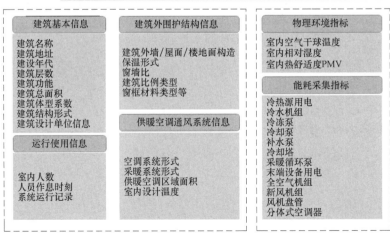

图 8-3　测试技术指南内容

8.4　示范工程数据处理和分析评价

8.4.1　示范工程数据处理分析

8.4.1.1　数据预处理

根据《项目示范工程验收规程》规定，示范工程供暖供冷期监测数据允许存在一定的间断率，供暖期和供冷期对于不同的子气候区规定有所不同，具体参照附录。设备离线导致的监测数据空白值，可采用以下科学方法进行处理：

（1）如果 1h 以内的数据间断，第一种情况间断前一刻的数据和连接后一刻的数据是一致的，间断的数据全部用这一前后一致的数据补全。当间断前一刻和连接后一刻的数据不是一致的，则采用间断数据用前后平均值补全。即：

$$a_{t(n)} = \begin{cases} a_{t_1(n)} = a_{t_2(n)} & (a_{t_1(n)} = a_{t_2(n)}) \\ \dfrac{a_{t_1(n)} + a_{t_2(n)}}{2} & (a_{t_1(n)} \neq a_{t_2(n)}) \end{cases} \tag{8-1}$$

（2）如果超过 1h 但不超过 1 天的数据间断，可参考室外气象参数和前后 14 天（取最邻近两天）对应时间点的数据进行平均补充。即：

$$a_{t(n)} = \frac{a_{t(n-i)} + a_{t(n+j)}}{2} \left(|T_{t(n-i)} - T_{t(n)}| \leqslant 3℃ 且 |T_{t(n+j)} - T_{t(n)}| \leqslant 3℃ \right) \tag{8-2}$$

（i、j 均不大于 7）

式中，T 为室外温度。

（3）如果超过 1 天的数据间断或者前后 14 天不存在相近的室外气象参数，则需要添加模拟，在前后两天的逐时模拟结果和实测结果达到 80% 以上拟合度的前提下，用模拟数据填补空白值。

8.4.1.2　热舒适评价

热舒适性评价方法可利用图示法进行评价，也可以根据温度具体界限值直接判定。同时应具体针对每户的家庭结构、人员状况以及各房间在室规律，充分考虑长江流域地区"部分空间、部分时间"的空调使用特点，评价热舒适等级。

根据《民用建筑室内热湿环境评价标准》GB/T 50785—2012，结合长江流域不同季节服装热阻等特点，在焓湿图上绘制了长江流域住宅建筑室内热环境舒适范围（图 8-4），可将示范工程的室内热湿环境状态点参数输入此范围进行判定。

根据国标 GB/T 50785—2012 中 4.2.4 和 4.2.5 条要求，示范工程供暖空调时室内的热舒适性评价可依据如表 8-3 进行评价。

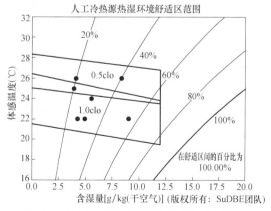

图 8-4　供暖空调模式下温湿度舒适区间评价

空调供冷供暖时室内热湿环境需求   表 8-3

等级	供冷	备注
Ⅰ级	24℃≤t≤26℃	22℃≤t≤24℃
Ⅱ级	26℃≤t≤28℃	18℃≤t≤22℃

注：长江流域住宅建筑供暖空调具有"部分时间、部分空间"使用的特性，在供暖空调刚开启的短暂时段，室内热湿环境波动较大，此时段可不进行热舒适评价。

根据《民用建筑室内热湿环境评价标准》GB/T 50785—2012 中第 5.2.4 条要求，结合示范工程测试数据和长江流域居民服装热阻等，示范工程在自由运行时室内人员在室时的热舒适性评价可依据表 8-4 进行评价。

自然通风时室内热湿环境需求   表 8-4

等级	范围	备注
Ⅰ级	18℃≤t≤28℃	
Ⅱ级	16℃≤t≤30℃	考虑当地服装、开窗、风扇等适应性节能行为时

8.4.1.3 室内热湿环境数据处理

获取监测数据后，根据测试周期实验数据的完整性，进行分类与处理，图 8-5 概述了数据处理的原则以及数据适用处理方法。其中剔除异常值是为了保证数据能够真实反映建筑室内热湿环境状态，异常值可能由仪器、平台本身原因或者外力干扰原因造成，异常值建议使用线性差值计算数值代替，以保证数据连续性和完整性。

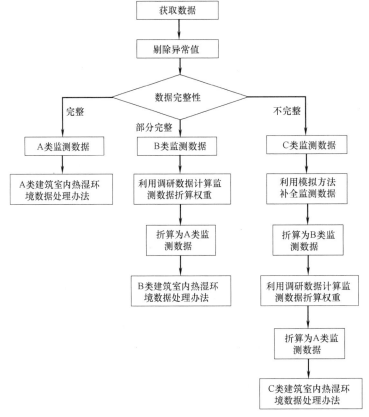

图 8-5　室内热湿环境数据处理说明

其中，数据处理的总体原则和目的如下：

① 测试数据连续性应满足"十三五"项目要求；

② 模拟计算需要拟合实测数据与同期模拟数据，满足对比要求；

③ 模拟计算中空调能效优先采用实测数据，其次可采用性能曲线修正后的铭牌参数，当以上都不具备时可采用铭牌标称值进行计算。

8.4.1.4　供暖空调能耗数据处理

获取监测数据后，需要进行数据处理，然后进行能耗计算。图 8-6 概述了数据处理的原则以及数据适用处理方法。

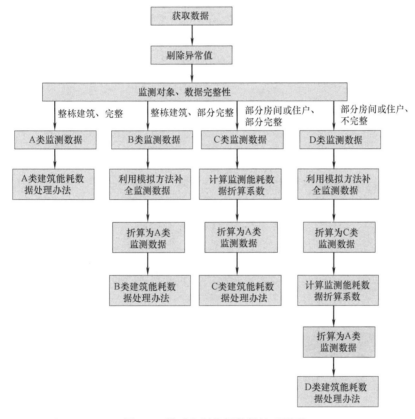

图 8-6　供暖空调能耗数据处理说明

其中，数据处理的总体原则和目的如下：

① 测试数据连续性应满足"十三五"项目要求；

② 模拟计算的目的是将不满足设计工况的数据转换为符合要求的数据；

③ 模拟计算中空调能效优先采用实测数据，其次可采用性能曲线修正后的铭牌参数，当以上都不具备时可采用铭牌标称值进行计算。

8.4.2　示范工程验收评价方法

示范工程评价主要内容为建筑节能技术应用效果，根据住宅、办公及学校示范工程的异同性，构建合理可行的评价程序。示范工程的验收评价应严格按照规程中的流程进行，并符合规程中各项内容的具体要求。

8.4.2.1　依据文件

示范工程完成项目设计和合同约定的各项内容。

符合国家、省、市有关建筑节能的法律法规。

符合国家、省、市有关的技术标准和技术规范，包含但不限于以下技术标准、技术规范和文件：

①《夏热冬冷地区居住建筑节能设计标准》JGJ 134—2010；

②《公共建筑节能设计标准》GB 50189—2015；

③《民用建筑室内热湿环境评价标准》GB/T 50785—2012；

④ "长江流域建筑供暖空调解决方案和相应系统"示范工程文件与记录管理办法；

⑤ "长江流域建筑供暖空调解决方案和相应系统"示范工程初步筛选及评价规程；

⑥ "长江流域建筑供暖空调解决方案和相应系统"示范工程管理办法；

⑦ "长江流域建筑供暖空调解决方案和相应系统"示范工程室内热环境和供暖空调系统能耗监测方案。

8.4.2.2　示范工程热舒适验收评价内容

专家组对示范工程基本材料进行考核，考核内容包括：示范工程技术实施应用情况、示范工程室内热舒适情况和建筑能耗统计情况三部分。

① 示范工程检测监测按照项目组编制的内部使用文件《示范工程室内热环境和供暖空调系统能耗监测方案》中热舒适条文进行；

② 对于住宅类示范工程应当分户分房间类型进行评价；对于学校和办公示范工程，应分空调区域分房间类型进行评价；

③ 示范工程热舒适评价应符合《民用建筑室内热湿环境评价标准》GB/T 50785—2012 等国家标准。

8.4.2.3　供暖通风空调系统能耗验收评价内容

① 示范工程检测监测按照监测方案中能耗检测监测条文进行。

② 供暖通风空调系统能耗评价分为分散式供暖通风空调系统和集中式供暖通风空调系统。分散式供暖通风空调系统能耗应包括分体空调、新风机等设备的用能；集中式供暖通风空调系统能耗应包括冷热源、输配系统和空调末端设备的用能。

③ 空调面积，用于计算每平方米年耗电量的面积应为建筑套内面积，即扣除车库、楼梯间等公共区域的建筑面积。

④ 对于使用燃气和其他非电能源作为冷热源的示范工程，应按照《民用建筑能耗分类及表示方法》GB/T 34913—2017，根据发电效率折算成耗电量，计入建筑能耗。

⑤ 在满足数据连续性要求前提下，对于住宅示范工程，应当分户进行评价。对于办公和学校示范工程，分供暖供冷系统进行评价。

⑥ 建筑能耗统计应符合《民用建筑能耗分类及表示方法》GB/T 34913—2017 等国家标准。

8.4.2.4　评价依据

对申报示范工程项目的自验收考核可按以下要求进行：

① 满足规程规定的验收材料清单要求；

② 依据热舒适性国家标准，对室内热湿环境监测数据进行评价分析；

③ 对全年供暖通风空调用电量监测数据进行评价分析，必要时进行科学修正，评价内容应符合两个性能指标和一个应用指标，其中性能指标是全年供暖通风空调用电量不超过 $20kWh/m^2$，且满足热舒适国家标准和 1 年以上的实时测试数据，包括温湿度、人员行为及供暖空调能耗等，数据采集间隔 5min，应用指标是在重庆、长沙、杭州、上海等城市进行示范；

④ 对系统或机组的实测 APF 值监测数据进行评价分析（办公、学校建筑），评价内容应符合两个性能指标和一个应用指标，其中性能指标是满足热舒适国家标准和 1 年以上的实时测试数据，包括温湿度、人员行为及供暖空调能耗等，数据采集间隔 5min，应用指标是在重庆、长沙、杭州、上海等城市进行示范；

⑤ 对于示范工程中室内热湿环境参数未达到国家标准的，可以通过模拟计算作为空调能耗的参考，提供分析报告。

8.5 典型示范工程

住宅建筑共分为 4 种集成方案，包括①围护结构＋自然通风等被动式技术与高能效房间空调器主动优化；②围护结构＋自然通风等被动式技术与户式空气源热泵主动优化（新风热回收）；③围护结构＋自然通风等被动式技术与多联机系统主动优化；④围护结构＋自然通风等被动式技术与两种空调系统主动优化。下面以几项典型住宅示范工程为例进行简要介绍。

8.5.1 南通三建低能耗绿色住宅建筑示范工程

南通三建低能耗绿色住宅建筑主要示范了"被动优化"的低能耗技术方案，如图 8-7 所示。结合当地地区气候特点，通过控制体形系数、构造高性能外围护结构、应用高性能外窗、无热桥设计、气密性设计、外遮阳设计等，降低建筑本身的能耗需求。建筑外围护结构传热系数在 $0.2\sim0.3W/(m^2 \cdot K)$ 左右，外窗采用三玻两腔 Low-E 玻璃，传热系数控制在 $1.0 W/(m^2 \cdot K)$ 左右。此外，在建筑东、南、西三侧的外墙窗户安装了全自动控制的电动遮阳百叶窗帘，针对建筑朝向灵活选择不同的遮阳方案，南向采用活动外遮阳＋水平遮阳，东向和西向采用活动外遮阳，根据气候及太阳高度角、太阳光线的强度等自动调节百叶窗帘的升、降及百叶的角度，夏季遮挡 50% 以上的太阳辐射，加上 Low-E 玻璃本身的遮阳效率（遮阳系数 0.87），大大减少太阳辐射得热。供暖空调设备采用全热回收新风空调一体机，夏季 SEER 为 4.3，冬季 COP 为 2.8，同时结合智慧空调技术，用户根据自身行为特性设定室内温湿度，各个房间通过电动送风阀，由智能传感器检测和调控区域温度值。该示范建筑同时获得了绿色建筑三星级设计标识。

通过数据监测平台对该示范工程中一户住宅的室内温湿度参数和空调运行能耗进行实时监测，其住户家庭结构为一对夫妻、一个儿童和一个老人。图 8-8 给出了典型卧室和客厅全年温湿度监测结果。各个房间全年温湿度差异不大，夏季室内温度主要在 $19.6\sim30℃$ 范围内波动（注：前述统计含未使用空调供冷的时间），湿度为 70%～90%；冬季室内温度为 $13\sim15℃$（同上，含未使用空调供暖的时间），湿度为 50%～60%。人员在室内

热工性能优的用户门、单元门　　外遮阳技术　　高效空气源热泵

示范工程多参数实时监测平台

图 8-7　南通三建示范工程

且使用空调进行供暖供冷期间舒适度满足国家标准要求,空调供冷供暖期间室内温度主要集中在 18～26℃,相对湿度在 40%～60% 之间,室内热湿环境满足 Ⅰ 级舒适区的时间比例大于 56.75%,满足 Ⅱ 级舒适区的时间比例大于 99.21%。

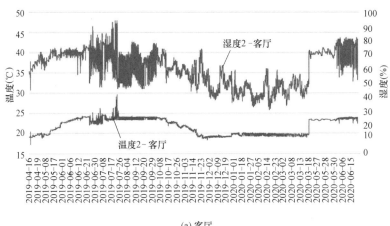

(a) 客厅

图 8-8　全年室内逐时温湿度(一)

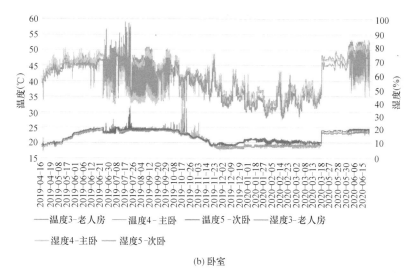

(b) 卧室

图 8-8　全年室内逐时温湿度（二）

选择主卧夏季典型日连续两天（7 月 23 日—7 月 24 日）的监测数据进行分析，室内温湿度、空调开关状态的对应关系如图 8-9（a）所示，空调开启时间段为晚间 17：00—次日 8：00。空调开启期间室内温度范围为 24.7～27.3℃、室内湿度范围为 45％～89％；空调关闭期间室内温度范围为 27.3～29.1℃、室内湿度范围为 73％～91％。主卧冬季典型日连续两天（1 月 14 日—15 日）的监测室内温湿度如图 8-9（b）所示，该户家里有老人、小孩，对温度比较敏感，倾向于冬季人员在室时就开启空调，人员不在室期间空调关闭。空调关闭期间室内温度约 15.7～17.3℃、湿度 50％～52％，开启期间温度为 17.3～20.2℃、湿度为 45％～50％。

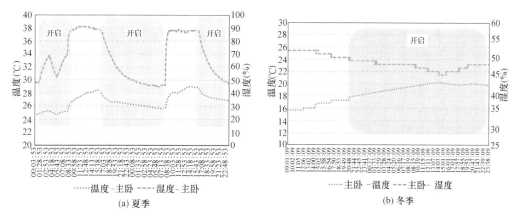

(a) 夏季　　　　　　　　　　　　　　　　(b) 冬季

图 8-9　典型日逐时室内温湿度

该住宅示范工程重点示范了长江流域地区住宅采用良好的被动技术，可以有效改善全年室内热环境，降低供暖空调的需求。由于该住宅围护结构性能保温较好，全年室内温度波动较小。该住户夏季、冬季空调使用率较高，一般人员在室期间内都会开启空调保障室内环境，全年单位面积年空调电耗约为 19.80kWh/m² （按建筑套内面积计算）。

8.5.2 武汉唐家墩 K6 地块二期 A7 号楼住宅

位于武汉的唐家墩 K6 地块二期 A7 号楼住宅示范采用了"主被动技术相权衡"的技术方案，通过建筑围护结构节能技术、建筑供暖空调节能技术等方案进行集成示范，降低建筑本身的能耗需求，并同时营造舒适的室内热湿环境。

为实现能耗限额目标，首先对小区住宅建筑外围护性能指标进行技术论证，结合实地勘察工程施工的方法，确定了外墙和屋面隔热保温性能好、传热系数较低、外窗热工性能参数适宜、窗墙比较小、整体气密性较好、热泵型房间空调器高能效的技术方案。建筑围护结构屋面传热综合传热系数为 $0.51\text{W}/(\text{m}^2 \cdot \text{K})$，外墙传热综合传热系数为 $0.79\text{W}/(\text{m}^2 \cdot \text{K})$，楼板传热系数为 $1.93\text{W}/(\text{m}^2 \cdot \text{K})$，分户墙传热系数为 $0.72\text{W}/(\text{m}^2 \cdot \text{K})$，节能外门传热系数为 $3.0\ \text{W}/(\text{m}^2 \cdot \text{K})$，外窗传热系数为 $3.2\ \text{W}/(\text{m}^2 \cdot \text{K})$，满足该地区最新建筑节能标准要求。在此基础上重点示范了一级能效的热泵型高能效房间空调器，各住户安装的空调器全年运行能效值最高 5.6，最低 3.28。空调器应用的技术包括自然风技术、双 PID 控制技术、人感技术和智能除霜技术。所采用基于自然风物理特性的仿自然风技术，使送风气流呈现偏态分布，人员更能感受到气流的起伏波动变化，且低风速作用时间长，降低人员吹风疲劳风险；双 PID 技术在冬季供暖升温上，相比常规 PID 技术，可以更快速反应、超调量更小，温度控制性能更优；人感技术通过在柜机顶部加装人体模糊红外感应装置，实现送风随人动，而在感测不到房间人员活动时则会自动关闭，从而更加节能；智能除霜技术则是保证空调在冬季供暖除霜模式下系统蒸发压力维持在一定水平，根据压缩机排气温度作出指令控制相应控制阀通断，实时、精准地向压缩机补充调节气态冷媒量，达到在保证有效除霜的同时室内温度维持在一定水平而不出现较大波动，从而提高除霜过程中的室内舒适性。

通过合理选择空调机型和空调安装位置，辅以温湿度传感器监测记录住户室内热环境参数，空调伴侣监测记录空调供暖供冷的耗电量，对示范多户住宅的卧室和客厅开展了连续一年的实时监测。以其中一户为例，该户为一家四口居住，老人居住于主卧，父母居住于次卧 1，孩子居于次卧 2。选择客厅和父母居住的次卧为例，全年室内温湿度如图 8-10 所示。夏季客厅的温度波动范围为 25.3~34.2℃，卧室的温度波动范围为 20.4~34.4℃

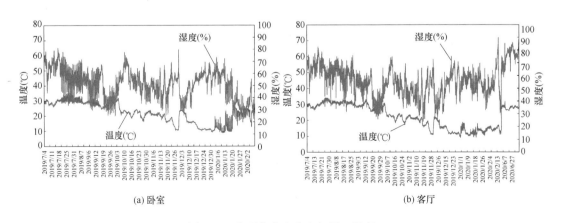

(a) 卧室　　　　　　　　　　　　　　(b) 客厅

图 8-10　典型住户室内全年温、湿度

（注：前述统计含未使用空调供冷的时间）；冬季客厅的温度波动范围为 9.1～22.1℃，卧室的温度波动范围为 10.5～30.4℃（同上，统计含未使用空调供暖的时间）。相比，人员在卧室中使用空调进行供暖供冷期间室内热舒适性满足国家标准Ⅱ级舒适度要求，其夏季空调开启稳定状态下平均温度约为 26.4℃，冬季空调开启稳定状态下平均温度约为 20.1℃。

分别选择夏季和冬季使用空调的典型日，对夫妻卧室室内热环境变化特性和空调使用特点进行分析，图 8-11 给出了夏季和冬季典型日（部分时间使用空调）室内温度和湿度分布。由于住户白天外出上班，其空调冬夏季的使用都发生在晚上至次日早上时间段内。图 8-11（a）显示夏季白天由于人员未在室，其室内温度较高，超过 30℃。晚上室内温度略有下降，湿度稍有增加。20 点后室内温度明显减低，表明该时段内人员进入卧室并开启空调，室内温度和相对湿度都在短时间内迅速降低到 26℃以下。相似的情况也发生在冬季典型日。图 8-11（b）显示白天人员未在室时其室内温度较低，基本在 12～14℃范围波动，而相对湿度在 40%～50%区间内。21 点后由于人员开启空调供暖，其室内温度在 1h 内迅速从 12℃提高到近 20℃。由于住户晚上连续开启空调供暖，其室内夜间温度基本维持在 18～20℃之间。

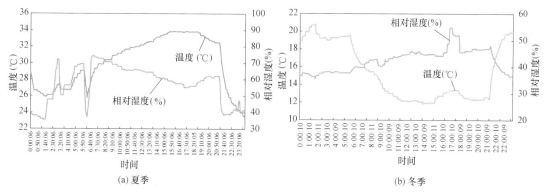

(a) 夏季　　　　　　　　　　(b) 冬季

图 8-11　住户卧室典型日

表 8-5 统计了该住户卧室两个典型日全天、空调开启时段的室内温湿度波动以及空调耗电量。夏季用户使用空调供冷期间晚上平均温度约为 26.1℃，夜间略高，约为 27.1℃，而全天空调耗电量为 6.16kWh。相比，冬季在未使用空调时房间平均温度为 13.4℃，晚上使用空调供暖后房间平均温度为 17.9℃。由于夜间连续使用空调，室内温度逐渐上升，基本维持在 19.5℃，而全天的空调耗电量约为 6.88kWh，稍高于夏季。

住户冬夏典型日卧室温湿度及空调能耗　　　　　　　表 8-5

季节	时间段	最高温度 （℃）	最低温度 （℃）	平均温度 （℃）	空调能耗 （kWh）
冬季	0:00—6:10（使用空调）	29.1	25.9	27.1	2.28
	21:05—23:59（使用空调）	30.5	23.4	26.1	3.88
	非空调期间	33.9	25.8	32.1	—
	全天	33.9	23.4	30.1	6.16

季节	时间段	最高温度 (℃)	最低温度 (℃)	平均温度 (℃)	空调能耗 (kWh)
夏季	0:00—5:30(使用空调)	20.8	18.9	19.5	3.84
	21:10—23:59(使用空调)	19.9	15.4	17.9	3.04
	5:35—21:05(非空调)	19.9	11.8	13.4	—
	全天	20.8	11.8	15.4	6.88

上述住户卧室的空调使用反映了该地区住宅典型的"部分时间、部分空间"空调使用模式，用户卧室的空调用能主要发生在晚上休息时段，而客厅的空调使用则主要发生在白天，且主要是在家庭有老人和/或幼儿在室的时候，使用频率较低。通过一年的连续监测，该住户采用空调供暖供冷主要集中在 7—8 月，通过对该住户多个卧室和客厅的空调全年耗电量监测，该住户采用空调供暖供冷的全年总能耗为 2000kWh，按建筑套内面积 103m²，折算成单位面积全年空调电耗为 19.42kWh/m²。由于该住宅为新建建筑，采用了较好的围护结构节能技术，一定程度上降低了建筑供暖供冷需求，延长了非供暖供冷时间，加上住户空调使用模式和习惯，在满足室内热舒适的需求下全年空调总能耗低于 20kWh/m²。

8.5.3 浙江金华圣奥杭府住宅示范项目

该住宅示范工程位于浙江省金华市，是新建高层住宅项目。技术集成方案为"被动提升，主动优化为主"的基于能耗限额的热环境调控低能耗技术方案。示范工程供暖空调设备采用了海尔空调电子有限公司研发的多联机系统，该专项研发的家用多联机采用了多项先进的技术，实现智能化控制，主要包括以下几大技术点：

① PID 超频趋温技术，根据环境温度提前进行室温变化前馈预测，响应更迅速，温控更精准；

② 采用无级变频直流电机，运转效率更高，更加节能；

③ 采用顺向除霜控制，实现除霜时连续供热，提高系统的稳定性和舒适性。制热时间从原来的 80min 延长至 120min，能力提升 2.7%；

④ 智能压机控制，采用智能压机控制，系统在低负荷运转时进行智能控制，有效降低整机输出功率，提升整机能效。整机制冷量为 15kW 的家用多联机，机器在单开一台内机 15% 小负荷运转时，多联机低频智控系统 EER 可达 4.05，比常规控制多联机小负荷运转时能效提升 47%；

⑤ 突破直膨式热泵型多联机技术、模块超导散热技术、在线监控智能算法；

⑥ Move Eye 智能模块，智能感知人员数量及位置，自动调整送风方向，送风方向可根据人员习惯设定风随人动、风避人动等不同模式。

被动提升主要在屋顶、外墙、外窗等围护结构方面做了基本的提升，满足了现行节能标准要求。具体指标如表 8-6 所示。

本示范工程的每套高效多联机产品均配备内置在线能力、功率等参数监测功能，同时也安装一套外置的智能电表、室内温湿度传感器。内置检测装置监测的机组能力、功率及运行参数，智能电表检测的机组功率，温湿度传感器监测的室内侧温湿度参数，每隔时间30s采集一次数据，并且每5min给云服务平台发1次数据。采用无线传输温湿度记录仪进行环境测试，数据能够在线传输至远程监测系统并自动保存。在利用多联机自带的云平台监测系统以外，本示范项目还对部分用户安装了外置的电量监测仪，用于监测多联机和新风机外机消耗电量、功率、电压、电流、功率因数等参数，其数据也通过无线模块传输至物联网云平台，用于后期的分析研究。

建筑围护结构基本信息　　　　　　　　　　　　　　表 8-6

围护结构	参数	数值
屋顶	传热系数	0.67W/(m² · K)
外墙		1.24W/(m² · K)
外窗		2.4W/(m² · K)
楼板	导热系数	1.8W/(m² · K)

典型住户室内温湿度分布如图 8-12～图 8-14 所示，把全年分为夏季、冬季、过渡季或其他季节，其他季节不考虑室内温湿度。

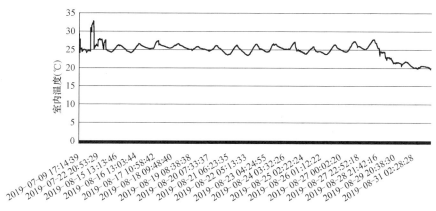

图 8-12　夏季室内温度变化趋势（2019.7.9-2019.8.31）

图 8-12 为夏季室内温度变化情况，此时室内空调设定为 24～26℃。8月份浙江金华地区日间室外平均温度最高达到 34℃，是比较典型的夏季气候，由室内温度变化情况可看出，夏季室内大部分时间均在 25℃附近，总体满足舒适要求。

过渡季的室内温度变化趋势如图 8-13 所示，由图中可看出，10月室外温度相对下降明显，平均最高温度在 30℃附近，将其定义为过渡季节。白天室外温度由于高于舒适温度需求，仍然需要开启空调以实现室内舒适要求，室内温度大部分时间低于 25℃，能满足人员舒适要求。由图中还可看出，昼夜温度起伏规律明显，夜间温度偏低。

冬季室内温度变化趋势如图 8-14 所示，室外最高温度整体低于 15℃，最低温度接近 0℃，开启供暖后，室内温度在 18～25℃之间，通过对单日的数据分析，白天能达到 20℃以上的温度水平，满足建筑室内舒适性要求。

典型住户夏季逐时能效比和逐日能效比分析如图 8-15 所示，该用户夏季整体逐日能效比：3.39～4.68；负荷率：0.25～0.85；总能效比：3.7。

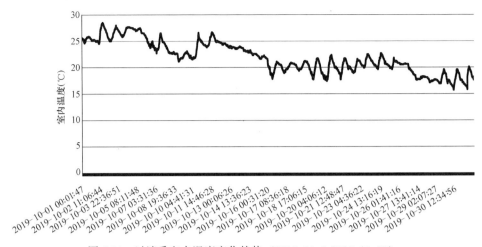

图 8-13　过渡季室内温度变化趋势（2019.10.1-2019.10.30）

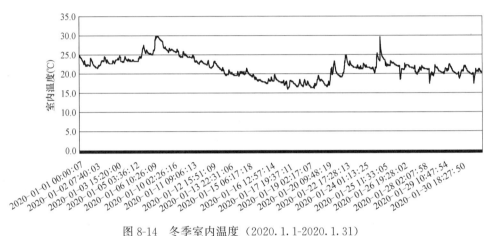

图 8-14　冬季室内温度（2020.1.1-2020.1.31）

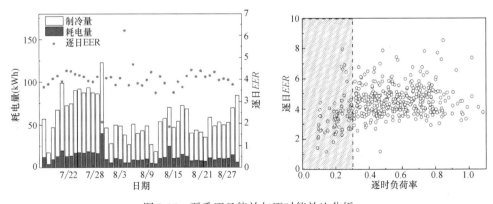

图 8-15　夏季逐日能效与逐时能效比分析

同样冬季情况如图 8-16 所示。该用户冬季整体逐日能效比：2.85～4.32；负荷率：0.12～0.92；总能效比：3.46。从机器启动和运行情况得知，该用户 2 月份以后空调使用频率较低，且启停次数较多，造成机组能耗较高，使用负荷率低。

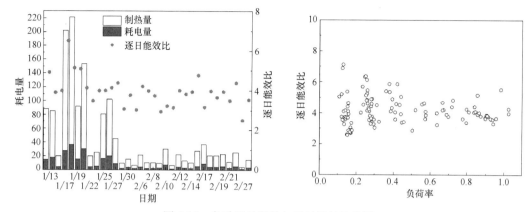

图 8-16 冬季逐日能效与逐时能效比分析

全年供暖空调能耗情况如图 8-17 所示，由于新冠肺炎疫情等其他原因存在监测数据间断的状况，故采用模拟方法对数据进行了补全，以表征典型年的使用情况、能耗水平等。通过模拟和实测，可知该住户全年供暖空调单位面积耗电量为 15.05kWh/m²。

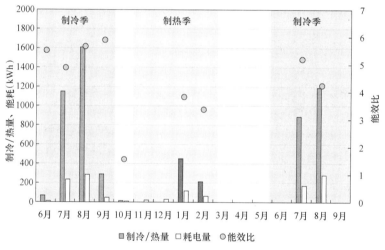

图 8-17 典型住户多联机逐月性能分析（2019-2020 年）

8.5.4 高效空气源热泵住宅示范项目

项目通过研究低温高湿环境下空气源热泵的抑霜与除霜技术，研发了适应长江流域"部分时间、部分空间"的空调使用习惯和独特气候条件的分散高效的热泵型空调器以及直膨式热泵设备的在线性能测控技术及其产品，并在长江流域典型城市住宅中进行了示范应用。通过一年的实测，实现了空气源热泵产品全年空调、供暖实测季节能效比（SEER）≥3.5，且满足长江流域全年供暖通风空调用电量≤20kWh/m² 的能耗限额要求。其具体示范工程如表 8-7 所示。

示范空调器在技术集成上包括吸/补气独立压缩技术、精准探霜和高效除霜技术、基于压缩机热平衡法的在线能力检测技术、基于大数据云平台的远程监控技术。项目将吸/补气独立压缩变频转子压缩机应用于空调器中，通过构建三压力（3P）制冷与热泵循环，采用变频调节后即可实现压比适应和容量调节，可有效提升冬季的制热量和冬夏季运行时的能效比。通过选择外盘管温度 T3 与室外环境温度 T4 作为控制参数进行准确探霜及高效化霜的控制参数，通过温度变化率进行控制同时避免了传统的室内外温度控制。同时通过在空调中的内置各种传感器、集成温湿度检测模块、在线性能检测模块、电量检测模块和 Wi-Fi 模块，基于大数据云平台的远程监控技术，对重庆、芜湖、南京等多个城市、多户住宅室内环境温湿度、空调制冷/热能力、能效、空调耗电量数据等进行连续一年的远程监测。图 8-18 和图 8-19 给出了一户全年监测用户的室内温湿度情况和功率连续监测的曲线，可以看到该住户在夏季和冬季可以满足热舒适等级为 II 级及以上的要求，并且运行性能数据连续监测，满足验收要求。

示范工程所在位置及建筑面积 表 8-7

编号	项目名称	所在城市	建筑面积
1	房间空调器芜湖城市之光	安徽芜湖	2597m²
2	房间空调器长沙清江雅苑	湖南长沙	1375m²
3	房间空调器重庆协立方	重庆	870m²
4	房间空调器上海金桥路 3299 弄	上海	3135m²
5	房间空调器四川南充春风玫瑰园小区	四川南充	1995m²

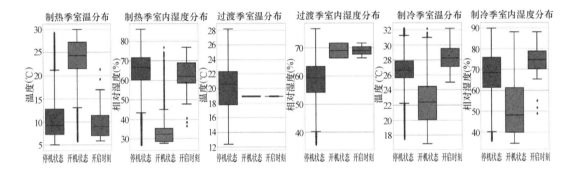

图 8-18 某户室内温湿度情况

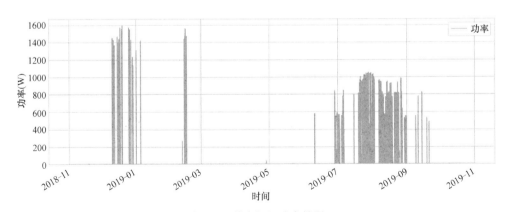

图 8-19 某户机组功率情况

图 8-20 给出了住宅全年不同时期、同时开启空调供暖供冷的比例分布（其中供冷统计时间为 5 月 1 日至 10 月 31 日，供暖统计时间为 11 月 1 日至次年 4 月 30 日）。图 8-20（a）

显示监测的住户采用空调供暖的行为多集中在 12 月份，尤其是 12 月下旬，其同一时刻统计的空调开启比例接近 30%。此外，同一天中使用空调供暖多发生在晚上至次日早上，这和住户的作息规律较一致。相比，图 8-20（b）显示监测住户使用空调供冷的行为从 6 月下旬持续到 8 月下旬，尤其在 7 月中下旬至 8 月中上旬，空调开启的比例较高，基本都高于 30%，甚至高于 50%，表明该时期是住户夏季集中使用空调供冷的时期。对于同一天来讲，居民使用空调供冷比例高的时间出现在中午 12 点前后和 20 点以后，符合该地区居民生活和作息规律。总体来讲，通过监测的全年不同时期住户空调同时开启比例分布，可以看出该地区居民使用空调仍是以供冷为主，显著高于供暖。

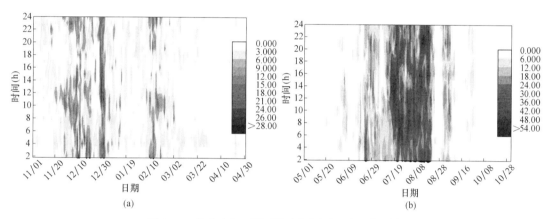

图 8-20　住户全年不同时期空调同时开启比例分布
(a) 冬季供暖；(b) 夏季供冷

图 8-21 统计了监测的住户在冬季供暖和夏季供冷时期，一天中空调单次连续开启时长占总统计样本的比例。可以看出，住宅中空调一次连续开启时长在冬夏季呈现显著差异，其冬季供暖情况下空调连续开启 1h 和 2h 所占比例最大，分别为 31.1% 和 30.7%，连续开启 3h 及以上比例显著降低，小于 10%，这与图 8-20（a）使用空调供暖的分布一致。相比，夏季开启空调供冷的连续开启时长为 1~4h 的比例接近，在 10.2%（4h）~15.5%（2h）范围内波动。此外图 8-21 显示空调连续开启小时数在 8~12h 的比例略有增加，猜测可能是居

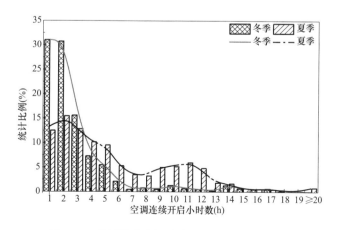

图 8-21　监测住宅空调连续开启小时数比例分布

民夏季晚上采用空调连续供冷，至第二天早上关闭，因而使得空调单次连续运行时间较长，其空调连续运行 11h 的比例约为 6%。而统计住宅中空调连续运行 15h 以上的比例接近 0，表明该地区住宅中居民少有全天开启空调供冷供暖的习惯，反映了居民"部分时间、部分空间"的空调使用特点。

对于住宅建筑，空调用能和经济性是居民在改善室内热舒适的同时较为关注的一个参数。由于空调耗电量受室外气候影响显著，图 8-22 给出了各个城市住户室内监测的空调小时功率随室外温度的分布特点。可以看出，空调小时功率与室外温度显著相关，随着室外温度的升高/降低显著增加。具体来讲，当室外温度高于 25℃时，其空调小时功率增大，意味着空调供冷的耗电量逐渐增加，各个城市略有差异；当室外温度低于 10℃时，空调小时功率增大，相应供暖耗电量也逐渐增加，且各个城市差异显著。其中，重庆的空调小时功率最高，长沙最低，芜湖和南京由于地理位置接近，气候近似，其随室外温度越低，监测的空调小时功率越高。

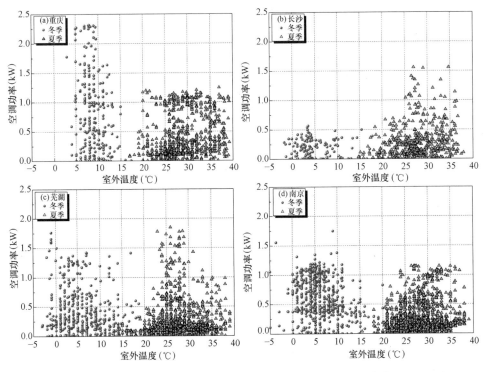

图 8-22　不同城市全年空调开启小时功率随室外温度变化

图 8-23 给出了示范工程 1～4 的 16 户住户的空调能耗指标和全年综合能效。可以看到，结合围护结构节能设计，所有住户均满足示范工程能耗 20kWh/(m² · a) 的要求，分布在 3.8～17.2kWh/(m² · a) 之间；所示范的高效房间空调器的全年综合能效均不低于 3.5，分布在 3.7～5.3 之间。

8.5.5　居住建筑示范实施效果

通过上述住宅示范工程全年监测热环境和用能情况的对比，住宅建筑示范工程结合当地实际情况，示范工程一以提升建筑围护结构性能为主，示范工程二综合了围护结构被动

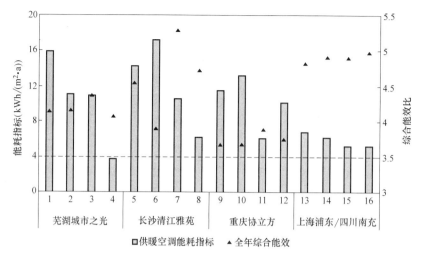

图 8-23　房间空调器示范工程供暖空调能耗指标及全年综合能效

技术性能提升和采用高效分散式热泵空调器，加上人员使用空调的典型"部分时间、部分空间"使用模式，通过全年监测，两个示范工程均满足人员在室期间的温度需求，且全年采用空调供暖供冷的能耗均小于 20kWh/m²。两个示范工程监测的住户均为代表性住宅用户，家庭结构基本上为夫妻和孩子，人员一般白天上班，晚上和周末、节假日在室，在室期间仅在活动区间、感到不舒适的时候使用空调。因此，采用"被动优先，主动优化，提高能效，优化用能"的建筑供暖空调整体解决方案，可以较好改善该地区住宅的室内热环境，同时满足全年供暖空调通风能耗限额需求和国家节能减排战略，可为改善长江流域地区住宅室内热舒适、促进该地区住宅建筑健康有序发展提供良好的示范。

此外，项目在示范工程实施过程中也陆续对示范用户安装新的高效热泵型房间空调器后的使用效果进行了跟踪采访。通过对重庆、长沙、南京、杭州、武汉、芜湖等多个房间空调器住宅示范工程的用户回访，用户反映新的空调器的性能相比传统空调器效果更好，主要体现在几大方面：

① 新的空调器外形美观，质量好，与整体空间更协调；

② 空调使用在冬天可以迅速升温，夏天迅速降温，且运行期间室内温度波动小，风速低，噪声小；

③ 空调节能效果好，冬夏季月耗电量没有过度增加，和同楼层其他用户相比较节能。

本研发项目通过在示范工程上集成优化被动技术方案和采用针对长江流域气候特点的高能效空气源热泵产品，主要监测了实际用户全年室内温湿度和空调耗电量，使用空调供暖供冷期间的室内温度基本在标准推荐的 18～26℃范围内波动，且监测的全年供暖空调通风能耗均低于 20kWh/m²。但住宅中人员的热舒适性受多方面因素影响和制约，示范监测时也发现该地区空调多用于夏季供冷，而冬季人员多通过服装、暖风机等辅助设备进行供暖，使用空调供暖的频率较低。"十三五"期间通过研发压比适应、容量调节、多级压缩等高效压缩机技术和产品，解决了空调在长江流域地区应用时制热能力不足、冬季易结霜等问题，通过空调器末端送风技术、风道优化、风口设置等技术，解决了送风气流组织的问题，一定程度上改善了冬季供暖的温度分层、热风上浮等问题，扩展了空气源热泵在长江流域地区建筑中的应用推广。但是，住宅中空调使用实际有效果的影响因素复杂（房间尺寸、安装位置、人员活动空间等），对于一般住宅建筑而言，采用高效空气源热泵空调器时，在空调房间较少或同时使用率较低的住宅，建议采用变频调速型房间空调器，不仅可以降低初投资和安装成本，同时还可以提高极低负荷运行时的能效。对于房间数量较多的住宅，为适应"部分时间、部分空间"的使用特征，也推荐采用房间空调器。对于多联机，当室内机开启台数很少，且室内负荷也很小时，多联机的压缩机转速较低，受压缩机的最低频率限制，效率将很大程度地降低，并且存在启停损失，故多联机在低负荷率的时候效率将显著降低。因而如果选用家用多联机，提高部分负荷时的能效比，做到多联机在开启一台或两台室内机的情况下的能效比开一台或两台分体式空调器更高，则是家用多联机应用的迫切需求。

附　录

夏热冬冷地区子气候区划分

　　参照国家标准《民用建筑热工设计规范》GB 50176—2016，将原3A根据夏季供冷需求进一步划分为3A和3C两区，并保留3B。具体情况如附表1所示。

夏热冬冷地区各城市子气候分区表

气候区	气候特征	省/直辖市	地级市
3A	夏季炎热 冬季寒冷	上海	上海市
		江苏	常州市、淮安市、南京市、南通市、盐城市、扬州市、苏州市、泰州市、无锡市、镇江市
		浙江	杭州市、嘉兴市、金华市、宁波市、衢州市、绍兴市、台州市、舟山市、湖州市
		江西	抚州市、景德镇市、九江市、南昌市、上饶市、宜春市、鹰潭市、萍乡市、新余市
		安徽	安庆市、蚌埠市、亳州市、滁州市、阜阳市、合肥市、黄山市、六安市、芜湖市、宣城市、巢湖市、池州市、淮南市、马鞍山市、铜陵市
		河南	南阳市、平顶山市、信阳市、周口市、驻马店市、漯河市
		湖北	恩施土家族苗族自治州、黄冈市、黄石市、荆州市、天门市、武汉市、咸宁市、襄阳市、宜昌市、鄂州市、荆门市、潜江市、随州市、仙桃市、孝感市
		湖南	常德市、郴州市、衡阳市、怀化市、娄底市、邵阳市、湘西土家族苗族自治州、益阳市、永州市、岳阳市、张家界市、长沙市、株洲市、湘潭市
		四川	巴中市、达州市、南充市、遂宁市、广安市
		贵州	铜仁地区
3B	夏季炎热 冬季冷	重庆	重庆市
		四川	乐山市、泸州市、宜宾市、自贡市
		浙江	丽水市、温州市
		福建	龙岩市、南平市、宁德市、三明市、福州市
		江西	赣州市、吉安市
		广东	清远市、韶关市
		广西	桂林市、贺州市、柳州市、河池市
3C	夏季热 冬季寒冷	四川	成都市、绵阳市、德阳市、广元市、眉山市、内江市、资阳市
		贵州	遵义市、黔东南苗族侗族自治州、黔南布依族苗族自治州
		陕西	汉中市、商洛市
		湖北	十堰市
		甘肃	陇南市

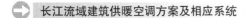

针对不同的子气候分区，各气候区的供暖期和供冷期如附表2所示。

夏热冬冷地区子气候分区供暖期和供冷期 附表2

气候区	供暖期	供冷期
3A	12月10日~2月28日	6月10日~8月31日
3B	12月20日~2月20日	6月10日~8月31日
3C	12月1日~2月28日	6月20日~8月20日

参 考 文 献

［1］ ASHRAE. 2015 ASHRAE Handbook—Heating，Ventilating，and Air-Conditioning Applications ［M］. American Society of Heating，Refrigerating and Air-Conditioning Engineers，2015.

［2］ ASHRAE. ANSI/ASHRAE Standard 169-2013—Climatic Data for Building Design Standards ［S］. American National Standards Institute，American Society of Heating，Refrigerating and Air-Conditioning Engineers，2013：98.

［3］ ASHRAE. Thermal Environmental Conditions for Human Occupancy：ANSI/ASHRAE Standard 55-2017 ［S］.

［4］ 曹荣光，韦航，李娟. 基于供暖空调能耗限额的建筑节能方案设计方法 ［J］. 暖通空调，2019，49 （9）：53-58.

［5］ CAO X，YAO R，DING C，et al. Energy-quota-based integrated solutions for heating and cooling of residential buildings in the Hot Summer and Cold Winter zone in China ［J］. Energy and Buildings，2021，236：110767.

［6］ Chen C L，Chang Y C，Chan T S. Applying smart models for energy saving in optimal chiller loading ［J］. Energy and Buildings，2014，68 （PARTA）：364-371.

［7］ 陈金华，汪文倩，姜冬，等. 地板辐射供冷室内热环境改善研究 ［J］. 暖通空调，2020，50 （5）：42-48.

［8］ CHEN S，WANG X，LUN I，et al. Effect of inhabitant behavioral responses on adaptive thermal comfort under hot summer and cold winter climate in China ［J］. Building and Environment，2020，168：106492.

［9］ 陈新. 辐射诱导空调系统冬季末端性能研究 ［D］，2019.

［10］ CHEN X，YANG H，ZHANG W. Simulation-based approach to optimize passively designed buildings：A case study on a typical architectural form in hot and humid climates ［J］. Renewable and Sustainable Energy Reviews，2018，82：1712-1725.

［11］ Cheung H，Braun J E. Empirical modeling of the impacts of faults on water-cooled chiller power consumption for use in building simulation programs ［J］. Applied Thermal Engineering，2016，99：756-764.

［12］ 成赛凤. 气流作用下超疏水表面的抑霜研究 ［D］. 东南大学，2020.

［13］ DENG J，YAO R，YU W，et al. Effectiveness of the thermal mass of external walls on residential buildings for part-time part-space heating and cooling using the state-space method ［J］. Energy and Buildings，2019，190：155-171.

［14］ 丁连锐，曲宗峰，亓新，等. 房间空气调节器实际运行性能测量方法研究 ［J］. 中国标准化，2019 （03）：172-179.

［15］ 丁连锐. 房间空调器在线性能测试技术研究与应用 ［D］. 清华大学，2019.

［16］ 丁云晨. 补气单缸滚动转子压缩机优化及其在热泵中的应用 ［D］. 清华大学，2019.

［17］ DU C，LI B，YU W，et al. Energy flexibility for heating and cooling based on seasonal occupant thermal adaptation in mixed-mode residential buildings ［J］. Energy，2019，189，116339.

［18］ DU C，YU W，MA Y，et al. A holistic investigation into the seasonal and temporal variations of window opening behavior in residential buildings in Chongqing，China ［J］. Energy and Buildings，2021，231：110522.

[19] European standard EN 14825. ir conditioners，liquid chilling packages and heat pumps，with electrically driven compressors，for space heating and cooling-testing and rating at part load conditions and calculation of seasonal performance [S]. 2012.

[20] GOU S，NIK V，SCARTEZZINI J 等. Passive design optimization of newly-built residential buildings in Shanghai for improving indoor thermal comfort while reducing building energy demand [J]. Energy and buildings，2018，169：484-506.

[21] Gui X，Ma Y，Chen S，et al. The methodology of standard building selection for residential buildings in hot summer and cold winter zone of China based on architectural typology [J]. Journal of Building Engineering，2018，18：352-359.

[22] 国家气象信息中心. 中国地面气候资料日值数据集（V3.0）[EB/OL]（2017）[2017-07-01].

[23] 何梅玲. 工位辐射空调系统舒适性及能耗研究 [D]，2018.

[24] 黄敏. 新型预制薄型地面辐射末端供暖性能研究 [D]，2019.

[25] Huang S，Zuo W，Sohn M D. Amelioration of the cooling load based chiller sequencing control [J]. Applied Energy，2016，168：204-215.

[26] Huang S，Zuo W，Sohn M D. Improved cooling tower control of legacy chiller plants by optimizing the condenser water set point [J]. Building and Environment，2017，111：33-46.

[27] 黄文宇，丁连锐，王宝龙，等. 基于压缩机热平衡的空气源热泵现场性能测试方法研究 [J]. 家电科技，2016（S1）：45-50.

[28] 黄文宇. 基于压缩机热平衡的房间空调器现场性能测试方法研究 [D]. 清华大学，2017.

[29] ISO，ISO 5151，2017，Non-ducted Air Conditioners and Heat Pumps-Testing and Rating Performance（International Standard. ISO 5151）[S]. International Organization for Standardization，Geneva，Switzerland（2017）.

[30] 贾洪愿，李百战，姚润明，等. 探讨长江流域室内热环境营造——基于建筑热过程的分析 [J]. 暖通空调，2019，49（4）：1-11，42.

[31] JIAN G，WU J，CHEN S，等. Energy efficiency optimization strategies for university research buildings with hot summer and cold winter climate of China based on the adaptive thermal comfort [J]. Journal of Building Engineering，2018，18：321-330.

[32] JIANG H，YAO R，HAN S，et al. How do urban residents use energy for winter heating at home? A large-scale survey in the hot summer and cold winter climate zone in the Yangtze River region [J]. Energy and Buildings，2020，223：110-131.

[33] LI B，DU C，YAO R，et al. Indoor thermal environments in Chinese residential buildings responding to the diversity of climates [J]. Applied Thermal Engineering，2018，129：693-708.

[34] LI X，YAO R，YU W，et al. Low carbon heating and cooling of residential buildings in cities in the hot summer and cold winter zone-A bottom-up engineering stock modeling approach [J]. Journal of Cleaner Production，2019，220：271-288.

[35] Li Z，Wang B，Li X，et al. Simulation of recombined household multi-split variable refrigerant flow system with split-type air conditioners [J]. Applied thermal engineering：Design，processes，equipment，economics，2017，117：343-354.

[36] 李子爱，张国辉，王宝龙，等. 过冷却回路对多联机性能的影响 [J]. 制冷学报，2018，39（05）：36-46.

[37] 李紫微. 性能导向的建筑方案阶段参数化设计优化策略与算法研究 [D]. 清华大学，2014.

[38] 刘昊婧. 辐射＋新风空调系统运行优化研究 [D]，2020.

[39] LIU H，WU Y，LI B et al. Seasonal variation of thermal sensations in residential buildings in the

Hot Summer and Cold Winter zone of China [J]. Energy and Buildings, 2017, 140: 9-18.

[40] 刘猛, 晏璐, 李金波, 等. 大数据监测平台下的长江流域典型城市房间空调器温度设置分析 [J]. 土木与环境工程学报（中英文）, 2019, 41 (5): 164-172.

[41] 刘星如. 单缸滚动转子压缩机制冷剂喷射技术研究 [D]. 清华大学, 2017.

[42] 罗倩妮, 梁彩华. 超疏水表面液滴冻结初期冻结行为传递特性 [J]. 中南大学学报（自然科学版）, 2019, 50 (07): 1712-1718.

[43] 罗荣邦, 张鹏, 王飞, 等. 闪发器热泵系统设计及试验研究 [J]. 制冷与空调, 2018, 18 (05): 42-47.

[44] MENG X, YU W, ZHENG C, et al. Path Analysis of Energy-Saving Technology in Yangtze River Basin Based on Multi-Objective and Multi-Parameter Optimisation [J]. Journal of Thermal Science, 2019, 28 (6): 1164-1175.

[45] 潘晓鹏, 梁彩华. 疏水表面微小液滴冻结前生长特性分析 [J]. 建筑热能通风空调, 2019, 038 (007): 30-33.

[46] Runming Yao, Vincenzo Costanzo, Xinyi Li, et al. The effect of passive measures on thermal comfort and energy conservation. A case study of the hot summer and cold winter climate in the Yangtze River region [J]. Journal of Building Engineering, 2018, 15: 298-310.

[47] SHEN P, BRAHAM W, YI Y. The feasibility and importance of considering climate change impacts in building retrofit analysis [J]. Applied energy, 2019, 233: 254-270.

[48] 石文星, 杨子旭, 王宝龙. 对我国空气源热泵室外名义工况分区的思考 [J]. 制冷学报, 2019, 40 (05): 1-12.

[49] 司强. 辐射诱导送风一体化末端空调系统性能研究 [D], 2018.

[50] 宋鹏远. 利用过冷热实现实时再生的溶液喷淋式热泵特性研究 [D]. 清华大学, 2019.

[51] Wang B, Ding Y, Shi W. Experimental research on vapor-injected rotary compressor through end-plate injection structure with check valve [J]. International Journal of Refrigeration, 2018, 96.

[52] Wang B, Liu X, Shi W, et al. An enhanced rotary compressor with gas injection through a novel end-plate injection structure [J]. Applied Thermal Engineering, 2017, 131: 180-191.

[53] Wang F, Liang C, Zhang X, et al. Effects of surface wettability and defrosting conditions on defrosting performance of fin-tube heat exchanger [J]. Experimental Thermal and Fluid Science, 2018, 93: 334-343.

[54] 王山林. 超疏水纳米涂层强化构建机理及其防露和抗霜特性研究 [D]. 东南大学, 2018.

[55] 王弈超, 王智超, 黎浩荣. 长江流域过渡季行为模式对建筑能耗影响的权重分析 [J]. 四川建筑科学研究, 2017, 43 (3): 149-152.

[56] Wang Y, Xu Z, Wang Z, et al. Analysis of thermal energy saving potentials through adjusting user behavior in hotel buildings of the Yangtze River region [J]. Sustainable Cities and Society, 2019, 51: 101-724.

[57] Wei X, Li N, Peng J, et al. Performance Analyses of Counter-Flow Closed Wet Cooling Towers Based on a Simplified Calculation Method [J]. Energies, 2017, 10 (3): 282.

[58] Xiong J, YAO R, GRIMMOND S, et al. A hierarchical climatic zoning method for energy efficient building design applied in the region with diverse climate characteristics [J]. Energy and Buildings, 2019, 186: 355-367.

[59] 熊杰, 姚润明, 李百战, 等. 夏热冬冷地区建筑热工气候区划分方案 [J]. 暖通空调, 2019, 49 (4): 12-18.

[60] 徐振坤, 李金波, 石文星, 等. 长江流域住宅用空调器使用状态与能耗大数据分析 [J]. 暖通空

调，2018，48（08）：1-8，89.

[61] Yang Z，Ding L，Xiao H，et al. Field performance of household room air conditioners in Yangtze River Region in China：Case studies [J]. Journal of Building Engineering，2020，34.

[62] 喻伟. 基于能耗限额的夏热冬冷地区住宅建筑室内热环境营造节能技术方案 [J]. 建筑节能，2019，47（10）：23-25.

[63] 于洋. 室外机安装平台对房间空调器运行性能的影响 [D]. 清华大学. 2020.

[64] 张国辉. 办公建筑中多联机制冷（热）量测量方法及运行特性研究 [D]. 清华大学，2020.

[65] Zhang G，Liu W，Xiao H，et al. New method for measuring field performance of variable refrigerant flow systems based on compressor set energy conservation [J]. Applied Thermal Engineering，2019，154.

[66] 张立智，杨晓，刘丙磊，等. 提升热泵型变频空调器 APF 技术途径的试验研究 [J]. 制冷与空调，2017，17（08）：72-77.

[67] Zhang W，Wang S，Xiao Z，et al. Frosting Behavior of Superhydrophobic Nanoarrays under Ultralow Temperature [J]. Langmuir the Acs Journal of Surfaces & Colloids，2017：8891.

[68] 赵伟，梁彩华，成赛凤，等. 结霜初期超疏水表面液滴生长的规律 [J]. 中南大学学报（自然科学版），2020，51（01）：231-238.

[69] 赵伟. 气流作用下结霜初期超疏水翅片表面液滴蒸发特性 [D]. 东南大学，2020.

[70] 李娜，林豹. 办公建筑自然通风与空调相结合运行的节能分析 [J]. 制冷. 2010，29（03）：72-76.

[71] YAO R，COSTANZO V，LI X，et al. The effect of passive measures on thermal comfort and energy conservation. A case study of the hot summer and cold winter climate in the Yangtze River region [J]. Journal of Building Engineering，2018，15：298-310.

[72] 杨柳. 建筑气候分析与设计策略研究 [D]. 西安建筑科技大学，2003.

[73] 李勇伟，郑庆华，孙艳军，杨蕊. 数据中心高压冷水机组定性故障诊断模型构建 [J]. 制冷与空调，2020，34：053-056.

[74] 徐海龙. 基于 QSIM 的锅炉"四管泄漏"定性推理分析 [C]. 华北电力大学硕士学位论文，2014.

[75] 刘景东. 空气源热泵室外侧换热器脏堵事故性能研究及故障诊断 [C]. 北京工业大学硕士学位论文，2017.

[76] 余晓平，付祥钊，黄光德，杨李宁. 夏热冬冷地区供暖期/空调期划分对居住建筑能耗限值的影响分析 [J]. 建筑科学，2007（08）：27-31.

[77] 杨霞. 上海地区居住建筑能耗调研分析 [J]. 住宅科技，2016（9）：58-61.

[78] 符向桃，钱书昆，谢朝学，等. 夏热冬冷地区住宅能耗特征与对策 [J]. 墙材革新与建筑节能，2004（11）：28-30.

[79] 臧建彬，钱一宁，金甜甜. 基于居民用电总量的上海居住建筑夏季空调能耗分析 [J]. 空调暖通技术，2013（4）：9-15.

[80] 武茜. 杭州地区住宅能耗现状调查 [J]. 工程建设与设计，2007（2）：45-48.

致　谢

　　"长江流域建筑供暖空调解决方案和相应系统（2016YFC0700300）"属于国家"十三五""绿色建筑及建筑工业化"专项中"建筑节能及室内环境质量保障"方向。项目自立项以来，得到了科学技术部中国 21 世纪议程管理中心、重庆市科学技术局以及项目牵头单位重庆大学相关领导和项目专家委员会专家的大力支持和多次莅临指导，为项目的顺利实施和圆满结题提供了有力保障。项目实施过程中，项目责任专家清华大学江亿院士、中国城市建设研究院有限公司郝军院长、项目专家委员会专家西安建筑科技大学刘加平院士、北京市建筑设计研究院有限公司吴德绳教授级高工、东南大学缪昌文院士、住房和城乡建设部韩爱兴司长、中国建筑科学研究院王清勤教授级高工、上海市建筑科学研究院集团江燕教授级高工、中国建筑设计研究院潘云钢教授级高工、中国建筑西南设计研究院有限公司戎向阳教授级高工、军事医学科学院袭著革研究员、同济大学张旭教授、清华大学林波荣教授、东华大学亢燕铭教授、中国建筑科学研究院尹波研究员、重庆大学李百战教授、大连理工大学陈滨教授，以及历次会议邀请的专家南京理工大学龚延风教授、中国制冷空调工业协会张朝晖秘书长、北京市建筑设计研究院有限公司张杰教授级高级建筑师、同济大学龙惟定教授、北京工业大学马国远教授、中国建设集团李宏教授级高工、中国建筑西南设计研究院有限公司冯雅教授级高工、江苏省建筑科学研究院有限公司许锦峰教授级高工、南京市建筑设计研究院有限责任公司张建忠教授级高工、西南交通大学沈中伟教授、重庆市设计院谭平教授级高工、住房和城乡建设部科技与产业化发展中心梁俊强主任、中国城市科学研究会绿色建筑研究中心孟冲主任、中南建筑设计院股份有限公司马友才教授级高工、中冶赛迪工程技术有限公司王卫民教授级高工、中国建筑西南设计研究院有限公司高庆龙教授级高工、华南理工大学刘金平教授等行业和领域知名专家学者，多次应邀参加项目启动会、项目年度会议、示范工程实施论证会、项目示范工程结题验收会、项目课题绩效评价会等会议，对项目和示范工程实施过程中的关键技术和示范效果进行把关和指导，并对项目研发内容的突破、创新成果的凝练等提出了宝贵的建议和意见，有力保障了项目研发任务和考核指标的顺利完成。在此对这些专家表示由衷的感谢，感谢你们长期以来对项目的指导和支持帮助！